枯竭油气藏型储气库开发建设系列丛书

调峰与注采

刘中云　编著

中国石化出版社

图书在版编目(CIP)数据

调峰与注采/刘中云编著.—北京：中国石化出版社，2021.6
ISBN 978-7-5114-6112-4

Ⅰ.①调… Ⅱ.①刘… Ⅲ.①天然气储存②注气(油气田)-注天然气③采气 Ⅳ.①TE82②TE357.7③TE37

中国版本图书馆 CIP 数据核字(2021)第 094887 号

中国石化出版社出版发行

地址:北京市东城区安定门外大街 58 号
邮编:100011 电话:(010)57512500
发行部电话:(010)57512575
http://www.sinopec-press.com
E-mail:press@sinopec.com
北京科信印刷有限公司印刷

*

787×1092 毫米 16 开本 19.25 印张 462 千字
2021 年 11 月第 1 版 2021 年 11 月第 1 次印刷
定价:116.00 元

序

我国天然气行业快速发展，天然气消费持续快速增长，在国家能源体系中的重要性不断提高。但与之配套的储气基础设施建设相对滞后，储气能力大幅低于全球平均水平，成为天然气安全平稳供应和行业健康发展的短板。

中国石化持续推进地下储气库及配套管网建设，通过文 96 储气库、文 23 储气库、金坛储气库、天津 LNG 接收站、山东 LNG 接收站、榆林—济南输气管道、鄂安沧管道以及山东管网建设，形成了贯穿华北地区的“海陆气源互通、南北管道互联、储备设施完善”的供气格局，为保障华北地区的天然气供应和缓解华北地区的冬季用气紧张局面、改善环境空气质量发挥了重要作用。

目前，国内地下储气库建设已经进入高峰期，中国石化围绕天然气产区和进口通道，计划重点打造中原、江汉、胜利等地下储气库群，形成与我国消费需求相适应的储气能力，以保障天然气的长期稳定供应，解决国内天然气季节性供需矛盾。

通过不断的科研攻关和工程建设实践，中国石化在储气库领域积累了丰富的理论和实践经验。本次编写的《枯竭油气藏型储气库开发建设系列丛书》即以中原文 96 储气库、文 23 储气库地面工程建设理论和实践经验为基础编著而成，旨在为相关从业人员提供有益的参考和帮助。

希望该丛书的编者能够继续不断钻研和不断总结，希望广大读者能够从该丛书中获得有益的帮助，不断推进我国储气库建设理论和技术的发展。

中国工程院院士 [signature]

前　言

地下储气库是天然气产业中重要的组成部分，储气库建设在世界能源保障体系中不可或缺，尤其在天气变冷、极端天气、突发事件以及战略储备中发挥着不可替代的作用，对天然气的安全平稳供应至关重要。

近年来，我国天然气消费量连年攀升，但储气库调峰能力仅占天然气消费量的3%左右，远低于12%的世界平均水平，由于储气库建设能力严重不足，导致夏季压产及冬季压减用户用气量，甚至部分地区还会出现“气荒”，因此加快储气库建设已成业界共识。

利用枯竭气藏改建储气库，在国际上已有100多年的发展历史。这类储气库具有储气规模大、安全系数高的显著特点，可用于平衡冬季和夏季用气峰谷差，应对突发供气紧张，保障民生用气。国外枯竭气藏普遍构造简单，储层渗透率高，且埋藏深度小于1500m。我国枯竭气藏地质条件复杂，主体为复杂断块气藏，构造破碎、储层低渗、非均质性强、流体复杂、埋藏深，这些不利因素给储气库建设带来巨大挑战。

我国从1998年就已经开始筹建地下储气库，20多年来已建成27座储气库，形成了我国储气设施的骨干架构，储气库总调峰能力约$120\times10^8m^3$，日调峰能力达$1\times10^8m^3$，虽在一定程度、一定区域发挥了重要作用，但仍然无法满足日益剧增的天然气消费需求。

据预测，2021年和2025年全国天然气调峰量约为$360\times10^8m^3$和$450\times10^8m^3$，现有的储气库规划仍存在较大调峰缺口。季节用气波动大，一些城市用气波峰波谷差距大，与资源市场距离远，管道长度甚至超过4000km，进口气量比例高，等等。这些都对储气库建设提出了迫切要求。

中石化中原石油工程设计有限公司(原中原石油勘探局勘察设计研究院)是中国石化系统内最早进行天然气地面工程设计和研究的院所之一，40年来在天然气集输、长输、深度处理和储存等领域积累了丰富的工程和技术经验，尤其在近10年，承担了中国石化7座大型储气库——文96、文23、卫11、文13西、白9、清溪、孤家子的建设工程，在枯竭油气藏型储气库地面工程建设领域形成了完整、成熟的技术体系。

本丛书是笔者在中国石化工作期间，在主要负责中国石化储气库规划和文23储气库开发建设的工作过程中，基于从事油气田开发研究30多年来在储层精细描述、提高油气采收率、钻采工艺设计、地面工程建设等领域的工程技术经验，按照实用、简洁和方便的原则，组织中原设计公司专家团队编纂而成的。旨在全面总结中国石化在枯竭油气藏型储气库开发建设中取得的先进实践经验和技术理论认识，以期指导石油工程建设人员进行相关设计和安全生产。

本丛书共包含六个分册。《地质与钻采设计》主要包括地质和钻采设计两部分内容，详细介绍了储气库地质特征及设计、选址圈闭动态密封性评价、气藏建库关键指标设计，以及储气库钻井、完井和注采、动态监测、老井评价与封堵工程技术等。该分册主要由沈琛、张云福、顾水清、张勇、孙建华等编写完成。《调峰与注采》主要包括储气库地面注采与调峰工艺技术，详细介绍了地面井场布站工艺、注气采气工艺计算、储气库群管网布局优化技术、调峰工况边界条件、紧急调峰工艺等。该分册主要由高继峰、孙娟、公明明、陈清涛、史世杰、尚德彬、范伟、宋燕、曾丽瑶、赵菁雯、王勇、韦建中、刘冬林、安忠敏、李英存、陈晨等编写完成。《采出气处理、仪控与数字化交付》详细介绍了采出气脱水及净化处理工艺技术、井场及注采站三维设计技术、储气库数字化交付与运行技术。该分册主要由宋世昌、丁锋、高继峰、公明明、陈清涛、郑焯、吉俊毅、史世杰、王向阳、黄巍、王怀飞、任宁宁、考丽、白宝孺等编写完成。《设计案例：文 96 储气库》为中国石化投入运营的第一座储气库——文 96 储气库设计案例，主要介绍了文 96 储气库设计过程中的注采工艺、脱水系统、放空、安全控制系统以及建设模式等内容。该分册主要由公明明、丁锋、李光、李风春、龚金海、龚瑶、宋燕、史世杰、刘井坤、钟城、郭红卫、李慧、段其照、孙冲、李璐良、荣浩然等编写完成。《设计案例：文 23 储气库》为文 23 储气库设计案例，主要介绍了文 23 储气库建设过程中采用的布站工艺、注采工艺、处理工艺及施工技术。该分册主要由孙娟、陈清涛、高继峰、李丽萍、曾丽瑶、罗珊、龚瑶、李晓鹏、赵钦、王月、张晓楠、张迪、任丹、刘胜、孙鹏、李英存、梁莉、冯丽丽等编写完成。《地面工程建设管理》详细介绍了储气库地面工程 EPC 管理模式和管理方法，为储气库建设提供管理参考。该分册主要由银永明、刘翔、高山、胡彦核、仝淑月、温万春、郑焯、晁华、刘秋丰、程振华、许再胜、孙建华、徐琳等编写完成。全书由刘中云、沈琛进行技术审查、内容安排、审校定稿。

本丛书自2017年12月启动编写至2021年2月定稿，跨越了近5个年头，编写过程中共有40多人在笔者的组织下参与了这项工作，编写团队成员大都亲身参与了相关储气库开发建设过程中的地面工程设计或管理，既有丰富的现场实践经历，又有扎实的理论功底。他们始终本着高度负责的态度，在完成岗位工作的同时，为本丛书的付梓倾注了大量的时间和精力，力争全面反映中国石化在储气库建设领域的技术水平。

此外，本丛书在编纂过程中还得到了中国石化科技部、国家管网建设本部、中国石化天然气分公司、中石化石油工程建设有限公司和中国石化出版社等单位的大力支持，杜广义、王中红、靳辛在本丛书编写过程中给予了充分的关心和指导。在此，笔者表示衷心的感谢！

当前，我国的储气库建设已进入快速发展期，在本丛书编写过程中，由中原设计公司承担的中原油田卫11、白9、文13西储气库群，以及普光清溪、东北油田孤家子储气库建设也已全面启动，储气库开发建设的经验和技术正被不断地应用在新的储气库地面工程建设中。

限于笔者水平，书中不妥之处在所难免，敬请各位专家、同行和广大读者批评指正。

编著者

目　录

第一章　储气库调峰工艺及管理

第一节　采出天然气性质

一、天然气的分类

（一）按矿场特点分类

1. 气藏气

产自天然气藏中的天然气称气藏气。一般情况下，气藏气中含有90%（体积分数）以上的甲烷，还含有少量乙烷、丙烷、丁烷等烃类气体和二氧化碳、硫化氢、氮气等非烃类气体。不与石油共生的纯气藏气，又称非伴生气。

2. 凝析气藏气

除含有大量的甲烷外，还含有乙烷、丙烷、丁烷，以及戊烷和戊烷以上的烃类，即汽油、煤油组分。凝析气藏气和气藏气一样，均称非伴生气。

3. 油田气

含溶解气和气顶气，伴随原油共生，其特点是乙烷和乙烷以上的烃类含量比气藏气中的含量高。

（二）按天然气的化学成分分类

1. 烃类气

甲烷和其重烃同系物的体积含量超过50%时称烃类气。按烃类气的温度系数，将烃类气分为干气和湿气。一般将甲烷含量≥95%（$C_{2+}/C_1<5\%$）的天然气称为干气，甲烷含量小于95%（$C_{2+}/C_1>5\%$）的天然气称为湿气。

2. 含硫气

根据天然气中硫化氢含量的不同，有关学者提出了不同标准的分类方案（按体积分数）。

1）湛继红等学者分类方案

（1）含硫气藏：2%~5%。

（2）高含硫气藏：5%~20%。

（3）特高含硫气藏：20%以上。

（4）“纯”硫化氢气藏：80%~90%及以上。

2）戴金星等学者分类方案

（1）微含硫化氢型气：0%~0.5%。

（2）低含硫化氢型气：0.5%~2%。

(3) 高含硫化氢型气：2%~70%。

(4) 硫化氧型气：70%以上。

3) 王鸣华教授分类方案

根据四川气田天然气中含硫化氢的实际情况，王鸣华教授提出的划分等级：

(1) 无硫气(又称净气或甜气)：<0.0014%。

(2) 低含硫气或含相当量的二氧化碳时，统称酸气：0.0014%~0.3%。

(3) 岔硫气：0.3%~1.0%。

(4) 中含硫气：1.0%~5.0%。

(5) 高含硫气：5.0%以上。

3. 二氧化碳类气

在烃类气藏中有二氧化碳共存。有的以二氧化碳为主，伴生有甲烷和氮气。目前，世界上(包括我国)发现不少二氧化碳类纯气藏。

4. 氮类气

天然气中氮的含量变化很大，从微量到以氮气为主。如我国鄂西和江汉等地区，天然气中含氮量达8%~9%。四川震旦系气藏(威远气田)天然气中含氮量在6%~9%(体积分数)，其他层系的气藏中含氮量都小于2%，一般在1%左右。

(三) 其他分类规则

(1) 按组分划分：干气、湿气；烃类气、非烃气。

(2) 按天然气来源划分：有机来源和无机来源。

(3) 按生储盖组合划分：自生自储型、古生新储型和新生古储型。

(4) 按天然气相态划分：游离气、溶解气、吸附气、固体气(气水化合物)。

(5) 按有机母质类型划分：腐殖气(煤型气)、腐泥气(油型气)、腐殖腐泥气(陆源有机气)。

(6) 按有机质演化阶段划分：生物气、生物-热催化过渡带气、热解气(热催化、热裂解气)、高温热裂解气等。

二、天然气分析与测定

天然气作为一种矿物资源，将其用作工业原料或燃料时，人们普遍对它的组分(包括有用成分和有害成分)和物理性质(如体积、压力、热值等)感兴趣。分析与测定是现场生产和科学研究取得上述数据不可缺少的手段，而经由国家技术监督行政部门认可的方法标准(包括国家标准、行业标准等)则是工程设计、商品天然气购销中结算、仲裁天然气数量与质量的依据。

(一) 气体组分表示方法

1. 国内外气体计量中采用的准则

第十届国际度量衡大会(CGPM)协议以及ISO 7504—1984规定，273.15K和101.325kPa为标准状态；ISO 7504—1984规定中还推荐环境压力和15℃、20℃、23℃、25℃、27℃等的任一温度状态为基准状态。

1991 年，国际标准化组织（ISO）天然气技术委员会（TC193）文件中公布的气体计量的参比状态见表 1-1-1。

表 1-1-1　ISO/TC193 文件公布部分国家的气体计量参比状态表

国家	气体参比状态		国家	气体参比状态	
	压力/kPa	温度/℃		压力/kPa	温度/℃
澳大利亚	101.325	15	爱尔兰	101.325	1
奥地利	101.325	0	意大利	101.325	0
比利时	101.325	0	日本	101.325	0
加拿大	101.325	15	荷兰	101.325	0
丹麦	101.325	0	俄罗斯	101.325	0 或 20
法国	101.325	0	英国	101.325	15
德国	101.325	0	美国	101.325	15

我国国家标准《流量测量仪表基本参数》（GB 1314—1977）规定，以 20℃、101.325kPa 作为气体基准状态，国家标准《天然气》（GB 17820—1999）及中国石油天然气集团有限公司的行业标准《天然气流量的标准孔板计量方法》（SY/T 6143—1996），均注明所采用的天然气体积（单位 m^3）为 20℃、101.325kPa 状态下的体积。气体在 0℃、101.325kPa 下所处的状态称为标准状态，其体积单位用 m^3（标准）表示。为了简便，本书一般仍以 m^3 表示。我国城镇燃气（包括天然气）的《城镇燃气设计规范》（GB 50028—1993）中注明，燃气体积流量计量为 0℃、101.325kPa 状态下的流量。由此可见，我国天然气生产、经营管理及使用的天然气体积计量条件是不同的。因此，凡涉及天然气体积计量的一些性质（如密度、热值、硫化氢含量等），亦存在同样情况，使用时务必注意其体积计量条件。

2. 组分浓度表示法

1）天然气组分浓度按分数表示及相互换算

天然气作为气体混合物，它的组分 i 的浓度可以由摩尔分数 y_i、体积分数 φ_i 或质量分数 w_i 表示，因为体积分数是以标准状态下的测量值为基础得到的，因此它约等于摩尔分数。

（1）摩尔分数 y_i 表示法：

$$y_i = \frac{n_i}{\sum n_i} \tag{1-1-1}$$

式中　n_i——组分 i 的物质的量，mol；

$\sum n_i$——混合物中所有组分的物质的量的总和，mol。

（2）体积分数 φ_i 表示法：

$$\varphi_i = \frac{V_i}{\sum V_i} \tag{1-1-2}$$

式中　V_i——标准状态下组分 i 占有的体积，m^3；

$\sum V_i$——标准状态下测得的混合物的总体积，m^3。

(3) 质量分数 W_i 表示法：

$$W_i = \frac{m_i}{\sum m_i} \tag{1-1-3}$$

式中 m_i——组分 i 的质量，kg；

$\sum m_i$——混合物的总质量，kg。

由摩尔分数(或体积分数)换算为质量分数，质量分数换算为摩尔分数(或体积分数)分别按式(1-1-4)进行：

$$w_i = \frac{y_i M_i}{\sum y_i M_i}，\ y_i(或\ \varphi_i) = \frac{W_i M_i}{\sum W_i M_i} \tag{1-1-4}$$

式中 M_i——组分 i 的摩尔质量，g/mol。

2）天然气组分按质量浓度表示及相互换算

组分浓度也常用单位体积气体中某物质的质量表示，称作质量浓度。单位有 mg/m^3、g/m^3、kg/m^3 等。

(1) 由质量浓度(mg/m^3)换算到体积分数 φ_i：

$$\varphi_i = \frac{\rho_i \times V_{m(i)}}{M_i \times 10^4}\% \tag{1-1-5}$$

式中 $V_{m(i)}$——组分 i 在标准状态下的摩尔体积，L/mol；

ρ_i——组分 i 的质量浓度，mg/m^3；

M_i——组分 i 的摩尔质量，g/mol。

(2) 由 $\varphi_i \times 10^{-6}$ 换算成质量浓度(mg/m^3)：

$$\rho_i = \frac{M_i \times \varphi_i}{22.4 \times 10^{-6}} \tag{1-1-6}$$

3）体积校正

在标准状态下，理想气体的摩尔体积为 $0.0224m^3/mol$(或 22.4L/mol)，而天然气中某些气体组分在标准状态下的摩尔体积为接近 22.4L/mol 的某个数值，见表 1-1-2。因此，要精确进行摩尔分数和体积分数间的相互转化换算，应采用表 1-1-2 的摩尔体积数据。

表 1-1-2 某些气体组分在标准状态下的摩尔体积

组 分	摩尔体积 V_m/(L/mol)	组 分	摩尔体积 V_m/(L/mol)
甲烷	22.36	氧	22.39
乙烷	22.16	氢	22.43
丙烷	22.00	空气	22.40
正丁烷	21.50	二氧化碳	22.26
异丁烷	21.78	一氧化碳	22.40
氦	22.42	硫化氢	22.14
氮	22.40	水蒸气	23.45
正戊烷	20.87	二氧化硫	21.89

无论在什么状态下工作的气体，大部分均在接近室温、大气压力的状态下采取试样，为了便于对比，一般需要将气体换算成标准状态下的体积。

（二）分析与测定技术

1. 天然气的取样

1）取样目的和要求

取样目的是为取得有代表性的样品，如果未能取得有代表性的样品，即使后来的分析方法、操作技巧再高明、再仔细、再准确也是徒劳的。天然气分析测定，无论在现场直接取样分析或用取样瓶取样回实验室分析，都首先有一个取样操作过程，取样操作的任务就是为分析测定提供符合质和量的要求的样品。分析测定的目的是获得拟测定分析气源的真实组成或性质数据，因此，把取得能代表气源真实组成的样品称作代表性样品，反之，称作无代表性样品。

由于对取样，尤其对天然气这种特殊气体取样的重视，世界上许多国家、组织均先后起草制定气体、燃气或天然气的取样方法标准。但是，规程、标准、规范也不可能包罗千变万化的现场条件与气源状态。更重要的是有赖于取样人员对取样对象——天然气的了解。要求取样人员了解的内容：天然气组成及化学性质；物理性质及随工作状态和环境条件改变，样品的行为规律；取样用品与材料的物理、化学性质等知识，能应付各种复杂情况，拟定正确的取样方案，选用正确的取样方法，取得有代表性的样品。

2）取样与天然气相态特性

天然气干气，降压取样过程中的相态不变；天然气湿气，降压取样过程中可能会析出凝液，因此改变了样品对气源的代表性。开采凝析气藏，在降压取样过程中出现的反凝析行为会给样品的代表性产生相当大的影响，故在制定取样方案中有相应对策。一个未知系统当其处于均一的气态(单相)时，随着温度、压力变化到一定程度后，可能有液体产生，形成气、液两相共存。温度、压力进一步变化时，系统还可能变为单一的液相，反之亦然。这种变化过种都遵循一定的规律，并可由相图(又称 $p-T$ 图)表征，如图 1-1-1 所示。

在反凝析区内，凝液生成量的变化规律与通常情况相反。在等温过程中，凝液生成量随压力的降低而增加；在等压过程中，凝液的生成量随温度的升高而增加。

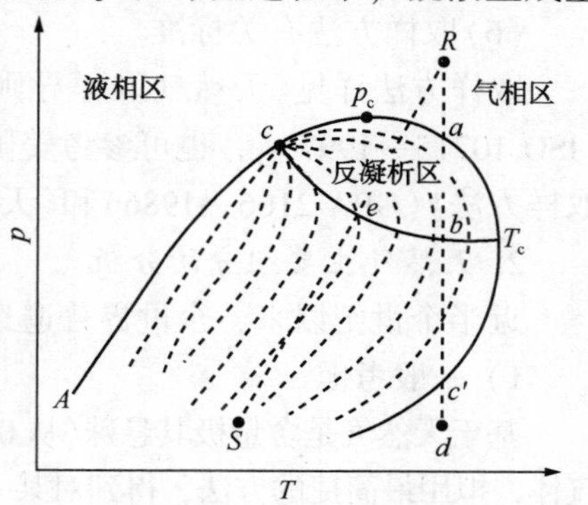

图 1-1-1 相图 $p-T$

c—临界点；p_c—临界凝析压力；T_c—临界凝析湿度；Ac—泡点线

图 1-1-1 中的虚线为等液量线，它们是相包络线内汇聚于临界点的一系列虚线，在每条线上的不同状态点，系统能生成相同体积分数或摩尔分数的液体。露点线和泡点线是特殊的等液量线。露点线是液体生成量为 0 的等液量线，泡点线是液体生成量为100%的等液量线。

图 1-1-1 中的 R 代表气藏在地层内所处的状态，Rd 则代表气藏在不断开发时地层流体在等温降压过程中的相态变化规律。压力降至 a 点以前，气藏处于单相状态，到达 a 点时，开始有最微量的液体生

成，以后随着压力的降低，地层内的凝液生成量逐渐增多，到 b 点时，达到最大值，过 b 点后，又逐渐减少，直至过 c' 点后，液体全部挥发，又变成均一的单相。

RS 则代表在开发过程中，地层流体经过井筒达到地面分离器的降温、降压过程中，井流物的相态变化规律，但分离器平衡气相的相图已不是原帽圈的形状，其位置将大大向左(低温方向)移动。

3）取样的一般考虑

(1) 取样方式。

① 直接在现场采样分析或间接用取样容器将样品取回实验室。

② 取样时间安排是定时、瞬时或取一段时间内的平均样。

③ 采用何种适用的取样容器。

④ 采用容器取样时选用的容器置换方式，如封液置换、汞置换、活塞容器(如医用注射器)抽汲、抽空容器、吹扫容器取样等。

(2) 取样量。

应以能满足分析测定的需要为原则，既要考虑一次分析的需要，也要考虑分析失误重新分析或保留样品备查的需要。

(3) 取样用具材料的选择。

主要考虑安全、适用与方便。选用什么材料主要根据气源的组成成分的性质及拟进行的分析测试项目进行综合考虑，保证在取样过程中或取入容器后，样品与材料不发生化学反应、不吸附，以免样品失去原有的代表性。

(4) 取样点的选择。

取样点必须符合以下要求：

① 位于管线的离阻力件(如孔板、弯头)较远的高台地段，而不是低洼地段。

② 气源处于流动状态，取样探头伸入管线内径的1/3处，不能在已凝析气井的井口直接取气样，应在稳定条件下取平衡油、气样品分析，再按油气比组合成井流组分。

(5) 取样安全。

应按操作易燃、易爆、带压、含毒气体的安全采样规定取样。

(6) 取样方法有关标准。

取样方法详见《天然气取样导则》(GB/T 13609—1999)[等效采用《天然气取样导则》(ISO 10715—1997)]，也可参考美国气体加工者协会标准《气相色谱法分析天然气样品的取样方法》(GPA 2166—1986)和《天然气取样的标准方法》(ASTM D1145)。

2. 天然气主要组分的分析

近半个世纪以来，全世界普遍选用气相色谱法分析天然气这样一种多组分气体样品。

1）一般考虑

基于天然气是含量极其悬殊(从0.01%~99.99%)的烃类气体、惰性气体与酸性气体的混合气体，拟用最简捷的方法，得到对某一气源成分的全分析，就必须选用多色谱柱气相色谱仪，以应对全部组分的分析；选择检测器时则应同时考虑检出能力与对微量组分的检出灵敏度。

此外，实验室中还应配备与被测天然气组成相似的标准气，以保证分析测定结果的溯源性。

2）方法原理

气样和已知组成的标准气，在相同的操作条件下，用气相色谱法分离，将二者相应的各组分进行比较，用标准气的组成浓度计算气样相应组成的浓度，计算时可采用峰高或峰面积或二者均采用。

3）组分名称和浓度范围

天然气的主要组分及浓度范围是指表 1-1-3 中所列的组分和浓度范围。

表 1-1-3 天然气的组分及浓度范围

组 分	浓度范围 y_i/%	组 分	浓度范围 y_i/%
氦	0.01~5	丙烷	0.01~20
氢	0.01~5	异丁烷	0.01~10
氧	0.01~10	正丁烷	0.01~10
氮	0.01~20	异戊烷	0.01~2
二氧化碳	0.01~10	正戊烷	0.01~2
甲烷	50~100	己烷和重要组成	0.01~2
乙烷	0.01~20		

4）分析流程和方法

选用的分析流程是与所采用的分析方法或标准紧密关联的，天然气主组分的全分析可参照《天然气的组分分析——气相色谱法》(GB/T 13610—1992)，也可参考《气相色谱天然气分析方法》(ASTM D1945)。

3. 天然气中 C_5 以上烃类的碳数组成及组成分析

1）一般考虑

对于 C_5 以上烃类组分浓度较高的富天然气或油田伴生气，要获得较准确的热值、相对密度和压缩因子计算数据，将烃类组分延伸分析至 C_8、C_{10}甚至 C_{16}以上是必要的。因为天然气中较高碳数烃组成对烃露点的影响很大，例如，当在采出天然气中加入体积分数为 0.28ppm[1] 的 C_{16}烃时，其烃露点上升 40℃，故应进行延伸的碳数组成分析。

2）碳数组成的确定

碳数组成是指把 C_n 的所有异构物当成一个碳数组分 C_n 来看待。尽管 C_{n-1}与 C_n 个别异构物在色谱柱中的流出次序会有交叉或颠倒，在色谱图上人为地认定 $n-C_{n-1}$之后(不含 $n-C_{n-1}$)第 1 个组分至 $n-C_n$ 间所有组分之和就是 C_n，$n-C_n$ 之后的第 1 个组分至 $n-C_{n+1}$间所有组分之和就是 C_{n+1}，以此类推。

3）方法原理

直接将天然气样品注入低炉温柱头，使较重烃类富集，然后进入色谱柱程序升温分离，用氢火焰离子检测器检测。用丁烷标准气外标法定量比对计算其他组分，也可用前述方法测出的 C_5 组分为架桥，比对计算出 C_9~C_{16}组分，整个样品的 C_1~C_{16}烃类组成须再归一计算。

---

[1] 1ppm = 10^{-6}。

4）推荐方法标准

推荐采用《天然气中丁烷至 C_{16}烃类测定——气相色谱法》（GB/T 17281—1998）［等效采用《天然气中丁烷至 C_{16}烃类测定——气相色谱法》（ISO 6975—1986）］。

4. 天然气中硫化氢的测定

1）一般考虑

由于硫化氢的化学活泼性和在水中溶解度很大，对于天然气中的硫化氢，一般推荐选用现场直接吸收后测定或用在线仪器直接监测。不宜用取样容器取回实验室分析。

2）测定方法及有关标准

（1）碘量法。方法原理：用过量的乙酸锌溶液吸收气样中的硫化氧，生成硫化锌沉淀。加入过量的碘溶液以氧化生成的硫化锌，过剩的碘用硫代硫酸钠标准溶液滴定。详见《天然气中硫化氢含量的测定——碘量法》（GB/T 11060. 1—1998）。该方法系绝对测量方法。

（2）亚甲蓝法。方法原理：用乙酸锌溶液吸收气样中的硫化氢，生成硫化锌沉淀。在酸性介质中和三价铁离子存在下，硫化锌同 N,N-二甲基对苯二胺反应，生成染料亚甲蓝。通过分光光度计测量溶液吸光度的方法测定生成的亚甲蓝，在一定的硫化氧浓度范围内，亚甲蓝颜色的深浅与硫化氢维度呈线性关系。详见《天然气中硫化氢含量的测定——亚甲蓝法》（GB/T 11060. 2—1998），也可以参考《天然气中硫化氢的实验方法（亚甲蓝法）》（ASTM D2725）。

（3）钼蓝法。方法原理：用钼酸铵的酸性溶液吸收气样中的硫化氢，生成蓝色的钼蓝胶体溶液，对此蓝色溶液进行吸光度测定。该法仅适用于硫化氢含量低于 $50mg/m^3$ 的天然气。

（4）硫酸银法。方法原理：用一定的硫酸银溶液吸收气样中的硫化氢，生成硫化银沉淀和硫酸，用氢氧化钠标准溶液滴定生成的硫酸。该法适用于天然气中常量硫化氢的测定，不适用于硫醇含量超过一定限量的天然气中硫化氢的测定。

5. 天然气中二氧化碳的测定

1）一般考虑

用气相色谱法分析天然气中的二氧化碳，不适合用于现场分析。下面介绍两种适合现场的分析方法：氢氧化钡法是经典方法，可以用作仲裁分析；气体容量法对于二氧化碳含量较高，且同时含有硫化氢的样品，不失为一种简便的分析方法。

2）测定方法及有关标准

（1）氢氧化钡法。方法原理：用准确、过量的氢氧化钡溶液吸收气样中的二氧化碳，生成碳酸钡沉淀，过剩的氢氧化钡用苯二甲酸氢钾标准溶液滴定。气样中的硫化氢用硫酸铜溶液吸收除去。详见《天然气中二氧化碳含量的测定——氢氧化钡法》（SY/T 7506—1997）。

（2）气体容量法。方法原理：当气体中同时存在常量硫化氢和二氧化碳时，用酸性硫酸铜镁溶液吸收一定量气样中的硫化氢，另用氢氧化钾溶液吸收相同量气样中的硫化氢和二氧化碳，根据气体体积的差值计算气样中硫化氢和二氧化碳的含量。

6. 天然气中总硫和总有机硫的测定

1）一般考虑

此处所指总硫是包括硫化氢和有机硫化合物在内的所有含硫化合物；总有机硫是指总硫中除硫化氢以外的所有有机硫化合物。因为有机硫化合物是若干个化学式各异组分的组合，往往以硫(S)的量表示某有机硫化合物的量。

天然气中当含有硫化物时，硫化氢以常量存在，而有机硫化物则通常以微量存在，前者已有较多的成熟的分析方法可用，而后者通常应在选择脱除硫化氢后选用较灵敏的方法测定。因此，本书中的总硫和总有机硫的分析方法实际上是同一套方法，只是前者不带硫化氢过滤器，而后者带一个选择脱除硫化氢的硫化氢过滤器。

硫化物的测定方法有很多，总体分为两类：一类是将硫化物氧化成二氧化硫，然后进行测定；另一类是将硫化物还原成硫化氢，然后进行测定。本书中介绍两种属于氧化测定的方法。

2）测定方法及有关标准

（1）氧化比色法。方法原理：脱除硫化氢的天然气和洁净空气以大约1：15的比例混合，进入温度为(900±20)℃的石英管中燃烧，有机硫被氧化成二氧化硫，用氯化汞钠(Na_2HgCl_4)作吸收剂，生成不挥发的络合物$[HgCl_2SO_3]^{2-}$，此络合物与盐基品红甲醛溶液显色，生成紫红色，其颜色深浅与氧化硫的浓度成一定比例，从而进行比色测定。该方法的最低检知量为1μg，相对误差≤1%。

（2）氧化微库仑法。方法原理：含硫天然气在温度为(900±2)℃的石英转化管中与氧气混合燃烧，硫转化成二氧化硫，随氮气进入滴定池与碘发生反应，消耗的碘由电解碘化钾补充。根据法拉第电解定律，由电解所消耗的电量，可计算出样品中硫的含量，并用标准气进行校正。

详见《天然气中总硫的测定——氧化微库仑法》(GB/T 11061—1997)。也可参考《天然气——硫化物测定—1. 导论》(ISO 6326. 1)、《天然气——硫化物测定3·电位法测H_2S、RSH、COS》(ISO 6326. 3)、《天然气——硫化台物测定—5. 林格纳燃烧法》(ISO 6326. 5)或者《借加氢作用做天然气中总硫实验方法》(ASTM　D3031)。此外，《油气田液化石油气中总硫测定》(SY/T 7508—1997)亦可作为参考。

7. 天然气中有机硫化合物组分分析

1）一般考虑

选用对硫敏感的火焰光度检测器(FPD)作气相色谱仪检测器，通用于有机硫化合物分离的色谱柱，达到分析天然气中含量在0. 2mg/m³以上的$C_1 \sim C_4$的11种有机硫化合物的目的。

2）火焰光度检测器的检测原理

FPD使用氢-氧焰和光电倍增管检测进入火焰的硫化合物生成的S_2碎片的分子辐射，当使用适当的干涉滤光片时，获得选择性，S_2辐射强度与进入火焰的硫原子呈指数比例关系。用纯有机化学物试剂与脱硫天然气为平衡气，制得若干种二元标准气(用微库仑法确定标准气中硫化合物浓度)，用气相色谱制得峰高对硫含量在双对数坐标上的若干条工作曲线，作为硫定量的依据。

3）色谱条件和天然气中存在的11种有机硫化合物的色谱图

我国尚未制定有机硫化合物分析方法标准。可参见《气体分析——天然气中硫化合物的测定——气相色谱法》(ISO 6326.2)，如图1-1-2所示。

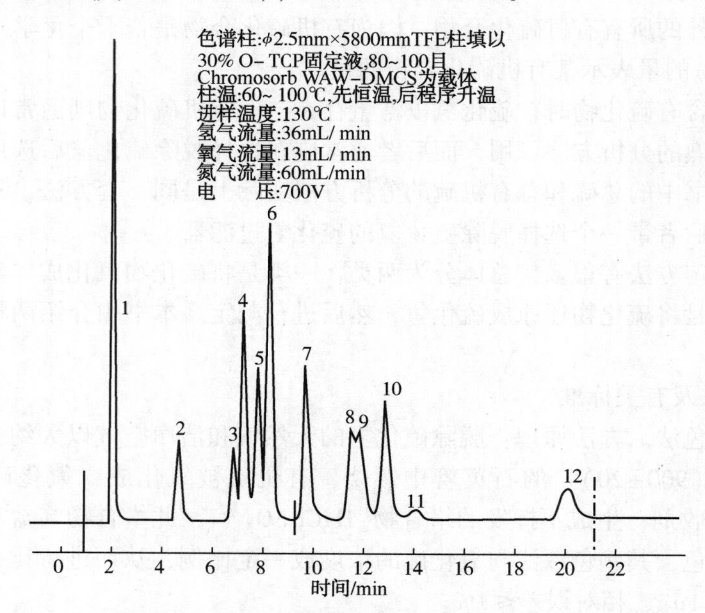

图1-1-2 色谱条件和有机硫化合物色谱图

1—甲烷等；2—甲硫醇；3—乙硫醇；4—1-甲硫醚；5—异丙硫醇；6—叔丁硫醇；7—正丙硫醇；8—甲基异丙基硫醚；9—异丁基硫醇；10 —乙硫醚；11—正丁硫醇；12—二甲基二硫化物

8. 天然气中水含量的测定

1）一般考虑

气体中水分含量测定方法一般也适用于天然气。气体中的水分测定方法可参见《气体中微量水分的测定——电解法》(GB 5832.1)和《气体中微量水分的测定——露点法》(GB 5832.2)。鉴于天然气中同时含有烃类及硫化合物等干扰组分，各国仍进行针对天然气中水分含量测定的研究。

2）测定方法及有关标准

(1) 露点法。

适用范围：适用于水露点在-25~5℃的气体。视气体压力而异，约相当于气体中的水含量(体积分数)在$(50\sim200)\times10^{-6}$之间。

测量原理：恒定压力下的被测气体，以一定的流量流经露点仪测定室中的抛光金属镜面；该镜面温度可以通过人工方式降温，并可精确测量。随着镜面温度的逐渐降低，当气体中的水蒸气达到饱和时，镜面开始结露，此时测量到的镜面温度即为水露点，由露点值通过查表可以得到气体的绝对湿度值。

烃类蒸气存在对测量的干扰：烃类蒸气也能在镜面上冷凝成露，但一般不会干扰测定。因为烃与水的表面张力相差甚远，烃露在镜面弥散开来，不会产生散射光。烃液与水不是互溶的。因此，烃的存在不会改变水露点，尤其当烃露点低于水露点时。相反，如果在测量水露点之前，就有大量烃液析出，则应预先除去烃凝液后再测量水露点。

可采用《天然气中水分的测定——冷却镜面凝析温度法》(GB/T 17283—1998)或《燃料气水汽含量测定露点实验法》(ASTM Dl142)测定水含量。

(2) 吸收质量法。

适用范围：常压状态下；可测定0.1~10g/m^3 的水，最低检测分辨度为10mg/m^3；低于5MPa的带压气体，可测定的水含量为0.02~0.5g/m^3，最低检测浓度为10g/m^3。

测量原理：待测气流通过充满五氧化二磷的吸收管，气体中的水汽被五氧化二磷吸收，增加的质量即为待测气体中水分的质量，除以指定状况下气体体积，即为气体绝对湿度(单位为g/m^3)。

干扰：当试样气源中仅含有水汽时，测得值为气体的绝对湿度；当试样气源中不仅含有水汽，还含有烃蒸气时，则测得值为水汽和烃蒸气的总量。

(3) 卡尔-费歇法。

适用范围：适用于水含量在5~5000mg/m^3 之间的气体。

方法原理：卡尔-费歇试剂是由甲醇、吡啶、二氧化硫和碘组成的。存在于气体中的一定量的水分与卡尔-费歇试剂中的碘和二氧化硫进行定量反应。其反应式如下：

$$I_2+SO_2+3C_5H_5N+CH_3OH+H_2O \rightarrow 2C_5H_5N \cdot HI+C_5H_5NH \cdot OSO_2OCH_3 \quad (1-1-7)$$

以标定了水当量的卡尔-费歇试剂，采用滴定法或电量法测定气体中的水含量。

电位滴定法：滴定池中装有碱性吸收剂，当气体通过滴定池时，水分被提取到碱性吸收剂中，然后用卡尔-费歇试剂滴定。当滴定达到终点时，卡尔-费歇试剂过量，电位产生突跃，以电位确定终点，故称电位滴定。由卡尔-费歇试剂耗量计算出气样中的水含量。

电量法：一定量的气体通过滴定池，水被吸收在阳极溶液中，当用卡尔-费歇试剂滴定时，发生式(1-1-7)反应，按半电池反应 $I_2+2e \rightarrow 2I^-$，阳极上 I_2 被还原，阴极上 I^- 被氧化。当滴定达到终点时，溶液中有微量卡尔-费歇试剂，当时 I_2 与 I^- 同时存在，此时溶液导电，电流表指针发生偏转，指示达到终点。反应所需的碘由电解产生，产生的碘与电解电流成正比，被消耗的碘又与气体的水含量成正比。因此，由电解电流就可直接转换成被测气体中的水含量。

干扰：某些天然气中可能存在硫化氢和硫醇类，当其含量低于水含量的20%时，能通过校正排除干扰，当其含量较高时，不能采用本方法。

9. 天然气中汞的测定

1) 一般考虑

一般未被污染的大气中汞含量为3~7ng/m^3，而天然气中汞含量为100~300ng/m^3。由于汞在常温下会升华成蒸气，对人体有毒，对设备有腐蚀，故在进行测定操作时应注意密闭与通风。

2) 测定方法及有关标准

天然气中汞的测定方法有原子吸收光谱法、冷原子荧光分光光度计法等。按照天然气中汞含量的高低，样品中汞的富集分别采用溶液吸收法和银丝/金丝吸附法。

(1) 气样中汞的富集。

溶液吸收法：适用于汞含量为0~1000μg/m^3 的气样。气体通过装有一定体积的高锰酸钾硫酸溶液的吸收瓶，气体中的汞被氧化成汞离子，过剩的高锰酸钾用盐酸羟胺溶液还原，然后汞离子用氯化亚锡溶液还原成元素汞，通过具有一定流速的高纯氮气将汞蒸气带入仪器。

银丝/金丝吸附法：适用于汞含量为 0.3~1000ng/m^3 的气样。气体通过装有银丝的第1根石英管，汞被收集在银丝上，然后在升温至 900℃的炉中汞被释放出来，收集在装有金丝的第2根石英管内，通过具有一定流速的高纯氮气，将汞蒸气带入仪器。

（2）方法原理。

原子吸收光谱法：汞蒸气随载气流通入吸收池，测定在 253.7mm 汞共振谱线下的吸光度，记录峰面积(或峰高)值。

冷原子荧光分光光度计法：低压汞灯发出光束，通过透镜照射到由进样嘴进来的汞蒸气上，汞原子被激发而产生荧光，荧光第2次经过透镜聚焦于光电倍增管，光电流经放大后，再由表头读数或记录峰值。由于汞在常温下可以气化，本法采用还原气化法，不用加热，故称冷原子荧光法。在一定条件下，汞原子的荧光强度与汞原子蒸气的浓度成正比。

在与试样完全相同的条件下，进入已知含量的汞标准液或汞饱和蒸气作为外标物，对测定峰面积值或峰高值进行校准，得出定量结果❶。

可采用的标准为《天然气中汞含量的测定——原子吸收光谱法》(GB/T 16781.1—1997)和《天然气中汞含量的测定——冷原子荧光分光光度计法》(GB/T 16781.2—1997)[等效采用《天然气中汞含量的测定——原子吸收光谱法》(ISO 6978.1—1992)和《天然气中汞含量的测定——冷原子荧光分光光度计法》(ISO 6978.2—1992)]。

10. 天然气中粉尘的测定

粉尘一般是指由气溶胶与固体分散相共同组成的分散系，其颗粒大小由分子状态的粒子到肉眼能直接观察到的粒子(0.001~100μm)组成。这些粒子能时间长短不尽相等地处于悬浮状态。粉尘有浓度、分散度、比表面积、磨蚀性、爆炸性、可燃性等物化性质，此外粉尘也有化学组成成分指标。对于粉尘测定，我国起步较晚。现推荐一种适用于带压天然气测定天然气中粒度大于 0.5μm 粉尘浓度的质量方法。

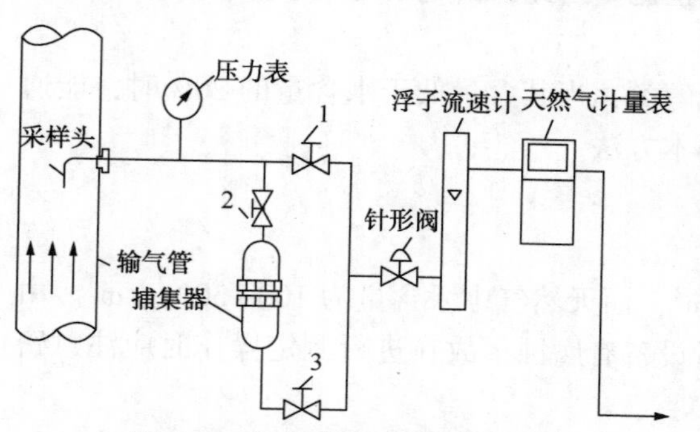

图 1-1-3 粉尘浓度测定流程图

1，2，3—不锈钢截止阀

1）方法原理

一定体积的管输天然气通过预先已恒重的滤膜，天然气中的粉尘被截留在滤膜上，经干燥后称量直至恒重，根据粉尘质量和通过的天然气体积计算出粉尘浓度，以 mg/m^3 计。这里的粉尘是指去掉了附着水的大于 0.5μm 的固体粒子，其中包括被粉尘吸附的、经过干燥仍未挥发的微量组分在内。

2）测定装置和组件

浓度测定流程如图 1-1-3 所示。

❶ 汞蒸气在气体中的分布具有不均匀性，应收集较长周期内的若干个气样的含汞量的平均值，取其算术平均值。

3）采样

(1) 采样位置应选在输气管线的垂直管段的直管部分，避开弯管或节流管段，以避免产涡流、逆流。

(2) 测定装置中天然气的流速可由每天的输气量计算出来，通过输气管线和测定装置采样管道截面积尺寸，可以计算出保持等动力采样(等速采样)时天然气在测定装置中应有的流速。

(3) 输气管线内粉尘为非均匀地、时间或长或短不尽相等地处于悬浮状态，浓度的变化没有一定的规律，瞬间测定值的波动性较大，如果在一定的时间区间内连续、多次测定，求出时间性平均值，用来代表实际粉尘浓度状况就比较合理。

11. 天然气密度、相对密度和热值的确定

天然气的密度、相对密度和热值(发热量)可用仪器测量，也可用计算方法确定。

1）燃气密度、相对密度的测量方法

(1) 称量法。利用天平称量出同样体积的天然气与空气的质量，二者的比值即为天然气的相对密度。因为天然气很轻(密度很小)，即使用精密天平，也不易测准。

(2) 泄流法。两种气体，以相同压力从同一孔口流出时，密度较大的气体的流速必然小于密度小的气体，这种利用流速差别测量相对密度的方法是比较准确、简便的。

2）燃气热值的测定方法

测定燃气热值的方法有很多，主要有水流吸热法、空气吸热法和金属膨胀法。

(1) 水流吸热法(容克式热值测定方法)。

原理：利用水流将燃气燃烧产生的热量完全吸收，按水流量和水的温升求出燃气的热值。该方法遵循热平衡，可近似地写成式(1-1-8)：

$$VH_h = m\Delta t \tag{1-1-8}$$

式中 H_h——燃气高热值，MJ/m^3；

V——在一定时间内，流过量热计的燃烧燃气的体积，m^3；

m——在同一时间内，流过量热计的水量，kg；

Δt——水被加热后温度升高值，℃。

如欲求得燃气的低热值 H_l，尚需要减去冷凝水放出的热量 q，即：

$$H_l = H_h - q = \frac{m\Delta t}{V} - q \tag{1-1-9}$$

水流吸热法同样也可以用于液化石油气、天然气、焦炉气等各种热值燃气的热值测定，只需要选用不同的本生灯喷嘴即可。

(2) 空气吸热法。

原理：通过测量作为热交换介质空气流的温升的方法，测得燃气燃烧给予空气流的全部热量。燃气和吸热空气保持恒定的体积比。燃气燃烧的烟气加过剩空气与吸热空气是分隔开的，燃烧过程中生成的水汽全部冷凝为液体，因此，测得值为高热值。吸热空气的温升直接与燃气的发热量成正比。

以上两种量热系统，使用前均需要用已知热值的标准气，例如用芝加哥气体工艺研究所生产、美国国家标准局认可的纯甲烷气体，对装置进行标定。

（3）金属膨胀法。

利用燃气燃烧产生的热量，加热两个同心的、由金属制作的膨胀管，两管的相互位置因温度改变而变化，而此温度又随燃气热值的大小而变化，根据此原理制成西格马自动量热计，在工业上使用较广泛。

3）天然气密度、相对密度和热值的计算方法

天然气密度、相对密度和热值的计算方法可参见《天然气中热值、密度和相对密度计算》(GB/T 11062—1998)［等效采用《天然气——热值、密度和相对密度的计算》(ISO 6976)］。

（三）天然气分析中标准气的制备与利用

1. 概述

所谓天然气标准气是指天然气中以烃类为主成分的混合标准气。

为使获得的天然气组分分析数据具有可追溯性，最理想的方法是用标准物质作为链值传递的中间媒介，即用已知组分浓度的、与待测天然气的组成成分及浓度相似的标准气作为外标物，对各组分进行定量。尤其对于用气相色谱法分析的那些烃类组分更为重要。

天然气中含硫化合物标准气，由于其稳定性差，在分析方法中可采用现配现用的配制方法。天然气中惰性气体标准气可选用通用的相关气体标准气。

2. 制备方法

标准气作为一种标准物质，配制的方法有称重法、静态容积法、动态容积法、测压法与饱和法等多种方法，但因为称重法是以质量为基础的绝对方法，不需要准确测定气体的温度、压力、压缩因子而可获得准确、可靠的配制结果，因而受到推荐。尤其是在生产我国最高水平的有证标准物质时，必须采用此配制方法。

称重法配制方法：用分压法向气瓶逐一充入已知纯度的各组分气体，气瓶在充入一定量已知纯度的某气体组分前、后用精密天平称量，两次称量的读数之差即为充入气瓶的该气体组分的质量。充入不同组分的气体，便制备一种混合气。混合气中各组分的摩尔分数为该组分的物质的量与混合气中所有组分的物质的量的总和之比。为最大限度地减少因环境条件(温度、大气压、湿度)及浮力变化而造成的称量误差，选择在大气中用参比瓶比较的称量方法。

3. 有关事项

（1）标准气必须选用有CMC(中华人民共和国制造计量器具许可证)标志的标准物质，与天然气分析有关的标准气见表1-1-4。

（2）我国标准物质分为一级标准物质和二级标准物质，在一般工作场所中可选用二级标准物质，但在实验室认证、方法验证、产品评价以及仲裁时可选用高水平的一级标准物质。

（3）使用烃类标准气应注意达到烃露点后对标准气组成的稳定性造成的影响，因此要密切注意标准气存放温度与压力下降状况。

表 1-1-4　天然气分析相关的标准气

一级标准气	标准编号	标准标题
519	GBW 06305	《甲烷中丙烷、异丁烷、正丁烷气体标准物质》
520	GBW 06306	《甲烷中乙烷气体标准物质》
521	GBW 06307	《甲烷中丙烷气体标准物质》
522	GBW 06308	《甲烷中二氧化碳气体标准物质》
二级标准气	标准编号	标准标题
141	GBW(E) 060094	《甲烷中氦、氢混合气体标准物质》
142	GBW(E) 060095	《甲烷中氧、氮混合气体标准物质》
143	GBW(E) 060096	《甲烷中二氧化碳气体标准物质》
144	GBW(E) 060097	《氮中甲烷气体标准物质》
147	GBW(E) 060130	《氮中硫化氢气体标准物质》
148	GBW(E) 060131	《甲烷中硫化氢气体标准物质》
149	GBW(E) 060132	《氮中二氧化碳气体标准物质》
380	GBW(E) 080111	《甲烷中乙烷、丙烷、正异丁烷、正异戊烷气体标准物质》

4. 天然气分析测试方法标准名称

详见表 1-1-5。

表 1-1-5　天然气分析测试方法标准名称表

标准名称	标准编号	标准标题
国际标准化组织标准	ISO 6326.1	《天然气——硫化物测定—1. 导论》
	ISO 6326.2	《气体分析——天然气中硫化物测定(气相色谱法)》
	ISO 6326.3	《天然气——硫化物测定—3. 电位法测 H_2S、RSH、COS》
	ISO 6326.5	《天然气——硫化物测定—5. 林格纳燃烧法》
	ISO 6327—0981	《天然气中水分的测定——冷却镜面凝析稳定法》
	ISO 6568	《天然气简易分析(气相色谱法)》
	ISO 6570/1	《天然气——潜在烃类液体含量测定—1. 原理一般要求》
	ISO 6570/2	《天然气——潜在烃类液体含量测定—2. 质量法》
	ISO 6974	《天然气——氢、惰性气和 $C_1 \sim C_8$ 的测定(气相色谱法)》
	ISO 6975	《天然气——$C_4 \sim C_6$ 的测定(气相色谱法)》
	ISO 6976	《天然气——热值、密度和相对密度的计算》
	ISO 10715—1997	《天然气取样导则》
	ISO 1978.1—1992	《天然气中汞含量的测定——原子吸收光谱法》
	ISO 6978.2—1992	《天然气中汞含量的测定——冷原子荧光分光光度计法》
	ISO 1213.1	《天然气压缩因子计算—1. 导论与计算》
	ISO 1213.2	《天然气压缩因子计算—2. 用摩尔组成进行计算》
	ISO 1213.3	《天然气压缩因子计算—3. 用物性计算》
苏联标准	TOCT 17556》	《天然气中硫化氢、硫醇硫测定方法》
	《TOCT 18917	《天然气取样》
	TOCT 20060	《天然可燃气体水汽含量和水露点测定方法》
	TOCT 22387.1	《公用和生活用气热值测定方法》
	TOCT 22387.2	《公用和生活用气硫化氢测定方法》
	TOCT 20061	《天然气烃露点温度测定方法》

续表

标准名称	标准编号	标准标题
英国标准	BS 1756 BS 3156	《燃料气水分质量法测定》 《燃料气取样和分析方法
英国石油学会标准	IP 103 IP 243 IP 337 IP 345	《硫化氢含量——硫酸镉方法》 《石油产品 Wickbold 氧——氢方法》 《用气相色谱分析非伴生天然气》 《用气相色谱分析伴生天然气》
美国材料试验学会标准	ASTM D900 ASTM D1070 ASTM D1071 ASTM D1072 ASTM D1142 ASTM D1145 ASTM D1826 ASTM D1945 ASTM D2597 ASTM D2725 ASTM D3031 ASTM D3588 ASTM D4084 ASTM D4468	《水流量计气体燃烧热值实验方法》 《气体燃烧相对密实验方法》 《气体燃烧试样容量测定方法》 《燃烧气体中总硫量的实验方法》 《燃烧气水汽含量测露点温度实验方法》 《天然气取样的标准方法》 《连续记录量热计天然气气体热值实验方法》 《气相色谱法天然气分析方法》 《用气相色谱分析天然气液态混合物的标准方法》 《天然气中硫化氢的实验方法(亚甲蓝法)》 《借加氢作用做天然气中总硫实验方法》 《气体燃料的热值和相对密度计算方法》 《气体燃料中硫化氢的分析方法(醋酸铅法)》 《借氢解作用和计速比色计做气体燃料中总硫的实验方法》
日本标准	JISK 2302 JISK 8011 JISK 8012 JISK 8013 JISK 8014	《燃气特殊成分分析(包括总硫、硫化氢)》 《天然气气相色谱分析方法》 《天然气热值测定方法》 《天然气相对密度测定方法》 《天然气水分测定方法》
中国国家标准	GB/T 11060. 1—1998 GB/T 11060. 2—1998 GB/T 11061—1997 GB/T 11062—1998 GB/T 13609—1999 GB/T 13610 GB/T 16781. 1—1997 GB/T 13781. 2—1997 GB/T 17283—1998 GB/T 17281—1998 GB/T 17747. 1—1998 GB/T 17747. 2—1999 GB/T 17747. 3—1999	《天然气中硫化氢含量的测定——碘量法》 《天然气中硫化氢含量的测定——亚甲蓝法》 《天然气中总氢的测定——氧化微库仑法》 《天然气中热值、密度和相对密度计算》 《天然气的取样导读》 《天然气的组分分析——气相色谱法》 《天然气中汞含量的测定——原子吸收光谱法》 《天然气中汞含量的测定——冷原子荧光分光光度计法》 《天然气中水分的测定——冷却镜面凝析温度法》 《天然气中丁烷至 C_{10} 烃类测定——气相色谱法》 《天然气压缩因子计算—1. 导论与指南》 《天然气压缩因子计算—2. 用摩尔组成进行计算》 《天然气压缩因子计算—3. 用物性进行计算》
中国石油行业标准	SY/T 7506—1997 SY/T 7507—1997 SY/T 7508—1997	《天然气中二氧化碳含量的测定方法——氢氧化钡法》 《天然气中水含量的测定——电解法》 《油气田液化石油气中总硫的测定——氧化微库仑法》

三、天然气及其加工产品的质量要求

（一）商品天然气的质量要求

商品天然气的质量要求不是按其组成，而是根据经济效益、安全卫生和环境保护三个方面的因素综合考虑制定的。不同国家，甚至同一国家不同地区、不同用途的商品天然气质量要求均不相同，因此，不可能以一个国际标准来统一。此外，由于商品天然气多通过管道输往用户，也因用户不同，对气体质量要求也不同。通常，商品天然气的质量指标主要有下述几项。

1. 热值（发热量）

热值是表示燃气（即气体燃料）质量的重要指标之一，可分为高热值（高位发热量）与低热值（低位发热量），单位为 kJ/m^3（气体燃料）或 kJ/kg（液体和固体燃料），亦可为 MJ/m^3 或 MJ/kg。不同种类的燃料气，其热值差别很大。天然气的热值大约是人工燃气的 2 倍，见表 1-1-6。

表 1-1-6　各种燃气低热值（概略值）表

燃气类型	天然气		人工燃气		
	气藏气	伴生气	焦炉煤气	直立炭化煤气	压力气化煤气
热值/（MJ/m^3）	31.4~36.0	41.5~43.9	14.7~18.3	16.2~16.4	15.3~15.5

注：1. 此处 m^3 指 101.325kPa、0℃状态下的体积。
2. 未经加工或处理。

目前，国内外天然气气质标准多采用高位发热值。天然气高位发热量直接反映天然气的使用价值（经济效益），该值可以采用气相色谱分析数据计算，或用燃烧法直接测定。同一天然气的发热量值还与其体积参比条件有关，选用该值时务必注意。

燃气热值也是用户正确选用燃烧设备或燃具时所必须考虑的一项质量指标。

沃泊（Wobb）指数是代表燃气特性的一个参数。它的定义式为：

$$W=\frac{H}{\sqrt{d}} \tag{1-1-10}$$

式中 W——沃泊指数，或称热负荷指数；

H——燃气热值，kJ/m^3，各国习惯不同，有的取高热值，有的取低热值，我国取高热值；

d——燃气相对密度（设空气的 $d=1$）。

假设两种燃气的热值和相对密度均不相同，但只要它们的沃泊指数相等，就能在同燃气压力下和在同一燃具或燃烧设备上获得同一热负荷。换句话说，沃泊指数是燃气互换性的一个判定指数。只要一种燃气与燃具所使用的另一种燃气的沃泊指数相同，则此燃气对另一种燃气具有互换性。各国一般规定，在两种燃气互换时，沃泊指数的允许变化不大于 ±5%~±10%，有两种燃气互换时，热负荷除与沃泊指数有关外，还与燃气黏度等性质有关，但在工程上这种影响往往可忽略不计。

由此可见，在具有多种气源的城镇中，由燃气热值和相对密度所确定的沃泊指数，对于燃气经营管理部门及用户都有十分重要的意义。

在一些国家的商品天然气质量要求中，都对其热值有一定要求。例如，在北美洲各国，一般要求商品天然气的热值不低于 34.5～37.3MJ/m^3。

2. 烃露点

此项要求是用来防止在输气或配气管道中有液烃析出。析出的液烃聚集在管道低洼处，会减小管道流通截面。只要管道中不析出游离液烃，或游离液烃不滞留在管道中，烃露点要求就不十分重要。烃露点一般根据各国具体情况而定，有些国家规定了在一定压力下允许的天然气最高烃露点。一些国家和组织对烃露点的控制要求见表 1-1-7。

表 1-1-7 一些国家和组织对烃露点的要求表

国家或组织	烃露点要求
ISO	在交接温度和压力下，不存在液相水和烃(见 ISO 13686—1998)
EASSE-Gas(欧洲能量合理交换协会-气体协会)	压力在 0.1～7MPa 下，-2℃，2006 年 10 月 1 日实施
奥地利	压力在 4.0MPa 下，-5℃
比利时	压力高达 6.9MPa 时，-3℃
加拿大	压力在 5.4MPa 下，-10℃
意大利	压力在 6MPa 下，-10℃
德国	地温/操作压力
荷兰	压力高达 7MPa 时，-3℃
俄罗斯	温带地区：0℃；寒带地区：夏季-5℃，冬季-10℃
英国	夏季：6.9MPa，10℃；冬季：6.9MPa，-1℃

3. 水露点(也称露点)

此项要求是用来防止在输气或配气管道中有液态水(游离水)析出。液态水的存在会加速天然气中酸性组分(H_2S、CO_2)对钢材的腐蚀，还会形成固态天然气水合物，堵塞管道和设备。此外，液态水聚集在管道低洼处，也会减小管道的流通截面。冬季水会结冰，也会堵塞管道和设备。

水露点一般也是根据各国具体情况而定。在我国，对管输天然气要求其水露点应比输气管道中气体可能达到的最低温度低 5℃。也有一些国家是规定天然气中的水蒸气含量(也称水含量)，例如，加拿大艾伯塔省规定水蒸气含量不高于 65mg/m^3。

4. 硫含量

此项要求主要是用来控制天然气中硫化物的腐蚀性和对大气的污染，常用 H_2S 含量和总硫含量表示。

天然气中硫化物分为无机硫化物和有机硫化物。无机硫化物指硫化氢(H_2S)，有机硫化物指二硫化碳(CS_2)、硫化羰(COS)、硫醇(CH_3SH、C_2H_5SH)、噻吩(C_4H_4S)、硫醚(CH_3SCH_3)等。天然气中的大部分硫化物为无机硫。

硫化氢及其燃烧产物二氧化硫，都具有强烈的刺鼻气味，对眼睛和呼吸道黏膜有损害作用。空气中硫化氢浓度大于 0.06%(约 910mg/m^3)时，人呼吸半小时就会致命。当空气中含有0.05%浓度的二氧化硫(SO_2)时，人呼吸后短时间内生命就有危险。

空气中的硫化氢(H_2S)阈值为15mg/m³(10ppm)，安全临界浓度为30mg/m³(20ppm)，危险临界浓度为150mg/m³(100ppm)，SO_2的阈值为5.4mg/m³(2ppm)。

硫化氢又是一种恬性腐蚀剂。在高压、高温及有液态水存在时，腐蚀作用会更加剧烈。硫化氢燃烧后生成的二氧化硫和三氧化硫，也会造成对燃具或燃烧设备的腐蚀。因此，一般要求天然气中的硫化氢含量不高于6~20mg/m³，除此以外，对天然气中的总硫含量也有一定要求，一般要求小于480mg/m³。而我国要求总硫含量小于350mg/m³或者更低。

5. 二氧化碳含量

二氧化碳也是天然气中的酸性组分，在有液态水存在时，对管道和设备也有腐蚀性。尤其当硫化氢、二氧化碳与水同时存在时，对钢材的腐蚀更加严重。此外，二氧化碳还是天然气中的不可燃组分。因此，一些国家规定了天然气中二氧化碳的含量(体积分数)不高于2%~3%。

6. 机械杂质(固体颗粒)

在我国国家标准《天然气》(GB 17820—2012)中虽未规定商品天然气中机械杂质的具体指标，但明确指出“天然气中固体颗粒含量应不影响天然气的输送和利用”，这与国家标准化组织天然气技术委员会(ISO/TC 193)在1998年发布的《天然气质量指标》(ISO 13686)是一致的。应该说明的是，固体颗粒指标不仅应按规定说明其含量，也应说明其粒径。故中国石油天然气集团有限公司的企业标准《天然气长输管道气质要求》(Q/SY 30—2002)对固体颗粒的粒径明确规定应小于5μm，俄罗斯国家标准(OCT 5542)规定天然气中的固体颗粒≤1mg/m³。

7. 其他

关于含氧量，从中国石油天然气集团有限公司西南油气田分公司天然气研究院十多年来对国内各油气田所产天然气的分析数据看，从未发现过井口天然气中含有氧。但四川、大庆等地区的用户均曾发现商品天然气中含有氧(在短期内)。有时，其含量还超过2%(体积分数)。这部分氧的来源尚不清楚，估计是集输、处理过程中混入天然气中的。由于氧会与天然气形成爆炸性气体混合物，而且在输配系统中氧也可能氧化天然气中含硫加臭剂而形成腐蚀性更强的产物，故无论从安全还是防腐角度，都应对此问题引起足够重视，及时开展调查研究。

国外对天然气中含氧量有规定的国家不多。例如，欧洲气体能量交换合理化委员会(EASEE-Gas)规定的“统一跨国输送的天然气气质”将确定氧含量≤0.01%(摩尔分数)，德国的商品天然气标准规定氧含量≤1%(体积分数)，但俄罗斯行业标准OCT 51.40则规定在温暖地区应≤0.5%(体积分数)。中国石油天然气集团有限公司企业标准《天然气长输管道气质要求》(Q/SY 30—2002)则规定输气管道中天然气中的氧含量应<0.5%(体积分数)。

此外，在北美洲国家的商品天然气质量要求中，还规定了最高输气温度和最高输气压力等指标。

(二)国内外对商品天然气的质量要求相关标准

表1-1-8为国外商品天然气质量要求。表1-1-9则给出了欧洲气体能量交换合理化委员会的“统一跨国输送的天然气气质”。EASEE-Gas是由欧洲六家大型输气公司于2002

年联合成立的一个组织。该组织在对 20 多个国家的 73 个天然气贸易交接点进行气质调查后，于 2005 年提出一份统一天然气气质的调查报告，对欧洲影响较大，并被修订的国际标准 ISO 13686—2008 作为一项新的资料性附录引用，即欧洲 H 类“统一跨国输送的天然气气质”资料。

表 1-1-8 国外商品天然气质量要求表

国 家	H_2S/(mg/m^3)	总硫/(mg/m^3)	CO_2/%	水露点/(℃/MPa)	高发热量/(MJ/m^3)
英国	5	50	2.0	夏季：4.4/6.9，冬季：-9.4/6.9	38.84~42.85
荷兰	5	120	1.5~2.0	-8.0/7.0	35.17
法国	7	150	—	-5/操作压力	37.67~46.04
德国	5	120	—	地温/操作压力	30.2~47.2
意大利	2	100	1.5	-10/6.0	—
比利时	5	150	2.0	-8/6.9	40.19~44.38
奥地利	6	100	1.5	-7/4.0	—
加拿大	6	23	2.0	64mg/m^3	36.5
	23	115		-10/操作压力	36
美国	5.7	22.9	3.0	110mg/m^3	43.6~44.3
俄罗斯	7.0	16.0①	—	夏季：-3/(-10)，冬季：-5/(-20)②	32.5~36.1

注：① 硫醇。

② 括号外为温带地区，括号内为寒带地区。

表 1-1-9 欧洲 H 类天然气统一跨国输送气质指标表

项 目	最小值	最大值	推荐执行日期
总沃泊指数/(MJ/m^3)	48.96	56.92	2010-10-1
相对密度	0.555	0.700	2010-10-1
总硫/(mg/m^3)	—	30	2006-10-1
硫化氢和羟基硫/(mg/m^3)	—	5	2006-10-1
硫醇/(mg/m^3)	—	6	2006-10-1
氧气(摩尔分数)/%	—	0.01①	2010-10-1
二氧化碳(摩尔分数)/%	—	2.5	2010-10-1
水露点(7MPa，绝压)/℃	—	-8	见注②
烃露点(0.1~7MPa，绝压)/℃	—	-2	2006-10-1

注：① EASEE-Gas 通过对天然气中氧含量的调查，确定氧含量限定的最大值≤0.01%(摩尔分数)。

② 针对某些交接点可以不严格遵守公共商务准则(CBP)的规定，相关生产、销售和运输方可另行规定水露点，各方也应共同研究如何适应 CBP 规定的气质指标问题，以满足长期需要。对于其他交接点，此规定值可从 2006 年 10 月 1 日起开始执行。

表 1-1-10 则是我国国家标准《天然气》(GB 17820—2012)中商品天然气的质量指标。其中，用作城镇燃料的天然气，总硫和硫化氢含量应该符合一类气或二类气的质量指标。

此外，作为城镇燃气的天然气，应具有可以察觉的臭味。燃气中加臭剂的最小量应符合《城镇燃气设计规范》(GB 50028—2006)有关规定。

表 1-1-10 我国商品天然气质量指标表(GB 17820 —2012)

项 目	一 类	二 类	三 类
高位发热值/(MJ/m³)	≥36.0	≥31.4	≥31.4
总硫(以硫计)/(mg/m³)	≤60	≤200	≤350
硫化氢/(mg/m³)	≤6	≤20	≤350
二氧化碳(体积分数)/%	≤2.0	≤3.0	—
水露点/℃	在交接压力下，水露点应比输送条件下最低环境温度低 5℃		

注：1. 本标准中气体体积的标准参比条件是 101.325kPa、20℃。
2. 当输送条件下，管道管顶埋地温度为 0℃时，水露点应不高于-5℃。
3. 进入输气管道的天然气，水露点的压力应是最高输送压力。

中国石油天然气集团有限公司发布的原行业标准《天然气》(SY 7514—1988)已从 1989 年开始实施。此标准适用于从油田、气田采出，经矿场分离和处理后用管道输送至用户，并按产品类别分别作为民用燃料、工业原料和工业燃料的天然气。标准中对商品天然气的质量要求见表 1-1-11。

表 1-1-11 我国天然气质量要求表(SY 7514—1988)

项 目		质量指标			
		Ⅰ类	Ⅱ类	Ⅲ类	Ⅳ类②
高位发热量/(MJ/m³)①	A 组	>31.4(>7500kcal/m³)			
	B 组	14.65~31.4(3500~7500 kcal/m³)			
总硫(以硫计)含量/(mg/m³)		≤150	≤270	≤480	>480
硫化氢含量/(mg/m³)		≤6	≤20	实测	实测
二氧化碳含量(体积分数)/%		≤3	—		
水分		无游离水			

注：① 本标准中的 m³ 为在 101.325kPa、20℃状态下的体积。
② Ⅳ类气为总硫含量大于 480mg/m³ 的井口气，该气体只能供给有处理手段的用户。

表 1-1-11 中所列的Ⅰ类、Ⅱ类气体主要用作民用燃料，Ⅲ类、Ⅳ类气体主要用作工业原料与燃料。与国外相比，我国的《天然气》标准虽基本上反映了商品天然气的质量要求，但也有值得商榷之处。例如，指标中仅规定了无游离水，而对天然气的水露点并未明确规定，这显然不能满足管输气对水含量的要求。又如，Ⅳ类气体指标中未对总硫含量规定上限，加之国内这类商品气数量很少，故建议予以取消。

在国外，随着天然气在能源结构中占的比重上升、输气压力增加和输送距离增加，对天然气的质量要求也更加严格。

实际上，商品天然气的质量要求应从提高经济效益出发，在满足国家关于安全卫生和环境保护等标准的前提下，由供需双方按照需要和可能，在签订供气合同或协议时具体协商确定。

需要强调的是，在《天然气》(GB 17820—2012)标准中，同时规定了商品天然气的质量指标和其测定方法，而且这些方法在国内均有标准可依，在进行商品天然气贸易交接和质量仲裁时务必注意执行。

如果只是为了符合管道输送的要求，则经过处理后的天然气称之为管输天然气，简称管输气。我国《输气管道工程设计规范》(GB 50251—2015)对管输天然气的质量要求如下：

(1) 进入输气管道的气体必须清除其中的机械杂质。

(2) 水露点应比输气管道中气体可能达到的最低环境温度(即最低管输气体温度)低5℃。

(3) 烃露点应低于或等于输气管道中气体可能达到的最低环境温度。

(4) 气体中硫化氢含量不大于20mg/m³。

(5) 如输送不符合上述质量要求的气体必须采取相应的保护措施。

(三) 天然气加工主要产品及其质量要求

天然气加工产品包括液化天然气、天然气凝液、液化石油气、天然汽油等。典型的天然气及其加工产品的组分见表1-1-12。

表1-1-12 典型的天然气及其产品组成表

名称	组成												
	He等	N_2	CO_2	H_2S	C_1	C_2	C_3	iC_4	nC_4	iC_5	nC_5	C_6	C_{7+}
天然气	▲	▲	▲	▲	▲	▲	▲	▲	▲	▲	▲	▲	▲
惰性气体	▲	▲	▲										
酸性气体			▲	▲									
液化天然气		▲			▲	▲	▲	▲	▲				
天然气凝液						▲	▲	▲	▲	▲	▲	▲	▲
液化石油气						▲	▲	▲	▲				
天然汽油							▲	▲	▲	▲	▲	▲	▲
稳定凝析油								▲	▲	▲	▲	▲	▲

1. 液化天然气

液化天然气(LNG)是由天然气液化制取的，是以甲烷为主的液烃混合物，其摩尔组成约为：C_1 80%~95%，C_2 3%~10%，C_3 0~5%，C_4 0~3%，C_{5+}微量。一般是在常压下将天然气冷冻到约-162℃使其变为液体。

由于液化天然气的体积为其气体(20℃、101.325kPa)体积的1/625，故有利于输送和储存。随着液化天然气运输船及储罐制造技术的进步，将天然气液化几乎是目前跨越海洋运输天然气的主要方法。LNG不仅可作为石油产品的清洁替代燃料，也可用来生产甲醇、氨及其他化工产品。此外，在一些国家和地区，LNG还用于民用燃气的调峰。LNG再气化时的蒸发潜热(-161.5℃时约为511kJ/kg)还可供制冷、冷藏等行业使用。表1-1-13为LNG的主要物理性质。

表 1-1-13 LNG 的主要物理性质表

项 目	气相相对密度($d_{空气}=1$)	沸点/℃(常压下)	液体密度/(kg/m³)(沸点下)	高热值/(MJ/m³)①	颜 色
数 值	0.60~0.70	约-162	430~460	41.5~45.3	无色透明

注：① 指 101.325kPa、15.6℃状态下的气体体积。

2. 天然气凝液

天然气凝液(NGL)也称为天然气液或天然气液体，我国习惯上称为轻烃。NGL 是指从天然气中回收得到的液烃混合物，包括乙烷、丙烷、丁烷及戊烷以上烃类等，有时广义地说，从气井井场及天然气加工厂得到的凝析油均属于天然气凝液。天然气凝液可直接作为产品，也可进一步分离出乙烷、丙烷、丁烷或丙烷、丁烷混合物(LPG)和天然汽油等。天然气凝液及由其得到的乙烷、丙烷、丁烷等烃类是制取乙烯的主要原料。此外，丙烷、丁烷或丙烷、丁烷混合物不仅是热值很高(83.7~125.6MJ/m³)、输送及存储方便、硫含量低的民用燃料，还是汽车的清洁替代燃料，其质量指标见《车用液化石油气》(GB 19159—2012)中的相关规定。

3. 液化石油气

液化石油气(LPG)也称为液化气，是指主要由 C_3 和 C_4 烃类组成，并且在常温下处于液态的石油产品。按其来源分为炼油厂液化石油气和油气田液化石油气两种。炼油厂液化石油气是由炼油厂的二次加工过程所得的，主要由丙烷、丙烯、丁烷和丁烯等组成。油气田液化石油气是由天然气加工过程所得的，通常又可分为商品丙烷、商品丁烷和商品丙烷、丁烷混合物等。商品丙烷主要由丙烷和少量丁烷及微量乙烷组成，适用于要求高挥发性产品的场合。商品丁烷主要由丁烷和少量丙烷及微量戊烷组成，适用于要求低挥发性产品的场合。商品丙烷、丁烷混合物主要由丙烷、丁烷和少量乙烷、戊烷组成，适用于要求中挥发性产品的场合，油气田液化石油气不含烯烃。我国油气田液化石油气质量要求见表 1-1-14。

表 1-1-14 我国油气田液化石油气质量要求表(GB 9052.1—1998)

项 目		质量指标			实验方法
		商品丙烷	商品丁烷	商品丙烷、丁烷混合物	
37.8℃时的蒸气压(表压)/kPa		≤1430	≤485	≤1380	GB/T 6602①
组分(体积分数)/%	丁烷及以上组分	≤2.5	—	—	SH/T 0230
	戊烷及以上组分	—	≤2.0	≤3.0	
残留物	100mL 蒸发残留物/mL	≤0.05	≤0.05	≤0.05	SY/T 7509
	油渍观察	通过	通过	通过	
密度(20℃或 15.6℃)/(kg/m³)		实测	实测	实测	SH/T 0221②
铜片腐蚀(40℃，1h)/级		≤1	≤1	≤1	SH/T 0232
总硫含量/10^{-6}		≤185	≤140	≤140	SY/T 7508
游离水		—	无	无	目测

注：① 蒸气压也允许用 GB/T 12576 方法计算，但在仲裁时必须用 GB/T 6602 测定。

② 密度也允许用 GB/T 12576 方法计算，但在仲裁时必须用 SH/T 0221 测定。

4. 天然汽油

天然汽油也称为气体汽油或凝析汽油，是指天然气凝液经过稳定后得到的，以戊烷及更重烃类为主的液态石油产品。我国习惯上称为稳定轻烃，国外也将其称为稳定凝析油。我国将天然汽油按其蒸气压分为两种牌号，其代号为1号和2号。1号产品可作为石油化工原料；2号产品除作为石油化工原料外，也可用作车用汽油调和原料。它们的质量要求见表1-1-15。

表1-1-15 我国稳定轻烃质量要求表(GB 9053—2013)

项目		质量指标		实验方法
		1号	2号	
饱和蒸气压/kPa		74~200	夏季[①]：<74，冬季[②]：<88	GB/T 8017
馏程	10%蒸发温度/℃	—	≤35	GB/T 6536
	90%蒸发温度/℃	≤135	≤150	
	终馏点/℃	≤190	≤190	
	60℃蒸发率/%	实测	—	
硫含量/%		≤0.05	≤0.10	SH/T 0253
机械杂质及水分		无	无	目测[③]
铜片腐蚀/级		≤1	≤1	GB/T 5096
颜色(塞波特色号)		≤25	—	GB/T 3555

注：① 夏季指每年5月1日至10月31日。

② 冬季指每年11月1日至次年4月30日。

③ 将油样注入100mL的玻璃量筒中观察，应当透明，没有悬浮与沉淀的机械杂质及水分。

5. 压缩天然气

压缩天然气(CNG)是经过压缩的高压商品天然气，其主要成分是甲烷。由于它不仅抗爆性能和燃烧性能好，燃烧产物中的温室气体及其他有害物质含量很少，而且生产成本较低，因而是种很有发展前途的汽车优质替代燃料。目前，大多灌装在20~25MPa的气瓶中供汽车使用，称为车用压缩天然气。

我国发布的行业标准《汽车用压缩天然气》(SY/T 7546—1996)已从1997年开始实施，该标准中对汽车用压缩天然气的质量求见表1-1-16。

表1-1-16 我国汽车用压缩天然气质量要求表(GB/T 18047—2000)

项目	质量指标	项目	质量指标
高位发热量/(MJ/m^3)	>31.4	氧气含量/%	≤0.5
硫化氢含量/(mg/m^3)	≤15	水露点	在汽车驾驶的特定地理区域内，在最高操作压力下，水露点不应高于-13℃；当最低气温低于-8℃时，水露点应比最低气温低5℃
总硫(以硫计)含量/(mg/m^3)	≤200		
二氧化碳含量/%	≤3.0		

注：1. 本标准中的气体体积的标准参比条件是101.325Pa、20℃状态下的体积。

2. 为确保压缩天然气的使用安全，压缩天然气应有特殊气味，必要时加入适量加臭剂，保证天然气的浓度在空气中达到爆炸下限的20%前能被察觉。

由于车用压缩天然气在气瓶中的储存压力很高，为防止因硫化氢分压高而产生腐蚀，故要求其硫化氢含量≤15mg/m³。这也是以城镇燃气管网的商品天然气(二类气质≤20mg/m³)为原料气，有时需要进一步脱硫的原因所在。

车用压缩天然气在使用时，应考虑其沃泊指数，因为沃泊指数的变化将影响汽车发动机的输出功率和运转情况，而且由于大多数发动机的流量计系统使用孔板，故沃泊指数的变化也会导致空气/燃料比例发生变化。

应该指出的是，上述各标准不仅规定了有关产品的质量指标，也同时规定了国内已有指标可依的测定方法，在进行商品贸易和质量仲裁时务必遵照执行。

至于其他如商品乙烷等，我国目前尚无上述由国家或行业在相应标准中提出的质量要求。

(四)天然气体积的计量条件及各种标准

天然气作为商品交接时必须进行计量。天然气流量计量的结果值可以是体积流量、质量流量和能量(热值)流量。其中，体积计量是天然气各种流量计量的基础。

天然气的体积具有压缩性，随温度、压力条件而变。为了便于比较与计算，需要把不同压力、温度下的天然气体积折算成相同压力、温度下的体积。或者说，均以此相同压力、温度下的单位(工程上通常是1m³)作为天然气体积的计量单位，此压力、温度条件称为标准状态。

1. 标准状态的压力、温度条件

目前，国内外采用的标准状态的压力和温度条件并不统一。一种是采用0℃和101.325kPa作为天然气体积计量的标准状态，在此状态下计量的1m³天然气体积称为1标准立方米，简称1标方。我国以往写成1Nm³，目前已改写成1m³(N)。另一种是采用20℃或15.6℃及101.325kPa作为天然气体积计量的标准状态。其中，我国石油天然气行业气体体积计量的标准状态采用20℃，英国、美国等则多采用15.6℃。为与前一种标准状态区别，我国以往称其为基准状态，而将此状态下计量的1m³称为1基准立方米，简称1基方或1方，写成1m³。英国、美国等通常写1Stdm³或1m³。

由于这两种标准状态条件下天然气的计量单位目前在我国均写为1m³，为便于区别，故本书将前者写成1m³(N)，后者写成1m³，而对采用15.6℃及101.325kPa计算的1m³写成1m³(GPA)。当气体质量相同时，它们的关系是：1m³ = 0.985m³(GPA) = 0.932m³(N)。

2. 国内采用的天然气体积计量条件

目前，国内天然气生产、经营管理及使用部门采用的天然气体积计量条件也不统一，因此，在计量商品天然气体积时要特别注意所采用的体积计量条件。

中国石油天然气集团有限公司采用的标准状态为20℃、101.325kPa。例如，在《天然气》(GB 17820—2012)及《天然气流量的标准孔板计量方法》(SY/T 6143—1996)等行业标准中均注明所采用的天然气体积单位m³为20℃、101.325kPa状态下的体积。在《天然气流量的标准孔板计量方法》中出现的标准状态一词，实际上就是以往所称的基准状态。

我国城镇燃气(包括天然气)设计、经营管理部门则通常采用0℃、101.325kPa为标准状态。例如，在《城镇燃气设计规范》(GB 50028—2006)中注明燃气体积流量计量条件为0℃、101.325kPa。

此外，在《城镇燃气分类和基本特性》(GB/T 13611—2006)中则采用15℃及101.325kPa为体积参比电极。

随着我国天然气工业的迅速发展，目前国内已有越来越多的城镇采用天然气作为民用燃料。对于民用(城镇居民及公共服务设施)用户，通常采用隔膜式或罗茨式气表计量天然气体积流量。此时的体积计量条件则为用户气表安装处的大气温度与压力，一般不再进行温度、压力校正。

由此可见，我国天然气生产、经营管理及使用部门的天然气体积计量条件是不同的。此外，凡涉及天然气体积计量的一些性质(如密度、体积热值、硫化氢含量等)均有同样情况存在，请务必注意其体积计量条件。

3. 采用能量计量是今后我国天然气贸易交接计量的方向

近年来，我国越来越多的城镇已经实现天然气的多元化供应，其中气源包括了管道天然气和煤层气、液化天然气等，这些不同来源的天然气其发热量则有较大差别。

例如，北京目前来自长庆气区的管道天然气低位发热量约为35.0MJ/m³，来自华北油田的管道天然气低位发热量约为36.3MJ/m³，而今后来自国外的液化天然气低位发热量则为37~40MJ/m³。但是，多年来我国天然气贸易交接一直按体积计量，并未考虑发热量因素，显然有欠公平、合理。目前，欧美等国普遍采用天然气的发热量作为贸易交接的计量单位。这种汇总计量方法对贸易双方都公平、合理，代表天然气贸易交接计量的发展方向。因此，采用能量(发热量)计量是今后我国天然气贸易交接应该认真考虑的计量方法。

为了加快我国天然气(大规模)交接计量方式由传统的体积计量向能量计量过渡，国家质量监督检验检疫总局和国家标准化管理委员会于2008年12月31日联合发布了国家标准《天然气能量的测定》(GB/T 22723—2008)，并于2009年8月1日起实施。

《天然气能量的测定》(GB/T 22723—2008)修改了采用的国际标准《天然气——能量测定》(ISO 15112—2007)，并据其重新起草。此标准提供了采用测定或计算的方式对天然气进行能量测定的方法，并描述了必须采用的相关技术和措施，能量的计算基于分别测定被输送天然气的量及发热量，后者可以由直接测定或通过计算获得。该标准还给出了能量测量不确定度的通用方法。

四、天然气的性质

(一)天然气组分的物理化学性质

1. 天然气中饱和烃类的物理化学性质

天然气中主要组分的物理化学性质见表1-1-17。

表 1-1-17 天然气主要组分在标准状况下的物理化学性质表

名称	分子式	相对分子质量	摩尔体积 V_m/(m^3/kmol)	气体常数 R/[J/(kg·K)]	密度 ρ/(kg/m^3)	临界温度 T_c/K	临界压力 P_c/MPa	高热值 H_h/(MJ/m^3)	高热值 H_h/(MJ/kg)	低热值 H_j/(MJ/m^3)	低热值 H_j/(MJ/kg)	爆炸极限(体积分数)/%		动力黏度 μ/10^{-6} Pa·s	运动黏度 ν/10^{-6} (m^2/s)	沸点/℃	定压比热容 C_p/[kJ/(m^3·K)]	绝热指数 K	导热系数 λ/[W/(m·K)]	偏心因子
												下限	上限							
甲烷	CH_4	16.043	22.362	518.75	0.7174	190.58	4.544	39.842	55.367	35.906	50.050	5.0	15.0	10.60	14.50	-161.49	1.545	1.309	0.03024	0.0104
乙烷	C_2H_6	30.070	22.187	276.64	1.3553	305.42	4.816	70.351	51.908	64.397	47.515	2.9	13.0	8.77	6.41	-88.60	2.244	1.198	0.01861	0.0986
丙烷	C_3H_8	44.097	21.936	188.65	2.0102	369.82	4.194	101.266	50.376	93.240	46.383	2.1	9.5	7.65	3.81	-42.05	2.960	1.161	0.01512	0.1524
正丁烷	$n\text{-}C_4H_{10}$	58.124	21.504	143.13	2.7030	425.18	3.747	133.886	49.532	123.649	45.745	1.5	8.5	6.97	2.53	-0.50	3.710	1.144	0.01349	0.2010
异丁烷	$i\text{-}C_4H_{10}$	58.124	21.598	143.13	2.6912	408.14	3.600	133.048	49.438	122.853	45.650	1.8	8.5			-11.72	—	1.144	—	0.1848
正戊烷	$n\text{-}C_5H_{12}$	72.151	20.891	115.27	3.4537	46.965	3.325	169.377	49.042	156.733	45.381	1.4	8.3	6.48	1.85	36.06	—	1.121	—	0.2539
氢	H_2	2.016	22.427	412.67	0.0898	33.25	1.280	12.745	141.926	10.786	120.111	4.0	75.9	8.52	93.00	-252.75	1.298	1.407	0.2163	0.00
氧	O_2	31.999	22.392	259.97	1.4289	154.33	4.971	—		—		—	—	19.86	13.60	-182.98	1.315	1.400	0.0250	0.0213
氮	N_2	23.013	22.403	296.95	1.2507	125.97	3.349	—		—		—	—	17.00	13.30	-195.78	1.302	1.402	0.02489	0.040
氦	He	3.016	22.420	281.17	0.1345	3.35	0.118	—	-	—	—	—	—	—	—	-269.95	—	1.640 (19℃)	—	—
二氧化碳	CO_2	44.010	22.260	189.04	1.9768	304.25	7.290	—		—		—	—	14.30	7.09	-78.20 (升华)	1.620	1.304	0.01372	0.225
硫化氢	H_2S	34.076	22.180	244.17	1.5392	373.55	8.890	25.364	16.488	23.383	15.192	4.3	45.5	11.90	7.63	-60.20	1.557	1.320	0.01314	0.100
空气		28.066	22.400	287.24	1.2931	132.40	3.725	—		—		—	—	17.50	13.40	-192.50	1.306	1.401	0.02489	—
水蒸气	H_2O	18.015	21.629	461.76	0.8330	647.00	21.830	—		—		—	—	8.60	10.12	—	1.491	1.335	0.01617	0.348

2. 天然气中硫化合物的物理化学性质

天然气中除含有硫化氢外，还含有数量不等的硫醇、硫醚以及微量的二硫化碳、硫氧化碳。有机硫化物多数具有特殊的臭味，只要有很少量存在就能凭嗅觉察觉到。因此，甲硫醇和噻吩被用作天然气加臭剂，当输配气管道发生泄漏时能够被及时察觉。天然气中有机硫化物的主要性质见表 1-1-18。

表 1-1-18 天然气中有机硫化物的主要性质表

名称	分子式	相对分子质量	相对密度	熔点/℃	沸点/℃	临界温度/℃	临界压力/MPa	临界密度/(kg/L)	溶解性能		
									水	醇	醚
甲硫醇	CH_3SH	48.1	$d_0=0.896$	-121	5.8	196.8	7.14	0.323	溶	极易溶	极易溶
乙硫醇	C_2H_5SH	62.13	$d_4^{20}=0.839$	-121	36~37	225.25	5.42	0.301	1.5g/100g	溶	溶
正丙硫醇	C_3H_7SH	76.15	$d_4^{25}=0.836$	-112	67~68	—	—	—	难溶	溶	溶
异丙硫醇	$(CH_3)_2CHSH$	76.15	$d_4^{25}=0.809$	-130.7	58~60	—	—	—	极难溶	无限溶	无限溶
正丁硫醇	C_4H_9SH	90.18	$d_4^{25}=0.837$	-116	97~98	—	—	—	微溶	易溶	易溶
2-甲基丙硫醇	$(CH_3)_2CHCH_2SH$	90.18	$d_4^{20}=0.836$	<-79	88	—	—	—	极微溶	易溶	易溶
叔丁硫醇	$(CH_2)_2CSH$	90.18	—	—	65~67	—	—	—	—	—	—
甲硫醚	$(CH_3)_2S$	62.13	$d_4^{21}=0.846$	-83.2	37.3	229.9	5.41	0.306	不溶	溶	溶
乙硫醚	$(C_2H_5)_2S$	90.18	$d_4^{20}=0.837$	-99.5	92~93	283.8	3.91	0.279	0.31g/100g	无限溶	无限溶
硫化羰	COS	60.07	2.719g/L	-138.2	-50.2	105.0	6.10	—	80mg/100g	溶	溶
噻吩	C_4H_4S	84.13	$d_4^{15}=1.070$	-30	84	317.0	4.80	—	不溶	溶	—
硫	S	32.06	—	120	444.6	1040	11.6	—	—	—	—

3. 天然气中其他组分的性质

1）氦

氦是少数气藏天然气中可能存在的微量组分，是重要的氦资源之一。天然气中，氦含量一般为 0.01%~1.3%，但个别气藏气中氦含量达到 8%~9%。例如美国堆尔得克特气田 Sanltaffe8 号井，天然气中氦含量高达 9.5%，四川气田的某些天然气中氦含量在0.02%~0.3%之间。

由于氦气的特殊性质，沸点极低为 3.2K(-268.9℃)，临界温度为 3.35K(-267.9℃)，是无色、无臭、化学惰性的气体，在工业和国防上具有特殊的用途，如作低温制冷剂、潜艇中的人造空气以及用于氦气球、氦飞船等。

2）氡

氡是种放射性元素，称为镭射气，相对分子质量为 222，半衰期为 3.82d，为无色气体，凝点-71℃，沸点-61.8℃，密度 9.73kg/m³。由于氡的沸点与丙烷接近，因此它趋向于在丙烷气流中富集。当氡含量高于 2000Bq/m³ 时，存在放射性危害。荷兰某天然气井的氡含量达到 167Bq/m³。我国少数气井的天然气中也有氡的显示，但分量极低。

3）汞

某些天然气中含有微量的汞，为1~1000ng/m³，荷兰某天然气井中汞含量为4ng/m³。汞是一种重金属元素，俗称水银，常温下呈液态，银白色，易流动，密度13.59g/cm³，沸点356.7℃，凝点-38.87℃。常温下能与硫化物生成硫化汞。汞不溶于水，能溶于硝酸，不被盐酸和冷硫酸侵蚀，汞蒸气对人体有毒。阈值（*TLV*）为50 ng/m³时，汞蒸气会导致铝热交换器和管道产生严重腐蚀。

4）水蒸气

天然气中常常含有一定量的水蒸气或水，其含量高低取决于天然气的压力和温度。当天然气被水饱和时，会析出水滴。水往往是造成腐蚀和形成水化物的主要因素。

5）粉尘

由于天然气在开采、输送和分配管网的腐蚀中夹带固体粒子，主要成分是携入的泥砂、矿物粉尘、因腐蚀形成的氧化铁等。这些粉尘的粒度为1~50μm。粉尘会导致压缩机、控制系统和计量装置出现故障。

（二）天然气的物理性质

由于天然气是由互不发生化学反应的多种单一组分组成的混合物，无法用一个统一的分子式来表达它的组成和性质，只能假设成具有平均参数（或视参数）的某一物质。混合物的平均参数由各组分的性质按加和法求得。

天然气的物理性质通常指天然气的视相对分子质量（或平均相对分子质量）、密度和相对密度、蒸气压、黏度、临界参数和气体状态方程等。

1. 天然气的相对分子质量

1）天然气的视相对分子质量

$$M = \sum y_i M_i \tag{1-1-11}$$

式中　M——天然气的视相对分子质量；

y_i——天然气中组分 i 的摩尔分数；

M_i——天然气中组分 i 的相对分子质量。

2）天然气凝液的视相对分子质量

天然气凝液是各种烃类液体的混合物，其物性参数服从液体混合物的加和法则。

天然气凝液的视相对分子质量：

$$M = \sum x_i M_i \tag{1-1-12}$$

$$M = 100/(\sum g_i / M_i) \tag{1-1-13}$$

式中　M——天然气凝液的视相对分子质量；

x_i——天然气凝液中组分 i 的摩尔分数；

M_i——天然气凝液中组分 i 的相对分子质量；

g_i——天然气凝液中组分 i 的质量分数。

【例1-1-1】　已知天然气各组分的摩尔分数为：甲烷0.945，乙烷0.005，丙烷0.015，氮气0.02，二氧化碳0.015，求天然气的视相对分子质量。

【解】 由表1-1-17查得各组分的相对分子质量，按式(1-1-11)计算其视相对分子质量：

$M = \sum y_i M_i$

$= 0.945 \times 16.04 + 0.005 \times 30.07 + 0.015 \times 44.1 + 0.02 \times 28.01 + 0.015 \times 44.0$

$= 17.19$

【例1-1-2】 已知液化石油气液相各组分的质量分数为：乙烷5%，丙烷65%，异丁烷10%，正丁烷20%，求液化石油气液体的视相对分子质量。

【解】 由表1-1-17查得各组分的相对分子质量，按式(1-1-13)计算液化石油气液体的视相对分子质量：

$$M = 100/(\sum g_i / M_i)$$

$$= 100/(5/30.7 + 65/44.1 + 10/58.1 + 20/58.1) = 46.5$$

2. 天然气的视密度和相对密度

1)天然气的视密度

$$\rho = \sum y_i \rho_i \qquad (1\text{-}1\text{-}14)$$

式中 ρ——天然气的视密度，kg/m^3；

y_i——天然气中组分 i 的摩尔分数；

ρ_i——天然气中组分 i 在标准状态下的密度，kg/m^3。

天然气的视密度也可按式(1-1-15)计算：

$$\rho = M/V_m \qquad (1\text{-}1\text{-}15)$$

式中 M——天然气的视相对分子质量；

V_m——天然气的视摩尔体积，$m^3/kmol$。

V_m 可按式(1-1-16)计算：

$$V_m = \sum y_i V_{mi} \qquad (1\text{-}1\text{-}16)$$

式中 V_{mi}——天然气中组分 i 的摩尔体积，$m^3/kmol$。

2）天然气的相对密度

天然气的相对密度是指在相同压力和温度条件下，天然气的密度与干空气密度之比。干空气的组成以摩尔分数表示，摩尔分数的总和等于1(N_2 为0.7809，O_2 为0.2095，Ar为0.0093，CO_2 为0.0003)。

$$s = \rho/1.293 \qquad (1\text{-}1\text{-}17)$$

式中 s——天然气的相对密度；

ρ——天然气的视密度，kg/m^3；

1.293——标准状态下空气的密度，kg/m^3；空气的相对密度为1。

天然气的相对密度也可用式(1-1-18)计算：

$$s = M/28.964 \qquad (1\text{-}1\text{-}18)$$

式中 M——天然气的视相对分子质量；

28.964——干空气的视相对分子质量。

几种燃气的视密度和相对密度列于表1-1-19中。

表 1-1-19　几种燃气的视密度和相对密度表

燃气种类	视密度/(kg/m^3)	相对密度
天然气	0.75~0.8	0.58~0.62
焦炉气	0.4~0.5	0.3~0.4
液化石油气	1.9~2.5	1.5~2.0

【例 1-1-3】 已知天然气各组分的摩尔分数为：甲烷 0.945，乙烷 0.005，丙烷 0.015，氮气 0.02，二氧化碳 0.015，求天然气的视密度和相对密度。

【解】 由表 1-1-17 查得天然气各组分的密度，按式(1-1-14)计算天然气的视密度：

$$\rho = \sum y_i \rho_i$$

$$= 0.945 \times 0.72 + 0.0015 \times 1.30 + 0.015 \times 2.01 + 0.02 \times 1.25 + 0.015 \times 1.98$$

$$= 0.77 kg/m^3$$

按式(1-1-17)计算天然气的相对密度：

$$s = \rho / 1.293 = 0.77/1.293 = 0.596$$

3. 天然气凝液的视密度和相对密度

1）天然气凝液的视密度

$$\rho = \sum x_i \rho_i / 100 \qquad [1-1-19(a)]$$

$$\rho = 100 / \sum (g_i / \rho_i) \qquad [1-1-19(b)]$$

式中　ρ——天然气凝液的视密度，kg/L；

ρ_i——天然气凝液中组分 i 的密度，kg/L；

x_i——天然气凝液中组分 i 的体积分数；

g_i——天然气凝液中组分 i 的质量分数。

2）天然气凝液的相对密度

天然气凝液的相对密度是指凝液的视密度与 4℃时水的密度(1kg/L)之比。故凝液的相对密度与视密度在数值上相等。

$$d = \rho / \rho_w \qquad (1-1-20)$$

式中　d——天然气凝液的相对密度；

ρ_w——4℃时水的密度，kg/L。

在常温下，液化石油气的视密度为 0.5~0.6kg/L(其相对密度为 0.5~0.6)，约为水的 1/2。或

$$d = \sum x_i d_i / 100 = \sum x_i \rho_i / 100 \qquad (1-1-21)$$

式中　x_i——组分 i 的体积分数；

d_i——天然气凝液中组分 i 的相对密度。

某些烃类在饱和状态下的密度列于表 1-1-20 中。液态烃类混合物与单一烃类一样，相对密度随温度升高而减小。

表 1-1-20 某些烃类在饱和状态下的密度表

温度/℃	乙烷/(kg/L)	丙烷/(kg/L)	异丁烷/(kg/L)	正丁烷/(kg/L)	正戊烷/(kg/L)
-45	0.4888	0.5852	0.6300	0.6464	0.6874
-40	0.4810	0.5795	0.6247	0.6414	0.6828
-35	0.4731	0.5737	0.6195	0.6367	0.6782
-30	0.4649	0.5677	0.6142	0.6317	0.6735
-25	0.4563	0.5616	0.6087	0.6268	0.6690
-20	0.4478	0.5555	0.6033	0.6218	0.6643
-15	0.4275	0.5493	0.5924	0.6166	0.6596
-10	0.4166	0.5429	0.5924	0.6115	0.6549
-5	0.4848	0.5364	0.5867	0.6066	0.6501
0	0.3918	0.5297	0.5810	0.60100	0.6452
5	0.3775	0.5228	0.5753	0.5957	0.6405
10	0.3611	0.5159	0.5694	0.5901	0.6356
15	0.3421	0.5086	0.5634	0.5846	0.6306
20	0.3197	0.5011	0.5573	0.5789	0.6258
25	0.2919	0.4934	0.5511	0.5732	0.6207
30	—	0.4856	0.5448	0.5673	0.6158
35	—	0.4775	0.5385	0.5613	0.6106
40	—	0.4689	0.5319	0.5552	0.6065
45	—	0.4604	0.5252	0.5490	0.6003

【例 1-1-4】 已知液化石油气的质量分数为：乙烷 5%，丙烷 65%，异丁烷 10%，正丁烷 20%，求其 20℃时的视密度。

【解】 由表 1-1-20 查出 20℃时，液化石油气各组分的密度，按式[1-1-19(b)]计算液化石油气的视密度：

$$\rho = 100/\sum(g_i/\rho_i)$$
$$= 100/(5/0.3421+65/0.5011+10/0.5573+20/0.5789)$$
$$= 0.508\text{kg/L}$$

4. 天然气主要组分的蒸气压

蒸气压是指在一定温度下，物质呈气、液两相平衡状态下的蒸气压力，亦称为饱和蒸气压。蒸气压是温度的函数，随着温度的升高而增大。

天然气中主要组分的蒸气压可由表 1-1-21 和图 1-1-4 及图 1-1-5 查得。

表 1-1-21 轻组分烃类的蒸气压与温度的关系表

温度/℃	蒸气压/kPa				温度/℃	蒸气压/kPa			
	乙烷	异丁烷	正丁烷	正戊烷		乙烷	异丁烷	正丁烷	正戊烷
-45	88	—	—	—	5	543	182	123	30
-40	109	—	—	—	10	629	215	146	37
-35	134	—	—	—	15	725	252	174	46
-30	164	—	—	—	20	833	294	205	58
-25	197	—	—	—	25	951	341	240	67
-20	236	—	—	—	30	1080	394	280	81
-15	285	88	46	—	35	1226	452	324	96
-10	338	107	68	—	40	1382	513	374	114
-5	399	128	84	—	45	1552	590	429	134
0	466	153	102	24					

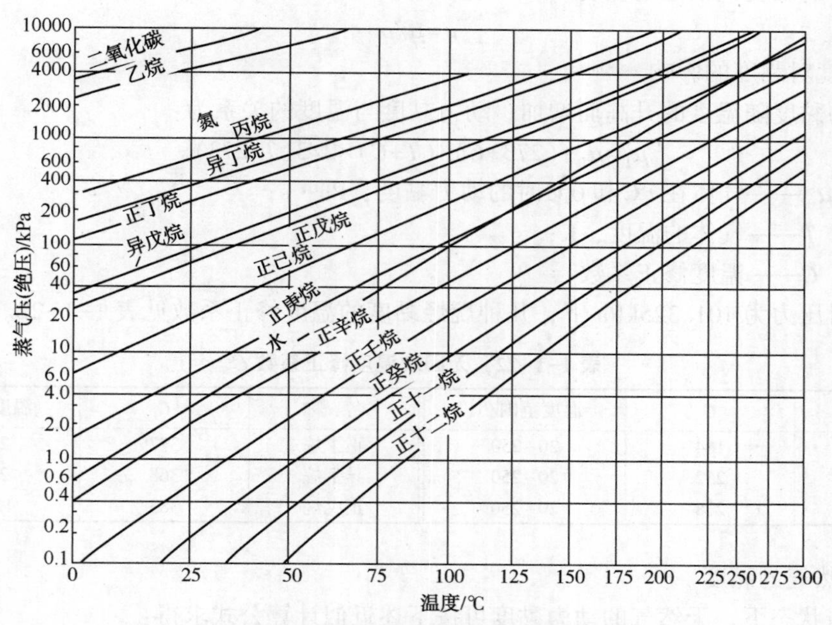

图 1-1-4 轻组分烃类在高温下的蒸气压图

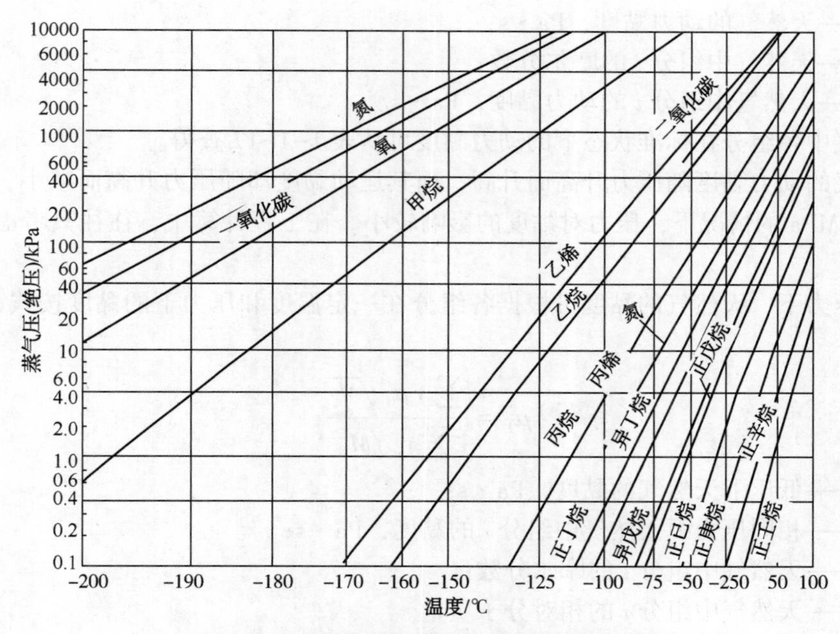

图 1-1-5 轻组分烃类在低温下的蒸气压图

5. 天然气的黏度

1）气体的黏度

气体的黏度表示由于气体分子或质点之间存在吸引力和摩擦力而阻止质点相互位移的

特性。气体的黏度包括运动黏度(ν)和动力黏度(μ)，两者间的关系为：

$$\nu=\mu/\rho \tag{1-1-22}$$

2）温度对黏度的影响

气体的黏度随温度的升高而增加。动力黏度与温度的关系为：

$$\mu_t=\mu_0+(273+C)/(T+C)\times 2/3(T/273) \tag{1-1-23}$$

式中 μ_t、μ_0——气体在 t℃和 0℃时的动力黏度，Pa·s；

T——气体的温度，K；

C——温度修正系数。

在绝对压力为 101.325kPa 下，几种烷烃黏度的温度修正系数见表 1-1-22。

表 1-1-22 无因次温度修正系数 C

名称	C	温度范围/℃	名称	C	温度范围/℃
甲烷	164	20~250	正丁烷	377	20~120
乙烷	252	20~250	异丁烷	368	20~120
丙烷	278	20~250	正戊烷	383	122~300

3）天然气的黏度

在理想状态下，天然气的动力黏度可按下述近似计算公式求得：

$$\mu = 100/\sum(y_i/\mu_i) \tag{1-1-24}$$

式中 μ——天然气的动力黏度，Pa·s；

y_i——天然气中组分 i 的摩尔分数；

μ_i——天然气中组分 i 的动力黏度，Pa·s。

天然气中各组分在标准状态下的动力黏度可从表 1-1-17 查得。

天然气的动力黏度随压力升高而升高，而其运动黏度却随压力升高而减小，在绝对压力小于 1.0MPa 的情况下，压力对黏度的影响较小。在工程计算中，往往只考虑温度对黏度的影响。

在低压力下，天然气的黏度可根据各组分在一定温度和压力下的黏度按式(1-1-25)计算：

$$\mu_L=\frac{\sum y_i\mu_i\sqrt{M_i}}{\sum y_i\sqrt{M_i}} \tag{1-1-25}$$

式中 μ_L——低压下天然气的黏度，Pa·s；

μ_i——相同压力下天然气中组分 i 的黏度，Pa·s；

y_i——天然气中组分 i 的摩尔分数；

M_i——天然气中组分 i 的相对分子质量。

式(1-1-25)的平均误差为1.5%，最大误差为5%。

如果已知天然气的相对分子质量和温度，也可由图 1-1-6 查得在 101.325kPa 下天然气的动力黏度。天然气中含有 N_2、CO_2 和 H_2S 气体会使烃类气体黏度增加，图 1-1-6 给出了有关的校正值。

压力对天然气的黏度影响很大，特别是当压力超过 1.0MPa 时，这种影响变得更加显

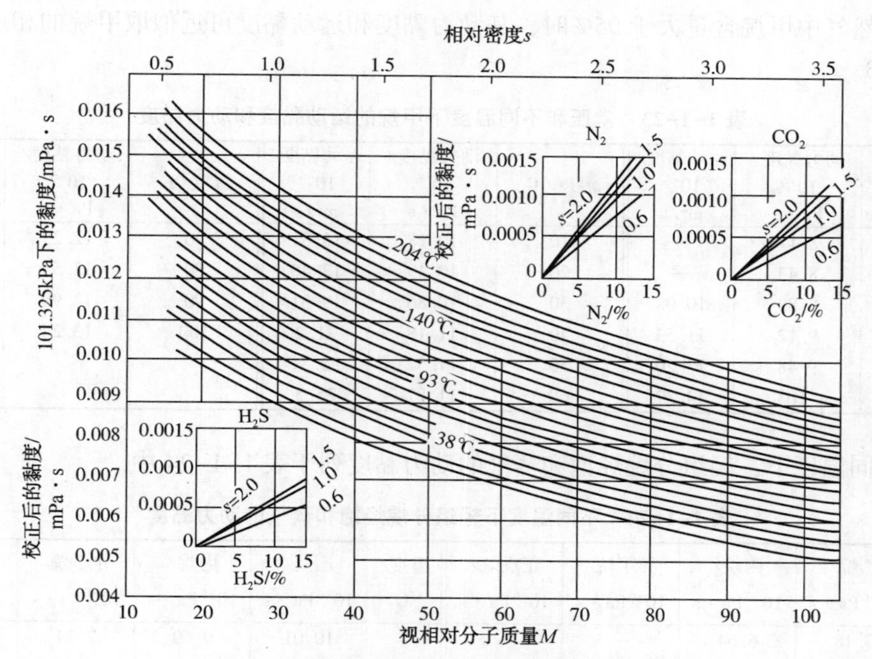

图 1-1-6　101.325kPa 下天然气的黏度图

著，如图 1-1-7(b)所示。此图可用于单一气体，也可用于气体混合物。μ 是气体在温度 T、压力 P 下的黏度，μ_1 是气体在相同温度 T、压力 101.325kPa 下的黏度。对于气体混合物，应先按式(1-1-26)和式(1-1-27)计算出气体的视临界温度和视临界压力，再计算出其视对比压力 P_r 和视对比温度 T_r。图 1-1-7 是同类型的两组图同时列出，主要是为了便于内插。这两张图只能用于 T_r 和 P_r 均≥1 的情况。在大多数情况下，平均误差为 2%，最大误差为 10%。

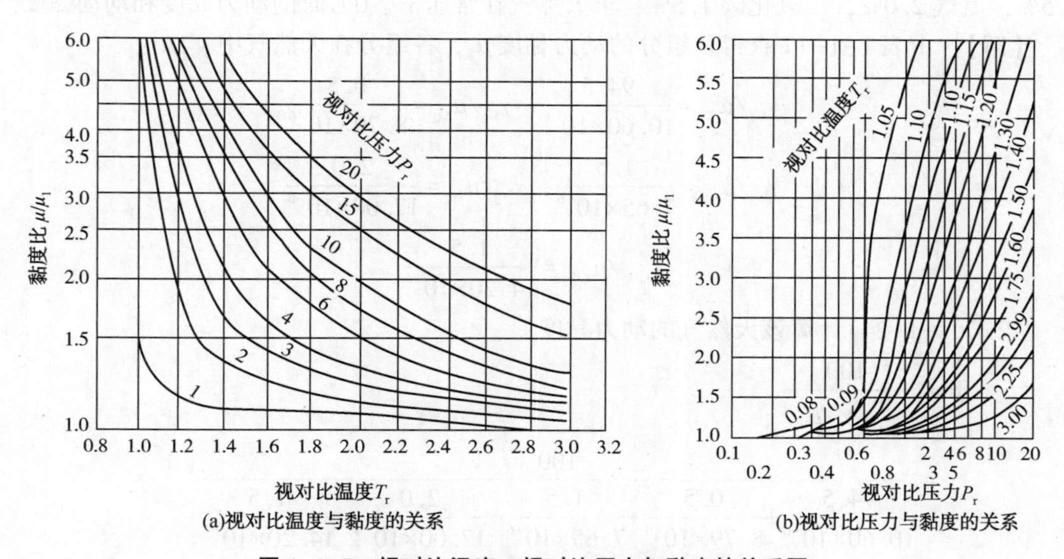

图 1-1-7　视对比温度、视对比压力与黏度的关系图

当天然气中甲烷含量大于95%时，其动力黏度和运动黏度可近似取甲烷的相应值，见表1-1-23。

表1-1-23 常压和不同温度下甲烷的运动黏度和动力黏度

温度/℃	动力黏度/ 10^{-6} Pa·s	运动黏度/ 10^{-6} m^2/s	温度/℃	动力黏度/ 10^{-6} Pa·s	运动黏度/ 10^{-6} m^2/s	温度/℃	动力黏度/ 10^{-6} Pa·s	运动黏度/ 10^{-6} m^2/s
-50	8.17	—	10	10.18	15.81	70	12.23	—
-40	8.43	—	20	10.49	17.40	80	12.55	—
-30	8.83	10.08	30	10.86	19.31	90	12.90	—
-20	9.12	11.53	40	11.18	21.2	100	13.24	25.46
-10	9.48	13.20	50	11.52	23.31			
0	10	14.37	60	11.87	25.5			

在不同温度下，轻组分烷烃饱和蒸气的动力黏度列于表1-1-24中。

表1-1-24 不同温度下轻组分烷烃饱和蒸气的动力黏度

温度/℃	乙烷/ 10^{-6}Pa·s	丙烷/ 10^{-6}Pa·s	异丁烷/ 10^{-6}Pa·s	正戊烷/ 10^{-6}Pa·s	温度/℃	乙烷/ 10^{-6}Pa·s	丙烷/ 10^{-6}Pa·s	异丁烷/ 10^{-6}Pa·s	正戊烷/ 10^{-6}Pa·s
-35	7.18	6.64	—	—	5	10.01	9.69	7.34	7.10
-30	7.58	6.89	—	—	10	10.51	10.00	7.51	7.29
-25	7.70	7.32	—	—	15	10.89	10.54	7.71	7.48
-20	8.20	7.67	6.47	6.18	20	11.33	10.97	7.86	7.73
-15	8.60	7.98	6.65	6.37	25	11.77	11.45	8.10	7.92
-10	8.78	8.45	6.80	6.54	30	12.27	11.92	8.32	8.18
-5	9.34	8.85	6.99	6.70	35	—	12.46	8.48	8.42
0	9.74	9.25	7.18	6.91					

【例1-1-5】 已知天然气各组分的体积分数为：甲烷94.5%，乙烷0.5%，丙烷1.5%，氮气2.0%，二氧化碳1.5%，求天然气在常压下、0℃时的动力黏度和动动黏度。

【解】 由表1-1-17查得各组分的动力黏度μ_i，各组分在天然气中y_i/μ_i：

$$y_{C_1}/\mu_{C_1}=\frac{94.5}{10.60\times10^{-6}},\ y_{C_2}/\mu_{C_2}=\frac{0.5}{8.79\times10^{-6}}$$

$$y_{C_3}/\mu_{C_3}=\frac{1.5}{7.65\times10^{-6}},\ y_{N_2}/\mu_{N_2}=\frac{2.0}{17.00\times10^{-6}}$$

$$y_{CO_2}/\mu_{CO_2}=\frac{1.5}{14.20\times10^{-6}}$$

按式(1-1-24)计算该天然气的动力黏度：

$$\mu=\frac{100}{\sum(y_i/\mu_i)}$$

$$=\frac{100}{\frac{94.5}{10.60\times10^{-6}}+\frac{0.5}{8.79\times10^{-6}}+\frac{1.5}{7.65\times10^{-6}}+\frac{2.0}{17.00\times10^{-6}}+\frac{1.5}{14.20\times10^{-6}}}$$

$$=10.64\times10^{-6}\text{Pa}\cdot\text{s}$$

天然气的运动黏度按下式计算(已知天然气的视密度为0.77kg/m³)(例1-1-3)：

$$\nu=\frac{\mu}{\rho}=\frac{10.64\times10^{-6}}{0.77}=13.82\times10^{-6}\mathrm{m^2/s}$$

6. 天然气的临界参数

1) 气体临界参数的定义

任何一种气体当温度低于某一数值时都可以等温压缩成液体，但当高于该温度时，无论压力增加到多大，都不能使气体液化。可使气体压缩成液体的这个极限温度称为该气体的临界温度。当温度等于临界温度时，使气体压缩成液体所需的压力称为临界压力。此时的状态称为临界状态。气体在临界状态下的温度、压力、比体积、密度分别称为临界温度、临界压力、临界比体积和临界密度。

2) 天然气的视临界参数

天然气的视临界温度按式(1-1-26)计算：

$$T'_{\mathrm{c}}=\sum y_i T_{\mathrm{c}i} \tag{1-1-26}$$

式中　T'_{c}——天然气的视临界温度，K；

$T_{\mathrm{c}i}$——天然气中组分 i 的临界温度，K；

y_i——天然气中组分 i 的摩尔分数。

气体的临界温度越高，越易液化。天然气的主要成分甲烷的临界温度很低，故较难液化；液化石油气的主要成分是丙烷、丁烷，其临界温度较高，故较易液化。

天然气的视临界压力按式(1-1-27)计算：

$$P'_{\mathrm{c}}=\sum y_i P_{\mathrm{c}i} \tag{1-1-27}$$

式中　P'_{c}——天然气的视临界压力，Pa；

$P_{\mathrm{c}i}$——天然气中组分 i 的临界压力，Pa。

【例1-1-6】　已知天然气各组分的摩尔分数为：甲烷0.945，乙烷0.005，丙烷0.015，氮气0.020，二氧化碳0.015，求该天然气的视临界温度和视临界压力。

【解】　根据式(1-1-26)，查表1-1-17得到各组分的临界温度和临界压力：

$$\begin{aligned}T'_{\mathrm{c}}&=\sum y_i T_{\mathrm{c}i}\\&=0.945\times190.7+0.005\times305.42+0.015\times369.95+0.02\times126.1+0\ 015\times304.19\\&=192.85\mathrm{K}\end{aligned}$$

按式(1-1-27)计算天然气的视临界压力：

$$\begin{aligned}P'_{\mathrm{c}}&=\sum y_i P_{\mathrm{c}i}\\&=0.945\times4.641+0.005\times4.89+0.015\times4.26+0.02\times3.39+0.015\times7.38\\&=4.65\mathrm{MPa}\end{aligned}$$

7. 天然气的 P-V-T 计算

1) 理想气体状态方程

理想气体是指分子之间无作用力，分子的体积与总体积相比可忽略不计，分子与分子间、分子与容器壁间的碰撞完全是弹性碰撞，无内能损失的一种理想化的气体。

理想气体状态方程：

$$PV=nRT \qquad (1-1-28)$$

式中 P——气体的绝对压力，Pa；

V——气体的体积，m^3；

T——气体的绝对温度，K；

n——在压力 P、温度 T 时，V 体积气体的物质的量；

R——摩尔气体常数。

摩尔理想气体常数是在压力为 101. 325kPa 和温度为 273. 15K 的标准状态下，占有的体积为 22.414×10^{-3} m^3，其气体常数 R 为 8. 314J/(mol·K)。

在低压下，多数气体可近似地当成理想气体。在工程计算时，当气体的压力低于 1. 0MPa，温度在 10~20℃时，可近似地当作理想气体来对待。

2）真实气体状态方程

天然气是一种真实气体的混合物。当气体的压力大于 1. 0MPa 或温度很低时，用理想气体状态方程进行真实状态下天然气的计算，会产生较大的误差。此时，必须考虑分子本身占有的容积和分子之间的引力，对理想气体状态方程进行修正。

在工程计算中，通常引入压缩系数(或压缩因子)对理想气体状态方程加以修正，得到真实气体状态方程如下：

$$PV=ZnRT \qquad (1-1-29)$$

式中 Z——气体的压缩系数，无量纲。

P、v、T、n 同式(1-1-28)中具有相同的物理量意义。

压缩系数是随温度和压力变化的，通常用对比压力 P_r 和对比温度 T_r 的函数关系表示，即

$$Z=f(P_r,\ T_r) \qquad (1-1-30)$$

对比压力 P_r 和对比温度 T_r 的表达式：

$$P_r=P/P_c,\quad T_r=T/T_c$$

式中 P——气体的工作压力，Pa；

P_c——气体的临界压力，Pa；

T——气体的工作温度，K；

T_c——气体的临界温度，K。

3）天然气压缩系数

天然气压缩系数与视对比压力(P'_r)和视对比温度(T'_r)的关系如图 1-1-8、图 1-1-9 所示。

图 1-1-10 用于低视对比压力下烃类气体的计算具有更高的精确度。图 1-1-11 是在接近常压时天然气的压缩系数，在多数情况下由它查得的压缩系数其精确度可达 1%。

4）天然气压缩系数的计算

天然气压缩系数除了利用视对比压力和视对比温度查图求得外，还可根据国标 GB/T 17747. 2. 3—1999 的第 2 部分和第 3 部分，用天然气的摩尔组成或用天然气的物性值进行计算。

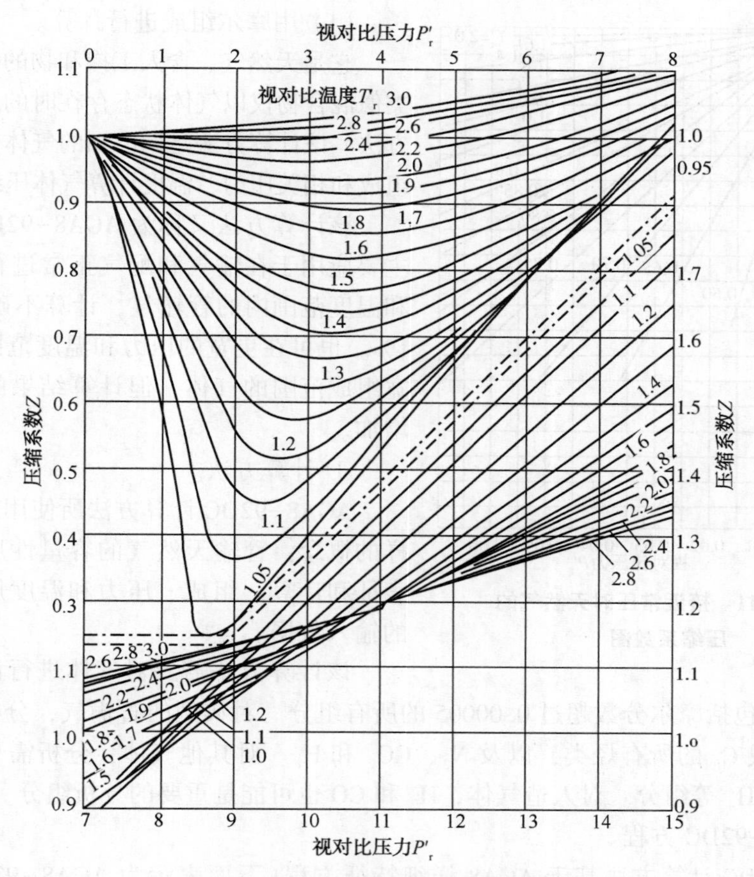

图 1-1-8　天然气的压缩系数图(1)

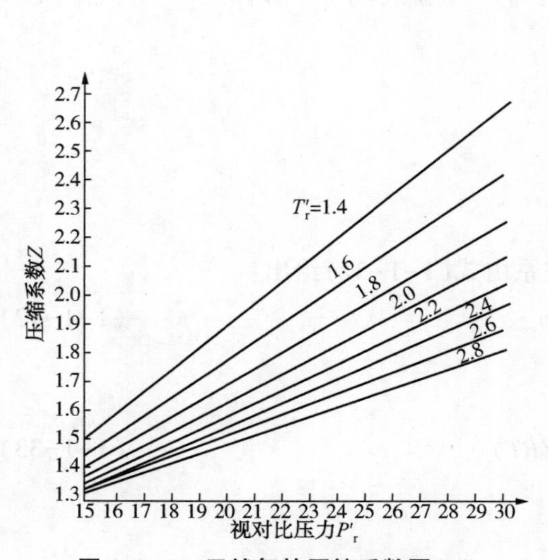

图 1-1-9　天然气的压缩系数图(2)

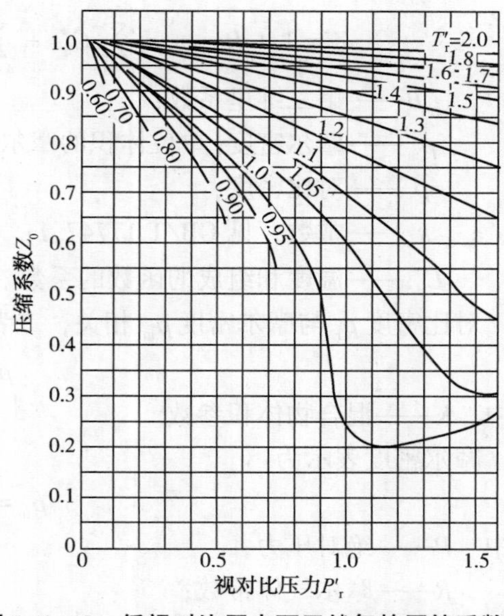

图 1-1-10　低视对比压力下天然气的压缩系数图

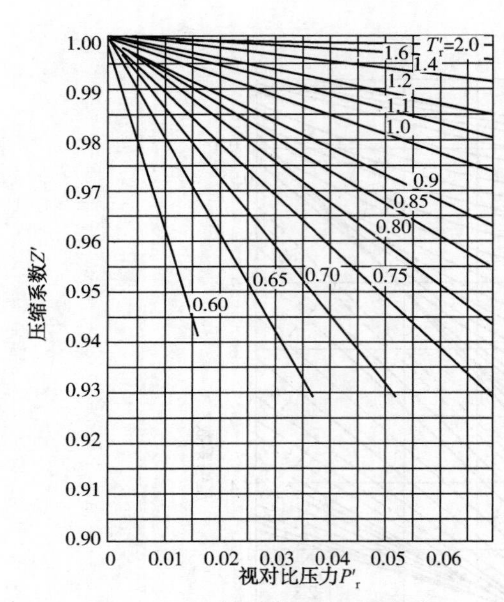

图 1-1-11 接近常压时天然气的压缩系数图

(1) 用摩尔组成进行计算。

它是天然气、含人工掺和物的天然气和其他类似混合物仅以气体状态存在时的压缩系数计算方法。该计算方法是用已知的气体的详细的摩尔组成和相关压力、温度计算气体压缩系数。

该计算方法又称为 AGA8-92DC 计算方法，主要应用于在输气和配气正常进行的压力系数和温度范围内的管输气，计算不确定度约为±0 1%。也可在更宽的压力和温度范围内，用于更宽组成范围的气体，但计算结果的不确定度会增加。

① 计算方法。

AGA8-92DC 计算方法所使用的方程基于这样的概念：管输天然气的容量性质可由组成来表征和计算。组成、压力和温度用作计算方法的输入数据。

该计算方法需要对气体进行详细的摩尔组成分析。分析包括摩尔分数超过 0.00005 的所有组分。对典型的管输气，分析组分包括碳数最高到 C_7 或 C_8 的所有烃类，以及 N_2、CO_2 和 H_e。对其他气体，分析需要考虑如水蒸气、H_2S 和 C_2H_4 等组分。对人造气体，H_2 和 CO 也可能是重要的分析组分。

② AGA8-92DC 方程。

AGA8-92DC 计算方法基于 AGA8 详细特征方程(下面表示为 AGA8-92DC 方程，见 GB/T 17747.1)。该方程是扩展的维里方程，可写作：

$$Z = 1 + B\rho_m + \rho_r \sum_{n=13}^{58} C_n^* + \sum_{n=13}^{58} C_n^* [b_n - c_n k_n \rho_r^b n \exp(-c_n \rho_r^k n)] \tag{1-1-31}$$

式中 B——第二维里系数；

ρ_m——摩尔密度(单位体积的摩尔数)；

ρ_r——对比密度；

b_n、c_n、k_n——常数，见 GB/T 17747.1；

C_n^*——温度和组成的函数的系数。

对比密度 ρ_r 与摩尔密度 ρ_m 相关，二者的关系由式(1-1-32)给出：

$$\rho_r = K^3 \rho_m \tag{1-1-32}$$

式中 K——混合物体积参数。

摩尔密度表示为：

$$\rho_m = P/(ZRT) \tag{1-1-33}$$

式中 P——绝对压力；

R——摩尔气体常数；

T——热力学温度。

压缩系数 Z 的计算方法如下：首先利用 GB/T 17747.2 附录 B 给出的相关式计算出 B 和 C_n^*（$n=13\sim58$）。然后通过适当的数值计算方法，求解方程（1-1-31）和方程（1-1-33），得到 ρ_m 和 Z。详细计算见 GB/T 17747.2。

（2）用物性值进行计算。

它是天然气、含人工掺和物的天然气和其他类似混合物仅以气体状态存在时的压缩系数计算方法。该计算方法是用已知的高热值、相对密度和 CO_2 含量及相应的压力和温度计算气体的压缩系数。如果存在氢气，也需要知道其含量，在含人工掺和物的气体中常有这种情况❶。

该计算方法又称为 SGERG-88 计算方法，主要应用于在输气和配气正常进行的压力和温度范围内的管输气，不确定度约为±0.1%。也可用于更宽的范围，但计算结果的不确定度会增加。

① 计算方法。

SGERG-88 计算方法所使用的方程是基于这样的概念：管输天然气的容量性质可由一组合适的、特征的、可测定的物性值来表征和计算。这些特征的物性值与压力和温度一起作为计算方法的输入数据。

该计算方法使用高热值、相对密度和 CO_2 含量作为输入变量。尤其适用于无法得到气体摩尔组成的情况，它的优越之处还在于计算相对简单。对含人工掺和物的气体，需要知道氢气含量。

② SGERG-88 方程。

SGERG-88 计算方法基于 GERG-88 标准维里方程（表示为 SGRG-88 方程，见 GB/T 17747.1）。SGERG-88 方程是由 MCERG-88 维里方程推导出来的。MGERG-88 方程基于摩尔组成的计算方法。SGERG-88 方程可写作：

$$Z=1+B\rho_m+C\rho_m^2 \tag{1-1-34}$$

式中 B、C——高热值、相对密度、气体混合物不可燃和可燃的非烃组分（CO_2、H_2）的含量及温度的函数；

ρ_m——摩尔密度，由式（1-1-34）得出。

其中

$$Z=f_1(P,\ T,\ H_h,\ d,\ x_{CO_2},\ x_{H_2}) \tag{1-1-35}$$

SGERG-88 计算方法把天然气混合物看成本质上是由等价烃类气体（其热力学性质与存在的烃类的热力学性质总和相等）、N_2、CO_2、H_2 和 CO 组成的五组分混合物。为了充分表征烃类气体的热力学性质，还需要知道烃类的热值 H_{CH}。压缩系数 Z 的计算公式如下：

$$Z=f_2(P,\ T,\ H_{CH},\ x_{CH},\ x_{N_2},\ x_{CO_2},\ x_{H_2},\ x_{CO}) \tag{1-1-36}$$

为了能模拟焦炉混合气，一般所采用的 CO 摩尔分数与氢气含量存在一个固定的比例关系。若不存在氢气（$x_{H_2}<0.001$），则设 $x_{H_2}=0$；这样，在计算中可将天然气混合物看成是由三个组分组成的混合物。

---

❶已知高热值、相对密度、CO_2 含量和氮气含量中任意 3 个变量时，即可计算压缩系数。但氮气含量作为输入变量之一的计算方法不作为推荐方法，一般是使用前面 3 个变量作为计算的输入变量。

计算按三个步骤进行：首先，根据 GB/T 17747.3 附录 B 描述的迭代程序，通过输入数据得到同时满足已知高位热值和相对密度的五种组分的组成。其次，按附录 B 给出的关系式求出 B 和 C。最后，用适宜的数值计算方法求解方程(1-1-33)和方程(1-1-34)，得到 ρ_m 和 Z。详细计算见 GB/T 17747.3。

8. 含有 H_2S 和 CO_2 的酸性天然气压缩系数的计算

1) 含有 H_2S 酸性天然气压缩系数的计算

酸性天然气的压缩系数和无硫天然气的压缩系数有所不同，魏切特(Wichest)和埃则茨(Aziz)提出了简易的校正方法，这个方法仍使用标准的天然气压缩系数图，如图 1-1-8 所示。通过该方法进行校正，即使天然气中酸气总含量达到 80%，也可给出精确的天然气压缩系数。

该校正方法使用了一个"视临界温度校正系数 ε"，按式(1-1-37)～式(1-1-39)计算酸性天然气的视临界参数——T''_c、P''_c。

$$T''_c = T'_c - 0.55\varepsilon \tag{1-1-37}$$

$$P''_c = \frac{P'_c T''_c}{T''_c + 0.556B(1-B)\varepsilon} \tag{1-1-38}$$

$$\varepsilon = 120(A^{0.9} - A^{0.16}) + 15(B^{0.5} - B^4) \tag{1-1-39}$$

式中 ε——视临界温度的校正系数，可由式(1-1-39)计算得到；

T'_c——天然气的视临界温度，K；

P'_c——天然气的视临界压力，MPa；

T''_c——校正后的天然气的视临界温度，K；

P''_c——校正后的天然气的视临界压力，MPa；

A——酸性天然气中 H_2S 和 CO_2 的摩尔分数之和；

B——天然气中 H_2S 的摩尔分数。

【例 1-1-7】 求在 17.2 MPa 和 361.1 K 条件下的含硫天然气的压缩系数。天然气各组分的摩尔分数为：CH_4 89.10%，C_2H_6 2.65%，C_3H_8 1.90%，n-C_4H_{10} 0.30%，i-C_4H_{10} 0.20%，N_2 0.65%，CO_2 1.0%，H_2S 4.20%。

【解】 $A=0.042+0.01=0.052$，$B=0.042$

$$\varepsilon = 66.67\times(0.052^{0.3} - 0\ 052^{1.6}) + 8.33\times(0.\ 042^{0.5} - 0.052^{4.0}) = 5.78\text{K}$$

$$T'_c = \sum y_i T_{ci} = 206.54\text{K}\ ,\ P'_c = \sum y_i P_{ci} = 4.18\text{MPa}$$

用 Wichert-Aziz 法校正：

$$T''_c = 206.54 - 5.78 = 200.76(\text{K})$$

$$P''_c = 4.81\times200.76/[206.\ 54 + 0.042\times5.78\times(1-0.042)] = 4.67\text{MPa}$$

$$P''_r = 17.24/4.67 = 3.69$$

$$T''_r = 361.1/200.76 = 1.799$$

查图 1-1-8，得 $Z=0.90$。

【例 1-1-8】 已知含 H_2S 和 CO_2 天然气各组分的体积分数如下(表 1-1-25)：

表 1-1-25　含 H_2S 和 CO_2 天然气各组分体积分数表

组　分	CH_4	C_2H_6	C_3H_8	C_4H_{10}	C_5H_{12}	CO_2	H_2S	N_2
含量/%	84.0	2.0	0.8	0.6	0.4	4.5	7.5	0.2

求该天然气的视临界参数。

【解】　按式(1-1-26)和式(1-1-27)计算得到：

$$T'_c=215.55\text{K},\ P'_c=498\text{MPa}$$

由 H_2S 和 CO_2 含量，得 $\varepsilon=17.5$K。由式(1-1-37)和式(1-1-38)计算得：

$$T''_c=205.82\text{K},\ P''_c=4.74\text{MPa}$$

利用式(1-1-37)和式(1-1-38)进行天然气压缩系数的计算是相当精确的，据 1000 多个实验数据比较结果，总平均偏差不大于 1%。

当 H_2S 和 CO_2 体积分数都不超过 20%时，可利用简化公式(1-1-40)和公式(1-1-41)进行计算：

$$T''_c=T'_c-0.556\varepsilon \tag{1-1-40}$$

$$P''_c=(T''_c/T'_c)P'_o \tag{1-1-41}$$

【例 1-1-9】　用例 1-1-8 的数据，用简化公式进行计算，求天然气的校正后的视临界参数。

【解】　按式(1-1-40)和式(1-1-41)进行计算：

$$T''_c=T'_c-0.556\varepsilon=215.55-0.556\times17.5=205.82\text{K}$$

$$P''_c=(T''_c/T'_c)P'_o=(205.82/215.55)\times49.82=47.58\times10^5(\text{Pa})=4.758\text{MPa}$$

2）富含 CO_2 的天然气压缩系数的计算

对于含有大量 CO_2 和少量 H_2S 的天然气，用 Wichest-Aziz 法计算的结果不能令人满意，对这类特殊气体应采用 Buxton-Cmnpell 法计算，其计算公式如下：

$$Z-Z^0+\omega'Z' \tag{1-1-42}$$

式中，Z^0、Z'可由图 1-1-10 和图 1-1-11 查出；混合气体的视偏心因子 ω'亦按式(1-1-43)计算：

$$\omega'=\sum y_i\omega_i \tag{1-1-43}$$

式中　y_i——混合气中组分 i 的摩尔分数；

ω_i——混合气中组分 i 的偏心因子，可由表 1-1-17 查得。

在使用图 1-1-12 和图 1-1-13 时，应先求出混合气体校正后的视对比温度 T''_r 和视对比压力 P''_r，而计算此对比温度和对比压力需要用校正后的视临界参数 T''_c 和 P''_c。T''_c 和 P''_c 分两步计算，先按式(1-1-44)～式(1-1-47)计算视临界参数 T'_c、P'_c。

$$T'_c=K^2/J \tag{1-1-44}$$

$$P'_c=T'_c/J \tag{1-1-45}$$

$$K=\frac{T'_c}{P'^{0.5}_c}=\sum y_i\frac{T_c}{P^{0.5}_c} \tag{1-1-46}$$

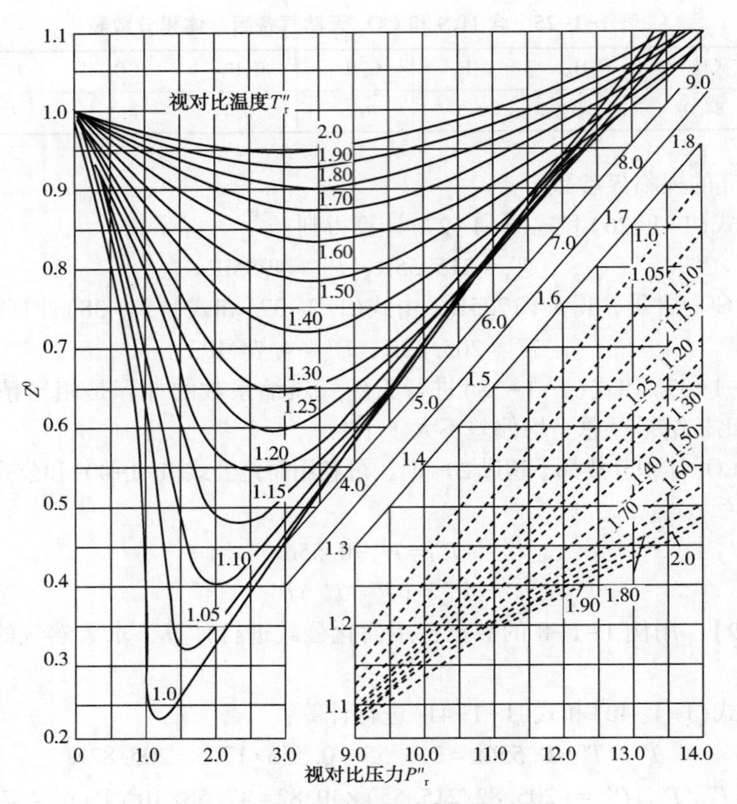

图 1-1-12　压缩系数 Z^0 的关系图

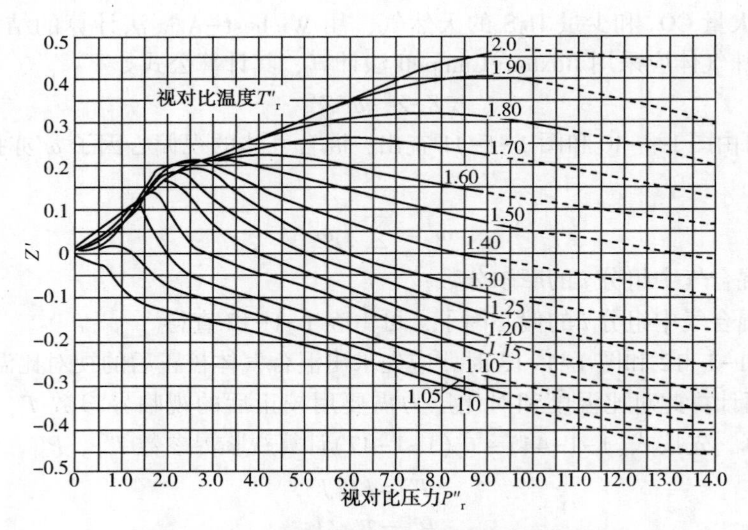

图 1-1-13　压缩系数的校正系数 Z'的关系图

$$J=\frac{T'_c}{P'_c}=\frac{1}{3}\left[\sum y_i\left(\frac{T_c}{P_c}\right)\right]+\frac{2}{3}\left[\sum y_i\left(\frac{T_c}{P_c}\right)^{0.5}\right]^2 \tag{1-1-47}$$

为了校正由于 CO_2 存在造成的影响，这里引进了一个多极因子 τ，它可由图 1-1-14 查出。视对比温度 T''_r：

$$T''_c=T'_c-\frac{\tau}{1.8} \qquad (1-1-48)$$

$$P''_c=P'_c\frac{T''_c}{T_c} \qquad (1-1-49)$$

$$T''_r=\frac{T}{T''_c} \qquad (1-1-50)$$

$$P''_r=\frac{P}{P''_c} \qquad (1-1-51)$$

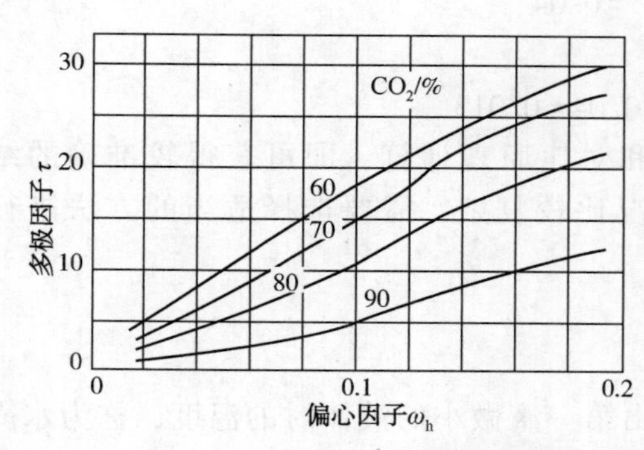

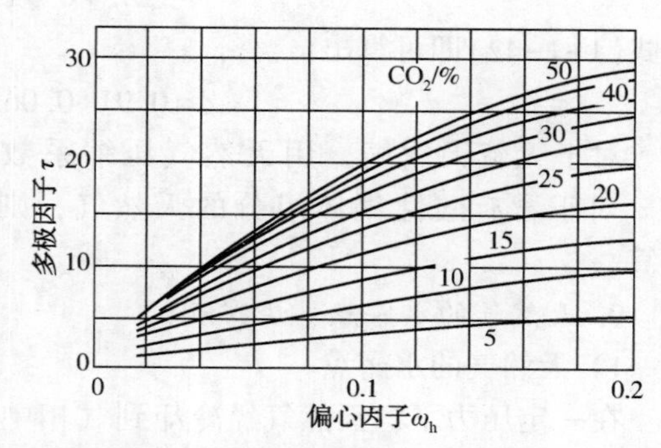

图 1-1-14　多极因子、偏心因子和 CO_2 百分数之间的关系图

当 CO_2 含量达到 40%～70%时，τ 值达到最大；低于或高于此浓度时，τ 值均减小。使用图 1-1-14 所用的偏心因子 ω_h，可按式(1-1-52)计算：

$$\omega_h=\sum y_i\omega_i/(1-y_{CO_2}) \qquad (1-1-52)$$

式中　ω_h——不计 CO_2 的混合气体的偏心因子；

ω_i——除 CO_2 外组分 i 的偏心因子，由表 1-1-17 查出；

y_i——除 CO_2 外组分 i 的摩尔分数；

y_{CO_2}——混合气体中 CO_2 的摩尔分数。

【例 1-1-10】　已知某富含 CO_2 的天然气的组成见表 1-1-26，压力 34.5MPa，温度 328K。求该天然气的压缩系数。

【解】　有关计算结果列于表 1-1-26 中。

表 1-1-26　计算结果表

组　分	y_i	T_c	P_c	T_c/P_c	$y(T_c/P_c)$	$y(T_c/P_c^{0.5})$	$y(T_c/P_c)^{0.5}\omega_i$	ω_i	$y_i\omega_i$
CH_4	0.548	191	45.44	4.20	2.54	16.52	1.19	0.0104	0.0061
C_2H_6	0.287	305	48.16	6.30	1.83	12.50	0.72	0.099	0.0281
CO_2	0.129	304	72.88	4.17	0.54	4.59	0.28	0.225	0.0290
求和	1.00	—	—	—	4.82	33.61	2.17	—	0.0635

第一步，计算 T'_c、P'_c 和 ω'_c，从式(1-1-44)～式(1-1-47)可得：

$$J=4.75,\ K=33.61$$

$$T'_c=238\text{K},\ P'_c=50.0\times10^5\text{Pa}$$

根据 T'_c、P'_c，求 T''_c 和 P''_c，由图 1-1-12 和图 1-1-13 及图 1-1-14 和式(1-1-42)，可以计算出来经校正的 Z 值。这时 $Z=0.91$。

第二步，计算 ω_h。从式(1-1-52)计算和查图 1-1-14 可得：

$$\omega_h=(0.0061+0.0784)/(1-0.129)=0.097,\ \tau=4$$

第三步，计算 Z^0 和 Z'。

$$T''_c=238-(4/1.8)=236\text{K},\ P''_c=50.0\times(236/238)=49.6\times10^5\text{Pa}$$

$$T''_r=328/236=1.39,\ P''_r=345/4=6.96$$

$$Z^0=0.91,\ Z'=0.04$$

由式(1-1-42)即可算出：

$$Z=0.91+0.0635\times0.04=0.913$$

对于无硫天然气，用天然气压缩系数图和对比原理计算，即可获得较准确的结果。对于含有酸性气体组分的天然气，则情况比较复杂，需要选择适当的方法进行计算。

9. 天然气的水露点、烃露点

1）天然气的水露点

在一定压力下，天然气经冷却到气相中析出第一滴微小的液体时的温度，称为水露点。天然气的水露点与其压力和组成有关。在天然气输送过程中，要求天然气的水露点，在输气压力下必须比沿输气管线各地段的最低温度低5℃，确保输气管道内无液相水存在。而从天然气中回收轻烃以及 CNG 加气站则要求天然气的水露点达到很低的程度，因此必须进行深度脱水才能达到要求。

天然气的水露点和含水量之间存在相应的关系，而且与体系气体的压力乃至气体的平均相对分子质量等因素有关。天然气的水露点可通过图 1-1-15 和图 1-1-16 天然气的水含量及其露点图查得，也可通过实验仪器测定。

不同压力下天然气的水含量与水露点的关系见表 1-1-27 和表 1-1-28。

表 1-1-27　不同压力下天然气水含量和露点的关系表

露点/℃	天然气水含量/(mg/m³)						
	4.5MPa	5.0 MPa	5.5 MPa	6.0 MPa	6.5 MPa	7.0 MPa	7.5 MPa
10	314	286	257	242	223	210	200
5	210	195	180	170	160	152	142
0	160	150	140	120	115	112	108
−5	114	105	96	88	82	80	75
−10	80	75	67	64	60	57	54

表 1-1-28　某 CNG 加气站深度脱水后天然气的水露点表

工艺过程	压力/MPa	露点/℃	水含量/(mg/m³)
分子筛脱水	25	−62	0.25
	25	−51	0.54

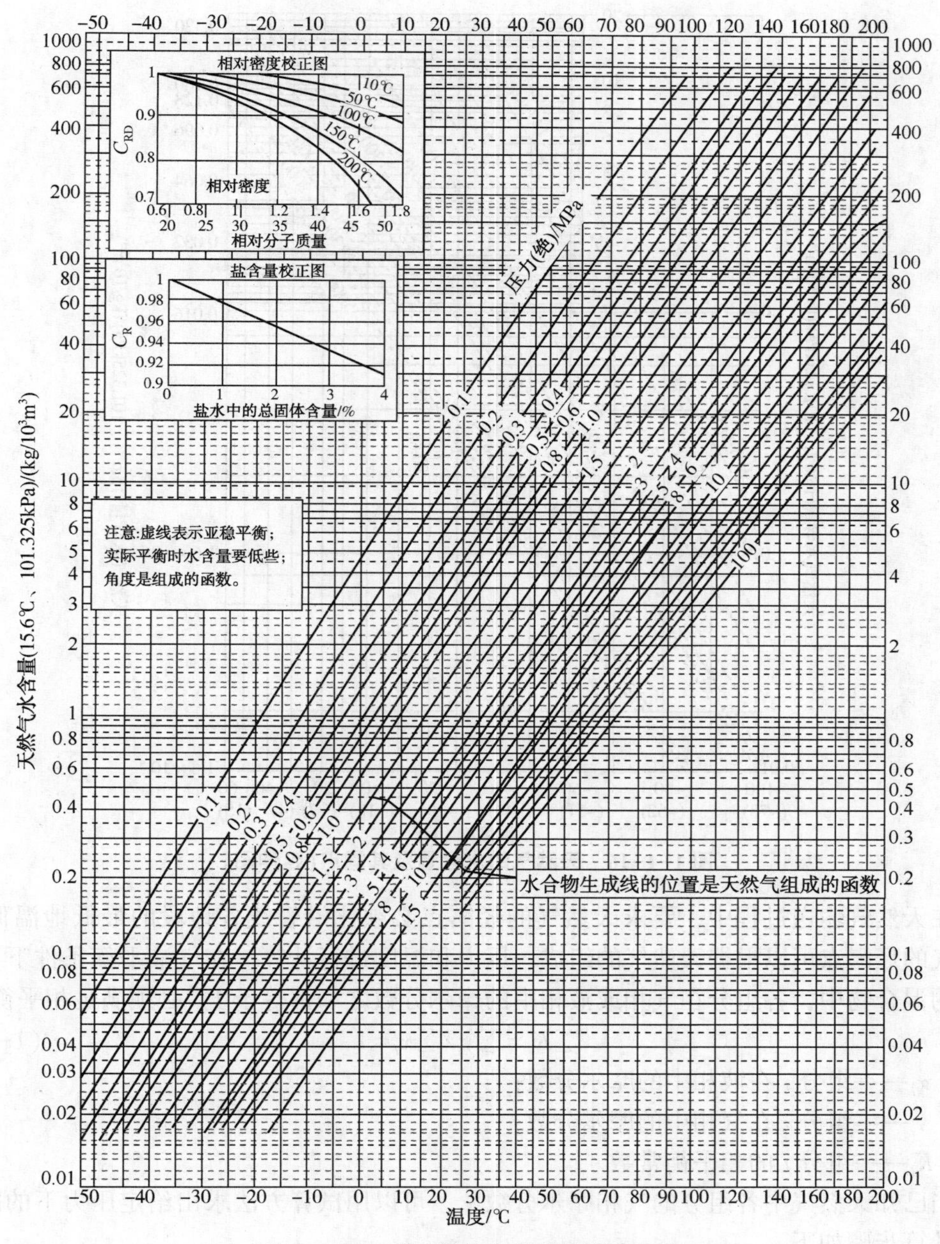

图 1-1-15 天然气的水含量及其露点图

2）天然气的烃露点

在一定压力下，天然气经冷却到气相中析出第一滴微小的液体时的温度，称为露点。天然气的露点与其组成和压力有关。在一定压力下，天然气的组成中尤以较高碳数组分的含量对烃露点的影响最大，例如在某天然气中加入体积分数为 0.28×10^{-6} 的十六烷烃时，天然气的烃露点比原来的烃露点上升 40℃。

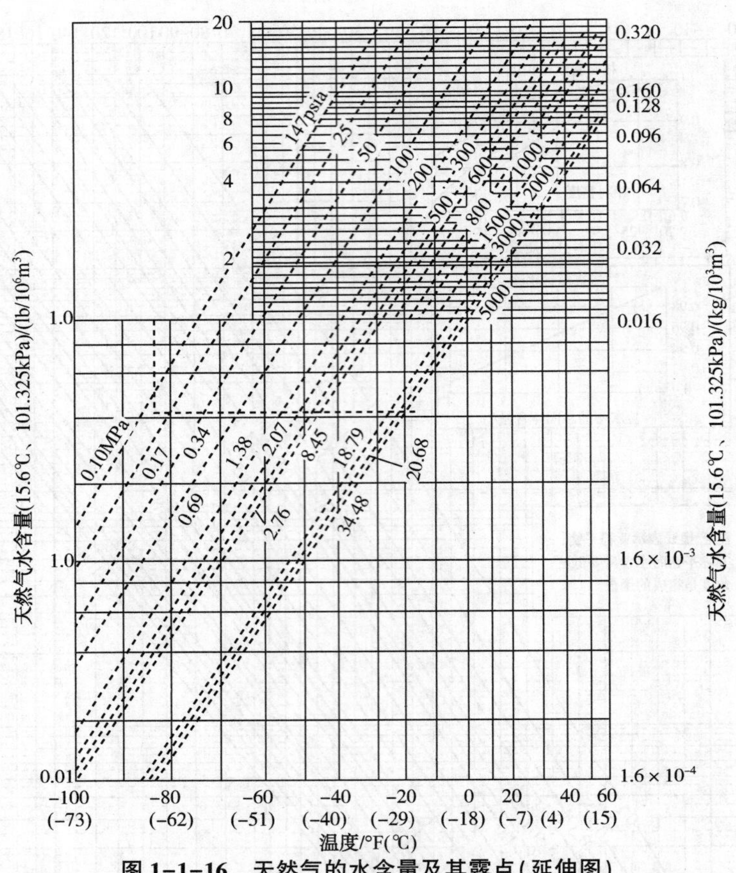

图 1-1-16 天然气的水含量及其露点(延伸图)

在天然气输送过程中，要求天然气的烃露点必须比沿管线各地段的最低地温低 5℃。天然气的烃露点可以根据天然气的组成、压力和温度进行计算。在气液平衡条件下，多种烃类的混合物中，各组分在气相或液相中的摩尔分数之和都等于 1，必须满足相平衡条件。

$$\sum K_i=\sum y_i/\sum x_i=1 \qquad (1-1-53)$$

式中 x_i——组分 i 在液相中的摩尔分数；

y_i——组分 i 在气相中的摩尔分数；

K_i——组分 i 的相平衡常数。

当已知天然气中各组分的气相摩尔分数 y_i，可以用试算方法求出给定压力下的露点温度。计算步骤如下：

（1）先假定该压力下，天然气的露点温度。

（2）根据给定压力和假设的温度按 $K_i=P_i/P$ 计算相平衡常数 K_i 或查图 1-1-17 求得 K_i。

（3）计算出平衡状态下各组分的液相摩尔分数，$x_i=y_i/K_i$。

（4）当 $\sum x_i\neq 1$ 时，重新假定露点温度，直至 $\sum x_i=1$ 为止。

天然气的烃露点温度也可以用仪器直接测量。

【例 1-1-11】 已知液化石油气的气相摩尔组成为：丙烷 65%，正丁烷 30%，异丁烷 5%，求压力为 4×10^5Pa 时，液化石油气的露点温度。

【解】　假设压力为 4×10^5Pa 时，液化石油气的露点温度为5℃，查图1-1-17，得到各组分的 K_i：

$$K_{c_3^0}=p_i/p=1.80,\ K_{n-c_4^0}=p_i/p=0.45,\ K_{i-c_4^0}=p_i/p=0.80$$

计算各组分的液相分子组成为：

$$x_{c_3^0}=0.36,\ x_{n-c_4^0}=0.67,\ x_{i-c_4^0}=0.062,\ \sum x_i=1.092$$

另假设露点温度为12℃，用同样的方法计算得 $\sum x_i=1.001$。故求得该液化石油气的露点为120℃。

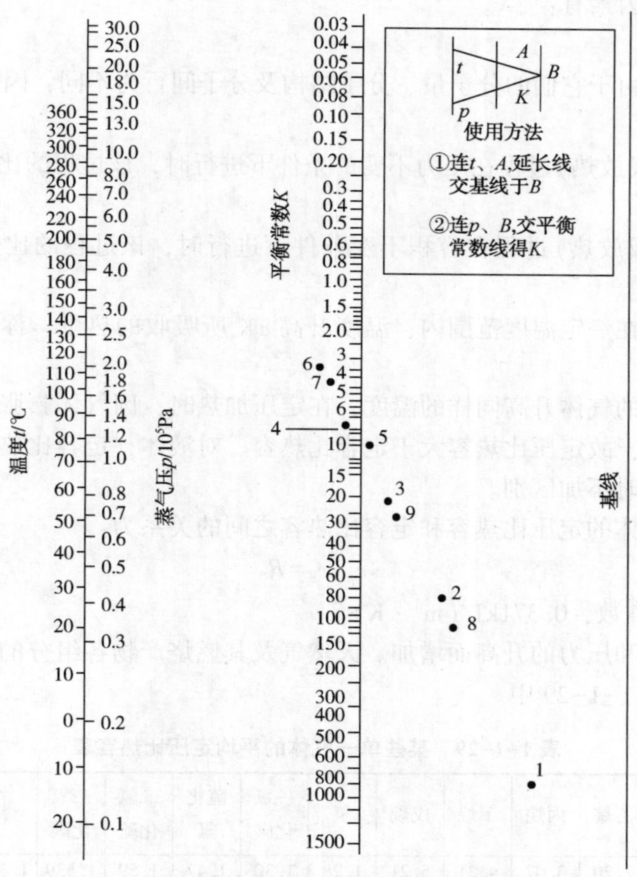

图1-1-17　某些烃类的相平衡常数计算图

1—甲烷；2—乙烷；3—丙烷；4—正丁烷；5—乙丁烷；

6—正戊烷；7—异戊烷；8—乙烯；9—丙烯

（三）天然气的热力学性质

1. 天然气的比热容

在不发生相变和化学反应的条件下，单位质量的物质温度升高1K所吸收的热量，称为该物质的比热容。表示气体物质量的单位不同，比热容的单位也有所不同，对于1kg、$1m^3$(标)、1kmol气体物质相应有质量比热容、容积比热容和摩尔比热容之分。

气体的这三种比热容可以互相换算：

$$c' = c\rho_0 = c''/V_m \tag{1-1-54}$$

式中 c——气体的质量比热容，kJ/(kg·K)；

c'——气体的容积比热容，kJ/(m^3·K)；

c''——气体的摩尔比热容，kJ/(kmol·K)；

ρ_0——标准状态下气体的密度，kg/m^3；

V_m——气体的摩尔体积，m^3/kmol。

影响比热容的因素有：

1）物质性质

不同的物质，由于它们的分子量、分子结构及分子间行为不同，因而比热容也不同。

2）过程特性

（1）当加热(或放热)过程在压力不变的条件下进行时，该过程的比热容称为定压比热容 c_p。

（2）当加热(或放热)过程在容积不变条件下进行时，该过程的比热容称为定容比热容 c_v。

（3）当某物质在一定温度范围内，温度升高 1K 所吸收的热量，称为该物质的平均比热容。

对于相同质量的气体升高同样的温度，在定压加热时，因气体膨胀而做功，而定容加热时，气体不做功，故定压比热容大于定容比热容。对液体，定容比热容和定压比热容相差很小，通常运用时不加区别。

通常，理想气体的定压比热容和定容比热容之间的关系为：

$$c_p - c_v = R \tag{1-1-55}$$

式中 R——气体常数，0.371kJ/(m^3·K)。

比热容随温度和压力的升高而增加。天然气及其燃烧产物各组分的平均定压比热容与温度的关系列于表 1-1-29 中。

表 1-1-29 某些单一气体的平均定压比热容表 kcal/(m^3·℃)

温度/℃ \ 气体	甲烷	乙烷	丙烷	丁烷	戊烷	氢	一氧化碳	硫化氢	二氧化硫	二氧化碳	氧	氨	水蒸气	空气
0	1.56	2.20	3.07	4.21	5.21	1.28	1.30	1.47	1.59	1.539	1.305	1.293	1.494	1.295
100	1.65	2.50	3.53	4.75	5.93	1.29	1.30	1.51	1.77	1.713	1.317	1.295	1.506	1.300
200	1.77	2.78	3.98	5.23	6.63、	1.30	1.31	1.55	1.89	1.796	1.356	1.300	1.522	1.308
300	1.89	3.08	4.40	5.71	7.29	1.30	1.32	1.60	1.98	1.871	1.357	1.307	1.542	1.318
400	2.02	3.311	4.80	6.20	7.93	1.31	1.33	1.64	2.04	1.938	1.378	1.317	1.565	1.329
500	2.14	3.34	4.80	6.20	7.93	1.31	1.34	1.64	2.04	1.997	1.398	1.328	1.589	1.343
600	2.27	3.80	5.46	7.06	9.02	1.31	1.36	1.72	2.12	2.049	1.417	1.341	1.614	1.357
700	2.36	4.02	5.77	7.45	9.47	1.31	1.37	1.76	2.16	2.049	1.351	1.354	1.641	1.371
800	2.5	4.21	6.04	7.81	9.90	1.32	1.39	1.80	2.18	2.139	1.45	1.367	1.668	1.384
900	2.6	4.38	6.30	8.14	10.27	1.33	1.40	1.83	2.21	2.179	1.465	0.373	1.696	1.398
1000	2.67	4.52	6.52	8.44	10.61	1.33	4.41	1.86	2.25	2.231	1.478	1.392	1.723	1.410

续表

温度/℃ \ 气体	甲烷	乙烷	丙烷	丁烷	戊烷	氢	一氧化碳	硫化氢	二氧化硫	二氧化碳	氧	氮	水蒸气	空气
1100	2.78					1.34	1.42		2.25	2.245	1.485	1.404	1.750	1.422
1200	2.91					1.34	1.44		2.27	2.275	1.501	1.415	1.777	1.433
1300						1.35	1.45		2.29	2.301	1.511	1.426	1.803	1.444
1400						1.36	1.46		2.31	2.325	1.52	1.436	1.828	1.454
1500						1.38	1.47		2.32	2.347	1.529	1.446	1.853	1.463
1600									2.40	2.368	1.538	1.454	0.876	1.472
1700									2.35	2.387	1.546	1.462	0.900	1.480
1800									2.36	2.405	1.554	1.47	1.922	1.487
1900									2.38	2.421	1.562	1.478	1.943	1.495
2000									2.39	2.437	1.567	1.484	1.963	1.533

注：1 kcal =4.1868kJ，下同。

天然气的比热容，按其各组分的摩尔分数和组分的比热容，用加和法求得，表达式如下：

$$c_N = \sum y_i c_i \tag{1-1-56}$$

式中 c_N——天然气的比热容，kJ/(m³·K)；

c_i——天然气中各组分的比热容，kJ/(m³·K)。

同样，天然气的比热容可用质量比热容、容积比热容和摩尔比热容表示。

天然气中各烃类组分在标准状态下的真实比热容和0~100℃的平均比热容列于表1-1-30中。

表1-1-30 某些烃类的真实比热容及平均比热容

气 体	温度/℃	定压摩尔比热容 c_p/[kJ/(kmol·℃)]		定容摩尔比热容 c_v/[kJ/(kmol·℃)]		定压质量比热容 c_p/[kJ/(kg·℃)]		定压容积比热容 c_p/[kJ/(m³·℃)]	
		真实值	平均值	真实值	平均值	真实值	平均值	真实值	平均值
甲烷	0	34.74	34.74	26.42	26.42	2.17	2.17	1.55	1.55
	100	39.28	36.8	30.97	28.49	2.45	2.29	1.75	1.64
乙烷	0	49.53	49.53	41.21	41.21	1.65	1.65	2.21	2.21
	100	62.17	55.92	53.85	47.6	2.07	1.86	2.77	2.5
丙烷	0	68.33	68.33	60	60	1.55	1.55	3.05	3.05
	100	88.93	78.67	80.6	70.34	2.02	1.78	3.96	3.51
正丁烷	0	92.53	92.53	84.2	84.2	1.59	1.59	4.13	4.13
	100	117.82	105.47	109.48	97.13	2.03	1.81	5.26	4.7
正戊烷	0	114.93	114.93	106.6	106.6	1.59	1.59	5.13	5.13
	100	146.08	130.8	137.75	122.46	2.02	1.81	6.52	5.84

若计算高压下天然气的比热容，先求出其常压下的比热容，再用它的视临界参数，求出对比压力和对比温度。从图1-1-18查出Δc_p，乘以换算系数4.1868×10^{-3}kJ/(mol·K)进行校正。如果已知高压下各组分的比热容数据，则利用式(1-1-56)进行计算，但此时的c_i和c_N应为系统中该组分分压和系统温度下的比热容，而不是系统总压下的比热容。

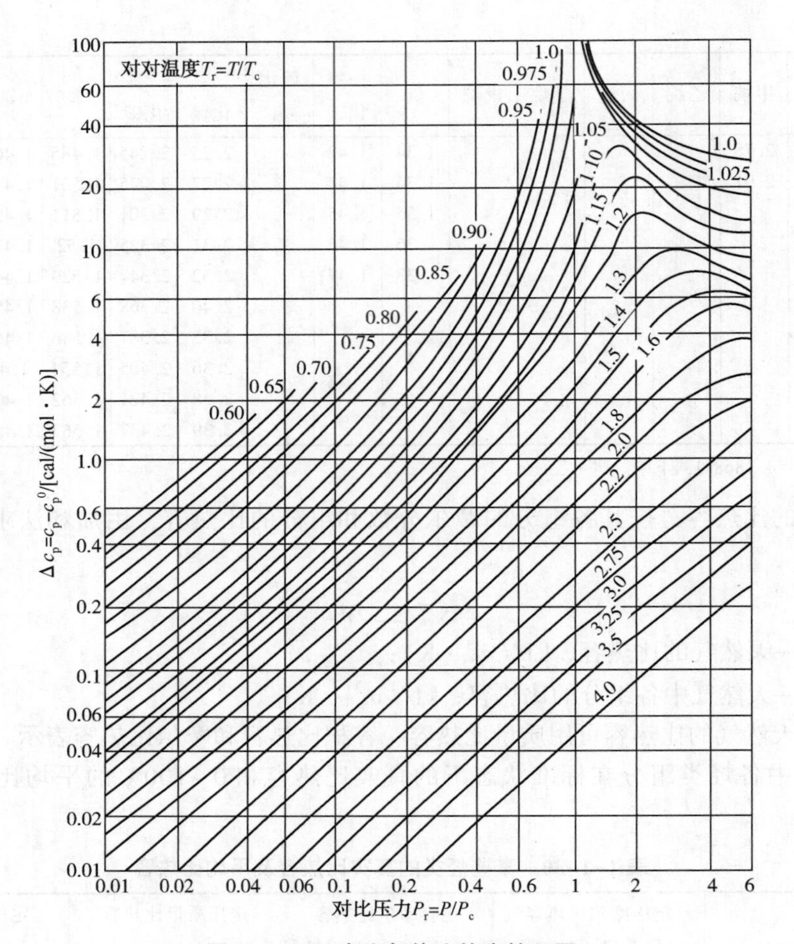

图 1-1-18 真实气体比热容校正图

注：c_p^0 为 101.325kPa 下的定压比热容；

c_p 为压力 101.325kPa 下的定压比热容[单位是 cal/(mol·K)，1cal=4.1868J]。

【例 1-1-12】 已知某天然气各组分的摩尔分数为：甲烷 94.5，乙烷 0.005，丙烷 0.015，氮气 0.02，二氧化碳 0.015，求天然气在标准状态下的定压容积比热容和定容容积比热容。

【解】 由表 1-1-30，得各组分在标准状态下的定压容积比热容，按式(1-1-56)计算：

$$c_p = \sum y_i c_i$$
$$=0.945\times1.545+0.005\times2.244+0.015\times1.888+0.02\times1.302+0.015\times1.620$$
$$=1.55\text{kJ}/(\text{m}^3\cdot\text{K})$$

由式(1-1-55)求该天然气的定容容积比热容：

$$c_p-c_v=R=0.371\text{kJ}/(\text{m}^3\cdot\text{K})$$
$$c_v=c_p-0.371=1.18\text{kJ}/(\text{m}^3\cdot\text{K})$$

2. 天然气凝液的比热容

天然气凝液的比热容可按式(1-1-57)计算：

$$c=\sum g_i c_i/100 \tag{1-1-57}$$

式中　c——天然气凝液的比热容，kJ/(kg·K)；

g_i——天然气凝液中组分 i 质量分数，%；

c_i——天然气凝液中组分 i 的质量比热容，kJ/(m^3·K)。

当计算精度要求不高时，凝液的比热容与温度的关系可用式(1-1-58)计算：

$$c_p=c_{p0}+at \tag{1-1-58}$$

式中　c_p——温度为 t℃时，天然气凝液的比热容，kJ/(kg·K)；

c_{p0}——温度为 0℃时，天然气凝液的定压比热容，kJ/(kg·K)；

a——温度系数。

丙烷、丁烷和异丁烷的 a 值列于表 1-1-31 中。

表 1-1-31　液态烷烃的温度系数表

名　称	$\alpha\times10^3$	c_p^0	适用温度范围/℃
丙烷	1.51	0.576	-30~+20
正丁烷	1.91	0.550	-15~+20
异丁烷	4.54	0.550	-15~+20

某些液态烃类的质量比热容列于表 1-1-32 中，质量比热容随温度变化关系如图 1-1-19 所示。

表 1-1-32　液态烃类的质量比热容表

甲烷		乙烷		丙烷		正丁烷		异丁烷		正戊烷		异戊烷	
温度/℃	比热容/[kJ/(kg·℃)]	温度/℃	比热容/[kJ/(kg·℃)]	温度/℃	比热容/[kJ/(kg·℃)]	温度/℃	比热容/[kJ/(kg·℃)]	温度/℃	比热容/[kJ/(kg·℃)]	温度/℃	比热容/[kJ/(kg·℃)]	温度/℃	比热容/[kJ/(kg·℃)]
-95.1	5.46	-93.1	2.98	-42.1	2.22	-23.1	2.20	-28.12	2.17	-28.6	2.12	-24.8	2.07
-88.7	6.82	-33.1	3.3	0.0	2.34	-11.3	2.23	-16.14	2.21	+5.92	2.28	-12.8	2.17
		-31	3.48	20.0	2.51	-3.1	2.28					+21.6	2.28
				+40.0	2.68	0.0	2.30						
						+20	2.43						
						+40.0	2.57						

【例 1-1-13】　已知液态液化石油气的质量分数为：丙烷 72%，丙烯 18%，异丁烷 20%，求 20℃时液态液化石油气的质量比热容。

【解】　由图 1-1-19 查得液化石油气各组分 20℃时的质量比热容，再按式(1-1-57)计算混合烃类液体的比热容：

$$c=\frac{\sum g_i c_i}{100}=0.01\times(72\times2.97+18\times2.75+20\times2.41)=3.12\text{kJ/(kg·K)}$$

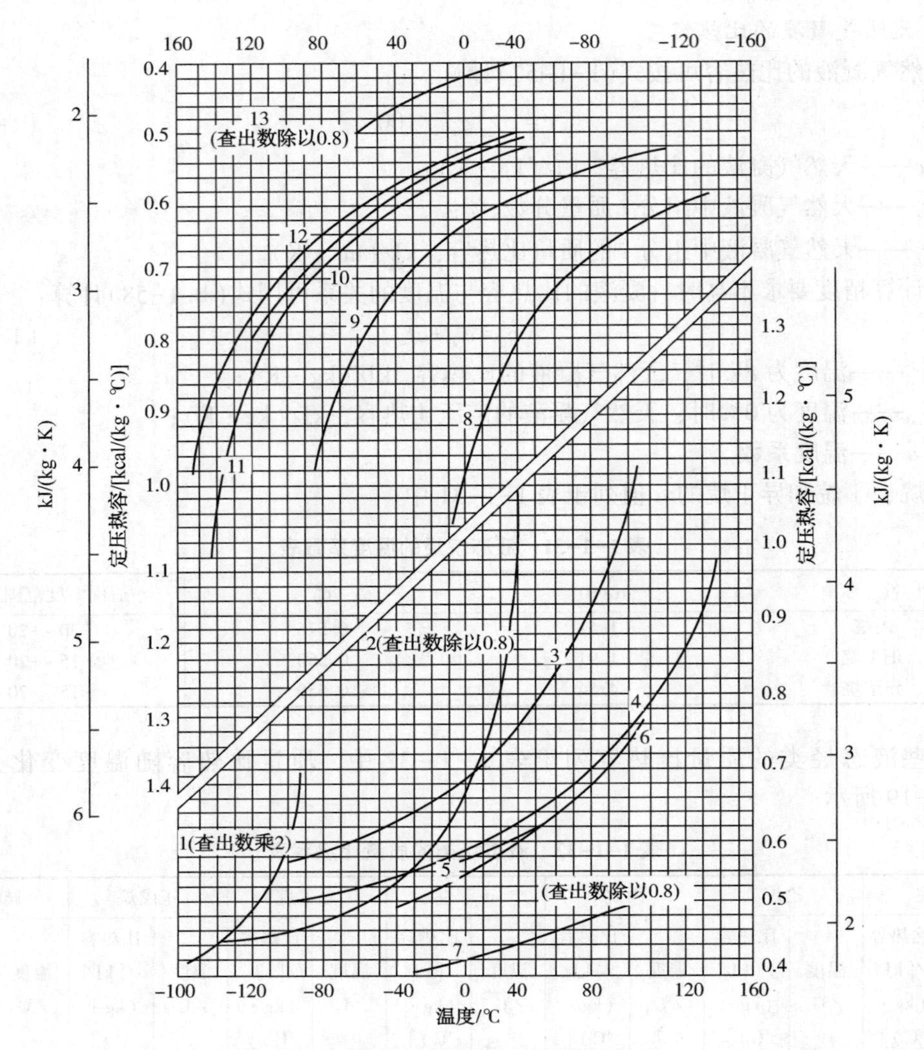

图 1-1-19 液态烷烃、烯烃的比热容

1—甲烷；2—乙烷；3—丙烷；4—正丁烷；5—异丁烷；6—正戊烷；7—正戊烷；8—丁烯；9—丙烯；10 —1-丁烯；11—顺-2-丁烯；12—反-2-丁烯；13—丁烯

3. 天然气的绝热指数

1）气体的绝热指数

气体的绝热指数(K)是气体的定压比热容与定容比热容之比，表达式为：

$$K=c_p/c_v \quad (1-1-59)$$

对理想气体，绝热指数是常数，由气体的性质而定。在标准状态下，某些单一气体的绝热指数见表 1-1-33。

对于真实气体，绝热指数与温度和压力有关。对不同温度和压力下的某些烃类的绝热指数可查图 1-1-20。

表 1-1-33 标准状态下单一气体的绝热指数表

气 体	K	气 体	K
甲烷	1.309	硫化氢	1.32
乙烷	1.198	二氧化碳	1.304
丙烷	1.161	氧气	1.401
丁烷	1.144	氮气	1.404
戊烷	1.121	水蒸气	1.335
氢气	1.407	空气	1.4
一氧化碳	1.403		

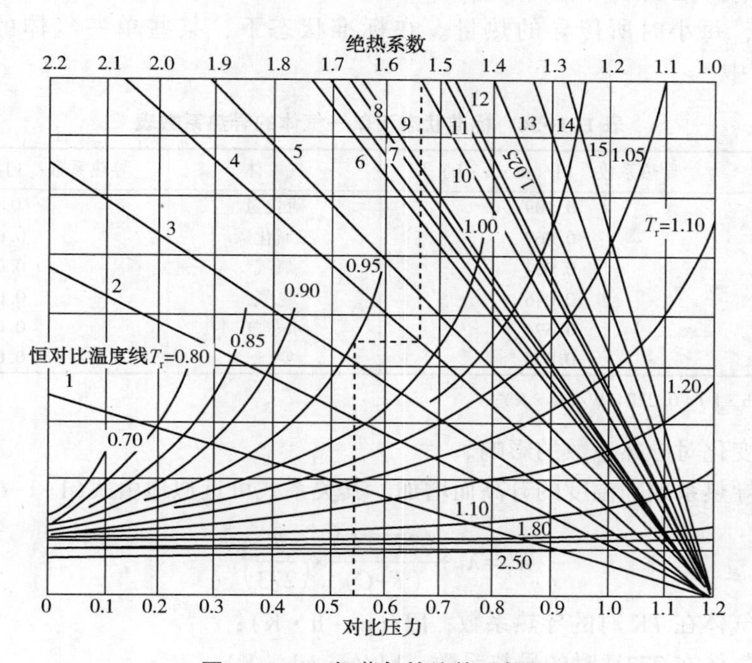

图 1-1-20 烃蒸气的绝热系数图

1—甲烷；2—乙烯；3—乙烷，4—丙烯；5—丙烷；6—异丁烯；7—异丁烷；8—丁烯；
9—正丁烷；10 —异戊烷；11—正戊烷；12—苯；13—正己烷；14—正庚烷；15—正辛烷

2）天然气的绝热指数

天然气的绝热指数(K)可按式(1-1-60)进行计算。

$$K=c_p/c_v=c_p/(c_p-R) \tag{1-1-60}$$

式中 c_p——天然气的平均定压比热容；

c_v——天然气的平均定容比热容；

R——摩尔气体常数，取 0.371kJ/(m³·K)。

计算某天然气的绝热指数时，应首先分别求出天然气的定压比热容和定容比热容，然后按照式(1-1-59)进行计算。

当天然气中甲烷含量大于 95%时，其绝热指数可取作甲烷的相应值，即 $K=1.31$。当进行近似计算时，天然气的绝热指数 $K=1.3$。

【例 1-1-14】已知天然气各组分的体积分数为：甲烷 94.5%，乙烷 0.5%，丙烷 1.5%，氮气 2.0%，二氧化碳 1.5%，求该天然气的绝热指数。

【解】 首先按式(1-1-55)和式(1-1-56)，求得该天然气的定压容积比热容 c_p = 1.55kJ/(m^3·K)和定容容积比热容 c_v = 1.18 kJ/(m^3·K)，再按式(1-1-59)进行计算：

$$K=c_p/c_v=1.55/1.18=1.31$$

4. 天然气的导热系数

1）气体的导热系数

导热系数(λ)是物质导热能力的特性参数，表示沿着导热方向每米长度上的温度降低 1K 时，每小时所传导的热量。在标准状态下，某些单一气体的导热系数列于表 1-1-34 中。

表 1-1-34 标准状态下单一气体的导热系数表

气 体	导热系数/[kJ/(m·h·k)]	气 体	导热系数/[kJ/(m·h·k)]
甲烷	0.109	硫化氢	0.05
乙烷	0.067	二氧化碳	0.046
丙烷	0.054	氧气	0.088
丁烷	0.046	氮气	0.088
氢气	0.574	水蒸气	0.057
一氧化碳	0.075	空气	0.078

注：1kJ/(m·h·k)= 0.27743W/(m·K)。

（1）温度变化对导热系数的影响。

气体的导热系数随温度的升高而增加，其关系式可近似地由式(1-1-61)表示：

$$\lambda_T=\lambda_0+\frac{(273+C)}{(T+C)}\times\left(\frac{T}{273}\right)^{\frac{3}{2}} \tag{1-1-61}$$

式中 λ_T——气体在 TK 时的导热系数，kJ/(m·h·K)；

λ_0——气体在 273K 时的导热系数，kJ/(m·h·K)；

C——与气体性质有关的温度修正系数(见表 1-1-35)；

T——气体的绝对温度，K。

表 1-1-35 导热系数的温度修正系数表

名 称	甲 烷	乙 烷	丙 烷	正丁烷	异丁烷	正戊烷
C	164	252	278	377	368	383

温度对导热系数的影响也可按式(1-1-62)进行近似计算：

$$\lambda_T=\lambda_0(1+0.0005T) \tag{1-1-62}$$

（2）温度与压力同时变化对导热系数的影响。

导热系数是温度和压力的函数。图 1-1-21 表示导热系数比值 λ_P/λ_0 与气体的对比温度 T_r 和对比压力 P_r 的关系。λ_P 是温度为 T、压力为 P 时的导热系数，λ_0 是标准状态下气体的导热系数。

若求某天然气在某一温度和压力下的导热系数，首先求该天然气的视临界温度和临界压力，再计算出对比温度 T_r 和对比压力 P_r 查图 1-1-21，求得 λ_P/λ_0，即可计算出实际温度和压力下的导热系数。

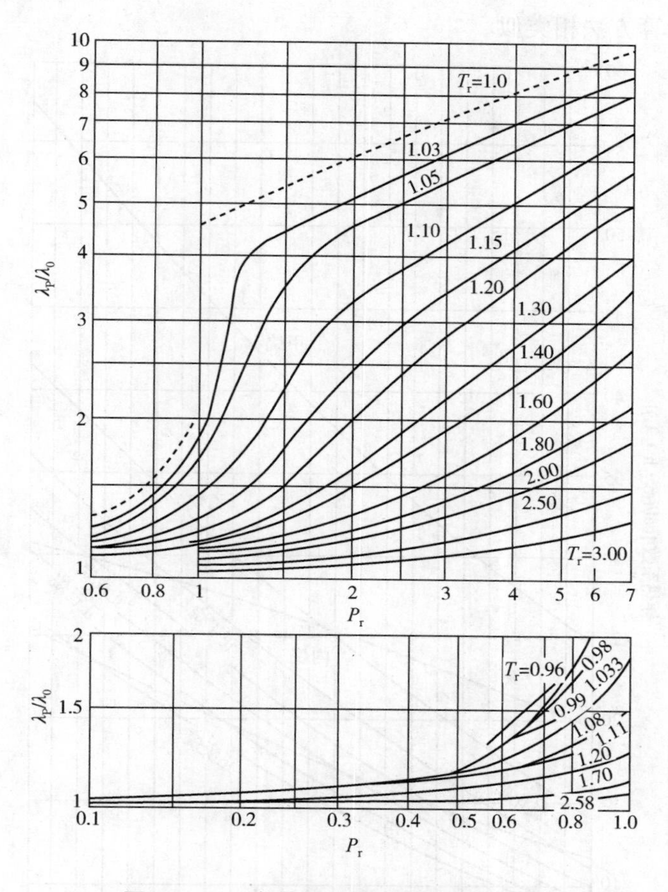

图 1-1-21 气体导热系数和压力修正值

2）天然气的导热系数

天然气的导热系数不能按其组成通过混合法来计算，应选用实测数据。当天然气中甲烷含量大于95%时，其导热系数可近似取作甲烷的相应值。

表 1-1-36 列出了不同温度和压力下甲烷的导热系数。

表 1-1-36 不同温度和不同压力下甲烷的导热系数 kJ/（m·h·K）

绝对压力/MPa	温度/℃											
	−30	−20	−10	0	10	20	30	40	50	60	70	80
0.1	0.0955	0.0996	0.104	0.109	0.113	0.117	0.122	0.127	0.133	0.137	0.158	0.146
2.0	0.103	0.109	0.112	0.116	0.12	0.126	0.128	0.132	0.137	0.142	0.15	0.158
5.0	0.116	0.119	0.123	0.13	0.131	0.134	0.135	0.136	0.148	0.153	0.158	0.162
10.0	0.162	0.155	0.151	0.154	0.156	0.161	0.162	0.165	0.168	0.17	0.173	0.174
15.0	—	0.201	0.193	—	—	0.191	—	0.189	—	0.188	—	—

图 1-1-22 表示在压力 0.10MPa 下，某些烃类的导热系数与温度的关系。图 1-1-23 表示在不同温度下，天然气相对分子质量与导热系数的关系。高压天然气的导热系数的计算方法和黏度的计算方法相类似。

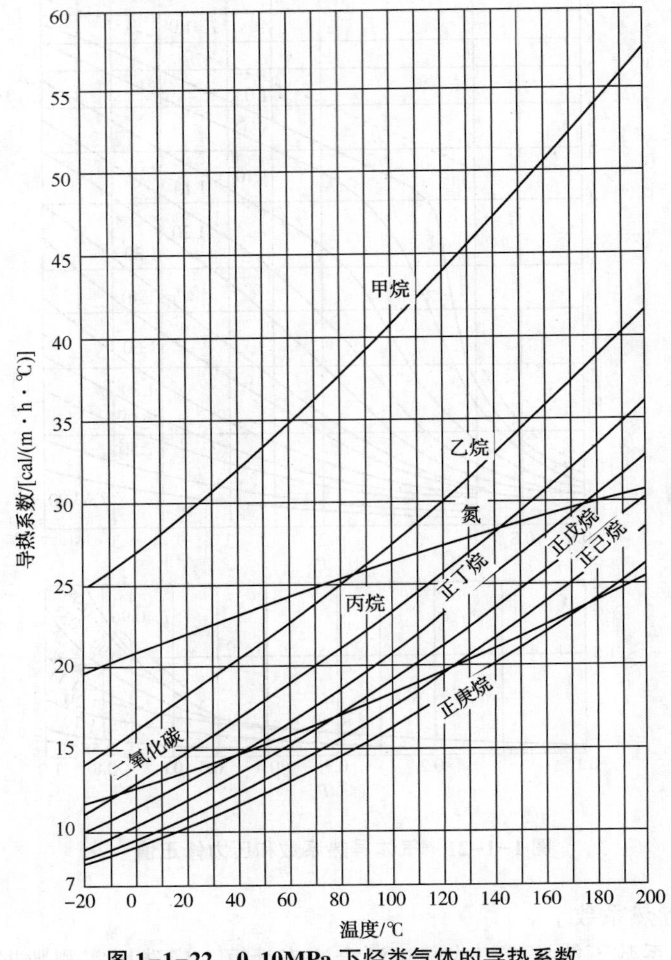

图 1-1-22　0.10MPa 下烃类气体的导热系数

3）天然气凝液的导热系数

天然气凝液是各种液烃的混合物。若已知天然气凝液各组分的质量分数或摩尔分数，则其导热系数 λ 分别按式(1-1-63)计算：

$$\lambda = \sum g_i \lambda_i / 100 \quad 或 \quad \lambda = 100 / \sum (x_i / \lambda_i) \tag{1-1-63}$$

式中　g_i——天然气凝液中组分 i 的质量分数，%；

λ_i——天然气凝液中组分 i 的导热系数，kJ/(m · h · K)；

x_i——天然气凝液中组分 i 摩尔分数，%。

某些液态烃类的导热系数如图 1-1-24 所示。

【例 1-1-15】　已知液化石油气各组分的质量分数为：丙烷 70%，丙烯 10%，丁烷 20%，求 20℃时液化石油气的导热系数。

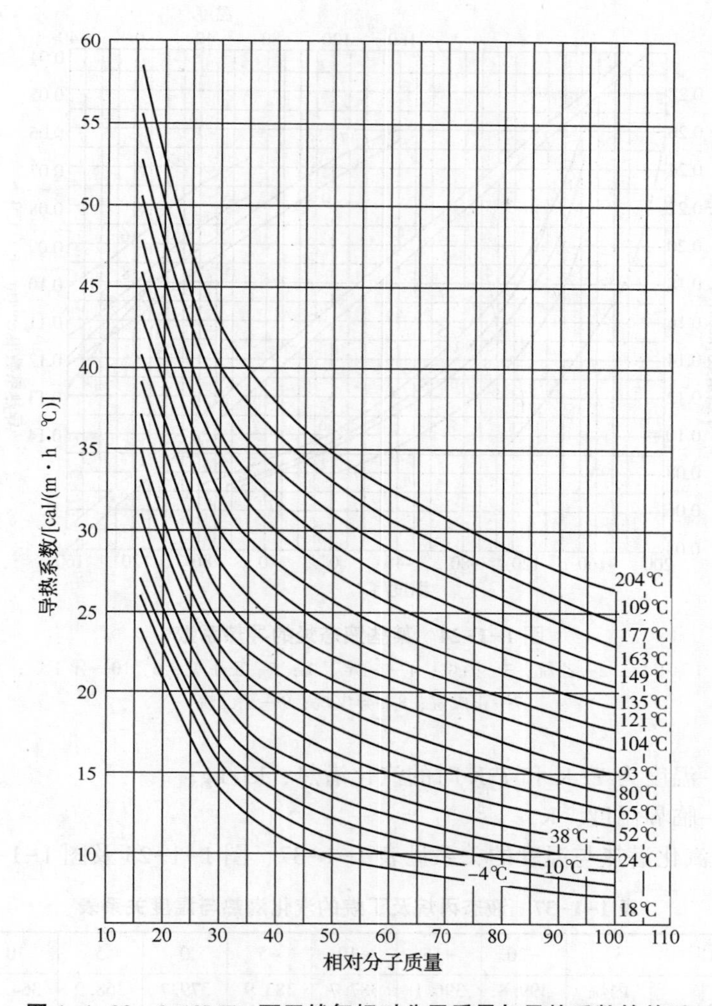

图 1-1-23　0.10MPa 下天然气相对分子质量与导热系数的关系

【解】　由图 1-1-24 查得液化石油气各组分在 20℃时的导热系数[图上数值×4.1868 换算成 kJ/(m·h·K)]，按式(1-1-63)计算混合液烃的导热系数：

$$\lambda = \sum g_i \lambda_i /100 = 0.01 \times (70 \times 0.38 + 10 \times 0.36 + 20 \times 0.40) = 0.42 \mathrm{kJ/(m \cdot h \cdot K)}$$

5. 天然气凝液的汽化潜热

液体在沸腾时，1kg 饱和液体变成同温度的饱和蒸气所吸收的热量，称为汽化潜热。蒸气液化时放出凝结热，凝结热与相同条件下液体气化时的汽化潜热相等。

1）温度对凝液汽化潜热的影响

汽化潜热与汽化时的压力和温度有关，液体的汽化潜热随着温度的升高而减少，达到临界温度时，汽化潜热等于零。汽化潜热与温度的关系可用式(1-1-64)表示：

$$r_1 = r_2 \left(\frac{T_c - T_1}{T_c - T_2} \right)^{0.38} \tag{1-1-64}$$

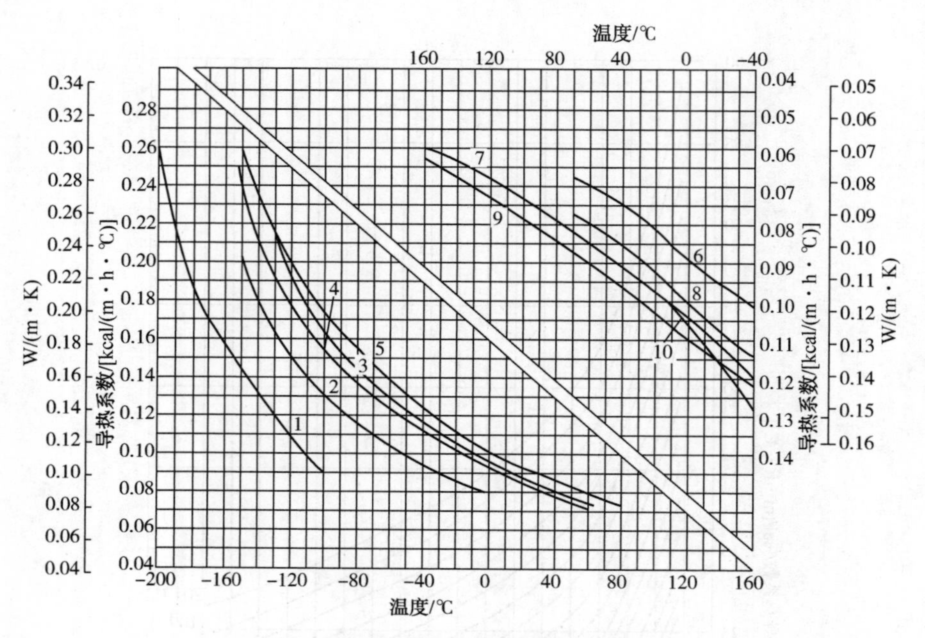

图 1-1-24 某些液态烃的导热系数

1—甲烷；2—乙烷；3—丙烷；4—1-异丁烷；5—正丁烷；6、10—异丁烷；

7—正戊烷；8—异戊烷；9—正己烷

式中 r_1、r_2——温度为 T_1 K 和 T_2K 时的汽化潜热，kJ/kg；

T_c——临界温度，K。

某些烃类的汽化潜热与温度的关系见表 1-1-37、图 1-1-25 及图 1-1-26。

表 1-1-37 液态丙烷及丁烷的汽化潜热与温度关系表

温度/℃		−20	−15	−10	−5	0	5	10	15	20
汽化潜热/(kJ/kg)	丙烷	399.8	396.1	387.7	383.9	379.7	368.9	364.3	355.5	345.4
	丁烷	400.2	397.3	392.7	388.5	384.3	380.2	376	370.5	366.8
温度/℃		25	30	35	40	45	50	55	60	
汽化潜热/(kJ/kg)	丙烷	339.1	329.1	320.3	309.8	301.4	384.7	270	262.1	
	丁烷	362.2	358.4	355	346.7	341.2	333.3	328.2	321.5	

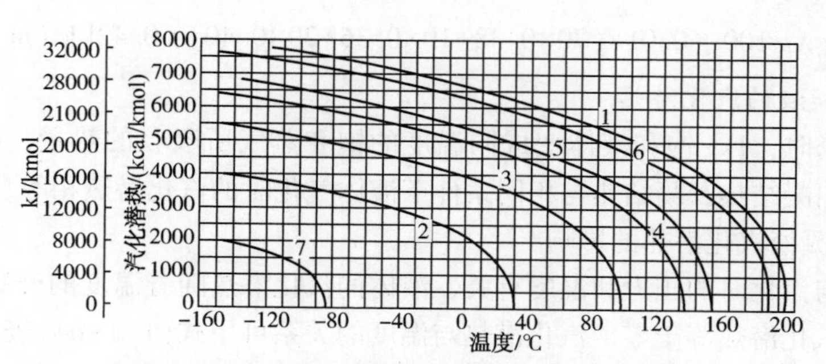

图 1-1-25 某些烷烃的汽化潜热与温度的关系图

1—甲烷；2—乙烷；3—丙烷；4—异丁烷；5—正丁烷；6—异戊烷；7—正戊烷

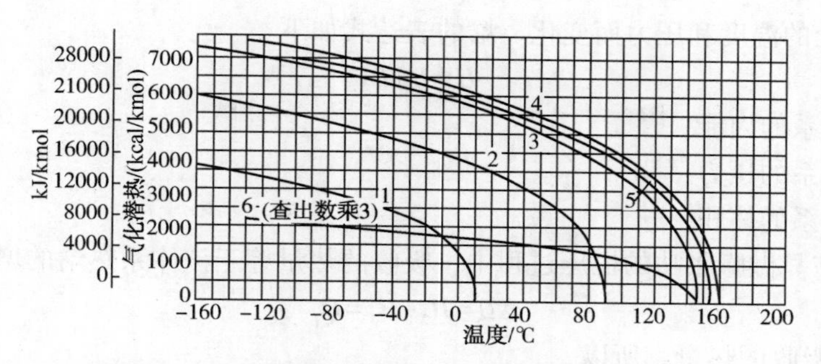

图 1-1-26 某些烯烃的汽化潜热与温度的关系图

1—乙烯；2—丙烯；3—1-丁烯；4—顺-2-丁烯；
5—反-2-丁烯；6—异乙烯

2）天然气凝液的汽化潜热

某些烷烃在压力 101.325kPa 下，沸点温度时的汽化潜热列于表 1-1-38 所示。

表 1-1-38 某些烷烃在沸点时的汽化潜热

名 称	甲 烷	乙 烷	丙 烷	正丁烷	异丁烷	正戊烷
汽化潜热/(kJ/kg)	510.8	485.7	422.9	383.5	366.3	355.9

天然气凝液是各种烃类的混合物，其气化潜热(r)可按式(1-1-65)计算：

$$r=\sum g_i r_i/100 \tag{1-1-65}$$

式中 g_i——天然气凝液中组分 i 的质量分数,%；

r_i——天然气凝液中组分 i 的汽化潜热，kJ/kg。

【例 1-1-16】 已知液化石油气各组分的质量分数为：丙烷 70%，异丁烷 10%，丁烷 20%，求 20℃该液化石油气的汽化潜热。

【解】 由表 1-1-38 查得液化石油气中各组分在沸点时的汽化潜热；查表 1-1-17 得到各组分的临界温度。

按式(1-1-64)计算液化石油气各组分在 20℃时的汽化潜热：

丙烷：$r_1=r_2\left(\dfrac{T_c-T_1}{T_c-T_2}\right)^{0.38}=422.9\times\left(\dfrac{369.8-293}{369.8-231}\right)^{0.38}=337.7\text{kJ/kg}$

异丁烷：$r=366.3\times\left(\dfrac{408.1-293}{408.1-261.3}\right)^{0.38}=334.0\text{kJ/kg}$

丁烷：$r=383.5\times\left(\dfrac{425.2-293}{425.2-272.5}\right)^{0.38}=363.1\text{kJ/kg}$

按式(1-1-65)计算液化石油气在 20℃时的汽化潜热：

$$r=\sum g_i r_i/100=0.01\times(70\times337.7+10\times334.0+20\times363.1)=342.4\text{kJ/kg}$$

6. 天然气的焓、熵

1）焓的定义

焓(H)是体系的状态参数，因而焓的变化与过程无关，只取决于体系的始态和终态。

焓随着物质所处的温度和压力而变化。焓的表达式如下：

$$H = U + PV \tag{1-1-66}$$

式中 U——体系的内能；

P——体系的压力；

V——体系的体积。

一个体系在只做膨胀功的恒压过程中，吸收的热量等于该体系热焓的增量 ΔH，即

$$\Delta H = H_2 - H_1 = Q_p \tag{1-1-67}$$

Q_p 是过程吸收的热量。所以，

$$dH = c_p dT$$

$$H_2 = H_1 + \int_{T_1}^{T_2} c_p dT \tag{1-1-68}$$

式中 H_2、H_1——系统在终结和初始状态下的焓，kJ/kg；

T_2、T_1——系统的终结和初始温度，K；

c_p——系统的定压比热容，kJ/(kg·K)。

气体在某一状态下的焓值除用 1kg 气体的焓值表示外，也可用 kJ/kmol 和 kJ/m^3(标)表示。

在工程计算中，一般并不需要求得焓的绝对值，而只要计算过程中焓值的变化。故可根据需要，规定某一状态的焓值为零，以此作为计算的起点。

2）天然气焓值的计算

定压过程中，物质吸收(或放出)的热量与过程始末物质温度变化的关系用式(1-1-69)和式(1-1-70)表示：

$$Q_p = c_p(T_2 - T_1) \tag{1-1-69}$$

$$\Delta H = c_p(T_2 - T_1) \tag{1-1-70}$$

式中 c_p——定压过程中温度从 T_1 变至 T_2 时的平均质量比热容，kJ/(kg·K)。

(1) 气体焓值的计算。

对理想气体，焓值仅与温度有关。因此，任何状态变化过程只要已知始末温度的变化值均可按式(1-1-70)计算焓值。对真实气体，焓值不仅与温度有关，而且与压力有关。因此，必须对理想气体的焓值进行修正，如式(1-1-71)所示：

$$H_r = H_0 + \Delta I \tag{1-1-71}$$

式中 H_r——真实气体的焓，kJ/kg；

H_0——理想气体的焓，kJ/kg；

ΔI——真实气体焓的修正值。

根据气体的对比温度 T_r 和对比压力 P_r，由图 1-1-27 查得 $\Delta I/T_c$，再求 ΔI。

(2) 液体焓值的计算。

液体焓值可按式(1-1-72)计算：

$$\Delta H = c(T_2 - T_1) \tag{1-1-72}$$

式中 ΔH——过程始末液体的焓值变化量，kJ/kg；

c——液体的平均比热容，kJ/(kg·K)。

液体的定压比热容与定容比热容基本相等。

(3) 天然气和天然气凝液焓值的计算。

① 按组分计算法。

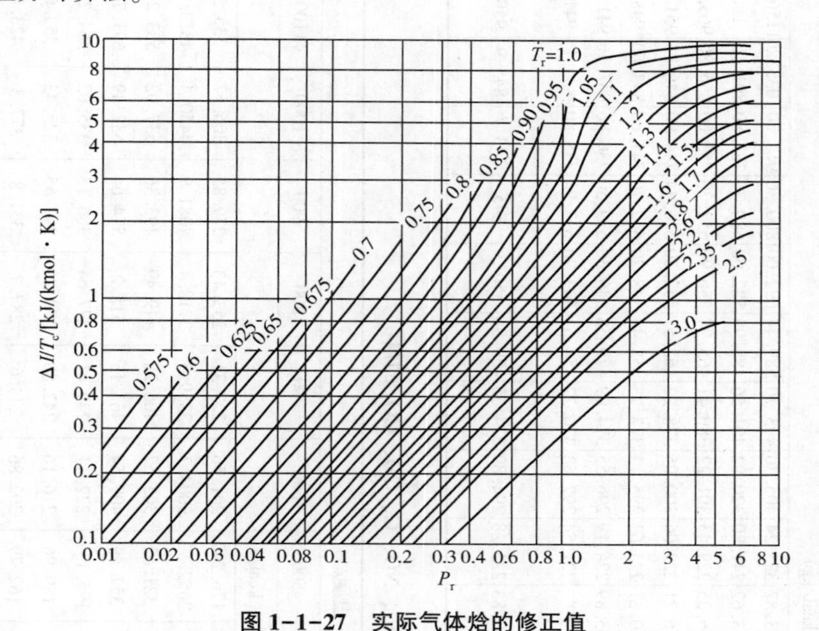

图 1-1-27　实际气体焓的修正值

当已知天然气和天然气凝液各组分的质量分数时，其焓值均可按式(1-1-73)计算：

$$H = \sum g_i H_i / 100 \qquad (1-1-73)$$

式中　H——天然气或凝液的焓，kJ/kg；

g_i——天然气或凝液中组分 i 的质量分数，%；

H_i——天然气或凝液中组分 i 的焓，kJ/kg。

当已知天然气或凝液各组分的摩尔分数时，则其焓值均可按式(1-1-74)计算：

$$H' = \sum x_i H_i / 100 \qquad (1-1-74)$$

式中　H'——天然气或凝液的焓，kJ/kmol；

x_i——天然气或凝液中组分 i 的摩尔分数。

不同温度下，天然气中某些组分(理想气体)的焓值列于表 1-1-39、表 1-1-40 中。也可查图 1-1-28 和图 1-1-29 得到纯组分在理想气体状态下的焓值。

某组分在任意温度下的焓值可用插入法求得。

② 用总焓图的快速计算法。

利用总焓图进行计算，是以天然气混合物而不是以每一个组分作为计算基础。这样就简化了计算程序，但只有当天然气基本上是烃类混合物时，才不会产生大的偏差。

图 1-1-30~图 1-1-38 是不同温度和压力下，不同分子量的烷烃气体和烷烃液体的总焓图。利用这些图可以快速计算出气相、液相或气相、液两相共存体系的焓。这些图包括了天然气工业中从井口分离到液化天然气体系可能遇到的全部气体组成、温度及压力条

表 1-1-39　$C_1 \sim C_5$ 烷烃的焓(理想气体状态)

名称(气体)	温度/℃																				
	-273.16	-200	-150	-100	-50	0	25	50	100	150	200	300	400	500	600	700	800	900	1000	1100	1200
	焓/(kcal/kg)																				
甲烷	0	36.25	61.03	85.81	110.74	136.26	149.42	162.94	191.21	221.42	253.82	325.24	405.30	493.70	589.44	692.00	800.30	914.20	1033.20	1156.40	1282.80
乙烷	0		33.70	49.13	66.05	84.80	94.98	105.81	129.28	155.21	183.62	247.80	320.92	401.56	488.99	582.00	680.70	783.80	891.10	1002	1116.2
丙烷	0		24.59	37.67	52.74	70.09	79.65	90.02	112.72	138.15	166.25	229.43	301.22	380.41	465.94	556.90	652.70	753.00	856.80	963.70	1073.4
正丁烷	0				52.58	70.18	79.92	90.33	112.97	138.92	166.31	229.06	300.05	378.22	462.51	552.20	646.44	744.90	846.88	951.96	1059.46
异丁烷	0				46.70	63.91	73.57	83.85	106.52	132.00	160.21	223.62	295.13	373.73	458.45	548.20	642.70	741.60	843.60	948.4	1055.7
正戊烷	0				50.85	68.33	78.02	89.34	110.83	137.54	163.89	226.19	296.55	374.09	479.58	546.30	639.50	736.86	837.56	941.21	1047.2
异戊烷	0				46.93	63.87	73.39	83.56	105.94	131.16	159	221.54	292.53	370.32	454.51	543.70	637.70	735.80	837.1	941.6	1048.6
2,2-二甲基丙烷(新戊烷)	0				42.66	59.94	69.72	80.17	103.27	129.18	157.83	222.28	294.89	374.55	459.96	550.3	645	743.7	845.9	950.8	1057.9

表 1-1-40　O_2、H_2、OH、H_2O、N_2、NO、C、CO、CO_2 的焓

名称	状态	温度/℃														
		-273.16	0	25	100	200	300	400	500	600	700	800	900	1000	1100	1200
		焓/(kcal/kg)														
氧	气	0	59.236	64.681	81.244	103.919	127.319	151.453	176.249	201.56	227.31	253.43	279.85	306.57	333.5	360.67
氢	气	0	918.2	1003.87	1261.95	1608.02	1955.08	2302.97	2652.53	3004.3	3359.3	3718.4	4081.9	4450.4	4823.9	5202.3
羟基	气	0	113.3	123.84	155.2	196.71	238.2	279.7	321.42	363.57	406.25	449.49	493.36	537.92	583.21	629.05
水蒸气	气	0	120.26	131.42	165.1	210.93	258.07	306.94	357.49	409.54	463.15	518.2	574.64	632.49	691.75	752.24
氮	气	0	67.757	73.967	92.623	117.633	142.968	168.782	195.157	222.11	249.61	277.64	306.13	335.02	364.23	393.73
一氧化氮	气	0	67.185	73.12	90.924	114.93	139.35	164.36	189.96	216.16	242.89	270.23	297.55	325.43	353.6	382.12
碳	固体石墨	0	16.853	20.946	35.72	60.73	90.91	125.25	162.79	202.86	244.6	287.7	331.8	377.3	423.8	471.2
一氧化碳	气	0	67.789	73.995	92.668	117.79	143.341	169.448	196.208	223.58	251.5	279.92	308.78	338.04	367.63	397.46
二氧化碳	气	0	45.863	50.854	66.645	89.51	114.091	140.082	167.256	195.41	224.37	254.03	284.31	315.09	346.28	377.84

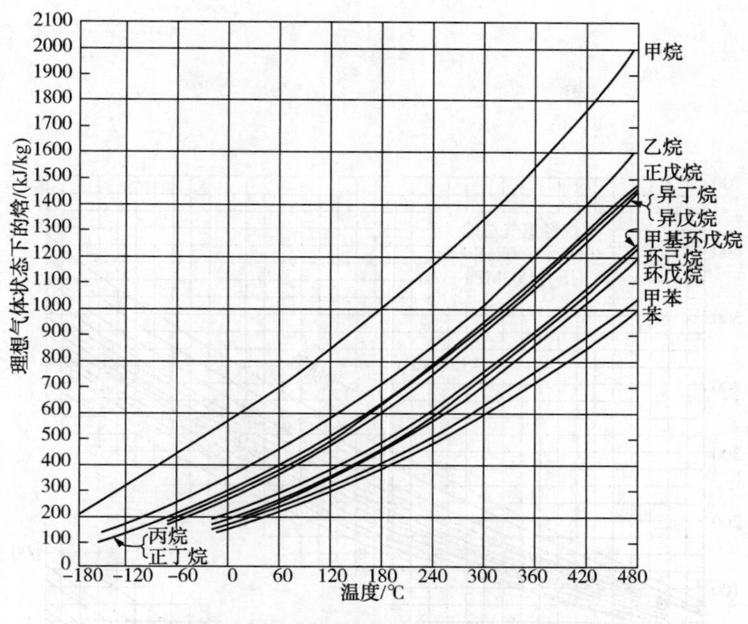

图 1-1-28　纯组分理想气体状态下的焓

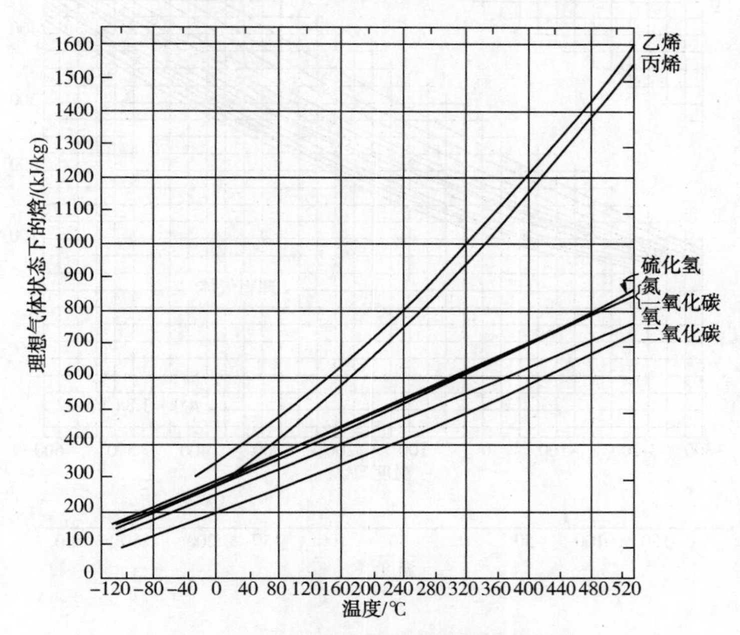

图 1-1-29　纯组分理想气体状态下的焓

件。其计算步骤如下：

a. 计算天然气的视相对分子质量 M。

b. 根据相对分子质量、温度、压力和流体的相条件(即是液相还是气相)，由图上查出焓值，单位 kcal/kg，乘以换算系数 4.1868，变成 kJ/kg。

c. 按式(1-1-70)求得过程变化引起的焓值变化量。

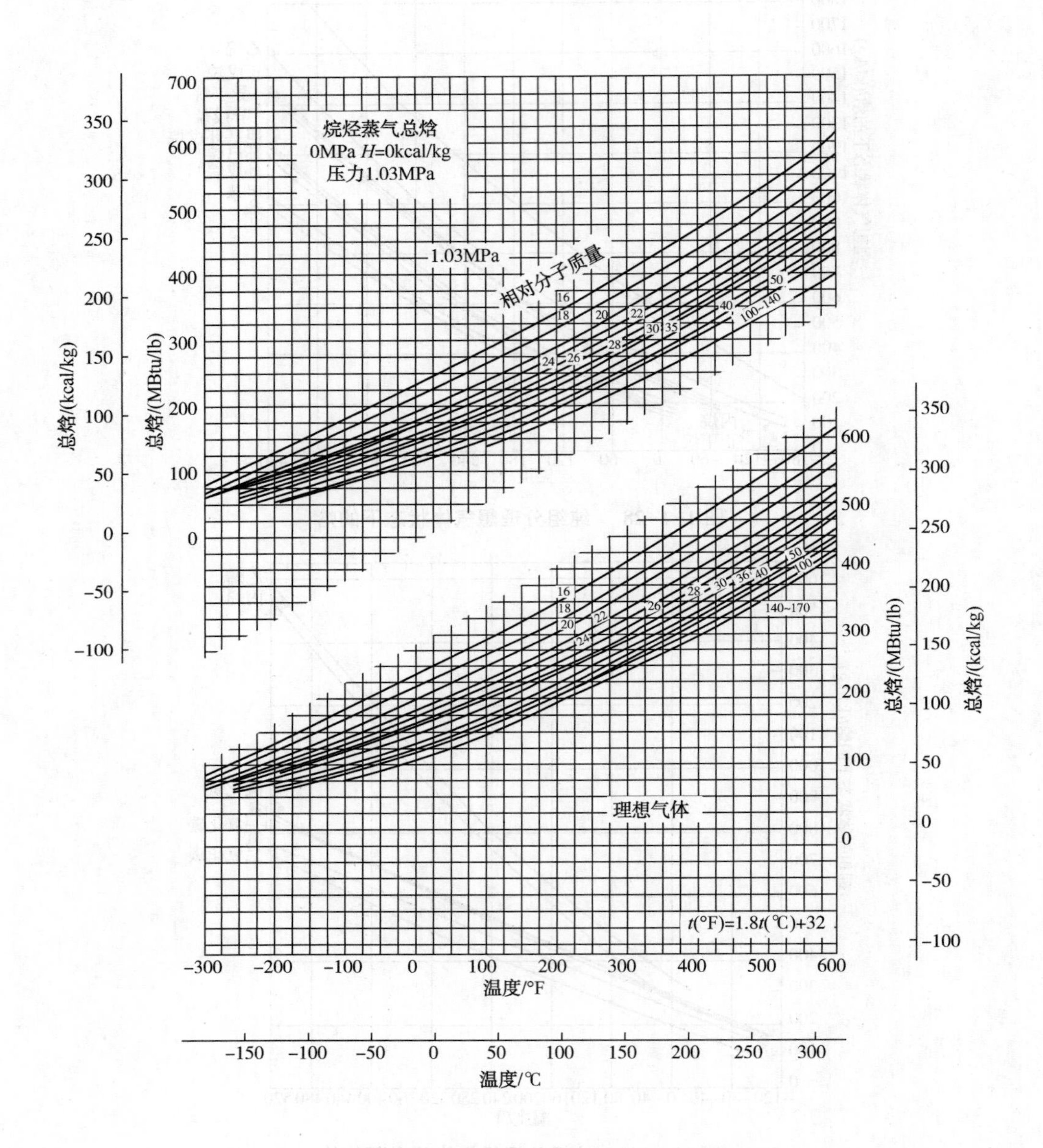

图 1-1-30 烷烃蒸气的总焓图(1)

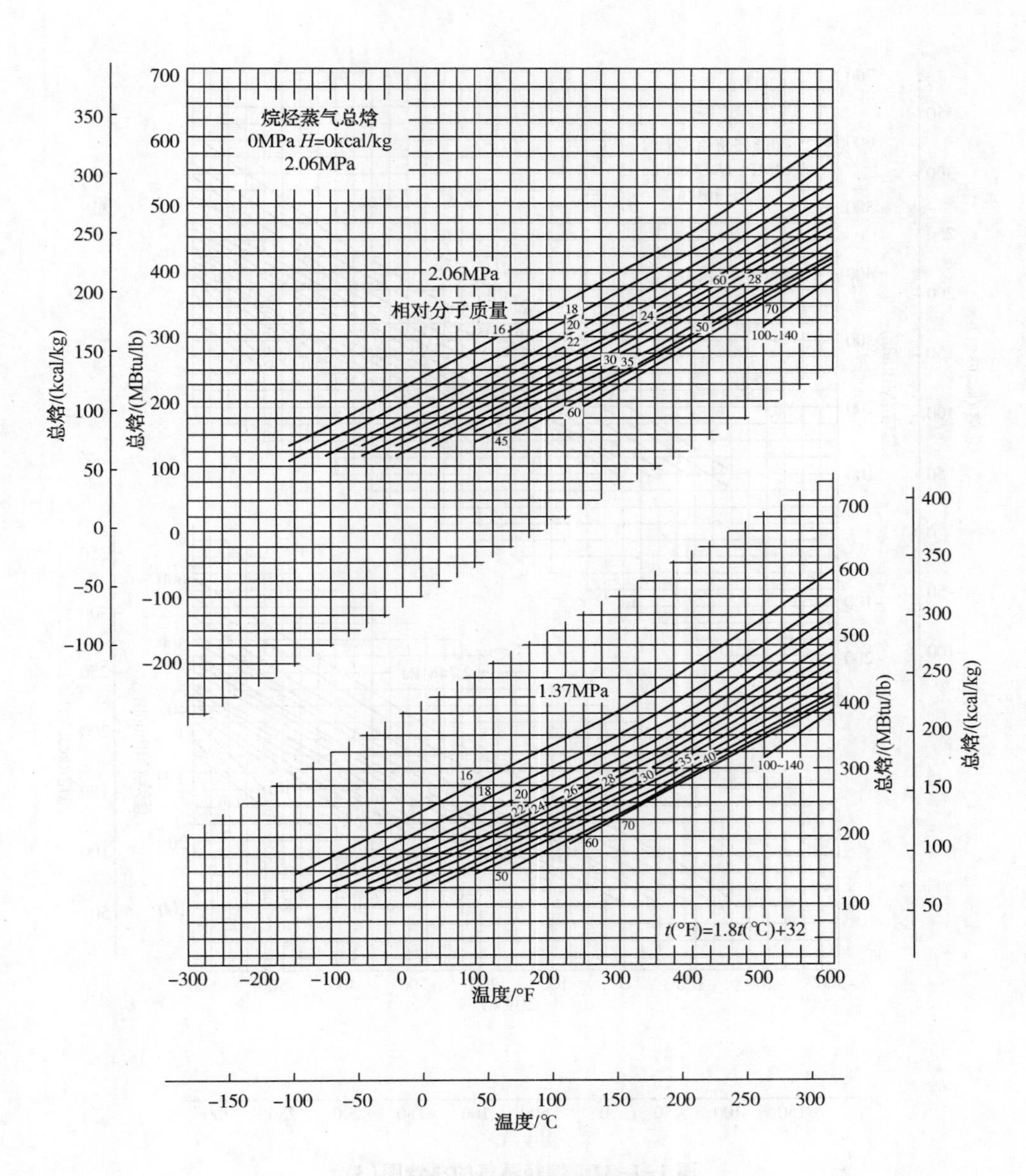

图 1-1-31　烷烃蒸气的总焓图(2)

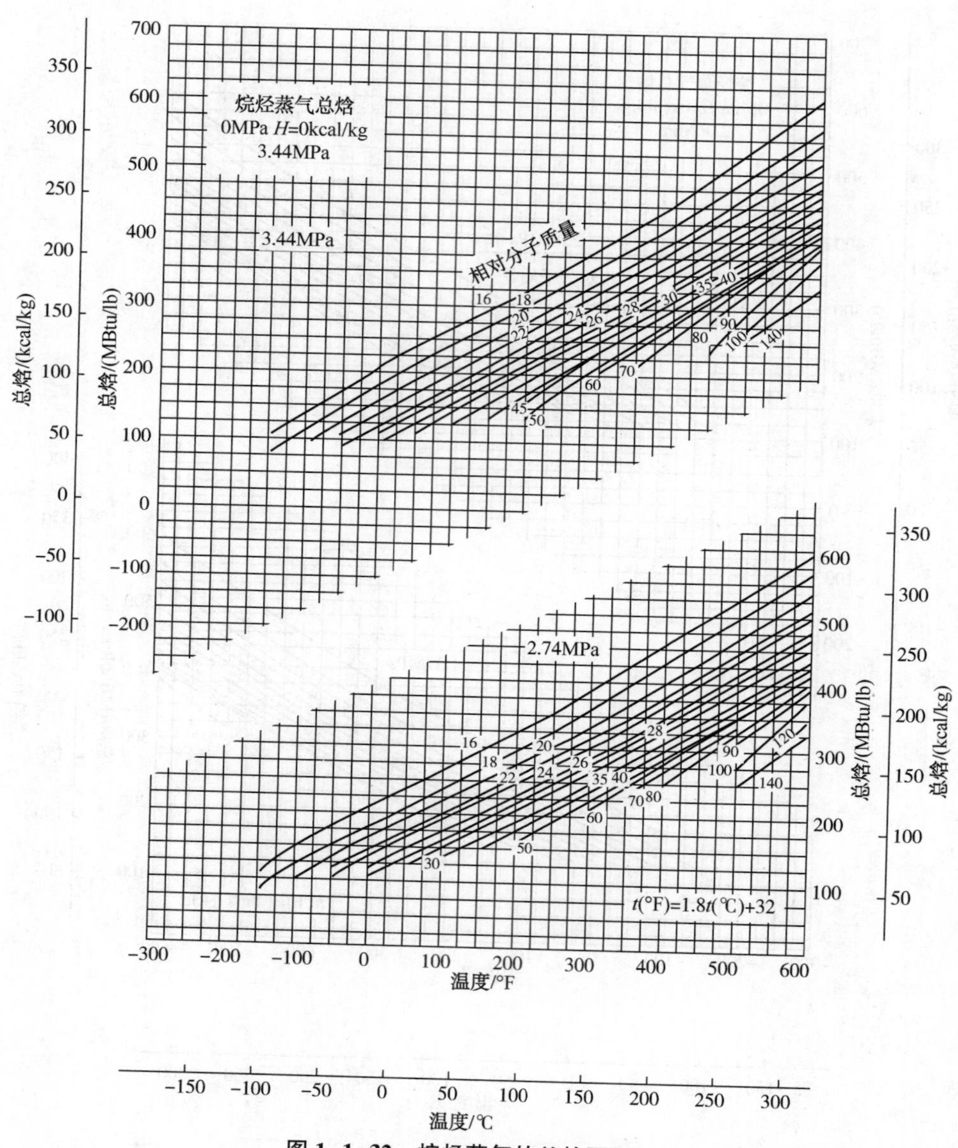

图 1-1-32 烷烃蒸气的总焓图(3)

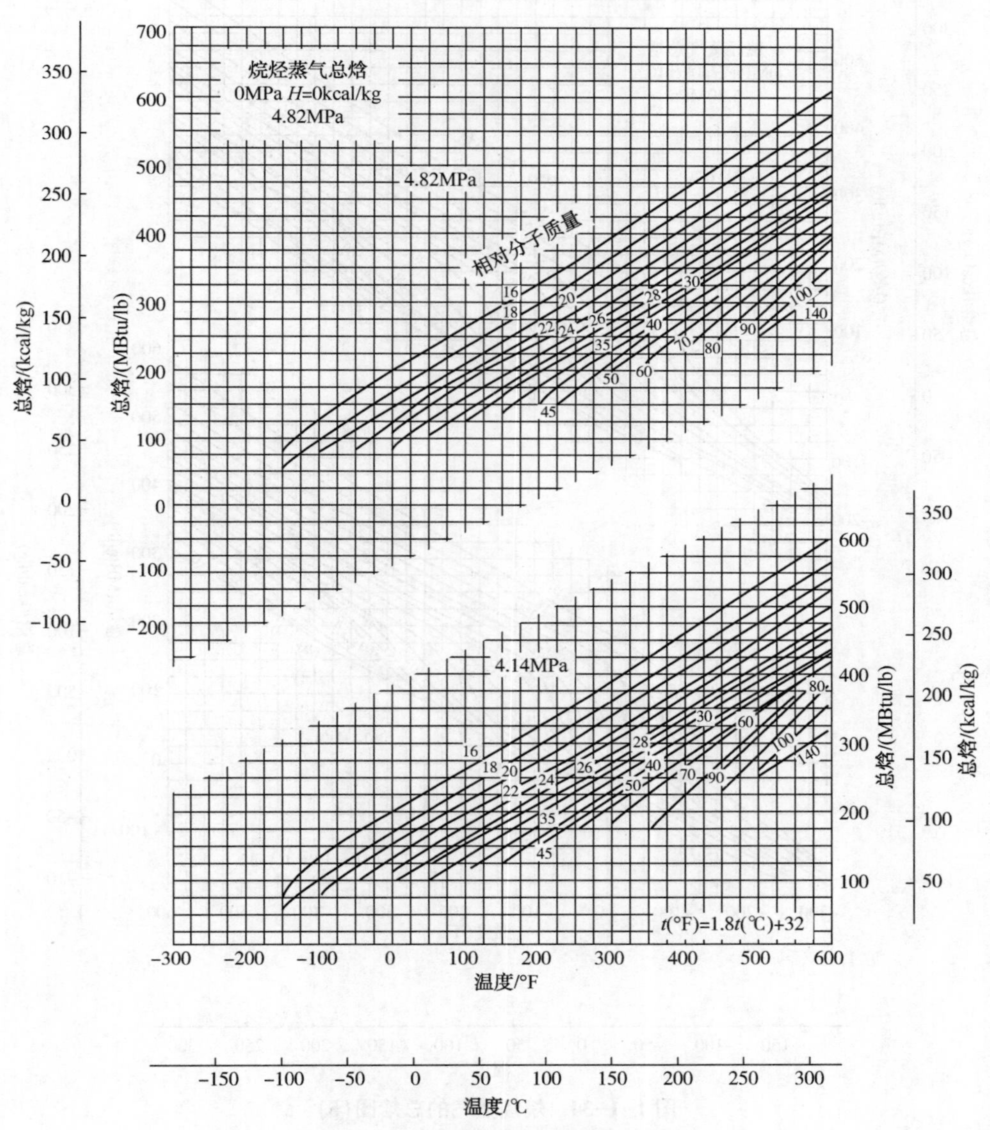

图 1-1-33　烷烃蒸气的总焓图(4)

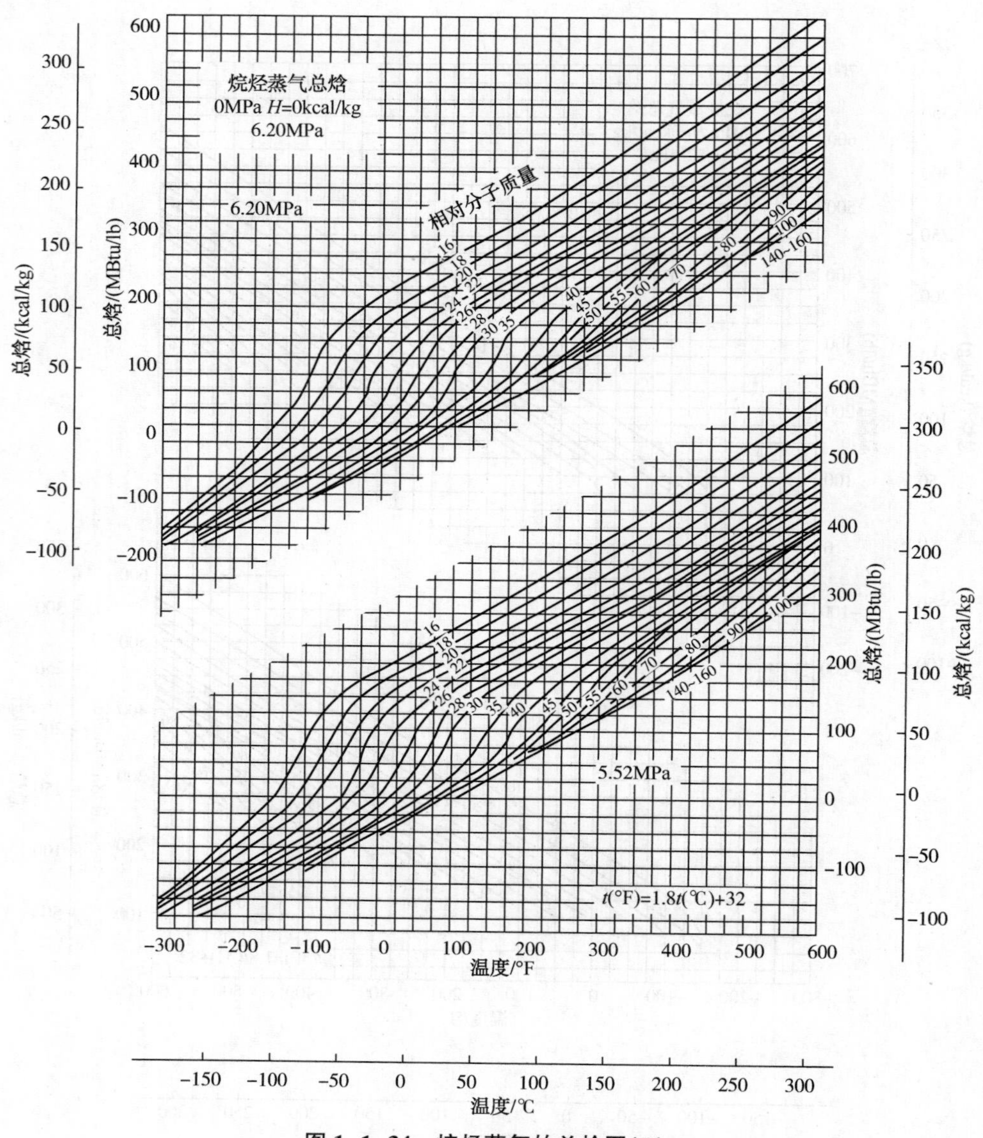

图 1-1-34 烷烃蒸气的总焓图(5)

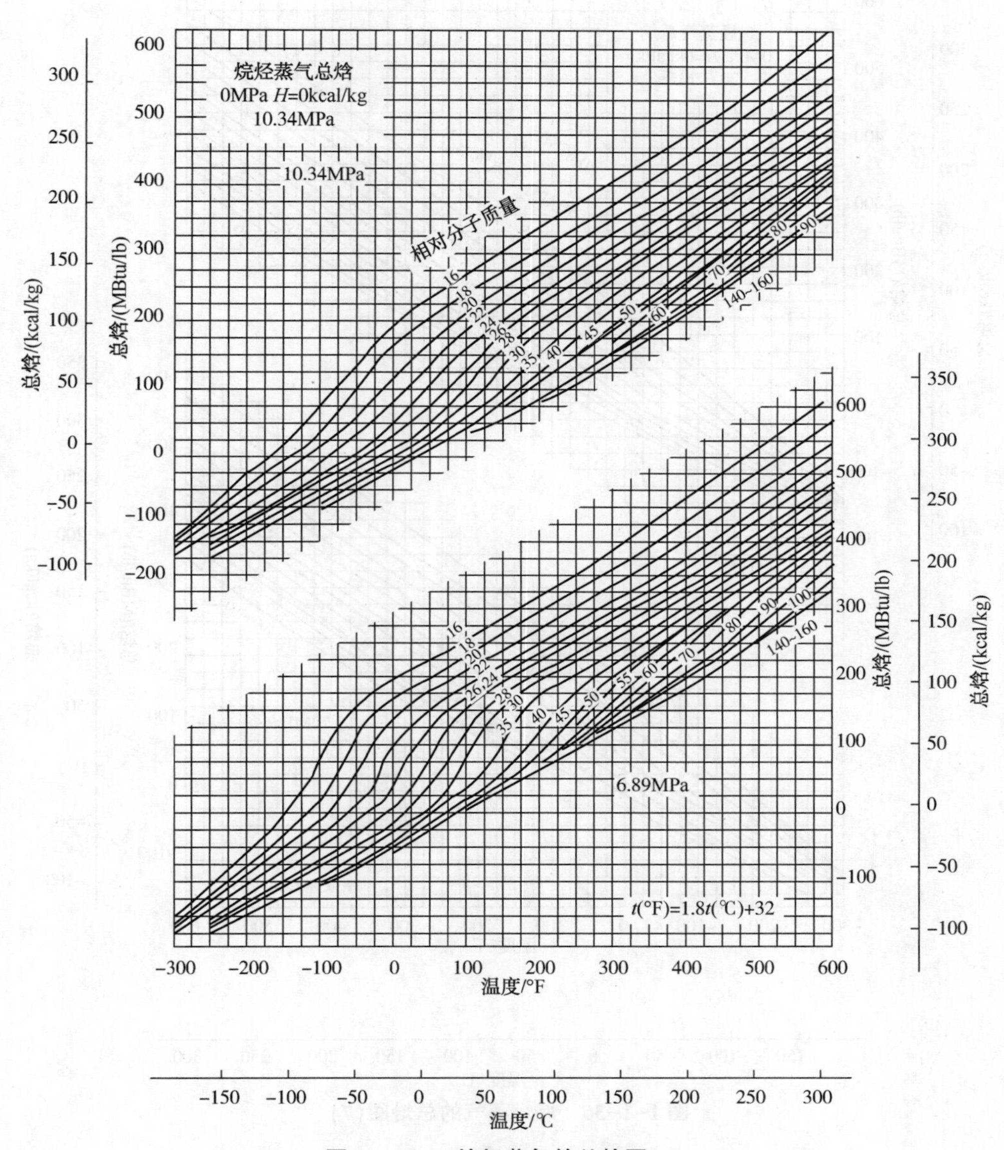

图 1-1-35　烷烃蒸气的总焓图(6)

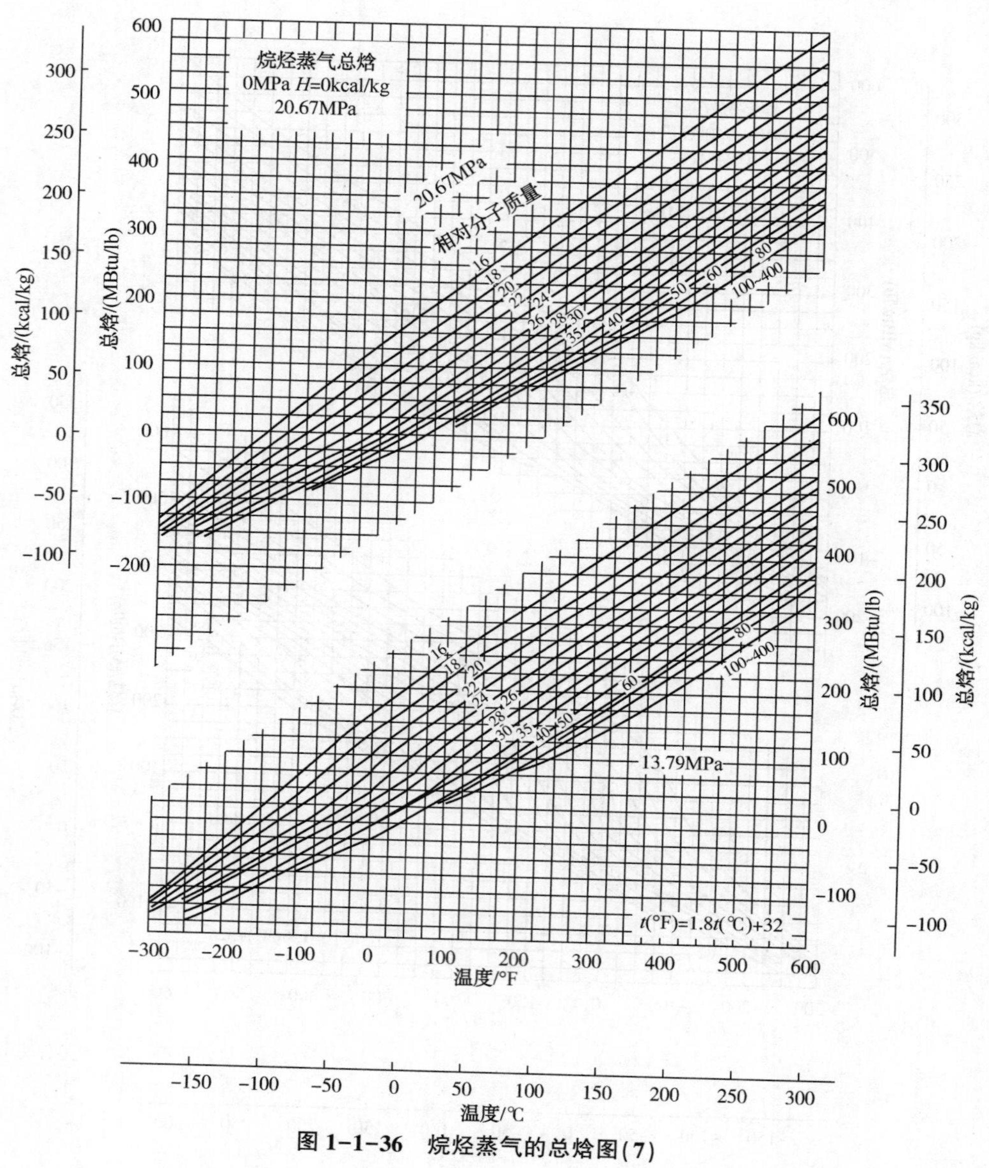

图 1-1-36 烷烃蒸气的总焓图(7)

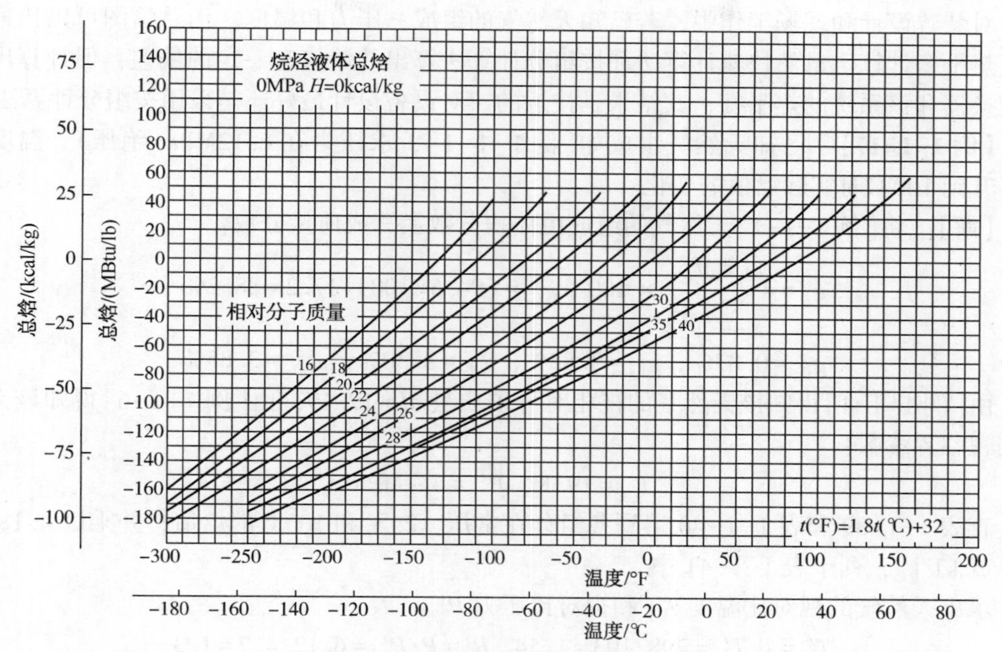

图 1-1-37　烷烃液体的总焓图(8)

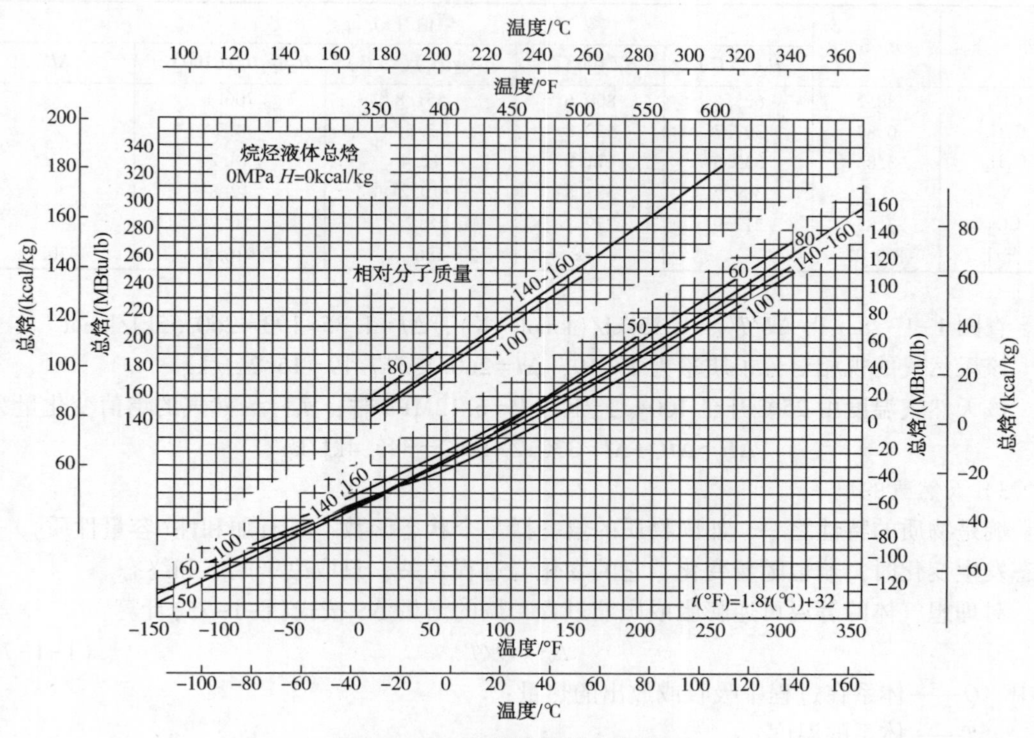

图 1-1-38　烷烃液体的总焓图(9)

对装置设计和现场工作中，若已知天然气的组成、压力和温度。用总焓图可以快速地校核热平衡计算。虽然快速计算法和按组分计算法算出的焓值有一定的偏差，但计算出的热交换器和该系统的热平衡，其结果是接近的。对设备设计最好还是采用按组分计算法。

【例 1-1-17】 已知天然气组成如[例 1-1-1]，求压力在 6.12MPa(绝压)，温度从 25℃升到 100℃时实际焓值的变化。

【解】 将[例 1-1-1]天然气的组成由体积分数换算成质量分数：

$$g_i == \frac{r_i M_i}{\sum r_i M_i} \times 100 \text{ , } g_{C_1} = (94.5 \times 100)/17.2 = 88.2\%$$

$$g_{C_2} = 0.87\%\text{，} g_{C_3} = 3.85\%\text{，} g_{N_2} = 3.30\%\text{，} g_{CO_2} = 3.85\%$$

由[例 1-1-1]得知该天然气的视相对分子质量 $M=17.19$；由[例 1-1-6]得知该天然气的视临界参数：

$$T'_c = 193\text{K}\text{，} P'_c = 4.7\text{MPa}$$

查表 1-1-39 和表 1-1-40 得到各组分在常压、25℃和 100℃的焓值，并乘以 4.1868，换算成 kJ/kg，列于表 1-1-41 中。

求出天然气的视对比温度 T'_r 和视对比压力 P'_r：

$$T'_r = T/T'_c = 298/193 = 1.54\text{，} P'_r = P/P'_c = 6.12/4.7 = 1.3$$

表 1-1-41 各组分的焓值计算结果表

组 分	$g_i/\%$	焓值/(kJ/kg)				
		H_i(25℃)	H_i(100℃)	$H_1(g_iH_i)$(25℃)	$H_2(g_iH_i)$(100℃)	ΔH_0
CH_4	88.2	625.6	800.6	551.8	706.1	
C_2H_6	0.87	397.7	538.8	3.5	4.7	
C_3H_8	3.85	333.5	471.9	12.4	18.2	
N_2	3.3	309.7	387.8	10.2	12.8	
CO_2	3.85	212.9	279.1	8.2	10.7	
合计	100.07			586.1	916.3	330.2

查图 1-1-28，得 $\Delta I/T'_c = 1.35$ kJ/(kmol·K)，$\Delta I = 1.35\times193 = 260.55$kJ/kmol

该天然气的视相对分子质量为 17.19，$\Delta I = 260.55/17.19 = 15.2$kJ/kg

该天然气温度由 25℃升至 100℃，压力 $P=6.12$MPa 时，实际天然气的焓值变化量为：

$$\Delta H = \Delta H_0 + \Delta I = 330.2 + 15.2 = 345.4\text{kJ/kg}$$

3）天然气的熵

熵是物质的特性之一，如同物质的焓一样是个状态函数，具有加和性(容量性质)。当状态发生变化时，熵也随着变化，它的变化与过程无关，只取决于始态和终态。

对理想气体的等温可逆膨胀或压缩过程，熵的增量 ΔS 按式(1-1-75)计算：

$$\Delta S = Q/T \tag{1-1-75}$$

式中 Q——体系在过程中吸收或放出的热量；

T——体系的温度。

在变温条件下，若初始温度为 T_1，终结温度为 T_2，则非等温过程熵值增量按式(1-1-76)和式(1-1-77)计算：

$$dS=dQ/T \tag{1-1-76}$$

$$\Delta S=\int_{T_1}^{T_2}dS=\int_{T_1}^{T_2}dQ/T \tag{1-1-77}$$

由式(1-1-76)可知，T 始终是正值，在任一状态变化过程中，若 $dQ>0$，则 $dS>0$，反之亦然。说明吸热时，熵增加；放热时，熵减小。

在工程计算时，同焓的计算一样，无须求得熵的绝对值，只需要计算两个状态之间的熵的变化即可。可用式(1-1-78)计算物质始态、终态下熵的变化。

$$\Delta S=c_v\ln\frac{T_2}{T_1}+R\ln\frac{\nu_2}{\nu_1}=c_v\ln\frac{P_2}{P_1}+c_p\ln\frac{\nu_2}{\nu_1} \tag{1-1-78}$$

式中 ΔS——始态、终态下气体熵的变化，J/(kg·K)；

T_1、T_2——始态、终态下气体的温度，K；

v_1、v_2——始态、终态下气体的比体积，m^3/kg；

P_1、P_2——始态、终态下气体的压力，Pa。

对于特殊过程，公式(1-1-77)变换如下：

定容过程： $v_1=v_2$，$\Delta S=c_v\ln(T_2/T_1)=c_v\ln(P_2/P_1)$ (1-1-79)

定压过程： $P_1=P_2$，$\Delta S=c_p\ln(T_2/T_1)=c_p\ln(v_2/v_1)$ (1-1-80)

等温过程： $T_1=T_2$，$\Delta S=R\ln(v_2/v_1)=c_p\ln(P_2/P_1)$ (1-1-81)

绝热过程： $dQ=0$，$\Delta S=0$ 或 $S_1=S_2$ (1-1-82)

式中 S_1、S_2——始态、终态下气体的熵，J/(kg·K)。

天然气熵的计算方法和焓的计算方法基本一样，首先计算理想气体状态下气体的熵，然后计算压力对熵的影响，只是在计算方法上没有焓完善。

图1-1-39~图1-1-41是不同相对密度天然气的焓-熵图。用这些图计算等焓和等熵过程较为简单，但准确性不太高。

【例1-1-18】 某天然气相对密度为0.6，温度60℃，压力5.6MPa，日产量$100m^3$(在标准状态下)，通过节流阀降至2.8MPa，求：①通过节流阀后，天然气温度降至多少？②通过膨胀机绝热可逆膨胀，气体温度变为多少？

【解】 ① 天然气通过节流阀的自由膨胀过程，可近似地视为等焓过程，即 $\Delta H=0$。由图1-1-39可查出，当气体初始压力 $P_1=5.6$MPa，温度 $t_1=60$℃时，天然气的焓 $H=342$kcal/(kg·mol)。

当天然气节流膨胀后，压力 $P_2=2.8$ MPa，$H=342$kcal/(kg·mol)时，气体节流膨胀后的温度 $t_2=49$℃。

② 气体膨胀机的绝热可逆膨胀过程，可近似地视为等熵过程，即 $\Delta S=0$。由图1-1-39可查出，当 $P_1=5.6$ MPa，$t_1=60$℃时，天然气初始状态下的熵 $S=-6.55$kcal/(kg·mol·K)。

当 $P_2=2.8$MPa，$S=-6.55$ kcal/(kg·mol·K)时，气体绝热膨胀后的温度 $t_2=10$℃。

(四) 天然气的相特性及相平衡计算

在天然气工业中，为了了解一些工艺过程的实质，往往需要确定天然气的相特性，或者需要测定或计算其在相平衡(主要是气-液平衡)时的各相组成及数量等。

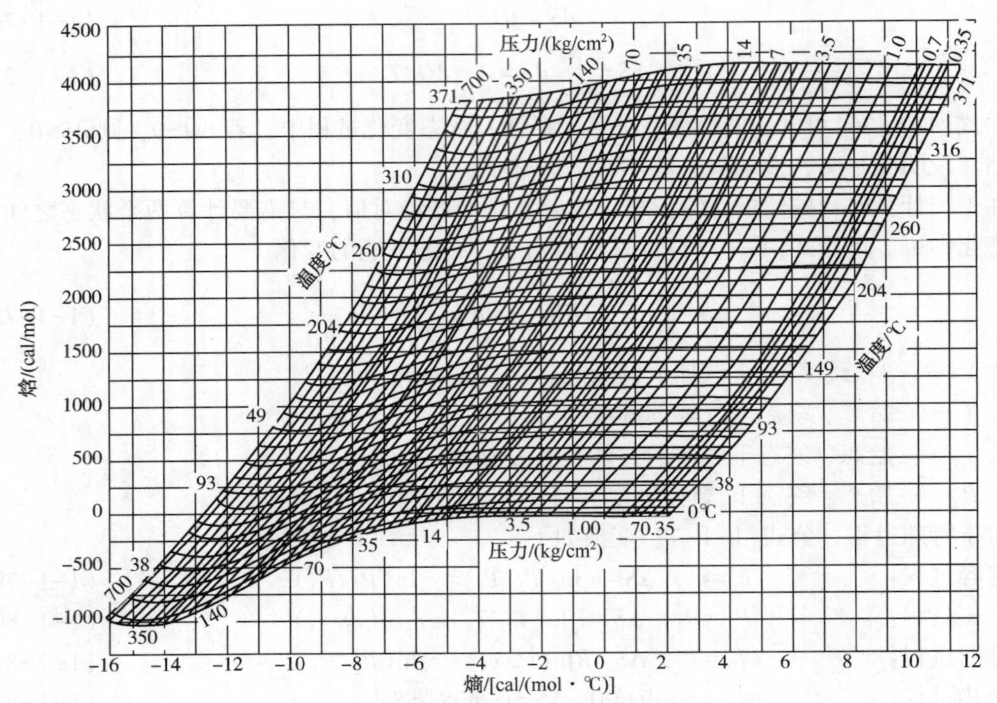

图 1-1-39　相对密度为 0.6 的天然气的焓-熵图

注：视临界压力 48kg/cm²(1kg/cm² = 0.098067MPa，下同)，视临界温度 200K。

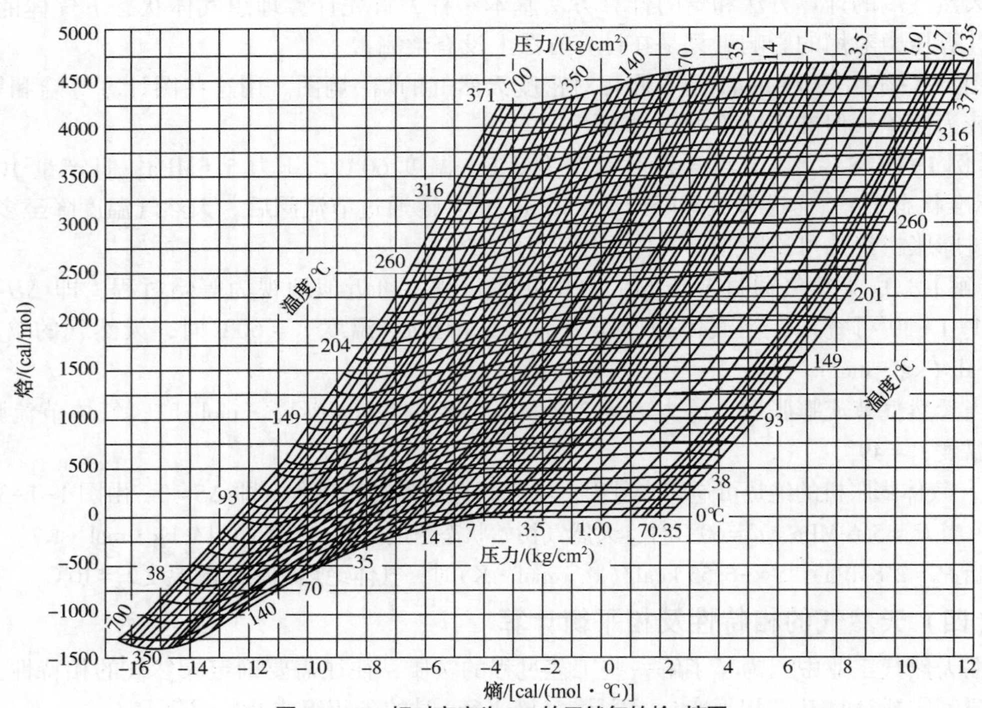

图 1-1-40　相对密度为 0.7 的天然气的焓-熵图

注：视临界压力 46kg/cm²，视临界温度 218K。

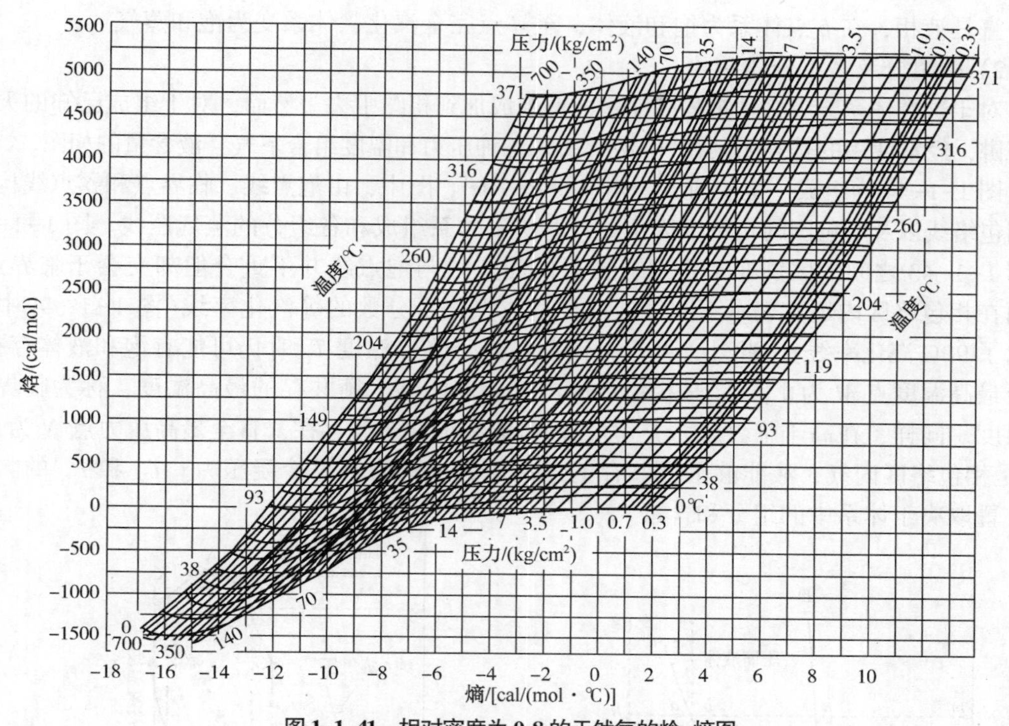

图 1-1-41　相对密度为 0.8 的天然气的焓-熵图

注：视临界压力 46.3kg/cm²，视临界温度 236K。

1. 天然气的相特性

天然气主要是由低分子烃类组成的多组分体系，其相特性常用相图表示。烃类体系的相图可由实验数据绘制，也可通过热力学关系式预测，或者由二者结合而得。由于天然气中的水蒸气冷凝后会在体系中出现第二液相——富水相，天然气中的 CO_2 在低温下还会形成固体，故除需要了解烃类体系的相特性外，还需要了解烃-水体系及烃-CO_2 体系的相特性。

2. 烃类体系的相特性

1）纯组分体系

纯组分(单组分)体系相特性是多组分体系相特性的特殊情况，其典型的 P、V、T 三维相图如图 1-1-42 所示。由于此图使用不便，经常使用的是其在 P-T 和 P-V 平面上的投影图。其中，P-T 图如图 1-1-43 所示。

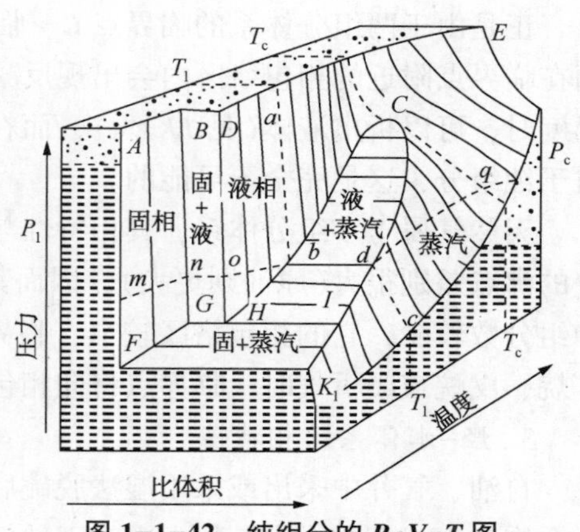

图 1-1-42　纯组分的 P-V-T 图

图 1-1-43 中的 FH 线是固-气平衡线，HD 线是固-液平衡线，HC 线是气-液平衡线。其中，HC 线又常称为蒸气压线。对纯组分而言，HC 线也是泡点线和露点线。它从三相点 H 开始，到临界点 C 终止。某一加热过程假定是在

等压 P_1 下进行，从 m 点到 n 点体系一直是固相，至 o 点完全变为液相，从 o 点到 b 点体系一直是液相，在 b 点体系为饱和液体，至 d 点完全汽化，体系变为饱和蒸气。

2）两组分及多组分体系

对于这类体系，就必须把另一变量——组成加到相图中去。然而，对于组成已知的天然气来讲，经常使用的是表明其在气-液平衡时各种压力和温度组合下气、液含量的相图。

图 1-1-44 为组成一定的两组分体系的 P-T 图。图中，由泡点线、临界点和露点线构成的相包络线以及所包围的相包络区位置，取决于体系组成和各组分的蒸气压线。图 1-1-44 与图 1-1-43 之间的区别在于两组分体系的露点线与泡点线并不重合但却交会于临界点，因而在相包络区内还有表示不同气、液含量或汽化百分数的等汽化率线(图 1-1-44 中仅表示了 90%汽化率线)。此外，两组分体系在高于临界温度 T_c 时仍可能有饱和液体存在，直至最高温度点 M 为止。T_M 是相包络区内气、液能够平衡共存的最高温度，称为临界冷凝温度。同样，在高于临界压力 P_c 时，仍可能有饱和蒸气存在，直至最高压力点 N 为止。P_N 是相包络区内气、液能够平衡共存的最高压力，称为临界冷凝压力。T_M 和 P_N 的大小和位置取决于体系中的组分和含量。

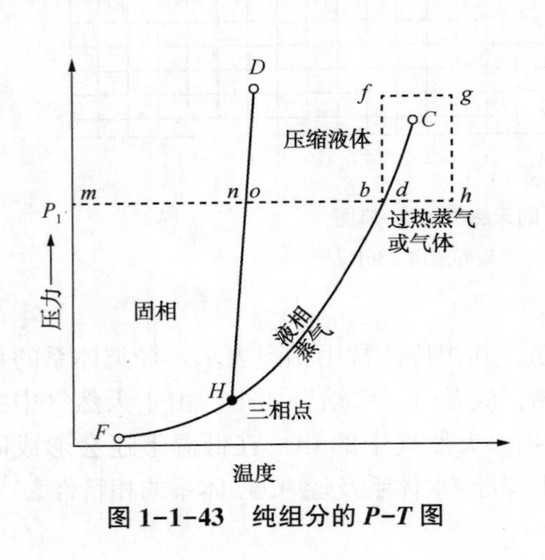

图 1-1-43 纯组分的 P-T 图

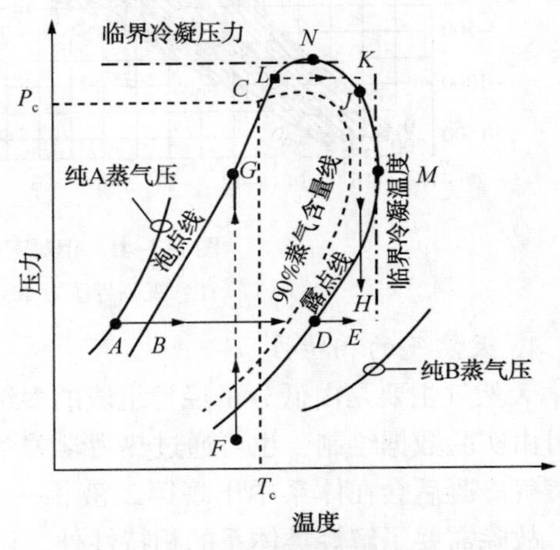

图 1-1-44 两组分体系 P-T 图

正是由于两组分体系的临界点 C、临界冷凝温度点 M 和临界冷凝压力点 N 不重合，因而在临界点附近的相包络区内会出现反凝析(倒退冷凝、反常冷凝)现象，即在等压下升高温度时，可以析出液体(见 LK 线)，而在等温下降低压力时，会使蒸气冷凝(见 JH 线)。对于纯组分，这是完全不可能的。

天然气属于多组分体系，其相特性与两组分体系基本相同。但是，由于天然气中各组分的沸点差别很大(原油则更大)，因而其相包络区就比两组分体系的更宽一些。贫天然气中组分数较少，它的相包络区较窄，临界点在相包络线的左侧。当体系中含有较多丙烷、丁烷、戊烷或凝析气时，临界点将向相包络线顶部移动。

3. 烃-水体系的相特性

自油、气井中采出或采用湿法脱硫后的天然气中，一般都含有饱和水蒸气，习惯上称为含饱和水或简称含水，故也常将天然气中含有的饱和水蒸气量称为饱和水含量或简称水含量，而将呈液相存在的水称为游离水或液态水。富水相中主要就是液态水。

水是天然气中有害无益的组分，这是因为：①它降低了天然气的热值和管道输送能力；②当温度降低或压力增加时，冷凝析出的液态水在管道或设备中出现两相流乃至积液，不仅增加流动压降，还会加速天然气中酸性组分对管道和设备的腐蚀；③液态水不仅在冰点时会结冰，而且在温度高于冰点时还会与天然气中一些气体组分形成固体水合物，严重时会堵塞管道和设备等。因此，了解与预测烃-水体系两个十分重要的相特性，即天然气中的饱和水含量和水合物形成条件是十分重要的。

1）天然气饱和水含量

预测天然气水含量的方法有以下两种：

图解法：其中，有一类图用于不含酸性组分的天然气，其值取决于天然气的温度、压力；另一类用于含酸性组分的天然气，其值还取决于酸性组分含量。

状态方程法：此法利用电算进行精确的相平衡计算求取水含量。例如，采用 SRK-GPA * SIM、HYSIS(原为 HYSIM)等软件。

(1) 不含酸性组分的天然气(净气)。

这类天然气的水含量及其露点可由图 1-1-45 查得。图中，水合物形成线(虚线)以下是水合物形成区。纵坐标是气体相对密度为 0.6 并与纯水接触时的水含量。

当气体相对密度不是 0.6 时，可由图 1-1-45 中相对密度校正附图查出校正系数 C_{RD}，即

$$C_{RD}=\frac{\text{相对密度 }RD\text{ 的气体水含量}}{\text{相对密度 0.6 的气体水含量}}$$

当气体与盐水接触时，可由图 1-1-45 中盐含量校正附图查出校正系数 C_B，即

$$C_B=\frac{\text{与盐水接触时的气体含量}}{\text{与纯水接触时的气体含量}}$$

因此，当气体相对密度不是 0.6，且与盐水接触时，水含量(W)($kg/10^3m^3$)为：

$$W=0.985W_0C_{RD}C_B \tag{1-1-83}$$

式中 W_0——由图 1-1-45 查得的天然气水含量(15.6℃、101.325kPa)(未校正)，$kg/10^3m^3$(GPA)。

如已知天然气在常压下的露点，还可由图 1-1-45 查得在某压力下的露点，反之亦然。当天然气在常压下的露点较低(例如，在 CNG 加气站中要求脱水后天然气的常压露点达到 -70～-40℃甚至更低)时，则可由图 1-1-46 查得在某压力下的露点，反之亦然。图 1-1-46 是图 1-1-45 左下侧部分的延伸图。

(2) 含酸性组分的天然气(酸气)。

当天然气中酸性组分含量大于 5%，特别是压力大于 4.7MPa 时，采用图 1-1-45 就会出现较大误差。此时，可用坎贝尔(Campbell)提出的公式近似计算(酸性组分含量小于 40%)，也可用 Wichert 等提出的图解法确定其水含量。

Wichert 法由一张不含酸性组分的天然气水含量图(如图 1-1-45 所示)和一张含酸性组分与不含酸性组分的天然气水含量比值(水含量比值=酸气中的水含量/净气中的水含量)图(如图 1-1-47 所示)组成，其适用条件为：压力≤70MPa，温度≤175℃，H_2S 含量(摩尔分数)≤55%。

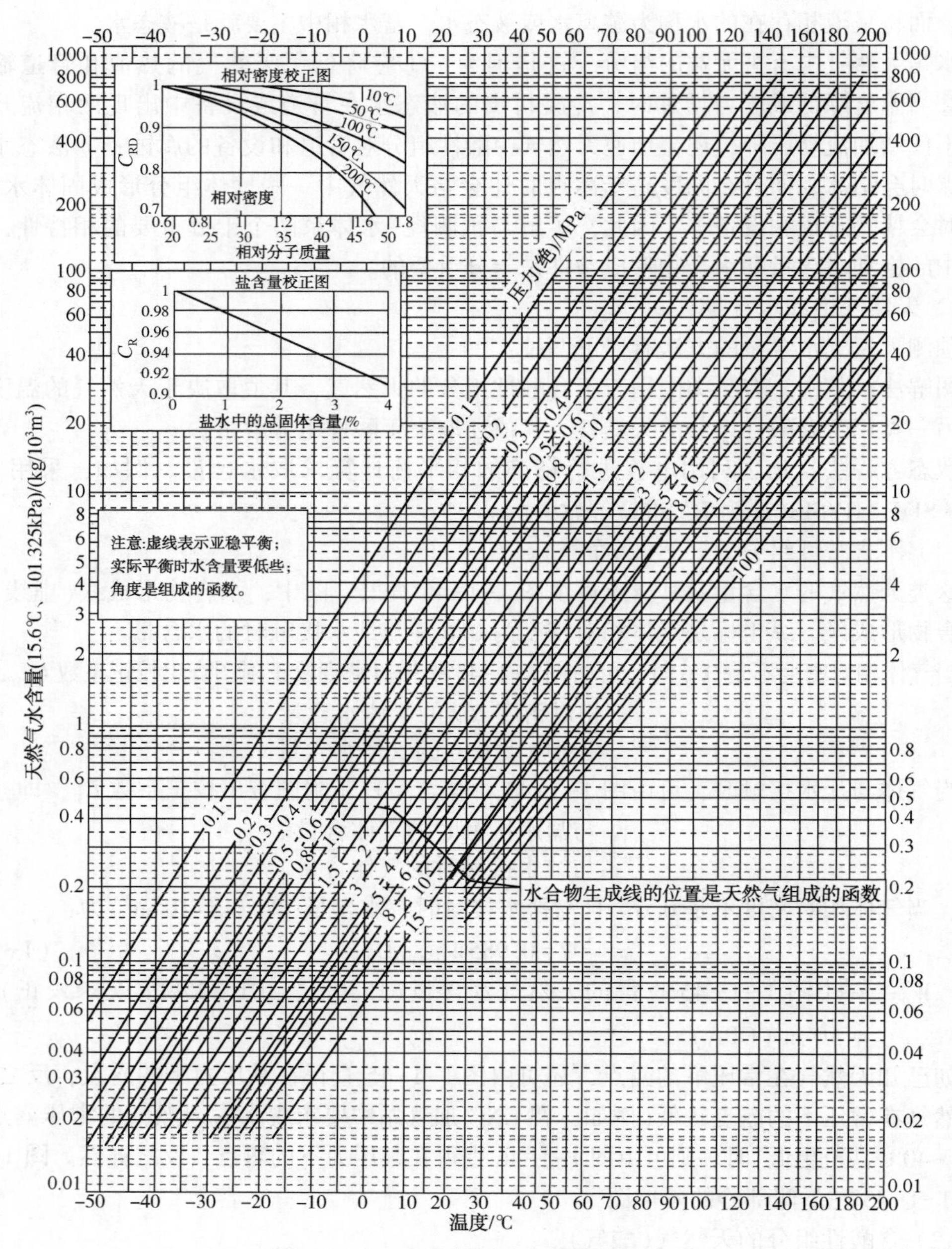

图 1-1-45　天然气的水含量及其露点

【例 1-1-19】 某酸性天然气各组分的摩尔分数为：CH_4 30%，H_2S 10%，CO_2 60%；压力为 8.36MPa，温度为 107℃。试由图 1-1-47 确定其水含量。

【解】 利用图 1-1-45 确定在相同条件下无硫天然气中的水含量约为 14.2kg/10^3m^3。

酸性天然气中 CO_2 含量乘以 0.75，加上 H_2S 含量，成为 H_2S 的当量含量：60%×0.75+10%=55%。

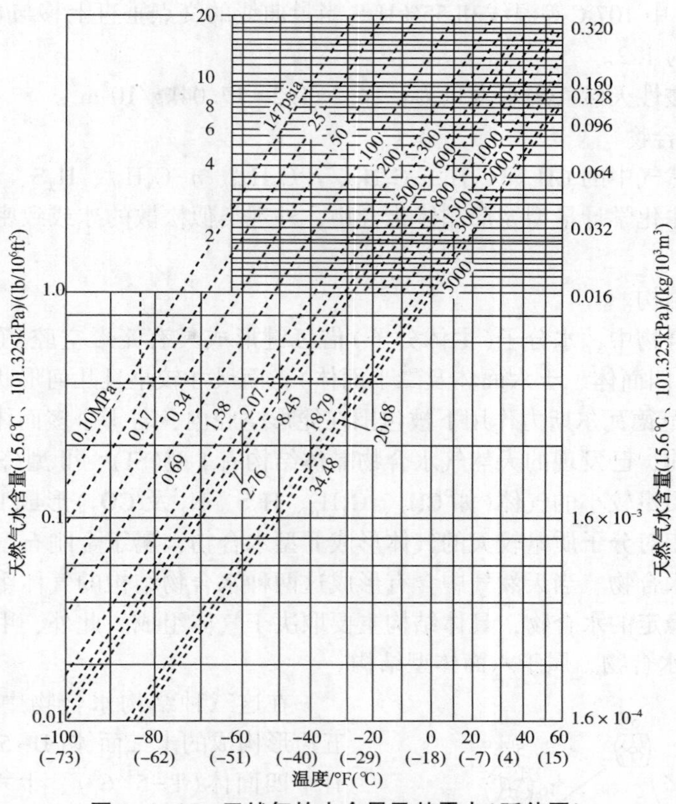

图 1-1-46　天然气的水含量及其露点(延伸图)

注：1lb = 0.4536kg，$1ft^3 = 2.8316\times10^{-2}m^3$。

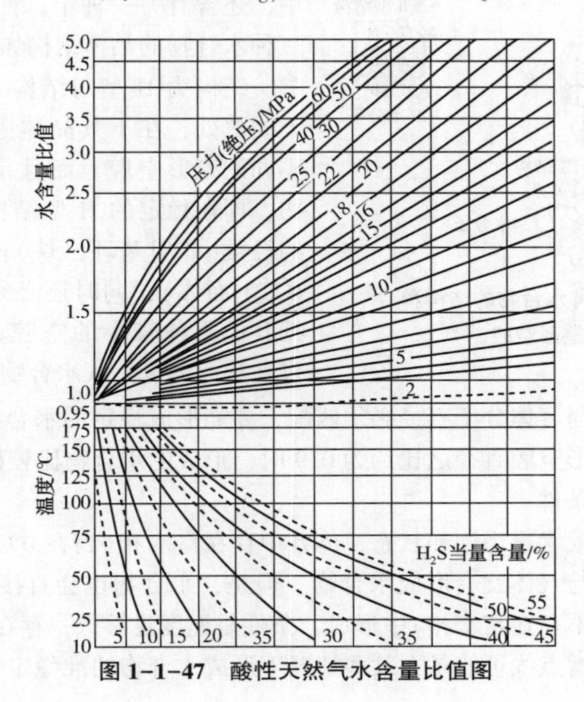

图 1-1-47　酸性天然气水含量比值图

由图 1-1-47 中 107℃等温线和 55%H_2S 当量曲线的交点垂直上移与 8.36MPa 线相交，求得水含量比值为 1.2。

由此可知，酸性天然气中水含量为：14.2×1.2=17.04kg/10^3m^3。

2）天然气水合物

它是水与天然气中的 CH_4、C_2H_6、C_3H_8、$i-C_4H_{10}$、$n-C_4H_{10}$、H_2S、N_2 以及 CO_2 等小分子气体形成的非化学计量型笼形晶体化合物，外观类似松散的冰或致密的雪，相对密度为 0.96~0.98。

(1) 水合物结构。

在天然气水合物中，水分子(主体分子)借氢键形成具有笼形空腔(孔穴)的各种多面体(十二面体、十四面体、十六面体及二十面体)，而尺寸较小且几何形状合适的气体分子(客体分子)则在范德瓦尔斯力作用下被包围在笼形空腔内，若干个多面体相互连接即成为水合物晶体。目前，已发现的天然气水合物晶体结构有Ⅰ型(SI)、Ⅱ型(SⅡ)及H型(SH)三种。相对分子质量较小的气体(如 CH_4、C_2H_6、H_2S、N_2 及 CO_2)形成Ⅰ型水合物，属于体心立方结构；相对分子质量较大的气体形成Ⅱ型水合物，属于金刚石型结构，戊烷以上烃类一般不形成水合物。当天然气中含有形成这两种水合物结构的气体组分时，通常只生成一种结构较为稳定的水合物，具体结构主要取决于气体组成。此外，甲基环己烷等大分子还可形成H型水合物，属于六面体型结构。

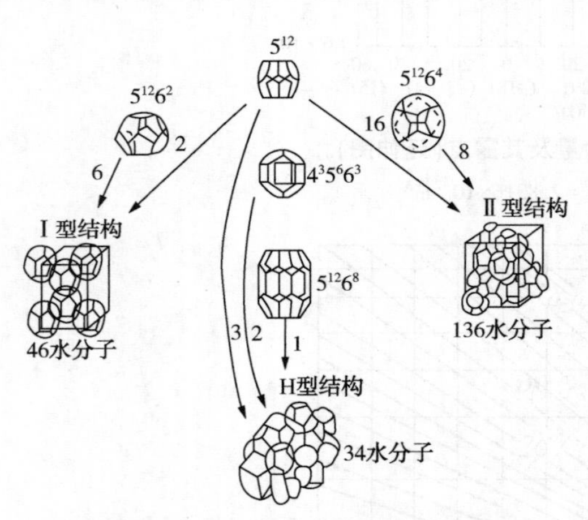

图 1-1-48 三种水合物的结构和相应的笼形空腔

在这三种结构水合物中，除均含有由正五边形构成的十二面体($D-5^{12}$)外，还分别含有十四面体($T-5^{12}6^2$)、十六面体($H-5^{12}6^4$)和二十面体($E-5^{12}6^8$)。此外，在H型结构中，还含有另一种十二面体($D'-4^35^66^3$)。这三种水合物的晶体结构如图 1-1-48 所示。

结构为H型与结构为Ⅰ、Ⅱ型水合物的不同之处，在于其晶体中不仅包含三种大小不同的笼形空腔，而且是一种二元气体水合物，即在稳定的H型结构水合物中，大分子的烃类(如甲基环己烷)占据晶体中的大空腔(二十面体)，同时还必须有小分子的甲烷占据其他两种较小的空腔(十二面体)。目前，仅在深海的天然气水合物中发现有H型结构。

笼形空腔的大小与客体分子直径必须匹配，才能形成稳定的水合物。一般来说，气体分子直径与水合物笼形空腔直径之比约为 0.9 时，形成的水合物比较稳定。

(2) 水合物形成条件。

当天然气中水蒸气含量为饱和状态，体系中存在富水相(当在 0℃以下时为冰)时，在低温、高压下液态水与气体就会形成水合物。但是，水合物也会直接从天然气(即水蒸气含量未饱和，体系中不存在富水相)中形成，条件是温度足够低，存在湍流或平衡时间长。例如，一些准稳定水露点线可能是在某些情况下形成水合物的准稳定条件。这不是真正的平衡状态。

影响水合物形成的主要因素：气体必须在或低于其水露点或饱和状态(形成水合物时不必有液态水)；温度；压力；组成。次要因素：混合过程；动力学过程；存在晶体形成和聚结的场所，如管线中的弯头、孔板、测温元件套管或积垢；盐含量等。通常，温度降低、压力增加至所需条件时，将会形成水合物。

(3) 水合物形成条件预测。

目前，预测天然气水合物形成条件的方法有相对密度法、平衡常数法、分子热力学法及实验法等。通常，可先采用相对密度法估计天然气水合物的形成条件。如需要精确计算，则应采用由分子热力学模型建立起来的软件通过电算完成此项工作。当天然气压力很高(例如高于 21MPa)时，还需要用高压下的实验数据来核对这些预测结果的可靠性。

如图 1-1-49 所示为图解的相对密度法。已知天然气相对密度，就可用此图估计一定温度下形成水合物的最低压力，或一定压力下形成水合物的最高温度。Loh 等曾将此法与用 SRK 状态方程预测的结果进行比较，对于甲烷及天然气相对密度不大于 0.7 时，二者十分接近；而当天然气相对密度在 0.9~1.0 时，二者差别较大。

对于含酸性组分的天然气，Baillie 等根据 HYSIM 软件求取的水合物形成条件绘制成图 1-1-50。当酸性组分含量在 1%~70%，如 H_2S 含量在 1%~50%，H_2S/CO_2 比在 1∶3~10∶1，根据 C_3 含量修正酸性天然气水合物的形成温度。由此图查取的温度值中，有 75%的数据与用 HYSIM 软件预测值相差±1.1℃，90%的数据相差±1.7℃。

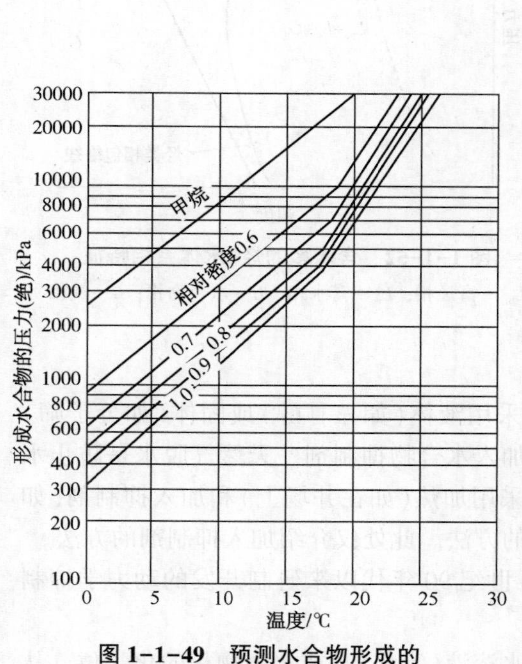

图 1-1-49　预测水合物形成的压力–温度曲线

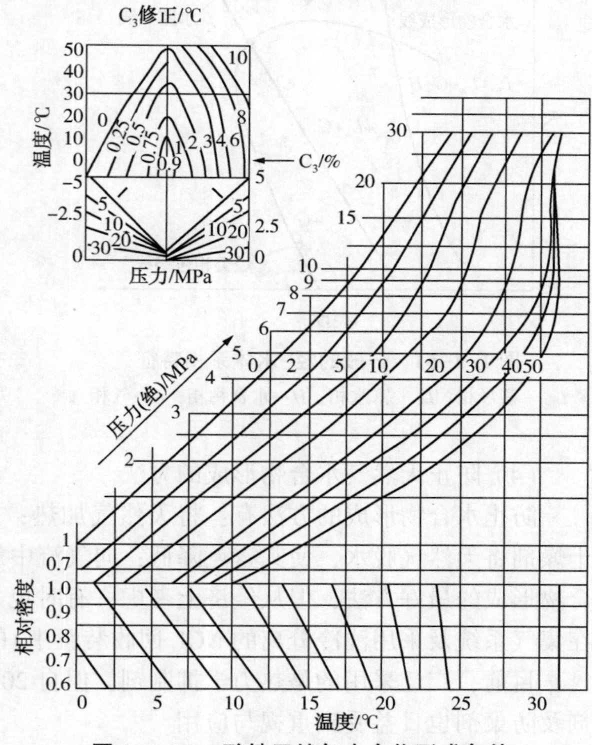

图 1-1-50　酸性天然气水合物形成条件

此图也适用于不含酸性组分、C_3H_8 含量高达 10%的天然气。

分子热力学法是建立在相平衡理论基础上的一种预测水合物形成条件的热力学方法。截至目前，几乎所有预测气体水合物相平衡的理论模型都是在 Van der Waals-Platteeuw 统计热力学模型的基础上发展起来的。根据相平衡准则，平衡时多组分体系中每个组分在各相中的化学位相等。在含天然气水合物的体系中，水在三相平衡共存，即水合物相、气相、富水相或冰相。在平衡状态时，水在水合物相 H 中的化学位与其他两个平衡共存相中水的化学位相等，即

$$\mu_W^H = =\mu_W^\alpha \tag{1-1-84}$$

式中 μ_W^H——水在水合物相 H 中的化学位；

μ_W^α——水在除水合物相以外任一平衡共存的含水相 α 中的化学位。

因此，预测水合物形成条件的分子热力学模型可分为水合物相和富水相或冰相(当天然气中水蒸气未达饱和状态时则为气相)两部分。随着对这些模型研究的不断深化和计算机应用技术的迅速发展，目前国内外已普遍采用有关软件(例如(AQUA * SIM、PROCESS 和 HYSIS 等)来预测水合物形成条件。Maddox 等根据 SRK 状态方程对模拟天然气体系计算出的数据绘制成图 1-1-51 及图 1-1-52。图中的水合物形成线是预测的，只用来举例说明，不能推广到其他体系。

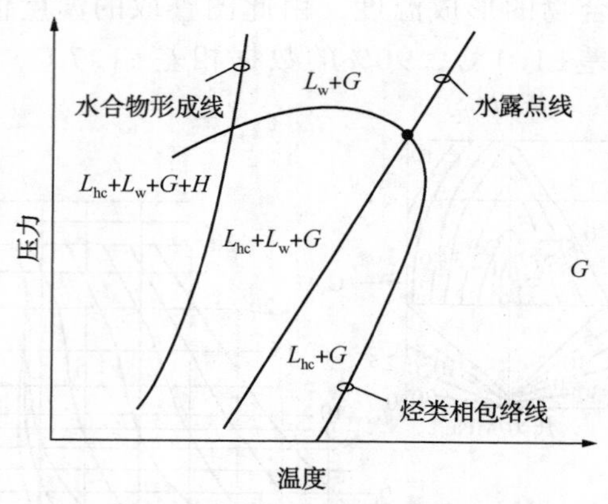

图 1-1-51 一般的烃-水体系相特征

L_{hc}—富烃相；L_w—富水相；H—水合物相；G—气相

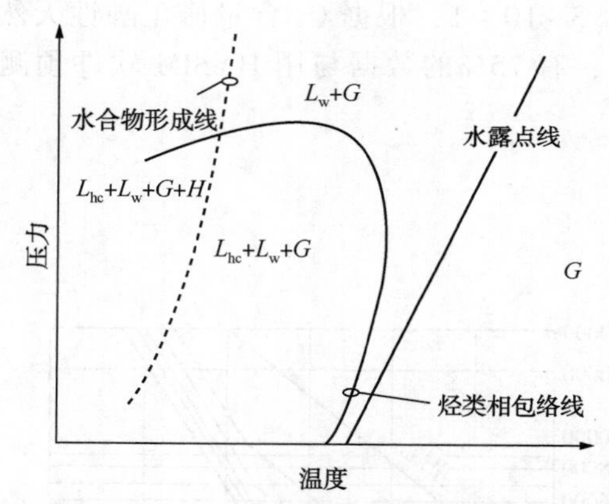

图 1-1-52 含水多的烃-水体系相特征

L_{hc}—富烃相；L_w—富水相；H—水合物相；G—气相

(4) 防止天然气水合物形成的方法。

防止水合物形成的方法有：将天然气加热；采用液体(如三甘醇)或固体(如分子筛)干燥剂将天然气脱水，使其露点降低；向气流中加入水合物抑制剂。天然气脱水是防止水合物形成的最好方法，但从经济上考虑，有时也采用加热(如在井场上)和加入抑制剂(如在集气系统及采用浅冷分离的 NGL 回收装置中)的方法。此处仅介绍加入抑制剂的方法。

目前，广泛采用的是热力学抑制剂，但自 20 世纪 90 年代以来研制开发的动力学抑制剂及防聚剂也日益受到重视与应用。

向天然气中加入热力学抑制剂后，可以改变水溶液(富水相)或水合物相的化学位，从而使水合物形成条件移向较低温度或较高压力范围。常见的热力学抑制剂有电解质水溶液

(如氯化钠、氯化钙等无机盐的水溶液)、甲醇及甘醇类(如乙二醇、二甘醇)等。目前,多采用甲醇、乙二醇及二甘醇等有机化合物,它们的主要理化性质见表1-1-42。

表1-1-42　常见热力学有机抑制剂主要理化性质表

性　质		甲醇	乙二醇(EG)	二甘醇(DEG)	三甘醇(TEG)
分子式		CH_3OH	$C_2H_6O_2$	$C_4H_{10}O_3$	$C_6H_{14}O_4$
相对分子质量		32.04	62.1	106.1	150.2
正常沸点/℃		64.7	197.3	244.8	288
蒸汽压/kPa	20℃	12.3		—	—
	25℃	—	16.0	1.33	1.33
密度/(g/cm³)	20℃	0.7928	—	—	—
	25℃	—	1.110	1.113	1.119
冰点/℃		-97.8	-13	-8	-7
黏度/mPa·s	20℃	0.5945	—	—	—
	25℃	—	16.5	28.2	37.3
比热容/[J/(g·k)]	20℃	2.512	—	—	
	25℃	—	2.428	2.303	2.219
闪点(开口)/℃	15.6	116	138	138	160
气化热/(J/g)	1101	846	540	540	406
与水溶解度(20℃)	互溶	互溶	互溶	互溶	互溶
性　状		无色、易挥发、易燃,有中等毒性	无色、无臭、无毒、有甜味的黏稠液体	同乙二醇	同乙二醇

甲醇由于沸点低、操作温度较高时气相损失过大,故多用于低温场合。当操作温度低于-10℃时,一般不再采用二甘醇,这是因其黏度较大,且与液烃分离困难;当操作温度高于-7℃时,则可优先考虑二甘醇,这是因其与乙二醇相比,气相损失较小。如按水溶液中相同质量浓度抑制剂引起的水合物形成温度降来比较,甲醇的抑制效果最好,其次为乙二醇、二甘醇。

甲醇适用于以下场合:①气量小,不宜采用脱水方法;②采用其他抑制剂时用量多,成本高;③在建设正式场站前使用临时设施的地方;④水合物形成不严重,不常出现或季节性出现;⑤只是开工时使用;⑥管道较长(例如超过1.5km)。一般情况下,蒸发到气相中的甲醇蒸气不再回收,而溶在水溶液中那部分甲醇可用蒸馏的方法回收后循环使用。

甘醇类抑制剂无毒,沸点远高于甲醇,故在气相中蒸发损失很小,大部分可回收循环使用,适用于气量大而又可不用脱水的场合。因此,在采用浅冷分离的NGL回收装置中常有应用。

注入气流中的抑制剂与气体中析出的液态水混合后形成抑制剂水溶液。当所要求的水合物形成温度降已知时,抑制剂在水溶液中的最低浓度可按Hammerschmidt提出的半经验公式计算,即

$$C_m=\frac{100\Delta t\cdot M}{K+\Delta t\cdot M} \tag{1-1-85}$$

式中 C_m——达到所要求的水合物形成温度降，抑制剂在水溶液中必须达到的最低质量分数，%；

Δt——根据工艺要求而确定的水合物形成温度降，℃；

M——抑制剂相对分子质量；

K——常数，甲醇为1297，乙二醇和二甘醇为2222。

实践证明，当甲醇水溶液浓度（质量分数）约低于25%，或甘醇类水溶液浓度（质量分数）高至60%～70%时，采用该式仍可得到满意的结果。对于浓度高达50%的甲醇水溶液及温度低至-107℃时，Nielsen等推荐采用的计算公式为：

$$\Delta t = -72\ln(1-C_{mol}) \tag{1-1-86}$$

式中 C_{mol}——达到所要求水合物形成的温度降，甲醇在水溶液中必须达到的最低摩尔分数，%。

动力学抑制剂是一些水溶性或水分散性的聚合物，例如N-乙烯基吡咯烷酮（NVP）的聚合物及它的丁基衍生物。它们虽不影响水合物形成的热力学条件，但却可以推迟水合物成核和晶体生长的时间，因而也可起到防止水合物堵塞管道的作用。尽管这类抑制剂目前价格很高，但因其用量远低于热力学抑制剂（在水溶液中的质量分数小于0.5%），故操作成本还是很低。目前，它们已在美国陆上及英国海上的一些油气田进行了工业试验与应用。

防聚剂是一些聚合物和表面活性剂。它们虽不能防止水合物形成，但在水和液烃（油）同时存在时却可防止水合物颗粒聚结及在管壁上黏附。这样，水合物就会呈浆液状在管道内输送，因而不会在管道中沉积和堵塞。防聚剂的用量也很低，其在水溶液中的质量分数也小于0.5%。

4. 烃-CO_2体系的相特性

天然气中的CO_2在低温下会成为固体。由于条件不同，有时是在气相，有时则是在液相中形成固体CO_2。通常利用图1-1-54估计贫气中形成CO_2的条件。由于固体CO_2在液相中的溶解度与压力基本无关，而在气相中的溶解度则随压力而变，故应先从右上侧附图确定体系是处于液相还是气相，再相应查取主图中的固-液平衡线（虚线）或固-气平衡等压线（实线）。如需要准确确定固体CO_2的形成条件，则可采用建立在分子热力学模型上的有关软件进行电算。

【例1-1-20】 含有CO_2的天然气经透平膨胀机膨胀到2.07MPa（绝压）和-112℃，试确定其CO_2含量（摩尔分数）在多少时就可能形成固体。

【解】 由图1-1-53右上附图知，在2.07MPa（绝压）及-112℃时体系处于液相。从主图固-液相平衡的虚线查得，液相中含2.10%CO_2时，就可能形成固体CO_2。但是，在同样压力及-101℃时，由右上附图知，此时体系处于气相。从主图固-气相平衡的实线查得，气相中含有1.28%CO_2时，就可能形成固体CO_2。

5. 流体的$P-V-T$关系

压力、体积（或比体积）、温度的关系（简称$P-V-T$关系）是流体最基本的性质之一。通过对流体$P-V-T$关系的研究，不仅可根据压力、温度求得流体的比体积或密度，更重要的是可用于流体热力学函数计算，这对研究流体的相特性具有重要意义。下面介绍真实气体及其混合物的$P-V-T$状态方程。

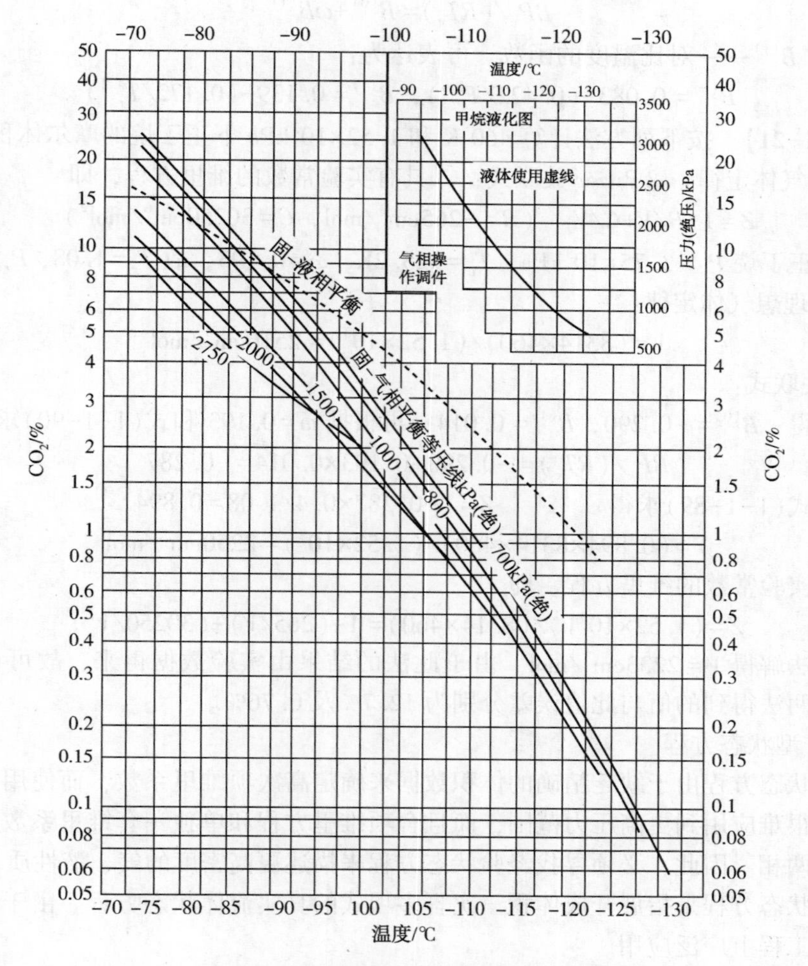

图 1-1-53　形成固体 CO_2 的近似条件

1）维里(Virial)方程

维里方程是目前已发表的唯一具有严格理论基础的真实流体状态方程。根据 Mayer 集团理论，在考虑气体分子间作用力后，可用维里(Virial 一词由拉丁文字演变而来，原意是"力")系数来表示 $P-V-T$ 关系，即用维里系数表征对气体理想性的差异。

在工程应用中，最常见的是舍项成两项的维里方程，即(Z 为压缩系数)

$$Z=PV/(RT)=1+B/V \tag{1-1-87}$$

$$Z=PV/(RT)=1+B'P \tag{1-1-88}$$

式(1-1-88)使用较方便，但由实验的 P、V、T 数据整理而得的"实验第二维里系数"往往是 B，故可用 B 与 B'的关系，即 $B'=B/(RT)$代入式(1-1-88)得

$$Z=PV/(RT)=1+[BP/(RT)]=1+[BP_c/(RT_c)](P_r/T_r) \tag{1-1-89}$$

目前，已提出很多形式的第二维里系数方程，其中在工程计算中常用的是三参数(P_r、T_r、ω)对比态维里方程。Pitzer 提出的第二维里系数关联式为：

$$BP_c/(RT_c)=B^{(0)}+\omega B^{(1)} \tag{1-1-90}$$

式中 $B^{(0)}$、$B^{(1)}$——对比温度的函数。可表达为：

$$B^{(0)}=0.083-(0.422/T_r^{1.6}),\ B^{(1)}=0.139-(0.172/T_r^{4.2})$$

【例 1-1-21】 按下列方法计算 460 K 和 1.52×10^3kPa 下正丁烷的摩尔体积：

① 理想气体定律；②Pitzer 关联式；③具有实验常数的维里方程，即

$$Z=1+B/V+C/V_2\quad (B=-265\text{cm}^3/\text{mol},\ C=30250\text{cm}^6/\text{mol}^2)$$

已知：正丁烷 $P_c=3.75\times10^3$kPa，$T_c=425.2$K，$\omega=0.193$，故 $T_r=1.08$，$P_r=0.40$。

【解】 理想气体定律：

$$V=(8314\times460)/(1.52\times10^3)=2516\text{cm}^3/\text{mol}$$

Pitzer 关联式：

由上式得：$B^{(0)}=-0.290$，$B^{(1)}=0.014$；再根据 $\omega=0.193$ 和式(1-1-90)求得：

$$BP_c/(RT_c)=-0.290+0.193\times0.014=-0.287$$

然后由式(1-1-89)求得 $Z=1-0.287\times0.4/1.08=0.894$

最后得 $V=(0.894\times8314\times460)/(1.52\times10^3)=2250\text{cm}^3/\text{mol}$

应用有实验常数的维里方程，即

$$Z=(1.52\times10^3V)/(8314\times460)=1-(265/V)+(30250/V^2)$$

用试差法解得 $V=2233\text{cm}^3/\text{mol}$。由于此法的结果由实验数据得来，故可认为是精确的。用其他两法得到的值与此值误差分别为 12.7%及 0.76%。

2）立方型状态方程

维里型状态方程由于缺乏精确的体积数据来确定高次项维里系数，而使用三项维里舍项式一般又很难应用到更高压力范围，而且舍项维里方程和单独一套维里系数又不能同时描述气、液两相。因此，必须寻找经验状态方程来描述更高密度的气、液性质。

立方型状态方程是指展开成体积三次幂多项式的真实流体状态方程。由于它能解析求根，因而在工程上广泛应用。

（1）范德瓦耳斯方程是第一个能表达从气态到液态的连续性状态方程，即

$$P=[RT/(V-b)]-a/V_2 \tag{1-1-91}$$

该方程中的参数可用 p_c、T_c 来推算，即

$$a=27(RT_c)^2/64P_c,\ b=RT_c/8P_c,\ P_cV_c/(RT_c)=3/8$$

（2）Redlich-Kwong 方程（简称 RK 方程）在范德瓦耳斯方程的基础上，由 Redlich-Kwong 修正了压力校正项 a/V^2，即

$$P=[RT/(V-b)]-a/[T^{0.5}V(V+b)] \tag{1-1-92}$$

式中，a、b 也是各物质特有的参数，最好也用实验数据拟合确定，但在实际应用中通常可由 T_c 和 P_c 求得。目前，采用的 RK 方程参数为：

$$a=0.42748R^2T_c^{2.5}/P_c \tag{1-1-93}$$

$$b=0.08664RT_c/P_c \tag{1-1-94}$$

如果用 ZRT/P 代替 V，可将式(1-1-92)重排为：

$$Z^3-Z^2+(A-B-B^2)Z-AB=0 \tag{1-1-95}$$

式中： $A=aP/(R^2T^{2.5})=0.42748p_r/T_r^{2.5}$，$B=bP/(RT)=0.08664P_r/T_r$

（3）Soave-Redlich-Kwong 方程（简称 SRK 方程）。RK 方程主要用于非极性或弱极性化合物，若用于极性及含有氢键的物质，则会产生较大的误差。为了进一步提高 RK 方程的精度，扩大其应用范围，之后人们又提出了各种 RK 方程修正式，其中较成功的是 Soave 提出的修正式，即 SRK 方程。

Soave 将 RK 方程中与温度有关的 $a/T^{0.5}$ 项中的 a 改为 $a_c\alpha$，并把 α 定义为对比温度 T_r 和偏心因子的 ω 函数，即

$$a=a_c\alpha \tag{1-1-96}$$

$$a_c=0.42748RT_c^{\ 2}/p_c \tag{1-1-97}$$

$$\alpha^{0.5}=1+m(1-T_r^{2.5}) \tag{1-1-98}$$

$$m=0.480+1.574\omega-0.176\omega^2 \tag{1-1-99}$$

SRK 方程用于计算纯烃和烃类混合物的气-液平衡具有较高的精度。实际应用中，常将 SRK 方程也表示为如式（1-1-95）的形式，但其中的 A、B 则分别为：

$$A=ap/(RT)^2=0.42748\alpha P_r/T_r^2 \tag{1-1-100}$$

$$B=bP/(RT)=0.08664P_r/T_r \tag{1-1-101}$$

（4）Peng-Robinson 方程（简称 PR 方程）。由于 RK 方程和 SRK 方程预测液体密度时精度很差，Peng 和 Robison 提出如下改进形式的状态方程，即

$$P=\frac{RT}{V-b}-\frac{a}{V(V+b)+b(V-b)} \tag{1-1-102}$$

式中，a 和 b 同样可用 SRK 方程中所述的方法确定，而 a_c 和 b 分别为：

$$a_c=0.45724(RT_c)^2/P_c \tag{1-1-103}$$

$$b=0.077796RT_c/P_c \tag{1-1-104}$$

将式（1-1-102）重排成压缩系数形式后可得

$$Z^3-(1-B)Z^2+(A-2B-3B^2)Z-(AB-B^2-B^3)=0 \tag{1-1-105}$$

式中：

$$A=aP/(RT)^2=0.45724aP_r/T_r^2 \tag{1-1-106}$$

$$B=bP/(RT)=0.077796P_r/T_r \tag{1-1-107}$$

PR 方程中的温度函数 α 可用与 SRK 方程同样的方法求得，即

$$\alpha^{0.5}=1+m(1-T_r^{0.5}) \tag{1-1-108}$$

$$m=0.37464+1.54226\omega-0.26992\omega^2 \tag{1-1-109}$$

由于 SRK 方程和 PR 方程有很好的温度函数 α，在预测蒸气压时有明显优点，而在预测稠密区的摩尔体积方面，PR 方程比 SRK 方程更优越。但是，SRK 方程和 PR 方程都不能用于含氢气的体系。

两参数立方型状态方程由于形式简单，因而在化工、石油等领域工程计算中广为应用。一般来说，RK 方程较适合于一些简单物质，如 Ar、O_2、N_2、CO、CH_4 等（它们的 ω 值一般很小），而 PR 方程对 $\omega=0.35$ 左右（相当于 $Z_c=0.26$ 左右）的物质比较合适。

【例 1-1-22】　0.5kg 的氨气，在温度为 338.15 K 的 30000cm^3 高压容器内储存，试按下列方法计算其压力：①SRK 方程；②PR 方程。

已知氨的物性数据：$M=17.031$，$T_c=405.6$ K，$P_c=11.28\times10^6$Pa，$Z_c=0.242$，$\omega=0.250$。

【解】 SRK 方程：

氨的摩尔体积：$V=\dfrac{30000}{500/17.031}=1021\text{cm}^3/\text{mol}$

$$b=0.08664\times\frac{8.314\times10^6\times405.6}{11.28\times10^6}=25.90$$

$$\alpha_c=0.42748\times\frac{8.314\times10^6\times405.6}{11.28\times10^6}=4.3095\times10^{11}$$

$$m=0.480+1.574\times0.250-0.176\times(0.250)^2=0.8625$$

$$\alpha=1+0.8625\times(1-0.833^{0.5})=1.156$$

$$a=1.156\times4.3095\times10^{11}=4.9817\times10^{11}$$

$$P=\frac{8.314\times10^6\times338.15}{1021-25.90}-\frac{4.9817\times10^{11}}{1021\times(1021+25.90)}=2.359\text{MPa}$$

PR 方程：

$$b=0.077796\times\frac{8.314\times10^6\times405.6}{11.28\times10^6}=23.264$$

$$\alpha_c=0.45724\times\frac{(8.314\times10^6\times405.6)^2}{11.28}=4.6095\times10^{11}$$

$$m=0.37464+1.54226\times0.250-0.26992\times(0.250)^2=0.74336$$

$$\alpha=1+0.74336\times(1-0.833^{0.5})=1.0649$$

$$a=1.0649\times4.6095\times10^{11}=4.90866\times10^{11}$$

$$P=\frac{8.314\times10^6\times338.15}{1021-25.90}-\frac{4.90866\times10^{11}}{1021\times(1021+23.264)+23.264\times(1021-23.264)}=2.3672\text{MPa}$$

如按理想气体定律计算，$P=2.753\times10^3\text{kPa}$。因此，使用 SRK 和 PR 方程计算 P，尽管氨为极性分子，但二者的计算值与实验值(2.382MPa)则基本相符。

3）流体 P-V-T 关系的普遍化计算

在相同温度、压力下，不同气体的压缩系数均不相等。因此，在真实气体状态方程中都含有与气体性质有关的参数项。根据对比态原理可知，在相同的对比温度、对比压力下，不同气体的压缩系数可近似看成相等。借助对比态原理可将压缩系数做成普遍化图，也可消除真实气体状态方程中的与气体性质有关的参数项，使之变成普遍化状态方程。

（1）普遍化真实气体状态方程。

在对比态原理基础上，可将真实气体状态方程中的物质特性参数变为只由 p_r、T_r、V_r 构成的通用形式，即所谓普遍化的状态方程。如普遍化的范德瓦耳斯方程为：

$$Z=1+\frac{P_r}{(8ZT_r-P_r)}-\frac{27P_r}{Z(8T_r)^2} \tag{1-1-110}$$

同样，可写出 SRK 方程的普遍化形式为：

$$Z=1+\frac{1}{1-h}-\frac{4.9340Fh}{1+h} \tag{1-1-111}$$

式中：
$$F=\alpha/T_r=[1+m(1-T_r^{0.5})]^2/T_r \tag{1-1-112}$$

$$m=0.480+1.574\omega-0.176\omega^2 \tag{1-1-113}$$

$$h=B/Z=0.08664P_r/(ZT_r) \qquad (1-1-114)$$

已知有关物质的 T_c、P_c、ω 值后，先按式(1-1-112)与式(1-1-113)求出 F 与 m，然后在式(1-1-111)与式(1-1-114)之间进行迭代，直至收敛。

【例 1-1-23】 试用普遍化 SRK 方程计算 360 K、1541 kPa 下异丁烷蒸气的压缩系数，已知 T_r=408.1K，P_c=3.65MPa，ω=0.176，而由实验数据求出的 $Z_{实}$=0.7173。

【解】 已知 ω=0.176，T_r= 0.88214，求得：

$$m=0.480+1.574\times0.176-0.176\times0.1760^2=0.7516$$

$$F=\frac{1}{0.88214}\times[1+0.7516\times(1-0.88214^{0.5})]^2=1.240$$

已知 P_r=0.4222，取 Z 的初值 Z_0=1 进行迭代如下：

$$Z_0 \xrightarrow{式(1-1-111)} h_1 \xrightarrow{式(1-1-114)} Z_1 \xrightarrow{式(1-1-111)} h_2 \xrightarrow{式(1-1-114)} Z_2$$

经过 9 次迭代，得到 Z=0.7322，与实验值比较其误差为 2.08%。

(2) 真实气体混合物。

天然气是多组分的真实气体混合物。然而，由于混合物的 $P-V-T$ 实验数据很少，故要想从手册或文献中找到工艺计算恰好所需的数据，这种机会极少。因此，更多地要借助于关联的方法，从纯物质的 $P-V-T$ 关系推算混合物的性质。真实气体混合物的 $P-V-T$ 数据的计算方法有很多，以下仅介绍比较常用的一些方法。

① 混合规则。

如前所述，状态方程通常都是针对纯物质构成的，如用于混合物则需要采用混合规则。混合规则只不过是用来计算混合物参数的一种方法。除维里系数的混合规则外，一般混合规则多少有些任意性，仅在一定程度上反映了组成对体系性质的影响。从范德瓦耳斯方程发展起来的简单方程大多使用未经修改或经改进的范德瓦耳斯混合规则。其中，SRK 及 PR 方程的混合规则如下：

SRK 方程的混合规则为：

$$b=\sum_i x_i b_i\ ,\ \alpha=\sum_i\sum_j x_i x_j(\alpha_i\alpha_j)^{0.5}(1-k_{ij})$$

式中的 b_i 由式(1-1-94)给出，而 α_i 或 α_j 则由式(1-1-96)~式(1-1-99)共同给出。非烃气体和烃类间二元相互作用系数 k_{ij} 值见表 1-1-43，烃-烃间的 $k_{ij}\approx0$。

如果将方程(1-1-95)用于混合物，则其中的 A 和 B 为：

$$A=\sum_i\sum_j x_i x_j A_i\ ,\ B=\sum_i x_i B_i$$

式中的 A_i 和 B_i 可由式(1-1-100)和式(1-1-101)给出。x_i(或 x_j)为混合物中组分 i(或组分 j)的摩尔分数：

PR 方程：将式(1-1-102)应用于混合物时其混合规则为：

$$b=\sum_i x_i b_i\ ,\ \alpha=\sum_i\sum_j x_i x_j(\alpha_i\alpha_j)^{0.5}(1-k_{ij})$$

式中的 b_i 由式(1-1-104)给出，而 α_i 或 α_j 则由式(1-1-96)、式(1-1-98)、式(1-1-109)和式(1-1-103)共同给出，其中非烃类气体和烃类间的二元相互作用系数 k_{ij} 值也见表 1-1-43。

表 1-1-43 SRK 及 PR 方程的相互作用系数 k_{ij}

组 分	CO_2		H_2S		N_2		CO	
	SRK	PR	SRK	PR	SRK	PR	SRK	PR
甲烷	0.193	0.092			0.028	0.031	0.032	0.030
乙烯	0.053	0.055	0.085	0.083	0.080	0.086		
乙烷	0.316	0.132			0.041	0.052	−0.028	−0.023
丙烯	0.094	0.093			0.090	0.090		
丙烷	0.129	0.124	0.089	0.088	0.076	0.085	0.016	0.026
异丁烷	0.128	0.120	0.051	0.047	0.094	0.103		
正丁烷	0.143	0.133			0.070	0.080		
异戊烷	0.131	0.122			0.087	0.092		
正戊烷	0.131	0.122	0.069	0.063	0.088	0.100		
正己烷	0.118	0.110			0.150	0.150		
正辛烷	0.110	0.100			0.142	0.144		
正硅烷	0.130	0.114						
二氧化碳			0.099	0.097	−0.032	−0.017		
环己烷	0.129	0.105						
苯	0.077	0.077			0.153	0.164		
甲苯	0.113	0.106						

如果将方程(1-1-105)应用于混合物，则其中的 A 和 B 为：

$$A=\sum_i\sum_j x_ix_j\,(A_iA_j)^{0.5}(1-k_{ij}),\ B=\sum_i x_i\,B_i$$

式中的 A_i(或 A_j)和 B_i 可由式(1-1-106)、式(1-1-107)给出。

② 混合物的虚拟临界参数。

混合物的虚拟临界温度、压力与混合物的真实临界参数不同，它只是数学上的比例参数，并没有任何物理意义，但在使用虚拟临界参数计算混合物的 P-V-T 关系时，所得结果一般较好。在计算混合物虚拟临界参数的方法中，最简单的方法是采用 Kay 规则，即

$$T_{pc}=\sum_i x_i\,T_{ci},\ P_{pc}=\sum_i x_i\,P_{ci}$$

也就是说，Kay 提出的混合物虚拟临界温度和压力是混合物中各组分值的摩尔平均值。

若混合物中所有组分的临界温度之比和临界压力之比均在 0.5~2 时，Kay 规则与其他复杂规则所得数值的差别不到 2%。否则，一般是不够精确的。

自 Kay 规则发表后，陆续发表了很多计算混合物临界性质的规则，但没有一种方法令人完全满意，往往是不同的混合规则制对某种不同的对比态方法。

6. 流体相平衡计算

流体相平衡计算尤其是气-液平衡计算，是天然气工业中经常见到的一种工艺计算。此外，对含 CO_2 的天然气来讲，通过相平衡计算来确定其在低温下形成固体 CO_2 的条件，有时也是十分必要的。

1）气-液平衡计算

气-液平衡计算的目的就是确定如图1-1-45中相包络线上的B、G、J、D和其他点，以及相包络区内各点的气相及液相组成等。沿泡点线（B、G点等）和沿露点线（J、D点等）的相平衡计算，通常分别称为泡点计算和露点计算，而在相包络区内气-液两相状态下所进行的相平衡计算则称为各种闪蒸计算。

（1）气-液平衡常数。

当流体处于气-液平衡时，通常以各组分的相平衡常数K_i来表示气相、液相组成的关系。此时，流体中某一组分i的相平衡常数定义为：

$$K_i = y_i / x_i \tag{1-1-115}$$

式中 K_i——组分i的相平衡常数；

y_i、x_i——组分i在气相、液相中的摩尔分数。

应用热力学模型求解气-液平衡的方法有单模型法和混合模型法两类。属于单模型法的有SRK、PR方程法等，属于混合模型法的有Chao-Seader（CS）、Lee-Erbar-Edmister法等。

单模型法（状态方程法）由热力学关系可知，在气-液平衡时可导出：

$$K_i = [f_i^{L}/(x_i P)]/[f_i^{V}/(y_i P)] = \phi_i^{L}/\phi_i^{V} \tag{1-1-116}$$

式中 f_i^{L}、f_i^{V}——组分i在液相、气相中的逸度；

ϕ_i^{L}、ϕ_i^{V}——组分i在液相、气相中的逸度系数。

因此，对于压力、温度及组成已知的多组分体系，可选用一个同时适用气、液两相的状态方程（如SRK、PR方程）分别计算平衡条件下气、液两相的压缩系数和逸度系数，然后再由式（1-1-116）求得K_i。由于开始计算时x_i和y_i未知，而它们又是利用状态方程求解压缩系数等所必需的，故整个计算是个反复迭代过程。

从压缩系数计算逸度系数的公式因状态方程不同而异。由SRK方程及其混合规则导出的计算混合物中组分i逸度系数中ϕ_i的公式为：

$$\ln\phi_i = (Z-1)\frac{b_i}{b} - \ln\left(Z - \frac{Pd}{RT}\right) - \frac{a}{bRT}\left\{\frac{1}{a}\left[2a_i^{0.5}\sum_j x_j a_j^{0.5}(1-k_{ij}) - \frac{b_i}{b}\right]\right\}\ln\left(1 - \frac{b}{V}\right) \tag{1-1-117}$$

其中，由液相压缩系数Z_L求得的为ϕ_i^{L}，由气相压缩系数Z_V求得的为ϕ_i^{V}。

同样，由PR方程及其混合规则导出的计算混合物中组分逸度系数ϕ_i的公式为：

$$\ln\phi_i = (Z-1)\frac{b_i}{b} - \ln\left(Z - \frac{Pd}{RT}\right) - \frac{a}{2^{1.5}bRT}\left\{\frac{1}{a}\left[2a_i^{0.5}\sum_j x_j a_j^{0.5}(1-k_{ij}) - \frac{b_i}{b}\right]\right\}\ln\left[1 - \frac{V+(2^{0.5}+1)b}{V-(2^{0.5}-1)b}\right] \tag{1-1-118}$$

单模型法的优点是具有两相一致性，且需要设定标准状态，计算时所需参数较少，仅从纯物质的特性参数（T_c、P_c、ω）出发，必要时引入二元混合参数即能预测特高压（包括临界区）和中、低压的气-液平衡，甚至可预测气体的溶解度、液-液平衡和超临界流体的相平衡等。缺点是对混合规则依赖性很大，不同混合规则或同一规则中不同混合参数的取值往往对计算结果影响很大，对于组分性质差异较大的体系更是如此。

混合模型法由热力学关系还可导出：

$$K_i=\nu_i^0\gamma_i/\phi_i \tag{1-1-119}$$

其中：$\nu_i^0=f_i^0/P$，$\phi_i=f_i^V/(y_iP)$，$\gamma_i=f_i^L/(x_if_i^0)$

式中 ν_i^0——纯组分 i 液体在体系压力、温度下的逸度系数；

ϕ_i——组分 i 在气相中的逸度系数；

γ_i——组分 i 在液相中的活度系数；

f_i^0——纯组分 i 液体在体系压力、温度下的逸度；

P——体系总压。

式(1-1-119)既考虑了气相与理想气体的偏差，同时也考虑了液相与理想溶液的偏差。Chao-Seader 及 Lee-Erbar-Edmister 等各自提出分别计算气相混合物中组分逸度系数和液体溶液中组分活度系数的热力学模型，然后再由式(1-1-116)求得 K_i。

（2）泡点计算。

这类计算为已知液相组成 x_i 和体系压力 P(或温度 T)，求解泡点温度 T(或泡点压力 P)和平衡时的气相组成 y_i，其计算公式为：

$$y_i=K_ix_i \tag{1-1-120}$$

由于 K_i 是体系压力、温度及组成的复杂函数，故泡点计算需要用迭代法进行。当迭代达到收敛时除应满足 $f_i^L=f_i^V$ 外，还应满足：

$$\sum_i y_i=1 \tag{1-1-121}$$

目前，这类计算都是采用建立在热力学模型基础上的软件由电子计算机完成。

例如，用 SRK 方程求解泡点温度的步骤为：①输入已知的 x_i、P 数据，假设一个温度并采用理想平衡常数 K_i 作为初值求取 y_i；②由式(1-1-95)求解压缩系数，对气相(使用 y_i)取最大根，对液相(使用 x_i)取最小根；③求出 Z_V 和 Z_L 后，由式(1-1-117)分别计算逸度系数 ϕ_i^L 和 ϕ_i^V，再由式(1-1-116)求出 K_i，然后用新的 $y_i=K_ix_i$，重新试差，注意返回试差前应把 y_i 归一化，用 $\sum_i y_i=1$ 检查是否收敛，如果 $\sum_i y_i-1>\varepsilon$，则调整温度重新试差。

【例 1-1-24】 假定 2026.5kPa 下的丙烯-异丁烷体系在整个组成范围内的气-液平衡都可用 SRK 方程描述，试计算其泡点温度及组成。

已知基础物性数据如下(表 1-1-44)：

表 1-1-44 基础物性数据表

组 分	T_c/K	P_c/kPa	V_c/(cm³/mol)	Z_c	ω	a_c	b	备注
C_3H_6	365	4620	181	0.275	0.148	8.4080	0.0569	组分 1
i-C_4H_8	408.1	3648	263	0.285	0.176	13.3138	0.0806	组分 2

【解】 有关计算公式($k_{ij}\approx0$)为：

$$Z^3-Z^2+(A-B-B^2)Z-AB=0$$

$$A=\alpha_c\alpha P/(RT)^2,\ B=bP/(RT),\ R=0.08206$$

$$\alpha_1=[1+0.7113(1-\sqrt{T/365})]^2,\ \alpha_2=[1+0.7533(1-\sqrt{T/408.1})]^2$$

$$\alpha=\alpha_c\alpha(y_1\sqrt{a_ca_1}+y_2\sqrt{a_ca_2})^2,\ b=y_1b_1+y_2b_2$$

$$\ln\phi_i=(Z-1)\frac{b_i}{b}-\ln\left\{Z-\frac{Pb}{RT}-\frac{a_c a}{bRT}\left[\frac{2\sqrt{(a_c a)_i}}{\sqrt{a_c a}}-\frac{b_i}{b}\right]\ln\left(1+\frac{b}{V}\right)\right\}$$

按照前述求解步骤得到的计算结果如下(表1-1-45)：

表1-1-45　计算结果表

x_L	T	y_i	Z^V	Z^L	ϕ_L^V	ϕ_Z^V	ϕ_1^L	ϕ_2^L
0	373.42	0	0.6636	0.1026	0.9005	0.7538	1.506	0.7538
0.1	367	0.1606	0.6793	0.0993	0.8823	0.7403	1.4165	0.6904
0.2	360.84	0.3067	0.6924	0.0963	0.8664	0.7281	1.3286	0.6311
0.3	354.93	0.4376	0.7024	0.0935	0.8525	0.7168	1.2434	0.5759
0.4	349.34	0.5535	0.71	0.0909	0.8401	0.7063	1.1626	0.5256
0.5	344.05	0.6553	0.7154	0.0885	0.829	0.6962	1.0866	0.4799
0.6	339.06	0.7445	0.719	0.0862	0.8187	0.6865	1.0157	0.4385
0.7	334.39	0.8221	0.7211	0.0839	0.8093	0.6772	0.9504	0.4016
0.8	330	0.8898	0.7246	0.0817	0.8003	0.6687	0.8901	0.3683
0.9	325.89	0.9486	0.7215	0.796	0.792	0.659	0.8348	0.3387
1	322.02	1	0.7202	0.0775	0.784	0.6502	0.7839	0.3121

(3)露点计算。

天然气的烃露点计算公式和实例见本章第一节中天然气的物理性质等相关内容。

(4)闪蒸计算。

多组分体系在泡点和露点之间的温度、压力下存在着气、液两相，每相的数量和组成取决于影响体系的条件。这些条件最普遍的组合是固定温度和压力，或固定比焓(或摩尔焓)和压力，或者固定比熵(或摩尔熵)和压力。其中，属于第一类组合的单级平衡分离过程称为平衡闪蒸(平衡气化或平衡冷凝)。

固定温度、压力时的闪蒸(平衡闪蒸　等温闪蒸)，此闪蒸过程如图1-1-54所示。由图可知，对于组分i，其物料和相平衡条件为：

$$FZ_i=Lx_i+Vy_i \qquad (1-1-122)$$

$$y_i=K_i x \qquad (1-1-123)$$

式中　F——进料的摩尔流量；

L——闪蒸后平衡液相的摩尔流量；

V——闪蒸后平衡气相的摩尔流量；

Z_i——进料中组分i的摩尔分数。

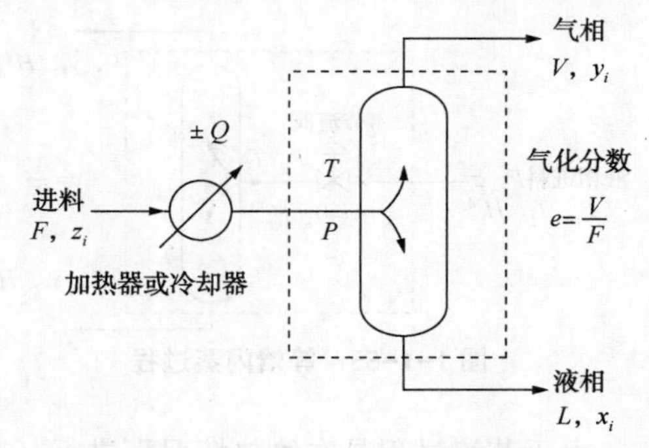

图1-1-54　固定T、P的平衡闪蒸过程

其他物理量意义同前。

将式(1-1-120)、式(1-1-121)及式(1-1-122)联立求解，并引入气化率(气化分数)e后，闪蒸条件即变为：

$$F(e)=\sum_i K_i x_i-1=\sum_i \frac{z_i}{1+e(K_i-1)}-1=0 \qquad (1-1-124)$$

当指定了T、P、F和z_i(K_i亦相应决定)时，式(1-1-124)为e的单值函数，故可由其

求解 e。由于该式对 e 为高度非线性方程，因而需要用迭代法，通常采用 Newton-Raphson 迭代求根法。

【例 1-1-25】 某采用深冷分离的 NGL 回收装置，从冷箱出来的物流进入分离器分离。已知物流组成 z_i（见表 1-1-46）、$T=250.15\text{K}$ 及 $P=5.22\text{kPa}$，试求其气化率及平衡分离后的气相、液相组成。

【解】 采用 PR 方程由电子计算机完成此项计算，求得其气化率 $e=0.79107$，进料组成及平衡分离后的气相、液相组成（均为摩尔分率）如下（表 1-1-46）：

表 1-1-46 气相、液相组成表

组　分	进料组成 Z_i	平衡常数 K_i	液相组成 x_i	气相组成 y_i
CO_2	0.0018	0.55059	0.00279	0.00154
N_2	0.00964	5.61946	0.00207	0.01164
C_1	0.78217	2.04268	0.39445	0.88459
C_2	0.07296	0.4565	0.12794	0.05841
C_3	0.07891	0.14312	0.24495	0.03506
$i-C_4$	0.00966	0.06456	0.03714	0.0024
$n-C_4$	0.02629	0.04619	0.10709	0.00495
$i-C_5$	0.00438	0.03582	0.01847	0.00066
$n-C_5$	0.00942	0.01505	0.04265	0.00064
$n-C_6$	0.00421	0.00519	0.01976	0.0001
$n-C_7$	0.00054	0.00177	0.00257	0
H_2S	0.00003	0.28396	0.0007	0.00002
$\sum$	1		0.99999	0.99999

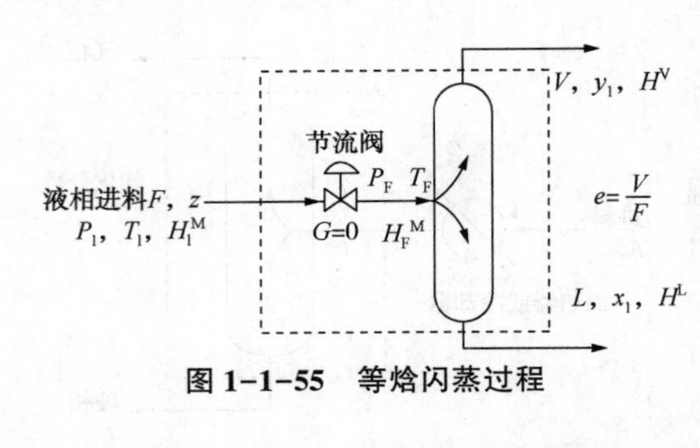

图 1-1-55　等焓闪蒸过程

固定比焓（或摩尔焓）时的闪蒸（等焓闪蒸、绝热闪蒸），如图 1-1-55 所示为典型的等焓闪蒸过程。由图可知，对于流量为 F、压力为 P_1、温度为 T_1 的多组分进料，在绝热条件下通过节流阀后瞬间降至指定的最终压力 P，其中一部分气化（其量为 V），另一部分则为残存液体（其量为 L）。气化所需潜热由原来进料的显热提供，因而体系温度降至 T_F。由于节流过程是在绝热情况下进行，节流前、后焓值不变（膨胀功忽略不计），因而这种分离过程也称为等焓闪蒸。如假定节流生成的气相和液相分离时达到平衡，此时除应满足物料平衡和相平衡条件外，还应满足热平衡条件，即

$$FH_1^M=VH_V+LH_L=FH_F^M \tag{1-1-125}$$

或用气化率表示为：

$$H_1^M=eH_V+(1-e)H_L=H_F^M \tag{1-1-126}$$

式中 H_1^M——进料（液体混合物）节流前的摩尔焓；

H_F^M——进料节流后混合物的摩尔焓；

H_V——节流后平衡分离的气相摩尔焓；

H_L——节流后平衡分离的液相摩尔焓。

假设 H 具有加和性，并假设在给定压力下 H 与 T 的函数已知，则上述平衡条件可写为：

$$\psi(e,\ T)=H_1^{\mathrm{M}}-(1-e)\sum_i \frac{z_i H_i^{\mathrm{L}}}{1+e(K_i-1)}-e\sum_i \frac{K_i z_i H_i^{\mathrm{V}}}{1+e(K_i-1)}=0 \tag{1-1-127}$$

式中 H_i^{V}——节流后平衡分离的气相中组分 i 的摩尔焓；

H_i^{L}——节流后平衡分离的液相中组分 i 的摩尔焓。

其他物理量意义同前。

当已知 F、z_i、P_1(即规定了 H_1^{M} 或 H_{F})及 P(或 T_{F})时，通过将式(1-1-20)、式(1-1-121)、式(1-1-122)和式(1-1-125)等联立求解，即可求得 P_{F} 或(T_{F})、V(或 e)、L、y_i、x_i 和 H_{V}、H_{L} 等。由于等焓闪蒸计算增加了热平衡条件，其求解过程要比上述平衡闪蒸计算更加复杂。严格的等焓闪蒸计算程序包括三重迭代循环，即内层 e 循环、中层 K 循环及外层 T_{F} 循环，故需要由电子计算机计算完成。

固定比熵(或摩尔熵)的闪蒸(等熵闪蒸)过程计算与等焓闪蒸过程计算步骤类似，此处就不再多述。需要指出的是，等焓或等熵过程不一定只限于单相或两相状态，两者也可能在无相变条件下发生，即它们的始态或终态可能是处于过热蒸气或过冷液体中。因此，就真实意义而言，等焓和等熵过程并不是真正的闪蒸。

2) 加压下的平衡

(1) 互溶系统的相图。

相图能形象化地描述物相性质的变化，非常有助于理解相平衡的问题，特别是对那些难于精确计算或不可能精确计算的复杂相平衡问题。这里仅限于讨论二元系统，因为组分更多的系统，不能用二维图充分地表达。

对于含有两个组分的系统，$N=2$，根据相律，$F=4-\pi$，因为至少有一个相($\pi=1$)，这时自由度数为 3。因此，所有系统的平衡状态可用压力-温度-组成三元空间来表示。在这空间里，两相平衡共存时($F=4-2=2$)，用面表示。一个表示气、液平衡的面的示意三维图如图 1-1-56 所示。这幅图简略地表明二元系统饱和蒸汽和饱和液体平衡状态的 $P-T-$组成面。下表面表示饱和蒸汽的状态，即 $P-T-y$ 表面。上表面表示饱和液体的状态，即 $P-T-x$ 表面。这些表面沿着 $UBHC_1$ 线和 KAC_2 线相交。这两条曲线代表纯组分 1 和纯组分 2 的蒸汽压-温度曲线。而且，下表面和上表面构成一个连接的圆拱形曲面。C_1 和 C_2 点是纯组分 1 和纯组分 2 的临界点；由组分 1 和组分 2 构成的不同组成混合物的临界点在 C_1 和 C_2 之间的圆形的边缘线上。也就是说

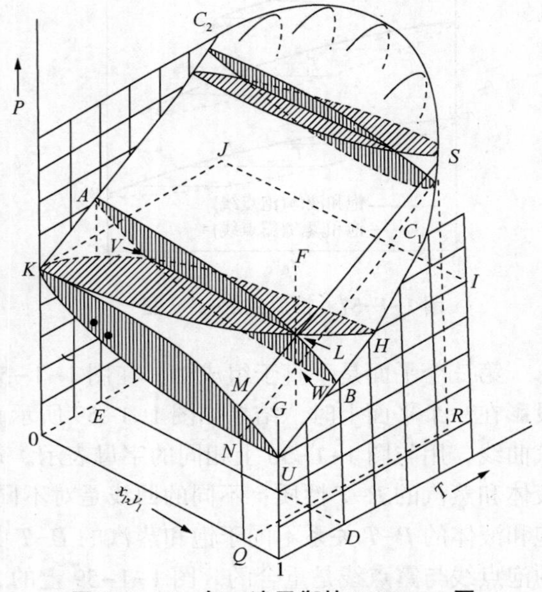

图 1-1-56 气、液平衡的 $P-T-x-y$ 图

C_1C_2 曲线是临界点的轨迹。

图 1-1-56 中，在上表面以上的区域是过冷液体区域；低于下表面的区域是过热蒸汽区域。上、下表面的内部空间是气、液两相共存的区域。如果从 F 点状态的液体出发，在恒温和恒组成的条件下沿着垂直线 FG 降低压力，则第一个汽泡在 L 点出现。L 点位于上表面，因此 L 点叫泡点，上表面叫泡点面。与 L 点气相成平衡的液相点位于同温、同压的 V 点，连接 VL 就是连接二相平衡点的连接线。

当压力进一步沿着 FG 线降低，越来越多的液体汽化，直到 W 点液体全部汽化完毕。W 点位于下表面，W 点是最后一滴液滴消失的点，所以叫露点，因此下表面是露点面。进一步降低压力，就进入过热蒸汽区域。

因为图 1-1-56 过于复杂，因此二元系统的气、液平衡的特性通常用二维图来描绘。二维图实际上就是切割三维图所成。例如，与温度轴垂直的平面 $ALBDEA$ 上的线代表恒温下的压力-组成相图，这种图在前面已经见过了。如果把几个从不同的平面上取下的图投影在一个平面上，就会得到如图 1-1-57 所示的图。它表示三个不同温度的 $P-x-y$ 图，其中 T_a 代表图 1-1-56 上的 $ALBDEA$ 这个截面。水平线是连接线，即连接相平衡组成的线。温度 T_b 处于图 1-1-57 上的两个纯组分的临界温度 C_1 和 C_2 之间。而温度 T_d 高于这两个临界温度，所以这两条曲线不是伸展到头的。图 1-1-57 上的 C 点是混合物的临界点，它们都是水平线与曲线相切的切点，这是由于所有相平衡的连接线都是水平线，因此连接两个相同相(根据临界点的定义)的连接线也必须是切割这个图形的水平线。

与图 1-1-57 的 P 轴相垂直的水平面用 $HIJKLH$ 标出，这个平面的俯视图就是恒压下的 $T-x-y$ 图。当几幅这样的图投影在一个平面上时，结果如图 1-1-58 所示。这幅图类似于图 1-1-57。图上的 P_a、P_b 和 P_d 代表三个不同的压力。

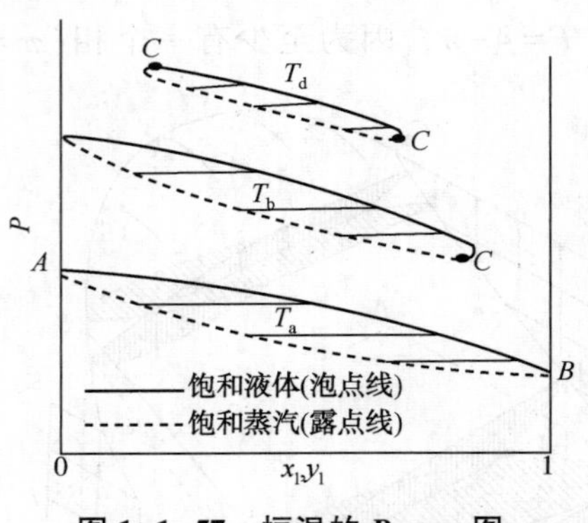

图 1-1-57 恒温的 $P-x-y$ 图

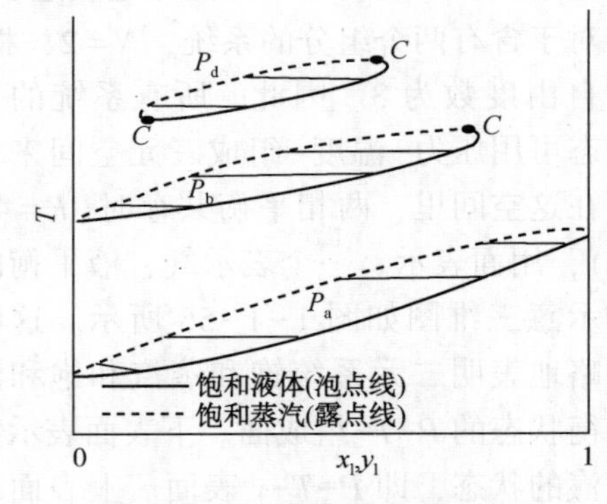

图 1-1-58 恒温的 $T-x-y$ 图

第三个平面是垂直于组成轴，在图 1-1-56 上用 $MNQRSLM$ 标出。几个这样平面的线投影在一个平面上时，结果如图 1-1-59 所示。这是 $P-T$ 图。线 UC_1 和 KC_2 是纯组分的蒸汽曲线，用与图 1-1-56 上相同的字母表示。每一条回线代表一固定组成的混合物的饱和液体和蒸汽的 $P-T$ 性质；不同的回线是对不同的组成来说的。很清楚，在相同的组成下，饱和液体的 $P-T$ 关系不同于饱和蒸汽的 $P-T$ 关系。这与纯物质的性质刚好相反，纯物质的泡点线与露点线是重合的。图 1-1-59 上的 A 点和 B 点，饱和液体和饱和蒸汽的线看起来似乎相交。实际上，这种点表示一个组成的饱和液体和另一个组成的饱和蒸汽具有相同的 T 和 P，即此二相是互相平衡的。在 A 点和 B 点，这些重合点的连接线是垂直于 PT 平面，正如图 1-1-56 上的 VL 线所表示的那样。

二元混合物的临界点位于回线的鼻端上，如图 1-1-56 所示，它与包络线相切。反过来说，包络线是临界点的轨迹。

为了详细讨论溶液的临界现象，查看图 1-1-60 所示的表示临界区域相性质的 $P-T$ 图。在泡点曲线 BEC 之上和左方为液相区域；在露点曲线 CFD 之下和右方是气相区域，C 为混合物的临界点，对多组分系统来说，其定义为在该状态时，互成平衡的气、液相的性质相同。这个定义对单组分系统来说也是正确的；不过在单组分系统时，临界压力就是气、液相平衡共存的最大压力，而临界温度就是气、液相平衡共存的最高温度。这个推论对多组分系统来说是不正确的，正如图 1-1-60 所示，气、液两相共存的最高温度是在 F 点，叫它为临界冷凝温度；气、液两相共存的最大压力在 E 点，叫它为临界冷凝压力。

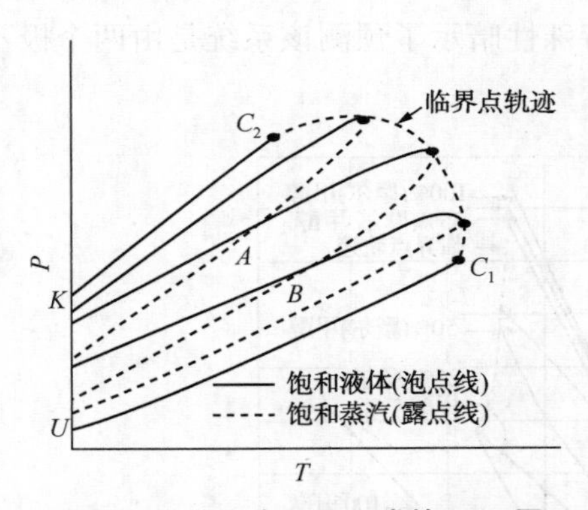

图 1-1-59 几个不同组成的 $P-T$ 图

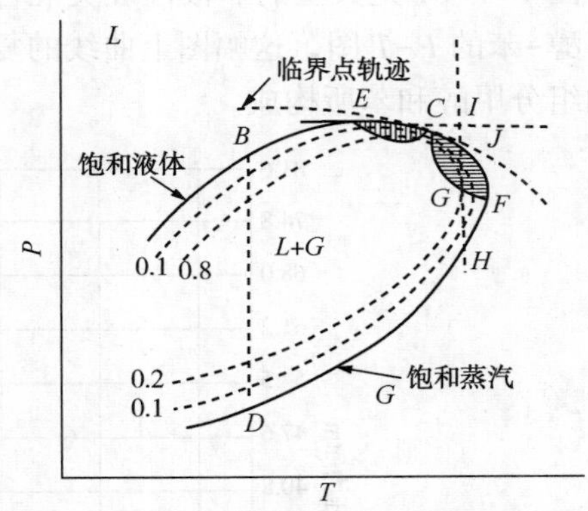

图 1-1-60 表示临界区域相性质的 $P-T$ 图

图 1-1-60 上的虚线是指气、液两相混合物中液相的百分比线。根据它们的位置，可以很明显地看出，在某些条件下，当压力降低时会产生液相百分比增加的异常性质。在临界点 C 的左侧，例如沿着 BD 线降低压力，在泡点 B 时开始汽化，在露点 D 时完全变为蒸汽。但是，在临界点的右侧，例如沿着 IH 降低压力时，因为两次通过露点线，在画有斜线的区域内，随着压力的降低，发生冷凝现象，在 G 点以下再发生汽化，这种现象叫逆向冷凝。同时，在 C 和 E 之间，进行等压升温，在斜线部分，随着温度的上升发生冷凝，这也是逆向冷凝。前者叫等温逆向冷凝，后者叫等压逆向冷凝。逆向冷凝的原理在石油生产中具有很重要的意义。

如图 1-1-61 所示的是乙烷-庚烷系统的 $P-T$ 图。图 1-1-62 是同一系统的 $y-x$ 图。y 和 x 表示混合物中易挥发的组分的摩尔分率。某压力下的 $y-x$ 曲线和对角线的交点表示在该压力下蒸馏时所得的挥发组分的最大浓度和最小浓度。除了 $y=x=0$ 或 $y=x=1$ 以外，这些点实际上就是混合物的临界点。图 1-1-62 上的 A 点代表两相共存时最大压力下的气相和液相的组成，压力为 85. 7atm(1atm=0. 1MPa)，含有乙烷大约为 77%(摩尔)。相应于 A 点的，在图 1-1-62 上用 M 表示。

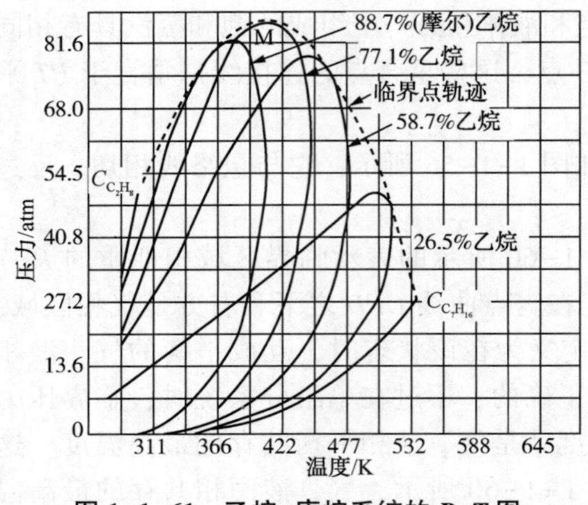

图 1-1-61　乙烷-庚烷系统的 ***P-T*** 图

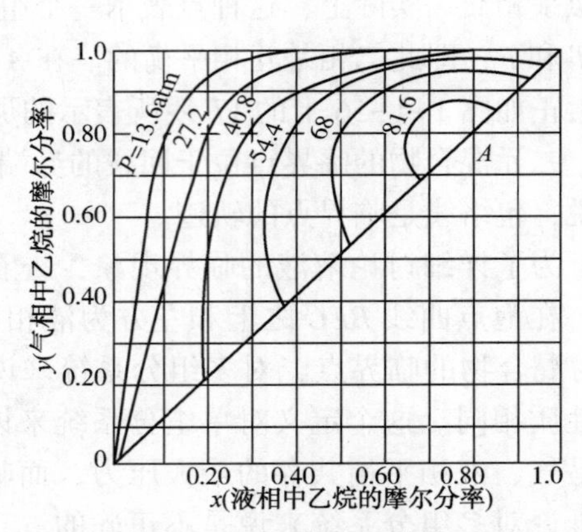

图 1-1-62　乙烷-庚烷系统的 ***y-x*** 图

图 1-1-61 是典型的非极性烃类混合物的 $P-T$ 图。图 1-1-63 是非理想程度很大的系统甲醇-苯的 $P-T$ 图。这幅图上曲线的复杂性和特殊性暗示了预测该系统是由两个极不相似的组分甲醇和苯所构成。

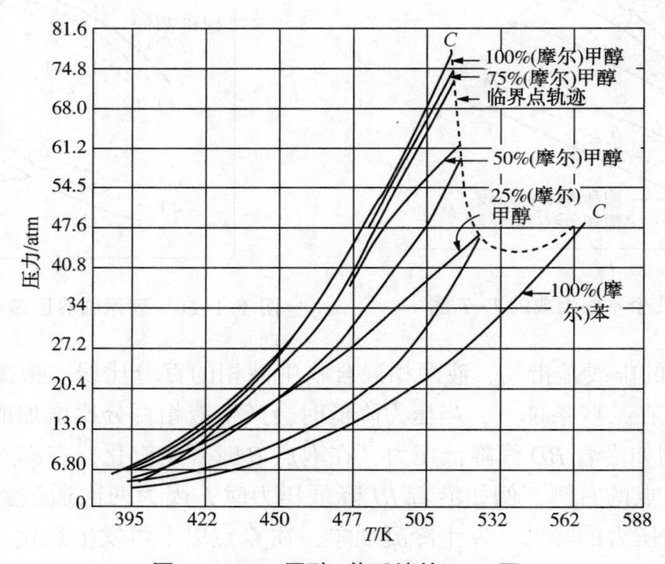

图 1-1-63　甲醇-苯系统的 ***P-T*** 图

(2) 加压下气、液平衡的计算。

最简单的气、液平衡问题是理想溶液和理想气体的相平衡，其次是互相平衡的气、液相，气相是理想气体而液相是非理想液体。这里要讨论的仅是一般的情况。

在同温、同压下，气、液两相互成平衡的标准为：

$$y_i\hat{\phi}_i P = x_i \gamma_i f_i^0 \quad (i=1,\ 2,\ \cdots,\ N) \tag{1-1-128}$$

式(1-1-128)指出了解决气、液平衡问题的方向。最重要的是，它把与物系组成有关的热力学函数组合在一起了。式中，$\hat{\phi}_i$ 与气相组成有关，但与液相组成无关。相反，γ_i 只是液相组成的函数。标准态逸度 f_i^0 是纯组分 i 的性质。一般有下述函数关系：

$$\hat{\phi}_i=\phi(T,\ P,\ y_1,\ y_2,\ \cdots\cdots,\ y_{N-1})$$

$$\gamma_i=\gamma(T,\ P,\ x_1,\ x_2,\ \cdots\cdots,\ x_{N-1})$$

$$f_i^0=f(T,\ P)$$

因此，式(1-1-128)表示 N 个复杂关系式，它们关联着 $2N$ 个相律变数。所以，首先必须确定这 $2N$ 个变数中的 N 个变数，然后由式(1-1-128)的 N 个方程式可以解出其余 N 个变数。

虽然求解其他的变数也是可能的，但工程上感兴趣的问题通常分成以下四类。

① 计算泡点的温度和组成：求解 T；给定压力下的 y_1，y_2，…，y_{N-1}；x_1，x_2，…，x_{N-1}。

② 计算泡点的压力和组成：求解 P；给定温度下的 y_1，y_2，…，y_{N-1}；x_1，x_2，…，x_{N-1}。

③ 计算露点的温度和组成：求解 T；给定压力下的 x_1，x_2，…，x_{N-1}；y_1，y_2，…，y_{N-1}。

④ 计算露点的压力和组成：求解 P；给定压力下的 x_1，x_2，…，x_{N-1}；y_1，y_2，…，y_{N-1}。

如果上述计算不能采用过分简化的假设，则这些计算需要使用迭代法。实际上，只能用数字计算机。上述的每一类都需要单独的计算程序。

另一类问题叫闪蒸计算，这是在特定的温度和压力下，已知其总组成，求解液相(或气相)分率和相组成。

对于高压，特别是临界区域，气、液平衡的计算变得特别困难。其处理方法和加压情况也有所不同。所以，这里把高压和中、低压分开讨论。

在加压的情况下，没有达到临界区域，假设 γ_i 和 f_i^0 与压力无关时对计算结果的可靠性不产生大的影响。

γ_i 和 f_i^0 对压力的导数分别为：

$$\left(\frac{\partial \ln\gamma_i}{\partial P}\right)_{T,x}=\frac{\Delta \overline{V}_i}{RT}$$

$$\left(\frac{\partial \ln f_i^0}{\partial P}\right)_{T}=\frac{V_i^0}{RT}$$

混合过程的偏摩尔体积的变化 $\Delta \overline{V}_i$ 和组分 i 的标准态摩尔体积 V_i^0 都是液相性质，除了临界区域以外，这两个导数值都是很小的。加之，压力不高，不可能出现很大的压力差。所以，在加压的情况下，忽略压力对 γ_i 和 f_i^0 的影响是可以的。

如果根据刘易斯-兰德尔定律来选取标准态逸度，那么 f_i^0 变成 f_i，即为在系统的温度和压力下纯液体 i 的逸度。于是，可以写成这样的等式：

$$f_i^0=f_i=P_i^{\mathrm{S}}\left(\frac{f_i^{\mathrm{S}}}{P_i^{\mathrm{S}}}\right)\left(\frac{f_i}{f_i^{\mathrm{S}}}\right)$$

式中，所有的量都是在温度 T 下的量。根据刚才的假设，$f_i/f_i^{\mathrm{S}}=1$；而且，$f_i^{\mathrm{S}}/P_i^{\mathrm{S}}$ 定义为

ϕ_i^S，因此，

$$f_i^0=f_i=P_i^S\phi_i^S$$

方程式(1-1-128)变成：

$$y_i\hat{\phi}_iP=x_i\gamma_iP_i^S\phi_i^S \quad (i=1, 2, \cdots, N) \tag{1-1-129}$$

式(1-1-129)中的ϕ_i^S是纯组分i在温度T和它的饱和蒸汽压时的逸度系数。因为这个量对饱和蒸汽和饱和液体是相同的，所以它完全可以根据气相的状态方程式来计算。于是，在式(1-1-129)中，所需要的液相的热力学函数的数据仅仅是γ_i。

下面，分别考虑式(1-1-129)中的每个热力学函数。

纯组分i的蒸汽压P_i^S，仅仅是温度的函数。

纯组分i在气相的逸度系数$\hat{\phi}_i$是T、P和蒸汽组成的函数。使用于气相的状态方程式一经选定，则$\hat{\phi}_i$就可计算。在许多实际应用中，压力P的二项维里展开已经足够。在此情况下，$\hat{\phi}_i$的公式可推得：

$$\hat{\phi}_i=\exp\frac{P}{RT}\left\{B_{ii}+\frac{1}{2}\sum_j\sum_k\left[y_iy_k(2\delta_{ii}-\delta_{ik})\right]\right\} \tag{1-1-130}$$

式中，$\delta_{ii}=\delta_{ij}=2B_{ji}-B_{ij}-B_{ii}$。

使用这个方程式，必须要知道维里系数。

纯组分i的逸度系数ϕ_i^S，是用同一状态方程式来计算的。当使用维里方程式时，所需要的方程式由式(1-1-130)推得，令式中所有的δ_{ji}和δ_{jk}都等于零，则：

$$\phi_i^S=\exp\frac{B_{ii}P_i^S}{RT} \tag{1-1-131}$$

注意，ϕ_i^S仅仅是温度的函数。

活度系数γ_i的求算可使用威尔逊方程式。

式(1-1-129)所代表的N个方程式的联立求解的步骤介绍如下。必须计算的热力学函数列于表1-1-47。求解第Ⅰ类问题，以计算泡点温度T为例，图1-1-64的方框图表示计算的步骤。

表1-1-47 需要求算的热力学函数表

热力学函数	函数关系	计算所需要的参数
P_i^S	只与T有关	对每一组分所使用的蒸汽压方程：$P_i^S=P(T)$中的所有常数
$\hat{\phi}_i$	$T, P, y_1, y_2, \cdots y_{N-1}$	对每一组分T_{ci}、V_{ci}、Z_{ci}、w_i
ϕ_i^S	只与T有关	对每一组分P_i^S、T_{ci}、w_i
γ_i	$T, x_1, x_2, \cdots, x_{N-1}$	对每一组分V_i[或$V_i=V(T)$]
		对每对组分：a_{ij}的两个值

以所给的P，x_1，x_2，…，x_N($\sum x_i=1$)值和表1-1-47所列的参数为依据，温度是未知的，必须进行计算。但是，温度不指定，所需要的热力学函数一个也不能计算。所以，输入的数据里要包括估计的温度T。热力学函数中只有$\hat{\phi}_i$与未知的气相组成有关。所以，

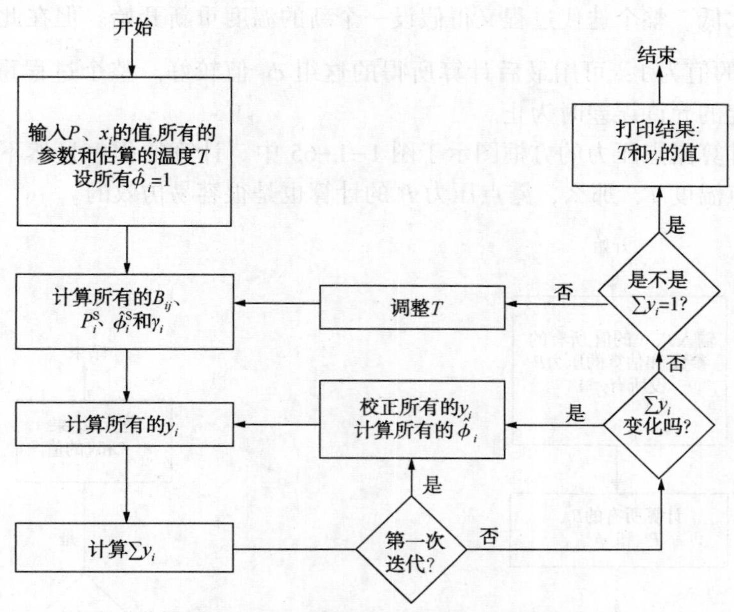

图 1-1-64 计算泡点温度 *T* 的方框图

在开始的计算中假设 $\hat{\phi}_i=1$。

第一步，由式(1-1-129)计算 y_i 的初始值。

可以按式(1-1-132)计算。

$$y_i=\frac{x_i\gamma_i P_i^S\phi_i}{\hat{\phi}_i P}\quad i=1,\ 2,\ \cdots,\ N \tag{1-1-132}$$

对每一个 y_i 的求解都是单独进行的，最后的结果必须满足 $\sum y_i=1$；但是，第一次计算的结果未必能达到这个要求。不管怎样，$\sum y_i$ 是本计算程序中的一个关键的量。因此，第二步计算就是把算得的 y_i 值进行相加。

将所得的一组 y_i 值，按式(1-1-130)直接计算 $\hat{\phi}_i$ 值，以便进行第一次迭代。但是，必须首先对计算所得的 y_i 值进行归一化，每个值都除以 $\sum y_i$。这样，可以保证用来计算 $\hat{\phi}_i$ 的一组 y_i 值的总和等于 1。

第一组 $\hat{\phi}_i$ 的值一经确定，方框图内侧回路通过重算 y_i 值得以完成。因为温度和前面的计算是相同的，所以 γ_i、P_i^S 和 ϕ_i^S 不变。

再计算 $\sum y_i$。因为这是第二次迭代，新的 $\sum y_i$ 和第一次迭代的进行比较。如果有变化，可重算 $\hat{\phi}_i$ 值，开始另一次迭代。这个过程一直重复到前一次迭代的 $\sum y_i$ 和后一次 $\sum y_i$ 的变化小于预定的允许误差。当这个条件达到后，第二步则看 $\sum y_i$ 是否等于 1。如果等于 1，那么这个计算就完成了。此时，y_i 值就是平衡的气相组成；开始假设的温度就是平衡温度。

如果 $\sum y_i\neq 1$，则假设的 T 值必须进行调整。若 $\sum y_i>1$，则假设的温度太高；若 $\sum y_i<1$，

则假设的温度太低。整个迭代过程又得假设一个新的温度重新开始。但在此次迭代中，不需要再假设 $\hat{\phi}_i$ 的值为1；可用最后计算所得的这组 $\hat{\phi}_i$ 值较好。整个过程重复到 $\sum y_i$ 与1的差值小于预定的允许误差时为止。

一个类似计算露点压力的方框图示于图1-1-65中。计算的程序显然不同。但是搞懂了如何计算泡点温度 T，那么，露点压力 P 的计算也是很容易仿效的。

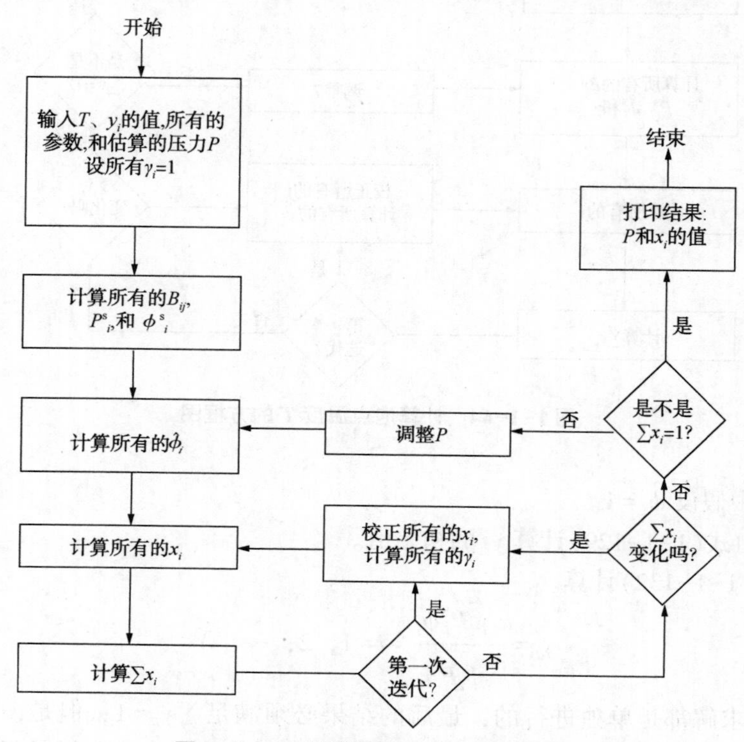

图1-1-65 计算露点压力 P 的方框图

对于一些系统的这种计算所需要的参数已经由波罗斯尼茨等人给出，威尔逊方程式的一些参数值也是由纳格塔所提供。

表1-1-48列出了正己烷-乙醇-甲基环戊烷-苯系统的泡点温度计算的结果。已知压力 P=1atm，已知的液体组成 x_i 列于表1-1-48第二栏。计算确定平衡温度 T 和气相组成 y_i。所需要的参数来自波罗斯尼茨等人的著作。表中列出了计算结果和实验值的比较，还给出了热力学函数的最终计算值。

表1-1-48 正己烷-乙醇-甲基环戊烷-苯系统在 P=1atm 下的泡点温度 T 的计算结果

组 分	液相摩尔分率 x_i	液相摩尔分率		P_i^S/atm	ϕ_i^S	$\hat{\phi}_i$	γ_i
		y_i(计算)	y_i(实验)				
正己烷	0.731	0.610	0.597	0.8105	0.9608	0.9512	1.0179
乙醇	0.035	0.212	0.221	0.5101	0.9831	0.9664	11.6742
甲基环戊烷	0.111	0.085	0.086	0.7367	0.9678	0.9565	1.0800
苯	0.123	0.093	0.096	0.5564	0.9779	0.9602	1.3351

注：T(计算)=335.35K，T(实验)=335.36K。

表 1-1-48 中列出的泡点温度的计算是在 1atm 下进行的。在这样的压力下，气相常常看成理想气体。如果采用这样的假设，那么所有组分的 ϕ_i^S 和 $\hat{\phi}_i$ 都等于 1。正如从表 1-1-48 中所看到的，这些变量的值全都在 0.95~1.00，与 1 相近。因为 ϕ_i^S 和 $\hat{\phi}_i$ 分别出现在方程式(1-1-129)的两边，当它们的值相近时，其影响就互相抵消。这恰如把它们两者的值取为 1 一样。于是，当压力等于或小于 1atm 时，理想气体的假设不会引起很大的误差。当采取这个假设时，式(1-1-129)变成：

$$y_iP=x_i\gamma_iP_i^S \quad i=1, 2, \cdots, N$$

采取这个假设，图 1-1-64 和图 1-1-65 中的迭代法方框图就可以大大简化。例如，计算泡点 T 的图 1-1-64 中内侧回路就可以取消。此时，就可以从 $\sum y_i$ 的计算直接过渡到 $\sum y_i=1$，那就变成拉乌尔定律了，这就得假设液相是理想溶液，这样常常是不正确的。这只要一看到表中所列的乙醇的 γ_i 值大于 11，就可以知道这个道理了。

【例 1-1-26】 对二元系统正戊醇(1)-正戊烷(2)，常数 a_{ij} 为：$a_{12}=1718.3$cal/gmol 和 $A_{21}=166.6$cal/gmol。使用威尔逊方程式确定液相活度系数，并假设气相是理想气体，计算 30℃下含有 20%(摩尔)正戊醇的液体在相平衡时的气相组成。并且，计算平衡压力。30℃时 $V_1=109.2\text{cm}^3/\text{gmol}$ 和 $V_2=132.5\text{cm}^3/\text{gmol}$，$P_i^S=3.23$mmHg 和 $P_i^S=187.10$mmHg

【解】 对每个组分分别写出：

$$y_1P=x_1\gamma_1P_1^S \tag{A}$$

和

$$y_2P=x_2\gamma_2P_2^S \tag{B}$$

把式(A)和式(B)相加，注意 $y_1+y_2=1$，

$$P=x_1\gamma_1P_1^S+x_2\gamma_2P_2^S \tag{C}$$

活度系数 γ_1 和 γ_2，由下式计算：

$$\ln\gamma_1=-\ln(x_1+x_2\lambda_{12})+x_2\left(\frac{\lambda_{12}}{x_1+x_2\lambda_{12}}-\frac{\lambda_{21}}{x_2+x_1\lambda_{21}}\right)$$

$$\ln\gamma_2=-\ln(x_2+x_1\lambda_{21})-x_2\left(\frac{\lambda_{12}}{x_1+x_2\lambda_{12}}-\frac{\lambda_{21}}{x_2+x_1\lambda_{21}}\right)$$

λ_{12} 和 λ_{21} 的值，可从下式计算而得：

$$\lambda_{12}=\frac{V_2}{V_1}\exp\frac{-a_{12}}{RT} \quad 和 \quad \lambda_{21}=\frac{V_1}{V_2}\exp\frac{-a_{21}}{RT}$$

代入已知值，

$$\lambda_{12}=\frac{132.5}{109.2}\exp\frac{-1718.3}{1.987\times303.15}=0.070$$

$$\lambda_{21}=\frac{V109.2}{132.5}\exp\frac{-166.6}{1.987\times303.15}=0.625$$

于是，组分 1 的活度系数为：

$$\ln\gamma_1=-\ln(0.2+0.8\times0.070)+0.8\left(\frac{0.070}{0.2+0.8\times0.070}-\frac{0.625}{0.8+0.2\times0.625}\right)=1.0408$$

$$\gamma_1 = 2.831$$

同样，组分 2 的活度系数为：

$$\ln\gamma_1 = -\ln(0.8+0.2\times0.625) - 0.2\left(\frac{0.070}{0.2+0.8\times0.070} - \frac{0.625}{0.8+0.2\times0.625}\right) = 0.1619$$

$$\gamma_2 = 1.176$$

解方程式(C)得平衡压力：

$$P = 0.2\times2.831\times3.23 + 0.8\times1.176\times187.1 = 177.81\text{mmHg}$$

解方程式(A)得气相中正戊烷的摩尔分率：

$$y_1 = \frac{x_1\gamma_1 P_i^S}{P} = \frac{0.2\times2.831\times3.23}{177.81} = 0.0103$$

于是，气相中正戊醇的百分率略超过1%。

(3) 高压气、液平衡的计算。

对于高压下的相平衡，或者接近临界区域的相平衡，不能再假定液相的热力学函数与压力无关。而且，简单的二项维里方程式不能再用来计算气相的性质，要使用适应高压的状态方程式，再加上高压下常出现临界现象，包括逆向冷凝现象，对它们的情况了解得很少，这些因素使得高压下的气、液平衡的计算问题复杂化了。直至 1961 年以前，没有一个以热力学为根据的通用方法可适用于这方面的计算。此后，有了赵－西德尔(Chao－Seoder)法及对该法的修正法，这些方法在石油工业高压气、液平衡的计算中起了重要的作用。

下面，扼要地介绍赵－西德尔法。基本方程式是式(1－1－128)，把它写成如下的形式：

$$K_i = \frac{\gamma_i f_i^0}{\hat{\phi}_i P} \quad (i=1,\ 2,\ \cdots,\ N) \tag{1-1-133}$$

式中

$$K_i = \frac{y_i}{x_i}$$

以 K_i 代表平衡比 y_i/x_i，在石油和天然气工业中得到了普遍使用。这个变量称为 K 值。虽然使用 K 值没有增加什么气、液平衡的热力学知识，但是提供了一个组分“挥发性”的度量，即在气相中增浓的趋势。轻组分的 K 值大于 1，而重组分的 K 值小于 1，即重组分在液相增浓。正如由式(1－1－129)的讨论可以看出，每一个 K 值都是温度、压力、气相组成和液相组成的复杂函数。

把式(1－1－133)应用于赵－西德尔法，只要代入 $\frac{f_i^0}{P} = \frac{f_i^l}{P} = \phi_i^l$，式(1－1－133)可写成：

$$K_i = \frac{\gamma_i \phi_i^l}{\hat{\phi}_i} \quad (i=1,\ 2,\ \cdots,\ N) \tag{1-1-134}$$

这样代入的根据是：①在系统的 T 和 P 的条件下，纯液体 i 的逸度选为标准态逸度；②从纯物质逸度系数的定义式出发，ϕ_i^l 就是纯液体 i 在系统的 T 和 P 的条件下的逸度系数，所以它是温度和压力的函数。

由式(1-1-134)计算 K 值，需要把 γ_i、ϕ_i^l 和 $\hat{\phi}_i$ 都写成有关变量的函数。为了便于广泛应用，这些函数关系都必须通用化。赵-西德尔法的实质就是指导了这些通用关系式。

关于 ϕ_i^l 的关系式是在皮查尔所提出的通用法的范围之内。

$$\log\phi_i^l=\log\phi_i^0+\omega_i\log\phi_i^l$$

式中，ϕ_i^0 和 φ_i^l 都是 T_r 和 P_r 的复杂的函数。

气相逸度系数 $\hat{\phi}_i$ 是根据通用的 Redlich-Kwong 状态方程式计算的。这个计算中所需要的参数仅有 T_{ci}、V_{ci}和 Z_{ci}。

液相活度系数来源于斯卡查德-希尔德布兰德(Scatchard-Hildebrand)关系式：

$$\ln\gamma_i=\frac{V_i}{RT}(\delta_i-\bar{\delta})^2 \tag{1-1-135}$$

式中　V_i——摩尔体积；

δ_i——纯液体 i 的溶解度参数；

$\bar{\delta}$——液体混合物的平均溶解度参数。

式(1-1-135)是根据规则溶液理论建立的。溶解度参数 δ_i 是温度的函数；但是 $\delta_i-\bar{\delta}$ 的差值受温度的影响极小。因此，通常在25℃下进行计算时把 δ_i 和 V_i 看作常数，并认为它们与 T、P 都无关。因此，活度系数只作为温度、组成的函数，而与压力无关。

对于规则溶液，不需要混合物数据；参数 δ_i 是根据纯组分计算的。由这些方程式所建立的气、液平衡的计算方法的精确性较差；但是，对非极性混合物(或者弱极性)，非缔合组分通常能提供满意的近似值。其应用限于烃类和一些与石油和天然气的加工过程有关的气体如 N_2、H_2、CO_2 和 H_2S，δ_i 和 V_i 的值载于有关的参考资料中。

在气、液平衡的计算中，最困难的问题是遇到一些组分，它们的临界温度低于人们所关心的计算温度，这些在系统的温度下不能以液体状态存在的组分谓之超临界组分。然而，我们需要在系统的 T 和 P 下的 ϕ_i^l 值和这些组分作为液体的 δ_i 和 V_i 的值。为此，在赵-西德尔法中，对于这些超临界组分的参数使用了虚拟值，每个这样的组分(例如 N_2、H_2、CH_4)的这些虚拟值用试差法来确定，使得产生的结果与数据一致。但是，这样安排的解决办法是不能令人满意的。波罗斯尼茨等人在他们的专著中对此有不同的和比较严格的处理方法。

前面关于计算泡点和露点温度或者压力讨论的四类问题的每一类又都需要各自的计算机求解程序。计算程序的方框图和中、低压的十分类似，在图 1-1-66 中示出赵-西德尔法泡点温度计算的方框图，以供和图 1-1-64 相比较。

迭代法计算需要计算机和大量的输入数据。如果是由碳氢化合物的混合物所构成的系统，在不太靠近临界点的压力下，虽不服从理想气体定律，但气相、液相都表现出理想溶液的性质。按此条件，

$$\gamma_{iv}f_{iv}^0y_i=\gamma_{il}f_{il}^0x_i$$

中的 $\gamma_{iv}=\gamma_{il}=1$，所以气、液平衡比 y/x 为：

$$y/x=f_{il}^0/f_{iv}^0=K \tag{1-1-136}$$

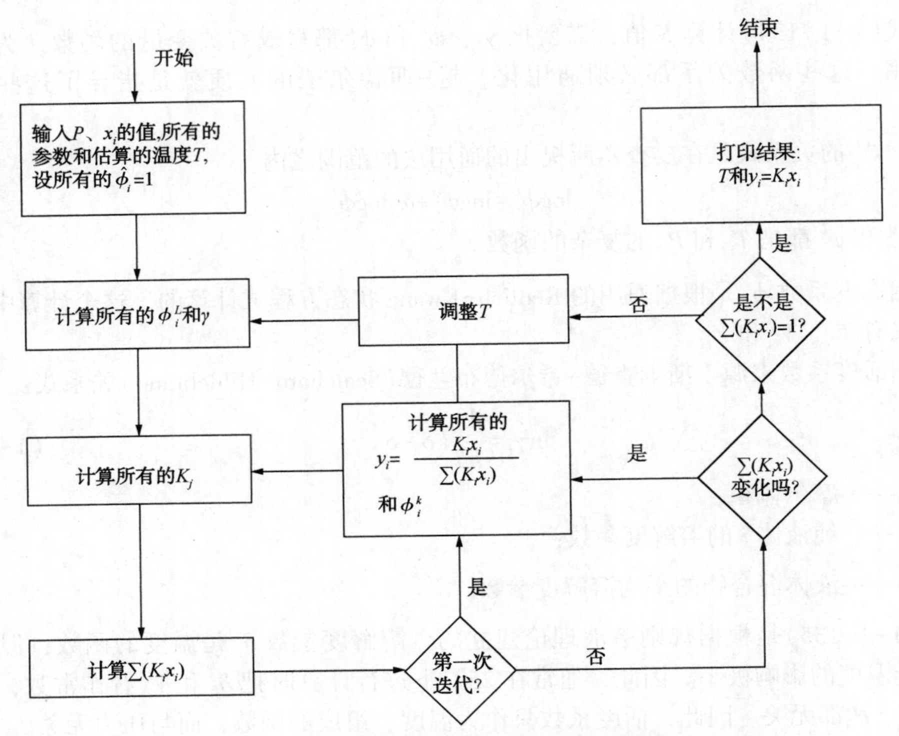

图 1-1-66 高压下泡点温度 T 的方框图

即在此情况下，各组分的平衡组成比值与溶液的组成无关，等于组分所特有的相平衡常数 K，如果知道在该温度和压力下的 K 值，就可以进行气、液平衡的近似计算。标准态的逸度，即纯组分的逸度 f_{iv}^0、f_{il}^0，各根据：

$$\lim_{P\to 0}(f_i/P)=\lim_{P\to 0}\phi_i=1.0$$

及

$$\left(\frac{\partial \overline{G}_i}{\partial P}\right)_T=\overline{V}_i, \mathrm{d}\overline{G}_T=RT\mathrm{d}\ln\hat{f}_i(\text{恒温}), \hat{f}_{iv}=\hat{f}_{il}$$

诸式，得

$$f_{iv}^0=P\phi_P \tag{1-1-137}$$

$$f_{il}^0=P^S\phi_P^S\exp\left[\frac{V_m(P-P^S)}{RT}\right] \tag{1-1-138}$$

式中 ϕ_P、ϕ_P^S——总压、蒸汽压 P_S 时的逸度系数；

V_m——在 P 及 P_S 之间液体的平均摩尔体积。

后者根据对比状态原理与对比临界温度 T_r 和临界摩尔体积 V_c 有如下的关系：

$$V_c=\frac{Z_cRT}{P_c} \tag{1-1-139}$$

$$V_m=(0.25+0.132T_r)V_c \tag{1-1-140}$$

因此，根据这个关系，相平衡常数 K 为：

$$K=\frac{P_r^S\phi_P^S\exp\left[Z_c\frac{(0.25+0.132T_r)(P_r-P_r^S)}{RT_r}\right]}{P_r\phi_P} \tag{1-1-141}$$

K 仅为 T_r、P_r 和 Z_c 的函数，图 1-1-67 表示 $Z_c=0.27$ 时，以 T_r 为参数，K 和 P_r 之间的关系。对 $Z_c=0.27$ 以外的物质，则根据

$$K=K_{0.27}\times10^{D(Z_c-0.27)} \tag{1-1-142}$$

而求之。式中，D 为温度的函数，取表(1-1-49)之值。

另外，由迪普里斯特(Depriester)所制备的轻烃的 K 图[图 1-1-68、图 1-1-69(a)、图 1-1-70]，根据温度和压力可以直接查出各组分的 K 值。这几种图虽然没有假设理想溶液这个条件，但是在图上所示的有限的压力范围内，组成对 K 值的影响很小，仍然把 K 看成仅仅是温度和压力的函数。

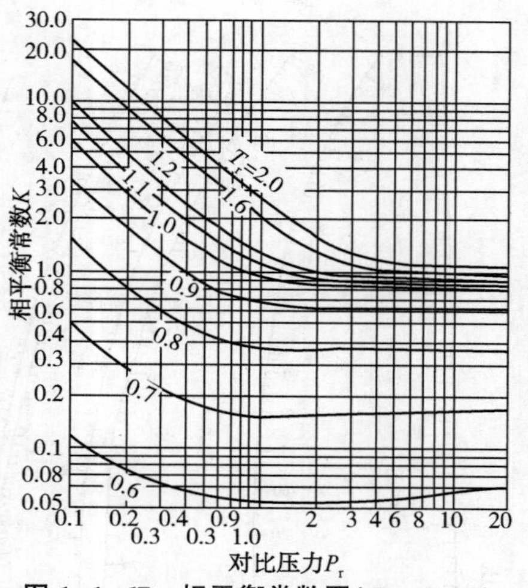

图 1-1-67　相平衡常数图($Z_a=0.27$)

表 1-1-49　D 之值

D_r	0.60	0.70	0.80	0.90	1.0	1.2	1.5	2.0
K	20.4	10.3	4.7	1.70	0	−1.3	−1.8	−2.4

相平衡常数 K 一经确定，则平衡时两相的组成、露点及泡点的温度和压力都可以很容易地进行计算。

某一液体混合物在一定压力下，其泡点温度一定要满足下述的条件。

$$\sum y_i = 1 \tag{1-1-143}$$

式中，每一组分的 y_i 值可根据方程式

$$y_i=K_ix_i$$

来计算。这个计算同时也给出与液相平衡的气相的组成。同样，某一气体混合物在一定的压力下，其露点温度由下述方程式确定。

$$\sum x_i = 1 \tag{1-1-144}$$

式中，每一组分的 x_i 值由方程式

$$x_i=\frac{y_i}{K}$$

来计算。这个计算同时也给出了与气相平衡的液相的组成。

还有一个附加的气、液平衡的问题，叫“闪急蒸发”。它也是用 K 值来进行计算。如果混合物在泡点和露点之间的某一中间温度形成平衡，则必形成两相。在这种两相的问题中，以取 1mol 的总的混合物为基准最为方便，其中液相为 L 摩尔，气相为 $1-L$ 摩尔，每一组分在混合物中的摩尔分率以符号 Z_1，Z_2，…，Z_N 表示；液相的摩尔分率为 x_1，x_2，…，

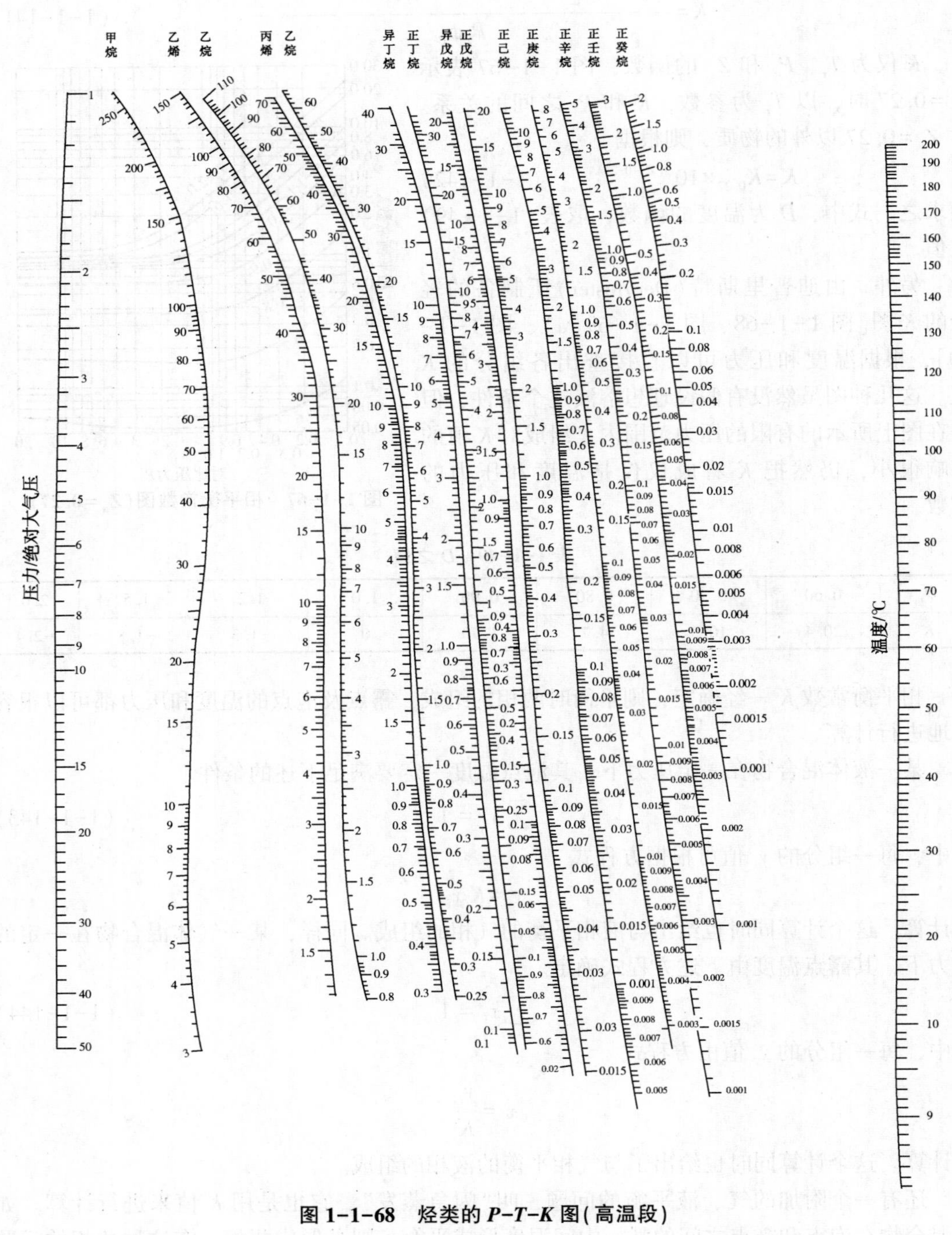

图 1-1-68 烃类的 $P-T-K$ 图（高温段）

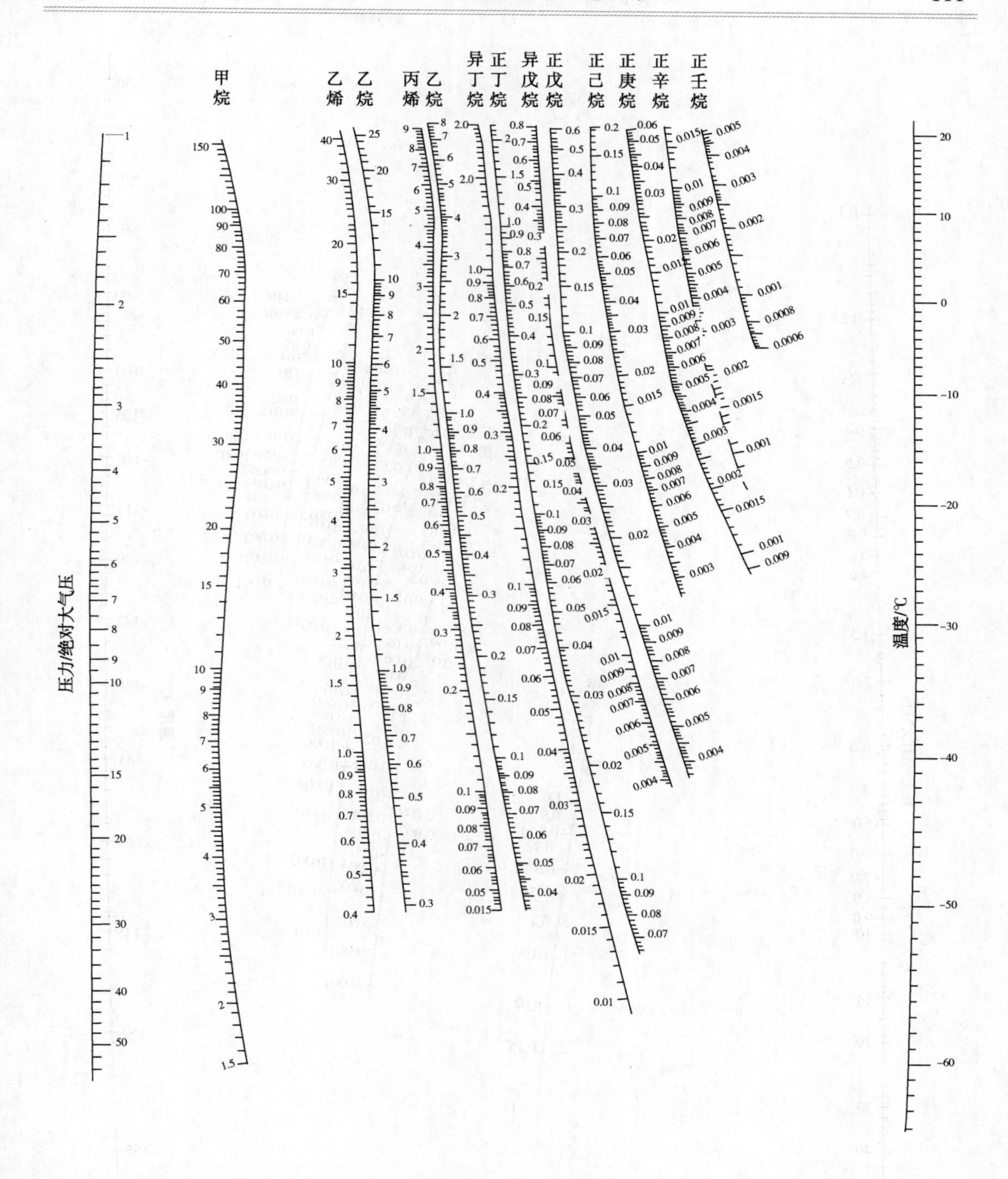

(a) 低温段 I

图 1-1-69　烃类的 *P-T-K* 图

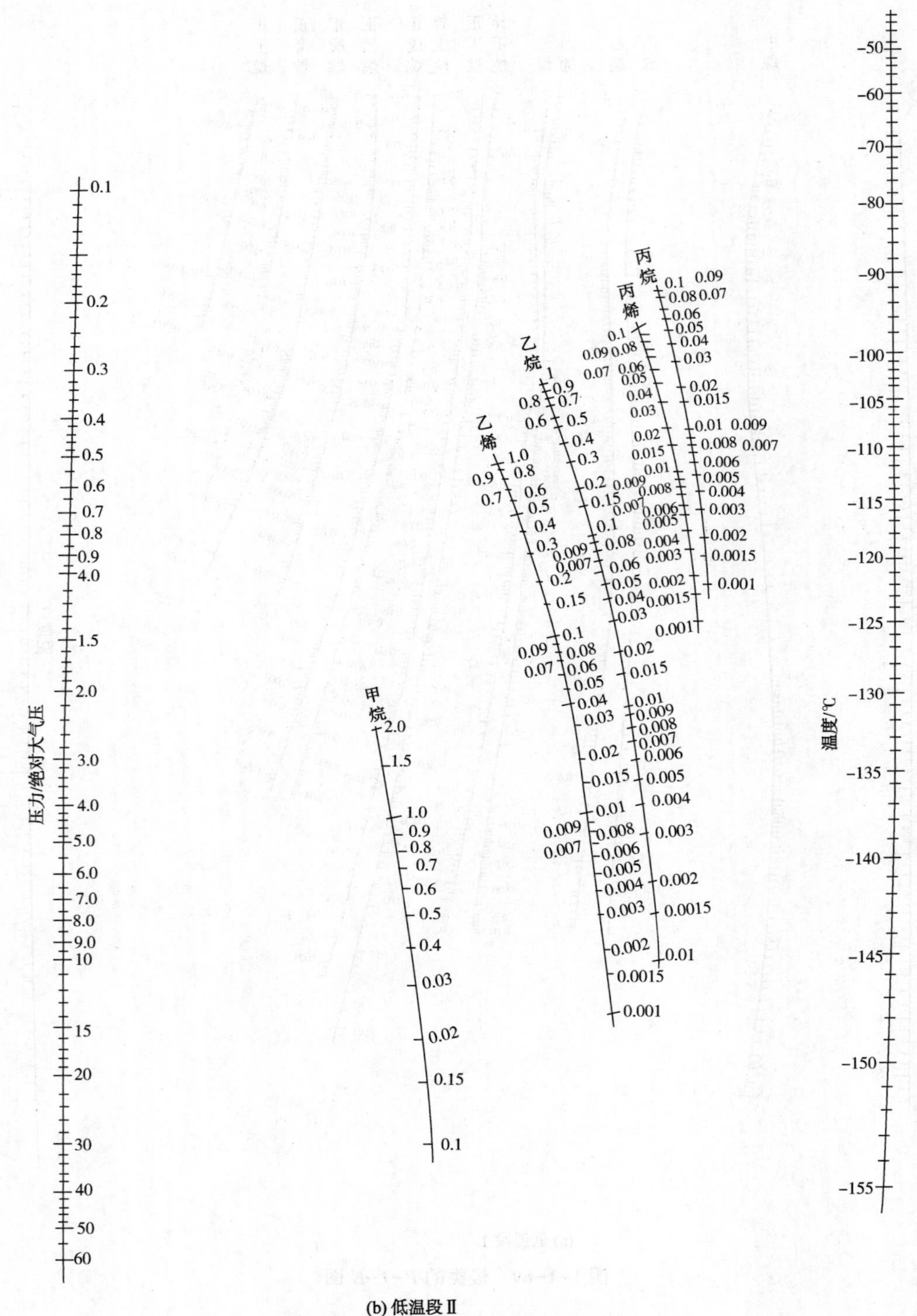

(b) 低温段Ⅱ

图 1-1-69 烃类的 *P-T-K* 图(续)

x_N；气相的摩尔分率为 y_1，y_2，…，y_N。组分 i 的物料平衡式为：

$$Z_i = x_i L + y_i (1-L) \quad (i=1,\ 2,\ \cdots,\ N) \tag{1-1-145}$$

相平衡关系式为：

$$y_i = K_i x_i \quad (i=1,\ 2,\ \cdots,\ N) \tag{1-1-146}$$

联立式(1-1-145)和式(1-1-146)，得组分 i 在液相中的摩尔分率为：

$$x_i = \frac{Z_i}{L + K_i (1-L)} \quad (i=1,\ 2,\ \cdots,\ N) \tag{1-1-147}$$

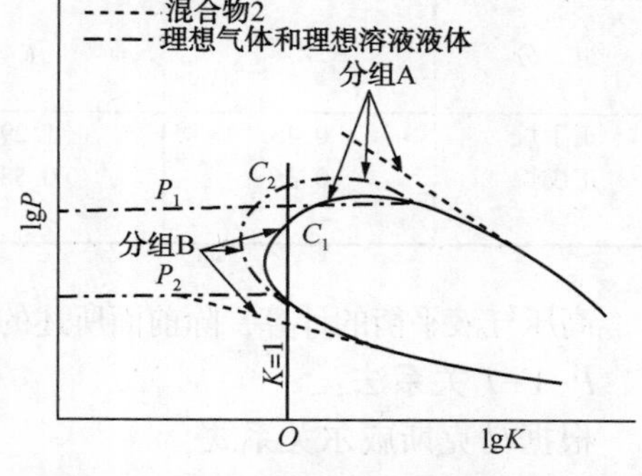

图 1-1-70　压力和组成对 A 和 B 二元系统平衡常数的影响

再加上补充要求 $\sum x_i = 1$，因此有 $2N+1$ 个方程式和 $2N+1$ 个未知数(L、y_i 和 x_i)，系统的状态完全确定了。

【例 1-1-27】　有一含 20%(摩尔)的异丁烷、45%(摩尔)的正丁烷、35%(摩尔)的正戊烷的混合液体，试求：在 10atm 的泡点及其气相组成；在 10atm、95℃时，液相所占的比率及其组成。

【解】　已知液体碳氢化合物的混合物组成，要求泡点及气相组成。

先假定一温度，由图 1-1-67 及表 1-1-47 查出在该条件下各个组分的 K 值；然后用 $y_i = K_i x_i$ 式求出蒸汽相中每一组分的摩尔分率。如果算得的 y 值相加不等于 1.00，则所有的温度是错误的，需重新假定温度计算，直到蒸汽相的摩尔分率之和等于 1.00 为止。如表 1-1-50 所示，假定的泡点为 89℃时，则可满足 $\sum y_i = 1$，因此泡点是 89℃。此时的蒸汽组成见表中最后一行。

表 1-1-50　计算值

组　成	x	P_c/atm	T_c/K	Z_c	P_r	T_r	K	$y_i = K_i x_i$
异丁烷	0.20	36.0	408	0.282	0.278	0.888	1.49	0.298
正丁烷	0.45	37.5	425	0.274	0.267	0.852	1.15	0.509
正戊烷	0.35	33.3	470	0.268	0.301	0.770	0.56	0.196
总　计								1.003

已知温度和压力条件，并已知混合物的总组成，可以求出各个组分的 K_i 值：$K_1 = 1.68$、$K_2 = 1.29$、$K_3 = 0.58$。

假定 L 之值，并计算 x_i。如果假设不合适，则液体的摩尔分率之和不等于 1，则必须重新假设计算，一直试差到 $\sum x_i = 1.0$ 时，即为所求的 L 值，如表 1-1-51 所示，$L=0.34$。

表 1-1-51　计算值

组　分	Z_i	K	x_i		
			$L=0.40$	$L=0.30$	$L=0.34$
异丁烷	0.2	1.68	0.142	0.136	0.139

续表

组　分	Z_i	K	x_i		
			$L=0.40$	$L=0.30$	$L=0.34$
正丁烷	0.45	1.29	0.383	0.374	0.377
正戊烷	0.35	0.58	0.476	0.469	0.484
			0.992	1.006	1.000

高压气液平衡的计算，除前面所述的方法以外，还有 $P-V-T$ 关系法、收敛压力法等等。

$P-V-T$ 关系法：

根据马克斯威尔关系式：

$$\left(\frac{\partial \overline{G}_i}{\partial P}\right)_T = \overline{V}_i$$

和

$$d\overline{G}_i = RT d\ln \hat{f}_i \quad (\text{恒温})$$

两式联立，然后在恒温、恒组成下积分，得到混合物中组分 i 的逸度。

$$\ln \frac{\hat{f}_i}{P_i} = \frac{1}{RT}\int_0^P \overline{V}_i dP \tag{1-1-148}$$

把方程式(1-1-148)分别应用在液、气两相中，液相中组分 i 的摩尔分率为 x_i，气相中组分 i 的摩尔分率为 y_i，故得：

$$\ln\left(\frac{\hat{f}_i}{P_i}\right)_L = \frac{1}{RT}\int_0^P \overline{V}_{il} dP \tag{1-1-149}$$

$$\ln\left(\frac{\hat{f}_i}{P_i}\right)_V = \frac{1}{RT}\int_0^P \overline{V}_{iv} dP \tag{1-1-150}$$

在压力趋近于零时，液相也变成理想气体，因此 $P_{il}=Px_i$，同样，$P_{iv}=Py_i$。把此两值分别代入式(1-1-149)、式(1-1-150)。最后把两式代入平衡条件式 $\hat{f}_i^v=\hat{f}_i^l$，则得：

$$\ln\left(\frac{\hat{f}_i^l/x_i}{\hat{f}_i^v/y_i}\right) = \ln(y_i/x_i) = \ln K_i = \frac{1}{RT}\int_0^P (\overline{V}_{il} - \overline{V}_{iv}) dP \tag{1-1-151}$$

式(1-1-151)是气、液平衡比的一般关系式。它表示了根据 $P-V-T$ 数据来计算相平衡组成的热力学上的严格方法。积分号内的第一项为组分 i 在液相中的偏摩尔体积，第二项为组分 i 在气相中的偏摩尔体积，两者均与组成有关。所以，结果所得的相平衡常数也是组成及温度和压力的函数。由于积分必须从零积分到平衡压力 P，因而就需要整个压力范围内的偏摩尔体积的数据。这个方程式应用在恒温之下，自然可以对系统中每一组分单独写出一个方程式。系统有 N 个组分，所以就有 N 个方程式。这 N 个方程式与物料平衡一起即可确定相平衡的组成。

用方程式(1-1-151)来计算平衡常数是完全正确、合理的。但是 $P-V-T$ 数据不易得到，所以方程式(1-1-151)很难严格使用。而对于烃类来说，已经使用 Benedict-Webb-Rubin 状态方程式来计算偏摩尔体积。其结果可用来计算许多低分子烃类的逸度系数和相平衡常数。这方面的工作是由本尼迪克特(Benedict)等人所完成的。他们曾对12种低分子烃的逸度-组成比进行了计算，这些计算对高达245atm的相平衡常数得出了可靠的结果。他们用324幅图来表示计算的结果，这就叫凯洛格(Kellog)图。这些图的主要特点是以混合物的摩尔平均沸点作为参数，表示各种温度和压力下的平衡常数。此摩尔平均沸点即代表组成对平衡常数的影响。

收敛压力法：

有许多关系式使用临界压力来代替摩尔平均沸点表示组成的影响。很明显，临界点的位置是随组成和组分的性质而变的。在临界压力时，蒸汽和液体的组成相同，使得每一组分的平衡常数都等于1。如图1-1-68所示，K对压力的曲线在临界压力时收敛于1。此图表示了A(易挥发组分)、B二元系统混合物的平衡常数曲线。具有P_{c1}临界压力(或收敛压力)的实线相应于一种A和B的混合物。虚线代表具有收敛压力P_{c2}的另一种混合物。这幅图清楚地表明了在接近临界压力时，平衡常数不仅是温度、压力的函数，而且是混合物组成的函数。因此，高压时相平衡常数为：

$$y/x=f(T,\ P,\ P_c) \tag{1-1-152}$$

一些研究者已经给出了使用式(1-1-152)推算高压相平衡常数的线图。

使用收敛压力的关系来计算是很麻烦的，而且常常要试差，所以它的实际应用就受到了限制。

根据上述讨论相平衡常数K_i，

$$K_i=\frac{y_i}{x_i}=\frac{\gamma_{il}f_{il}^0}{\gamma_{iv}f_{iv}^0}$$

大致可以分成五类情况：

第一类：高温、低压下，构成物系的组分，其分子结构彼此相似。气相看成理想气体，则$\gamma_{iv}=1$，$f_{iv}^0=P$。液相看成理想溶液，则$\gamma_{il}=1$，$f_{il}^0=P_i^S$。所以，$K_i=y_i/x_i=P_i^S/P$，即相平衡常数等于组分的蒸汽压与系统的总压之比。K_i仅与温度和压力有关，而与组成无关。这样的系统叫安全理想系统，例如2atm以下的轻烃混合物系。

第二类：高温、低压下，构成物系的组分，其分子结构差异较大。气相看成理想气体，液相是非理想液体，则$\gamma_{iv}=1$，$f_{iv}^0=P$，$\gamma_{il}\neq1$，$f_{il}^0=P_i^S$。所以$K_i=\frac{\gamma_{il}P_i^S}{P}$。当$\gamma_{il}<1$时，为负偏差；当$\gamma_{il}>1$时，为正偏差。由于$\gamma_{il}$与物系组成有关，故这类相平衡常数$K_i$不仅与温度、压力有关，还与组成有关。低压下的非烃类，如水与醇、醛、酮等，所组成的物系就属于这一类。

第三类：中压下，气相和液相都可以看成理想溶液，$\gamma_{iv}=\gamma_{il}=1$，则$K_i=\frac{f_{il}^0}{f_{iv}^0}$，相平衡常数与组成无关。这种物系称为理想系，例如35atm下的裂解气就属于这样的体系。

第四类：高压下，气相为非理想气体混合物，液相为理想溶液。根据相平衡常数，

$$K_i=\frac{\gamma_{il}f_{il}^0}{\hat{\phi}_iP}$$

$\hat{\phi}_{iv} \neq 1$，$\gamma_{il}=1$，则 $K_i=\dfrac{f_{il}^0}{\hat{\phi}_i P}$。第三类和第四类都是由碳氢化合物的混合物所组成的系统，所不同的是第四类的压力比第三类高。

第五类：高压下，构成物系的组成，其分子结构差异也很大。此时，ϕ_i、γ_{il}、γ_{iv} 均不等于1，则 $K_i=\dfrac{\gamma_{il} f_{il}^0}{\hat{\phi}_i P}$，相平衡常数与压力、温度和组成都有关。这种物系称为完全非理想系。

3）含固体 CO_2 的相平衡

具有相当大范围挥发度物质的混合物在平衡时能以气-液-固三相存在，例如在低温下的天然气中固相可以是 CO_2、H_2S 及重烃等。在这种情况下通常可假定固相是纯的，即假定溶剂在固相溶质中的溶解度等于零，从而简化计算。此外，流体逸度可从 SRK、PR 等方程来确定。

平衡时，多组分体系中组分 i 在气相、液相、固相中的逸度相等。

组分 i 在固相中的逸度 f_i^s 等于纯固体 i 的逸度，并可由下式得到，即

$$f_i^s=\Phi_i^{sat}\cdot P_i^{sat}(PF)_i \tag{1-1-153}$$

$$(PF)_i=\exp\int_{P_i^{sat}}^{P}\frac{V_i^s dP}{RT} \tag{1-1-154}$$

式中 Φ_i^{sat}——固体 i 在饱和压力 P_i^{sat} 下的逸度系数；

P_i^{sat}——固体 i 的饱和(蒸气)压力；

$(PF)_i$——固体 i 的 Poynting 因子，是考虑到总压 P 不同于 P_i^{sat} 时所加的校正；

V_i^s——固体 i 的摩尔体积。

以上参数都是在温度 T 时的值。

f_i^V、f_i^L 可直接从同时适用于气相、液相的状态方程求解 t，例如 SRK 方程。因此，已知多组分体系的压力(或温度)及组成，由式(1-1-153)求得的 f_i^s 和由状态方程求得的 f_i^V 相等时的温度(或压力)，即为固体 i 开始从一个已知组成的流体相中析出的温度(或压力)条件。此外，当体系温度、压力和组成已知时，也可由式(1-1-153)和状态方程求解固体 i 析出的量和流体相的组成。

如果多组分体系为液相，也可由状态方程求得固体 CO_2 等溶解组分在液相中的逸度系数，再根据 $f_i^s=\Phi_i x_i P$ 计算固体 CO_2 等在液相中的溶解度。例如，采用 SRK 方程计算固体 CO_2 在液化天然气中的溶解度，结果见表 1-1-52。

表 1-1-52 固体 CO_2 在 C_1～C_3 液体混合物中的溶解度

温度/K	溶剂组成(不计 CO_2)			CO_2 溶剂度/%		压力/MPa	
	C_1	C_2	C_3	实验值	计算值	实验值	计算值
150. 2	0. 331	—	0. 669	1. 08	0. 952	0. 4571	0. 401
150. 2	0. 648	—	0. 352	1. 03	1. 022	0. 7584	0. 726
165. 2	0. 327	—	0. 673	3. 32	2. 65	0. 7584	0. 687
165. 2	0. 652	—	0. 348	2. 92	2. 83	1. 3239	1. 293

续表

温度/K	溶剂组成（不计 CO_2）			CO_2 溶剂度/%		压力/MPa	
	C_1	C_2	C_3	实验值	计算值	实验值	计算值
166.5	0.418	0.582	—	3.84	3.24	0.898	0.851
166.5	0.697	0.303	—	3.36	3.16	1.382	1.358
183.2	0.43	0.57	—	10.15	8.99	1.417	1.4
183.2	0.7	0.3	—	9.14	8.7	2.279	2.206
185.2	0.296	—	0.704	10.94	8.7	1.151	1.081
185.2	0.59	—	0.41	10.51	9.55	2.1133	2.067
190.2	—	0.382	0.618	11.83	11.1	0.121	0.1228
190.2	—	0.734	0.266	13.2	11.92	0.1655	0.1632
190.2	0.321	0.192	0.487	14.77	12.17	1.379	1.2935
190.2	0.34	0.446	0.214	15.22	12.95	1.379	1.3502
190.2	0.517	0.132	0.351	16.73	12.9	2.0685	2
190.2	0.525	0.325	0.15	15.3	13.38	2.0685	1.992

7. 节流

节流是高压流体气体、液体或气、液混合物在稳定流动中，遇到缩口或调节阀门等阻力元件时，由于局部阻力产生压力显著下降的过程。节流膨胀过程由于没有外功输出，而且工程上节流过程进行得很快，流体与外界的热交换量可忽略，近似作为绝热过程来处理。

1）绝热节流过程

根据稳定流动能量方程：

$$\delta q = \mathrm{d}h + \delta w \quad (1-1-155)$$

得出绝热节流前、后流体的比焓值不变，由于节流时流体内部存在摩擦阻力损耗，所以它是一个典型的不可逆过程，节流后的熵必定增大。绝热节流后，流体的温度如何变化对不同特性的流体而言是不同的。对于任何处于气、液两相区的单一物质，节流后温度总是降低的。这是由于在两相区饱和温度和饱和压力是一一对应的，饱和温度随压力的降低而降低。对于理想气体，焓是温度的单值函数，所以绝热节流后焓值不变，温度也不变。对于实际气体，焓是温度和压力的函数，经过绝热节流后，温度降低、升高和不变三种情况都可能出现。这一温度变化现象称为焦耳-汤姆逊效应，简称 J-T 效应。

2）实际气体的节流效应

实际气体节流时，温度随微小压降而产生的变化定义为微分节流效应，也称焦耳-汤姆逊系数：

$$a_h = (aT/aP) \quad (1-1-156)$$

$a_h>0$ 表示节流后温度降低，$a_h<0$ 表示节流后温度升高。当压降(P_2-P_1)为一有限数值时，整个节流过程产生的温度变化叫积分节流效应：

$$\Delta T_h = T_2 - T_1 = P_2 P_1 a_h \mathrm{d}P \quad (1-1-157)$$

理论上，可以使用热力学基本关系式推算出 a_h 的表达式进行分析。由焓的特性可知：

$$\mathrm{d}h = cP\mathrm{d}T - [T(aV/aT)P - V]\mathrm{d}P \quad (1-1-158)$$

由于焓值不变，$\mathrm{d}h=0$，将式(1-1-158)移项整理可得：

$$a_h=(aT/aP)h=1/cP[T(aV/aT)P-V] \quad (1-1-159)$$

由式(1-1-158)可知，微分节流效应的正负取决于 $T(\alpha V/aT)P$ 和 v 的差值。若这一差值大于0，则 $a_h>0$ 节流时温度降低；若差值等于0，则 $a_h=0$，节流时温度不变；若差值小于0，则 $a_h<0$，节流时温度升高。

从物理实质出发，可以用气体节流过程中的能量转化关系来解释这三种情况的出现，由于节流前、后气体的焓值不变，所以节流前、后内能的变化等于进出推动功的差值：

$$u_2-u_1=P_1V_1-P_2V_2$$

气体的内能包括内动能和内位能两部分，而气体温度是降低、升高，还是不变，仅取决于气体内动能是减小、增大，还是不变。因气体节流后压力总是降低的，比容增大，其内位能总是增大的。PV 值的变化可能有以下三种情况：

（1）$P_1V_1<P_2V_2$ 时，$u_2<u_1$ 即节流后内能减少，温度降低。

（2）$P_1V_1=P_2V_2$ 时，$u_2=u_1$ 即节流后内能不变。此时，内位能的增加等于内动能的减少，节流后气体温度仍然降低。

（3）$P_1V_1>P_2V_2$ 时，$u_2>u_1$ 即节流后内能增大。此时，若内能的增加小于内位能的增加，则内动能是减小的，温度仍然降低；若内能的增加大于内位能的增加，则内动能必然要增大，温度要上升。

由以上分析可知，在一定压力下，气体具有某一温度时，节流后满足 $P_1V_1>P_2V_2$ 且 PV 值的减少量恰好补足了内位能的增量，这时节流前、后温度不变，即微分节流效应等于0，这个温度称为转化温度，以 T_{inv} 表示。

计算积分节流效应的方法有很多，可直接将 a_h 的经验公式代入式(1-1-159)中积分求解，工程中更实用的方法是采用气体 T-s 图、h-T 图或者物性数据库来计算。

因此，气体经过等温压缩和节流膨胀之后具有制冷能力，气体的制冷能力是等温压缩时获得的，又通过节流表现出来。

3）绝热节流制冷循环

一种简单的绝热节流制冷循环也被称作林德循环。林德循环获得的制冷温度可以通过节流阀控制蒸发压力进行调节。制冷温度的下限则受到三相点温度及高真空很难维持的限制，要获得比液态更低的制冷温度，可采用工质 Ne、H_2、He。但这些工质在常温下节流会产生热效应，必须首先将气体温度预冷到转化温度以下。

节流制冷循环的性能系数低，经济性较差，但由于其组成简单、无低温下的运动部件、可靠性高，所以仍然得到重视。用高压贮气瓶代替压缩机作气源的开式节流制冷循环，更便于微型化和轻量化，在红外制导等领域得到了广泛使用。目前，节流制冷循环研究的新进展在于利用混合工质，代替纯工质以便达到降低压力、提高效率的目的。

4）节流液化循环

气体绝热节流可以膨胀到含液量大的气、液两相区，其很重要的一个应用是进行气体液化。气体液化系统与以制取冷量为目的的普通制冷系统区别在于：在普通制冷循环中，制冷剂进行的是封闭循环过程；而气体液化循环是一开式循环，所用的气体在循环过程中既起制冷剂的作用，本身又被部分或全部地液化并作为液态产品输出。

8. 膨胀

如果仅仅是节流，因空气膨胀降低的温度不多，从 $PV=RT$ 计算没什么温降，降温效果主要是膨胀时因为动能增加引起的空气静温降低(如果膨胀时排气速度不高，基本没温降)，总温和总焓还是一样的，空气速度恢复到低速后温度又会回升，压力势能浪费了。

膨胀机利用膨胀气流的高速动能驱动涡轮叶轮对外做功，气体总焓大量降低，膨胀机的作用就是把高压气体的势能转换成动能对外做功，同时使气体温度降低。

对外做功的能力在很多地方都浪费了，像空分系统用涡轮带动一个风机来耗功。飞机上把这部分功都进行了利用，有的带风扇驱动冷却空气，有的驱动压气机把高压空气进一步增压再进入涡轮膨胀，可以使涡轮出口温度更低。

9. 压缩机的含义

空压机按工作原理可分为三类：往复式、回转式和离心式。这三种类型的空压机可进一步划分为：裸机和整机、风冷和水冷、喷油和无油、静音与非静音。最高使用压力在 0.8 MPa 以下的小型空压机，大都属于往复式空压机。

往复活塞式压缩机属于电机单轴驱动对称分布曲柄摇杆往复运动的机械结构。压缩机通过曲柄摇杆的往复运动使气缸的容积发生周期性变化。电机运转一周气缸容积发生两次变化。当气缸容积扩展时，气缸容积为真空，大气压大于气缸内气压，空气通过单向阀进入气缸，此时为吸气过程；当气缸容积缩小时，进入气缸内的气体受到压缩，气缸内的压力迅速增加，当大于大气压力时，排气单向阀打开，此时为排气过程。气体通过高压软管进入储气罐，压力表指针显示随之上升。当压力气体达到 0.8MPa 时，开关自动关闭，电机停止工作。同时，通过泄压管，将压缩机机头内气压减为零。此时，空气开关压力、储气罐内气体压力仍为 0.8MPa，气体通过调压阀、流量调节阀，最后经排气开关排气。当储气罐内气压下降至 0.4MPa 时，压力开关自动开启，压缩机重新开始工作。

回转式空气压缩机的机腔内有两个转子，通过转子来压缩空气，回转式螺杆空压机有风冷、水冷、喷油、无油、单级和两级多种配置，在压力、气量、结构上有广泛的适用性。离心式空压机是动力型空压机，通过旋转的涡轮完成能量的转换，实现动能向压力的变换。离心式空压机是无油水冷式的，适用于大气量无油的要求。

活塞环采用自润滑材料而不添加任何润滑剂的称为无油空压机。用油润滑的就是有油空压机。含油空压机排出的气体含有少量油蒸气，油蒸气的含量还因温度的不同而不同。这不仅增加了仪器的背景噪声，降低了检测灵敏度，还可能影响测试结果的重复性。

箱式静音无油空压机采用了吸音减振装置，机柜内壁采用高密度吸音降噪棉。无喷油和漏油现象；全自动压力感应开关会根据使用气量情况而自动启动或停止，使用方便，省心省电。同时，静音无油空压机采用空气对流原理，达到自然冷却效果。

静音无油空压机总的特点：无油、静音、节能环保。它的适用范围：仪器仪表、制氧、制氮、牙科治疗仪、食品包装、激光切割等诸多行业。

(五) 天然气燃烧特性

1. 热值

单位体积天然气完全燃烧所放出的热量，称作天然气热值(也称天然气发热量)，单位为 MJ/m^3(体积均系标态下的体积，下同)，也可用 MJ/kg 表示。热值有高热值和低热值之分。

高热值(高发热量)，指单位体积天然气完全燃烧后，烟气被冷却到原来的天然气温度，燃烧生成的水蒸气完全冷凝出来所释放的热量，称作高热值，有时称总热值。

低热值(低发热量)，指单位体积天然气完全燃烧后，烟气被冷却到原来的天然气温度，但燃烧生成的水蒸气不冷凝出来所释放的热量，称作低热值，有时称净热值。

同一天然气的高、低热值之差即为其燃烧生成水的气化潜热。一般应用中，排烟温度较高，这部分热量未能被利用，所以实用中多用低热值。

商品天然气中甲烷是主要组分，并含有少量其他饱和烃、氢气及一些无机气体如二氧化碳、氮气等。一般还含微量硫化合物。来自不同气田的天然气组分有差别，热值也有差异，以体积计量供气，难做到"同值同价"。

热值可用测量方法获得，如水流吸热法(Junkers 热量计)、空气吸热法(Curiel-Harnrnet 量热计)、金属膨胀法(Sigma 自动量热计)。

热值也常用天然气中各可燃组分的热值与其体积分数的乘积加和求得，如式(4-1-160)：

$$H=H_1r_1+H_2r_2+\cdots+H_nr_n \tag{1-1-160}$$

式中 H——天然气高(低)热值，kJ/m³；

H_1，H_2，…，H_n——天然气中可燃组分高(低)热值，kJ/m³；

r_1，r_2，…，r_n——天然气中可燃组分的体积分数,%。

天然气进入输气管道前虽经脱水，但难以脱尽，水分含量常常有波动，所以本书所用各种热值数据均用干基。一些可燃组分的热值见表 1-1-53。

表 1-1-53 燃气组分的热值①

名称	分子式	相对分子质量	高热值/(MJ/m³)	低热值/(MJ/m³)	高热值/(MJ/m³)	低热值/(MJ/m³)
氢	H_2	2.016	12.74	10.79	141.87	120.16
一氧化碳	CO	28.0104	12.64	12.64	10.11	10.11
甲烷	CH_4	16.043	39.82	35.88	55.51	50.01
乙烷	C_2H_6	30.07	70.3	64.35	51.87	47.48
丙烷	C_3H_8	44.097	101.2	93.18	50.34	46.35
正丁烷	n-C_4H_{10}	58.124	133.8	123.56	49.5	45.71
异丁烷	i-C_4H_{10}	58.124	132.96	122.77	49.41	45.62
戊烷	C_5H_{12}	72.151	169.26	156.63	49.01	45.35
乙烯	C_2H_4	28.054	63.4	59.44	50.3	47.16
丙烯	C_3H_6	42.081	93.61	87.61	48.92	45.78
丁烯	C_4H_8	56.108	125.76	117.61	48.43	45.29
戊烯	C_5H_{10}	70.135	159.1	148.73	48.13	44.99
苯	C_6H_6	78.114	162.15	155.66	42.27	40.57
乙炔	C_2H_2	26.038	58.48	56.49	49.94	48.24
硫化氢	H_2S	34.076	25.35	23.37	16.47	15.18

注：①气体状态为：273.15K、101.325kPa。

2. 沃泊指数和空气引射指数

1) 沃泊指数

在燃气互换性问题中，它是衡量燃气输给燃烧器热负荷大小的特性指数。当燃烧器喷嘴前压力不变时，可用式(1-1-161)表示为：

$$W = H/\sqrt{S} \tag{1-1-161}$$

式中 W——沃泊指数；

H——燃气的热值，kJ/m³；

S——燃气的相对密度（$S=\rho_g/\rho_a$）；

ρ_g——燃气的密度，kg/m³；

ρ_a——空气的密度，kg/m³。

当燃烧器喷嘴前压力变化时，沃泊指数此时称作广义沃泊指数，用式（1-1-162）表示：

$$W' = H\sqrt{P_g S} \tag{1-1-162}$$

式中 W'——广义沃泊指数；

P_g——燃烧器喷嘴前的燃气压力。

2）一次空气系数与过剩空气系数

在燃烧器中预先和天然气混合的空气量与理论需要的空气量之比，称作一次空气系数，用 a'表示。实际使用的总空气量与理论需要的空气量之比，称作全空气系数或过剩空气系数，用 a 表示。

3）空气引射指数

以一个确定的引射式燃烧器，喷嘴前压力固定不变，当改变燃气组分时，除引起热负荷变化外，还会造成引射的空气量变化。采用空气引射指数来反映改换燃气时，对引射的空气量变化及一次空气系数的影响。空气引射指数用式（1-1-163）表示：

$$B = V_0/\sqrt{S} \tag{1-1-163}$$

式中 B——空气引射指数；

V_0——理论空气量，m³/m³ 干燃气；

S——燃气的相对密度。

当燃气密度发生变化时，单位体积引射的空气量发生变化；燃气密度变化一般是由组分变化引起的，所以燃气热值发生变化，也导致理论空气量的变化。因此，当改换燃气时，如空气引射指数不变，那么一次空气系数 a'近似不变。空气引射系数近似地与沃泊指数成正比。

3. 天然气燃烧所需空气量

1）理论空气量

lm³ 天然气按化学反应计量方程式完全燃烧时所需要的空气体积，称作理论空气量。燃气中单一可燃组分完全燃烧所需的理论空气量见表 1-1-54。

当已知燃气中各组分的体积含量时，燃气燃烧需要的理论空气量可从式（1-1-164）求得：

$$V_0 = \frac{1}{21}\left[0.5H_2 + 0.5CO + \sum\left(n + \frac{m}{4}\right)C_nH_m + 1.5H_2S - O_2\right] \tag{1-1-164}$$

由于天然气中不含（CO、O_2），并且 H_2S 含量甚微，式（1-1-164）可简化成：

$$V_0 = \frac{1}{21}\left[0.5H_2 + 0.5CO + \sum\left(n + \frac{m}{4}\right)C_nH_m\right] \tag{1-1-165}$$

式中　V_0——理论空气量，m^3/m^3 干燃气；

H_2、C_nH_m、CO、H_2S、O_2——氢气、烃、一氧化碳、硫化氢、氧气的体积分数,%。

表 1-1-54　一些单一气体的燃烧特性

名　称	燃烧反应式	理论空气需要量及耗氧量/(m^3/m^3 干燃气)		理论烟气量 V_f/(m^3/m^3 干燃气)				爆炸极限(20℃, 101.325kPa)/%		燃烧热量计温度/℃	着火温度/℃
		空气	氧	CO_2	H_2O	N_2	V_f	下限	上限		
氢	$H_2+0.5O_2 = H_2O$	2.28	0.5	—	1	1.88	2.88	4	75.9	2210	400
一氧化碳	$CO+0.5O_2 = CO_2$	2.38	0.5	1	—	1.88	2.88	12.5	74.2	2370	605
甲烷	$C_2H_4+2O_2 = CO_2+2H_2O$	9.52	2	1	2	7.52	10.52	5	15	2043	540
乙炔	$C_2H_2+2.5O_2 = 2CO_2+H_2O$	11.9	2.5	2	1	9.4	12.4	2.5	80	2620	335
乙烯	$C_2H_4+3O_2 = 2CO_2+2H_2O$	14.28	3	2	2	11.28	15.28	2.7	34	2343	425
乙烷	$C_2H_6+3.5O_2 = 2CO_2+3H_2O$	16.66	3.5	2	3	13.16	18.16	2.9	13	2115	515
丙烯	$C_2H_6+4.5O_2 = 3CO_2+3H_2O$	21.42	4.5	3	3	16.92	22.92	2	11.7	2224	460
丙烷	$C_3H_8+5O_2 = 3CO_2+4H_2O$	23.8	5	3	4	18.8	25.8	2.1	9.5	2155	450
丁烯	$C_4H_8+6O_2 = 4CO_2+4H_2O$	28.56	6	4	4	22.56	30.56	1.6	10	—	385
正丁烷	$C_4H_{10}+6.5O_2 = 4CO_2+5H_2O$	30.94	6.5	4	5	24.44	34.44	1.5	8.5	2130	365
异丁烷	$C_4H_{10}+6.5O_2 = 4CO_2+5H_2O$	30.94	6.5	4	5	24.44	34.44	1.8	8.5	2118	460
戊烯	$C_5H_{10}+7.5O_2 = 5CO_2+5H_2O$	35.7	7.5	5	5	28.2	38.2	1.4	8.7	—	290
正戊烷	$C_5H_{12}+8O_2 = 5CO_2+6H_2O$	38.08	8	5	6	30.08	41.08	1.4	8.3		260
苯	$C_6H_6+7.5O_2 = 6CO_2+3H_2O$	35.7	7.5	6	3	28.2	37.2	1.2	8	2258	560
硫化氢	$H_2S+1.5O_2 = SO_2+H_2O$	7.14	1.5	1	1	5.64	7.64	4.3	45.5	1900	270

对于烷烃类燃气如天然气、石油伴生气、液化石油气等的理论空气量可采用式(1-1-166)、式(1-1-167)的简便算法：

$$V_0 = 0.268H_1/1000 \tag{1-1-166}$$

$$V_0 = 0.24H_h/1000 \tag{1-1-167}$$

式中　H_1、H_h——燃气的低热值、高热值，kJ/m^3。

2）实际空气需要量

实际的燃烧装置中，由于存在燃气和空气混合不均匀，为使燃气尽可能完全燃烧，减少化学不完全燃烧的损失，实际供给的空气量往往大于理论空气量。实际供给的空气量与理论空气量之比称为过剩空气系数。

$$\alpha = V/V_0 \tag{1-1-168}$$

式中　α——过剩空气系数；

V——实际供给的空气量，m^3/m^3 干燃气。

4. 天然气燃烧产物量

1）理论烟气量

供给理论空气量，完全燃烧 $1m^3$ 天然气产生的烟气量。可表示成：

V_f——理论干烟气量，m^3/m^3 干天然气；

V'_f——理论湿烟气量，m^3/m^3 干天然气。

2）甲烷按化学计量方程式燃烧产生的烟气量及烟气组成

甲烷与纯氧反应式如下：

$$CH_4+2O_2 = CO_2+2H_2O$$

甲烷与空气燃烧反应时（取空气中 $N_2:O_2=79:21$，体积比）：

$$CH_4+2O_2+7.52N_2 = CO_2+2H_2O+7.52N_2$$

烟气中各组分的体积（按 $1m^3$ 干甲烷计）：

$$V_{CO_2}=1m^3,\ V_{H_2O}=2m^3,\ V_{N_2}=7.52m^3$$

理论空气量（按 $1m^3$ 干甲烷计）：

$$V_0=2m^3+7.52m^3=9.52m^3$$

理论干、湿烟气量（按 $1m^3$ 干甲烷计）：

$$V_f=V_{CO_2}+V_{N_2}=1m^3+7.52m^3=8.52m^3,\ V''_f=V_f+V_{H_2O}=8.52m^3+2m^3=10.52m^3$$

烟气中各组分的体积分数（干基）：

$$r_{CO_2}=V_{CO_2}/V_f=1/8.52=11.74\%,\ r_{N_2}=V_{N_2}/V_f=7.52/8.52=88.26\%$$

单一可燃组分燃烧产生的烟气量见表 1-1-54。

3）计算例子

计算下列组成的 $1m^3$ 干天然气，按化学计量方程式完全燃烧时所需理论空气量和产生的烟气量。组成：CH_4 为 92.9%，C_2H_6 为 1.5%，C_3H_8 为 0.5%，H_2 为 0.1%，CO_2 为 2.0%，N_2 为 3.0%（体积分数）。

计算结果列于表 1-1-55 中。

表 1-1-55　单一干天然气完全燃烧所需的理论空气量和生成的烟气量

组分	CO_2 生成量 V_{CO_2}/m^3	H_2O 生成量 V_{H_2O}/m^3	空气和天然气带入的 N_2 量 V_{N_2}/m^3	理论空气量 V_0/m^3	干烟气量 V_f/m^3	湿烟气量 V''_f/m^3
CO_2	1×0.02=0.02	0	0	0	0.02	0.02
N_2	0	0	1×0.03=0.03	0	0.03	0.03
H_2	0	1×0.001=0.001	1.8×0.001=0.00188	2.38×0.001=0.00238	1.88×0.001=0.00188	0.00288
CH_4	1×0.929=0.929	2×0.929=1.858	7.52×0.929=6.986	9.50×0.929=8.844	8.52×0.929=7.915	9.773
C_2H_6	2×0.015=0.030	3×0.015=0.045	13.16×0.015=0.197	16.66×0.015=0.250	15.16×0.015=0.227	0.272
C_3H_8	3×0.005=0.015	4×0.005=0.020	18.80×0.005=0.094	23.80×0.005=0.119	21.80×0.005=0.109	0.129
合计	0.994	1.924	7.309	9.215	8.303	10.227

实际的燃烧过程多是不完全燃烧，无论空气供应是过剩还是不足，烟气中都残存可燃组分。此时，可把燃烧过程处理为空气供应不足的燃烧并伴有附加空气。即供给的总空气量为 αV_0，其中 $\alpha_1 V_0$ 的空气作燃烧用，其 $\alpha_1<1$；$\alpha_2 V_0$ 作附加空气。

$$\alpha V_0=\alpha_1 V_0+\alpha_2 V_0 \tag{1-1-169}$$

$$\alpha=\alpha_1+\alpha_2 \tag{1-1-170}$$

此时，总的过剩空气系数 α 可大于 1，也可小于或等于 1。这类燃烧工况下的烟气组分除了 CO_2、N_2、H_2O 外，还会有 CO、H_2、CH_4 等可燃物质，还会存在 O_2。

5. 燃烧温度及烟气的焓

1）燃烧温度

（1）热量计温度。

如果天然气燃烧过程在绝热条件下进行，燃烧所产生的热量全部用于加热烟气，那么烟气所达到的温度称作热量计温度。根据热平衡方程式，该温度为：

$$t_c=\frac{H_1+(c_g+1.20c_{H_2O}d_g)t_g\alpha V_0(c_a+1.20c_{H_2O}d_a)t_a}{V_{CO_2}c_{CO_2}+V_{H_2O}c_{H_2O}+V_{N_2}c_{N_2}+V_{O_2}c_{O_2}} \tag{1-1-171}$$

式中 t_c——热量计温度,℃；

H_1——天然气的低热值，kJ/m³；

c_g、c_a——天然气、空气的平均体积定压比热容，kJ/(m³·℃)；

c_{CO_2}、c_{H_2O}、c_{N_2}、c_{O_2}——二氧化碳、水蒸气、氮气、氧气的平均体积定压比热容，kJ/(m³·℃)；

1.20——水蒸气的质量体积，m³/kg；

d_g——天然气中水蒸气含量，kg/ m³ 干天然气；

d_a——空气中水蒸气含量，kg/ m³ 干空气；

t_g、t_a——天然气、空气温度,℃；

V_{CO_2}、V_{H_2O}、V_{N_2}、V_{O_2}——每立方米干天然气完全燃烧产生的二氧化碳、水蒸气、氮气、氧气的体积。

单一可燃组分的热量计温度见表 1-1-54。

（2）理论燃烧温度。

如果考虑化学不完全燃烧和 1500℃以上的高温下，CO_2、H_2O 分解吸收所损失的热量，扣除后求得的烟气温度称作理论燃烧温度，其计算如下：

$$t_{th}=\frac{H_1-H_c+(c_g+1.20c_{H_2O}d_g)t_g+\alpha V_0(c_a+1.20c_{H_2O}d_a)t_a}{V_{CO_2}c_{CO_2}+V_{H_2O}c_{H_2O}+V_{N_2}c_{N_2}+V_{O_2}c_{O_2}} \tag{1-1-172}$$

式中 t_{th}——理论燃烧温度,℃；

H_c——化学不完全燃烧和 CO_2、H_2O 分解吸热所损失的热量，kJ/m³ 干天然气。

其他参数意义同前。

一些烃的理论燃烧温度如图 1-1-71 所示，烃与空气均为干基，入口温度为 0℃。

（3）实际燃烧温度。

由于炉体、工件的吸热和向周围环境散热，炉膛实际温度比理论燃烧温度低得多。其差值依加热工艺和炉体结构而改变，难以精确计算。根据经验，对理论燃烧温度和实际燃烧温度的关系建立如下的经验式：

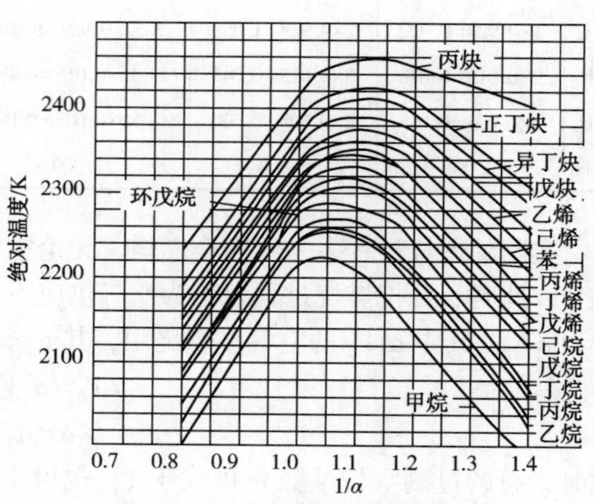

图 1-1-71 烃的理论燃烧温度

$$t_{ac}=\mu t_{th} \tag{1-1-173}$$

式中 t_{ac}——实际燃烧温度,℃;

μ——高温系数。

对于无焰燃烧器的火道,可取$\mu=0.9$,其他常用加热设备的μ值见表1-1-56。

表1-1-56 常用加热设备的高温系数

名 称	μ	名 称	μ
锻造炉	0.66~0.70	隧道窑	0.75~0.82
无水冷壁锅炉炉膛	0.70~0.75	竖井式水泥窑	0.75~0.80
水冷壁锅炉炉膛	0.65~0.70	平炉	0.71~0.74
有关闭炉门的室炉	0.75~0.80	回转式水泥窑	0.65~0.85
连续式玻璃池炉	0.62~0.68	高炉空气预热器	0.77~0.80

2)烟气的焓

以1m³干天然气为基础,燃烧后生成的烟气在不同温度下的焓等于理论烟气的焓与过剩空气的焓之和。热力计算中常由烟气温度求焓或相反。为求值方便,常用式(1-1-174)编制焓温表或焓温图使用。

$$I_f=I_f^0+(a-1)I_a^0 \tag{1-1-174}$$

式中 I_f——烟气的焓,kJ/m³干天然气;

I_f^0——理论烟气的焓,kJ/m³干天然气;

I_a^0——理论空气的焓,kJ/m³干天然气;

a——过剩空气系数。

其中:

$$I_f^0=V_{CO_2}^0c_{CO_2}t_f+V_{N_2}^0c_{N_2}t_f+V_{H_2O}^0c_{H_2O}t_f \tag{1-1-175}$$

式中 $V_{CO_2}^0$、$V_{N_2}^0$、$V_{H_2O}^0$——理论烟气中CO_2、N_2、H_2O体积,m³/m³干天然气;

c_{CO_2}、c_{N_2}、c_{H_2O}——CO_2、N_2、H_2O从$0\sim t_f$℃的平均体积定压比热容,kJ/(m³·℃);

t_f——空气温度,℃。

$$I_a^0=V_0(c_a+1.20c_{H_2O}d_a)t_a \tag{1-1-176}$$

式中 V_0——理论空气量,m³/m³干天然气;

c_a——干空气由$0\sim t_a$℃的平均体积定压比热容,kJ/(m³·℃);

c_{H_2O}——水蒸气由$0\sim t_a$℃的平均体积定压比热容,kJ/(m³·℃);

d_a——空气中水蒸气含量,kg/m³干空气;

t_a——空气温度,℃。

6. 着火温度和爆炸极限

1)着火温度

可燃气体与空气混合物在没有火源作用下被加热而引起自燃的最低温度称为着火温度(又称自燃点)。甲烷性质稳定,以甲烷为主要成分的天然气着火温度较高。可燃气体在纯氧中的着火温度要比在空气中低50~100℃。即使是单一可燃组分,着火温度也不是固定数值,与可燃组分在空气混合物中的浓度、混合程度、压力、燃烧室形状、有无催化作用等有关。工程上使用的着火温度应由试验确定。

2）爆炸极限

在可燃气体与空气混合物中，如燃气浓度低于某一限度，氧化反应产生的热量不足以弥补散失的热量，无法维持燃烧爆炸；当燃气浓度超过某一限度时，由于缺氧也无法维持燃烧爆炸。前一浓度限度称为着火下限，后一浓度限度称为着火上限。着火上、下限又称爆炸上、下限，上、下限之间的温度范围称为爆炸范围。单组分可燃气体的爆炸上、下限见表1-1-54。

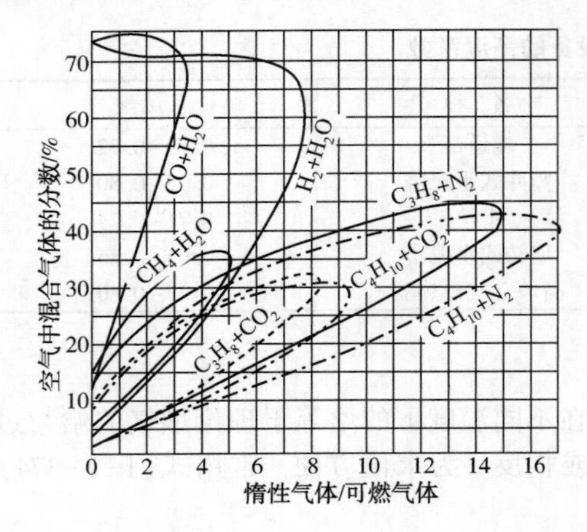

图1-1-72　H_2、CO、CH_4、C_3H_8、C_4H_{10}与CO_2、H_2O、N_2混合时的爆炸极限

对于不含氧和不含惰性气体的燃气之爆炸极限可按式(1-1-177)近似计算：

$$L=100/\sum(V_i/L_i) \qquad (1-1-177)$$

式中　L——燃气的爆炸上、下限，%；

L_i——燃气中各组分的爆炸上、下限，%；

V_i——燃气中各组分的体积分数，%。

对含有惰性气体的燃气之爆炸极限可参阅图1-1-72～图1-1-74。从图中可看出，一些可燃气体混入惰性气体后，其爆炸极限的上、下限间的范围存在缩小的规律。

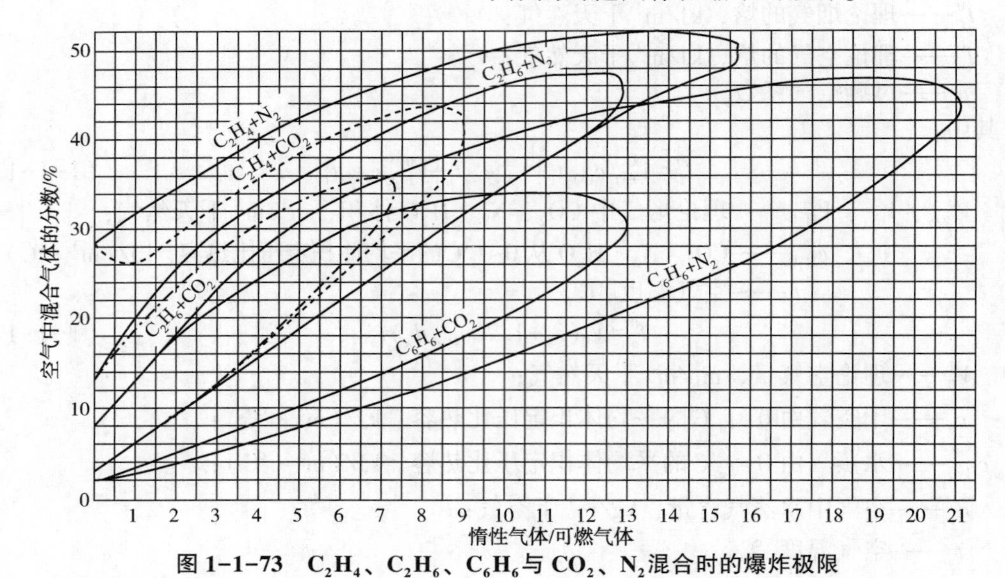

图1-1-73　C_2H_4、C_2H_6、C_6H_6与CO_2、N_2混合时的爆炸极限

含有惰性气体的燃气之爆炸极限也可按式(1-1-178)近似计算：

$$L_d=L\frac{\left(1+\frac{B_i}{1+B_i}\right)100}{100+L\left(\frac{B_i}{1-B_i}\right)} \qquad (1-1-178)$$

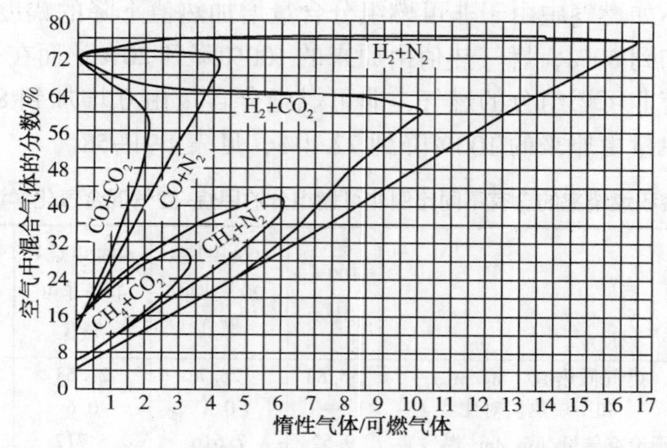

图 1-1-74 H_2、CO、CH_4与CO_2、N_2、混合时的爆炸极限

式中 L_d——含有惰性气体燃气爆炸上、下限,%;

L——不含惰性气体燃气的爆炸上、下限,%;

B_i——惰性气体的体积分数,%。

当燃气含有氧气时，可当作燃气混入了空气，可扣除相应空气比例的氮含量，调整燃气各组分的体积分数，按式(1-1-178)近似计算其爆炸上限、下限。

7. 定容积燃气-空气混合气的发热量

燃气内燃机具有的功率与单位时间内进入燃烧室燃气空气混合气燃烧产生的热量直接相关，而燃气的热值对其影响相对较小。不同的燃气热值不同，它们完全燃烧所需的理论空气量也不同，体积热值高的燃气需理论空气量多，体积热值低的燃气需理论空气量少。那么，在相同条件下，按化学计量燃烧吸入到一定容积燃烧室中不同的燃气-空气混合气所产生的热量虽有差别，但相差有限。乙烷、丙烷、氧气、一氧化碳等和空气的混合气同甲烷-空气混合气比较，相差约在10%以内；对烃而言，在定容积燃烧室完全燃烧烃-空气混合气产生的热量随烃热值的增加有限地提升，见表1-1-57。

表 1-1-57 定容积燃烧室燃气-空气混合气化学计量燃烧时产生的热量

项 目		甲烷	乙烷	丙烷	正丁烷	氢气	一氧化碳
燃气低热值/(MJ/m³)		35.88	64.35	93.18	123.56	10.79	12.64
和甲烷热值对比		1	1.79	2.6	3.44	0.3	0.35
理论空气量/(m³/m³ 燃气)		9.52	16.66	23.8	30.94	2.38	2.38
1L 容积燃烧室内燃气-空气混合物以化学计量燃烧时	燃气量/L	0.0951	0.0566	0.0403	0.0313	0.2959	0.2959
	空气量/L	0.9049	0.9434	0.9597	0.9687	0.7041	0.7041
	混合气燃烧产生的热量/kJ	3.4122	3.6422	3.7552	3.8674	3.1928	3.7402
	各混合气热量比(与甲烷)/	1	1.067	1.101	1.1327	0.936	1.096
	±%	0	6.7	10.1	13.3	-6.4	9.6

同理，对含有非可燃气体的燃气，由于非可燃组分不参与燃烧反应，所以完全燃烧这类燃气比同样不含非可燃组分的燃气需理论空气量少。一定容积燃烧室，按化学计量燃烧含有非可燃组分的燃气-空气混合气所产生的热量，随燃气中非可燃组分含量的增加有一

定程度的下降，但不如燃气中由于非可燃组分含量增加热值下降的幅度大。燃气中，非可燃组分含量由0增加到80%，燃气热值由原来的100%降到20%；而在一定容积燃烧室中，按化学计量燃烧含有非可燃组分的燃气，非可燃组分含量由0增加到80%时，这类燃气-空气混合气产生的热量由原来的100%降到72.4%，见表1-1-58。

表1-1-58 进入定容积燃烧室的含有不同比例非可燃组分的甲烷-空气混合气化学计量燃烧产生的热量

项目		100%甲烷	80%甲烷+20%非可燃气	60%甲烷+40%非可燃气	40%甲烷+60%非可燃气	20%甲烷+80%非可燃气
含不同比例非可燃气体的燃气	燃气低热值/(MJ/m³)	35.88	28.7	21.53	14.35	7.18、
	和甲烷热值对比	—	0.8	0.6	0.4	0.2
	理论空气量/(m³/m³燃气)	9.52	7.616	5.712	3.808	1.904
1L容积燃烧室内燃气-空气混合物以化学计量燃烧时	燃气量/L	0.0951	0.1161	0.149	0.208	0.3444
	需空气量/L	0.9049	0.8839	0.851	0.792	0.6556
	燃气中甲烷/L	0.0951	0.0929	0.0894	0.0832	0.0689
	混合气热量/(kJ/L)	3.4122	3.3333	3.2076	2.9852	2.4721
	混合气热量比	1	0.976	0.94	0.874	0.724

用管网天然气作汽车燃料时，天然气组分一般变化不大，天然气热值在小范围内波动，汽车燃烧室混合气热量变化极小，仅从热量因素看，对汽车出力影响是很小的。

8. 抗爆性

燃气内燃机产生的动力除与燃烧室内混合气产生的热量有关，还与压缩比有较大的关系，同一燃气、同等进气条件下，压缩比越高，产生的功率越大。而要达到压缩比的数值依赖于燃气的抗爆性或抗爆震能力。抗爆性是点燃式内燃机燃料的重要特性。汽油抗爆性的评定采用辛烷值法。选择异辛烷作为抗爆性强的基准燃料，定其辛烷值为100；选择抗爆性极弱的正庚烷，定其辛烷值为0。将两种燃料按不同体积比混合制成系列标准燃料。将欲测定的某种燃料在专门的实验机上做对比实验，当被测燃料的抗爆性与含有某体积含量异辛烷标准燃料的抗爆性相当时，此时异辛烷的体积含量即为被测燃料的辛烷值。当欲测定的燃料的辛烷值超过100时，还可在作为标准的液体燃料中添加四乙铅等抗爆剂，使辛烷值达到120，再与预测燃料进行对比。

以甲烷为主要成分的天然气具有很高的抗爆性，若以辛烷值来推定，甲烷和以甲烷为主要成分的天然气辛烷值超过120，据美国燃气研究所(GRI)研究，纯甲烷辛烷值(马达法)约140，多数天然气为115~130。因此，沿用汽油辛烷值实验来标定天然气辛烷值，评价其抗爆性，对含甲烷高的天然气就不太合适。加上不同地区或同地区不同时间的天然气组成变化甚大，采用实验法来确定天然气辛烷值十分不便，所以人们寻求更准确、方便的评价天然气抗爆性的方法。

1）建立天然气组分或氢碳比与辛烷值的关系式，计算天然气的辛烷值方法

天然气组分中，甲烷抗爆性最高，乙烷、丙烷含量增加会降低其抗爆性，尤其是正构丁烷会显著降低天然气抗爆性，而天然气中的惰性组分CO_2、N_2会增加抗爆性。因此，天然气抗爆性与组成或“有效氢/碳(H/C)”密切相关(有效H/C指天然气中烃的氢原子总数对碳原子总数的比率)。

美国燃气研究所通过研究，分别导出天然气马达法辛烷值(MON)–天然气组分的关联式和MON–有效H/C的关联式。

MON–天然气组分关联式为线性因数关系式：

$$MON=C_1\cdot f_1+C_2\cdot f_2+C_3\cdot f_3+C_4\cdot f_4+CO_2\cdot f_{CO_2}+N_2\cdot f_{N_2}$$

式中 C_1、C_2、C_3、C_4、CO_2、N_2——甲烷、乙烷、丙烷、丁烷、CO_2和N_2的摩尔分数,%；

f_1、f_2、f_3、f_4、f_{CO_2}：f_{N_2}——甲烷、乙烷、丙烷、丁烷、CO_2和N_2分别与各组分特性有关的因数。

选取6种已知组成的天然气，它们的MON可按$ASTM$辛烷值测定法测得，取得6组数据，代入上式，可解出f_1~f_{N_2}个因数，这样MON与组分的关系式可写成式(1–1–177)：

$$MON=137.780\times C_1+29.948\times C_2-8.93\times C_3-167.062\times C_4+181.233\times CO_2+26.994\times N_2 \quad (1-1-179)$$

又据GRI实测天然气的MON与有效H/C之间的关系为指数曲线，近似三次方的方程式，其通式为：

$$MON=K_0+K_1R+K_2R^2+K_3R^3$$

式中 K_0、K_1、K_2和K_3——多项式回归系数；

R——有效H/C。

选取4种已知有效H/C的天然气，按$ASTM$辛烷值测定法取得4个MON测定值代入上面通式，求得K_0、K_1、K_2和K_3，这样天然气的MON与有效H/C的关系式可写成：

$$MON=-406.14+508.04R-173.55R^2+20.17R^3 \quad (1-1-180)$$

式(1–1–179)和式(1–1–180)建立了天然气MON和组分或有效H/C的关系，可方便地利用天然气组分或H/C数据计算天然气的MON。此法适用于天然气抗爆性的$MON\leqslant 120$。

2）甲烷值法

除了用MON来衡量天然气抗爆性外，还可用甲烷值(MN)来衡量天然气抗爆性，特别是MON高于120的天然气的抗爆性。

甲烷值是以纯甲烷作为抗爆性强的基准，定其甲烷值为100；把氧气作为抗爆性弱的基准，定其甲烷值为0。表1–1–59示出几种可燃组分的甲烷值。

表1–1–59 几种可燃组分的甲烷值①

组 分	100%甲烷	100%乙烷	100%丙烷	100%丁烷	100%H_2
甲烷值	100	44	32	8	0

注：①数据取自IGU/IANGV，1994。

GRI利用实验数据，通过线性同归数据处理，建立甲烷值与马达法辛烷值关系式：

$$MON=0.679\times MN+72.3 \quad (1-1-181)$$

$$MN=1.445\times MON-103.42 \quad (1-1-182)$$

式(1–1–181)与式(1–1–182)并非完全线性，因此相互间不是严格可逆的，适用于确定甲烷含量高的天然气抗爆性。

第二节　天然气储气调峰方式

进入 21 世纪，我国天然气工业迅猛发展，2017 年天然气消费量逾 2 300×$10^8$$m^3$，同比增长 15. 3%。近年来，国家积极推进“煤改气”，大幅度提高了天然气的消费量，尤其是京津冀及周边地区“煤改气”使供暖季天然气消费量猛增，导致天然气供暖季的调峰保供形势更加严峻。缓解供暖季调峰压力，确保天然气供应是当前必须面对的问题。

中国天然气调峰方式包括地下储气库调峰、LNG 调峰、气田放大压差调峰和进口管道气调峰。上述调峰方式的联合使用保证了供暖季民用气的需求，但仍需要压减甚至中断部分工业及商业用户的供气。国家《“十三五”天然气发展规划》明确提出，2020 年天然气消费在一次能源消费中的比例提升到 8. 3% ~10%，天然气消费量要超过 3600×$10^8$$m^3$。

一、国外调峰方式现状

当下，在天然气管网日益完善的情况下，储气调峰逐渐成为国际通用的主要调峰模式。国外典型国家和地区天然气的主要调峰方式包括地下储气库调峰、LNG 接收站调峰、气田调峰等。按照调峰气储存状态将储气调峰方式分为气态储存与液态储存两大类(如图 1-2-1 所示)。

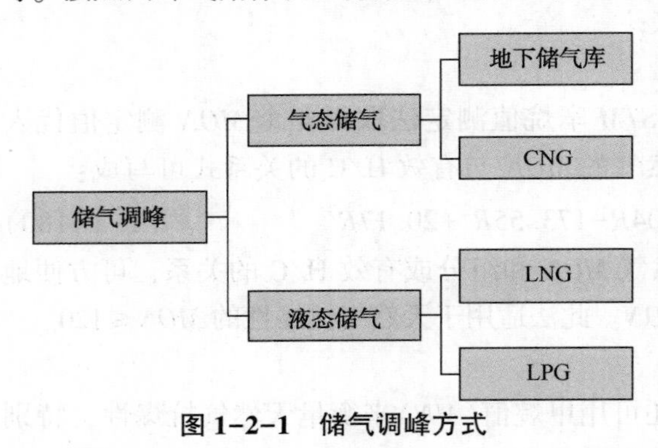

图 1-2-1　储气调峰方式

地下储气库与压缩天然气(CNG)存储是天然气主要的气态存储方式。地下储气库一般建立在枯竭油气田、盐穴、含水多孔地层与废弃矿井内，在天然气需求淡季压缩储存富余气量，待需求旺季来临经过调压后注回城市燃气管网填补供给缺口，可满足季节储气调峰需求。地下储气库储量大，单位储气成本低，但空间灵活性差，必须建于输气管网末端或用气负荷中心才能及时响应调峰需求。CNG 多存储于地上高压球罐或地下高压储气管网中：高压球罐容积普遍为 3000~10000m^3，可通过改变罐内气压调节储气量，但单位储气量较小且环境安全要求严苛；高压储气管网则是利用城市已有的输气管线或埋地储气管束进行高压储气，承压高，建造成本较低，但储气能力依赖于城市输气管网长度与运行压力。

在地质条件允许的情况下，各国主要通过地下储气库完成季节调峰，LNG 调峰仅作为辅助方式在日、小时调峰时使用；气田调峰则较多用于西北欧地区；LNG 调峰主要在日本等缺乏建库地质构造且主要依靠海上进口天然气的国家采用(见表 1-2-1)。

表 1-2-1　不同国家调峰方式及调峰比例

国家	调峰方式			调峰气量占天然气消费量比例		
	地下储气库调峰	LNG 接收站调峰	气田调峰	地下储气库调峰	LNG 接收站调峰	气田调峰
美国	季节调峰	日、小时调峰	—	14. 80%	0. 20%	

续表

国　家	调峰方式			调峰气量占天然气消费量比例		
	地下储气库调峰	LNG 接收站调峰	气田调峰	地下储气库调峰	LNG 接收站调峰	气田调峰
俄罗斯	季节调峰	—	—	15.00%	—	
日本	—	季节、月调峰	—		—	
英国	季节调峰	季节调峰	季节调峰	7.70%	—	3.40%
法国	季节调峰			25.70%	—	
加拿大	—	—		22.30%		
德国	季节调峰			23.88%	0.02%	

（一）美国的调峰方式

美国是最早发展地下储气库的国家，1916 年，第一座地下储气库在美国纽约州建成投产，同时美国也是拥有天然气地下储气库数量最多的国家，主要依靠其进行季节调峰。据美国能源信息署（EIA）统计，2015 年，美国天然气地下储气库的总工作气量为 $1357\times10^8m^3$，占年消费量的 17.4%，从地下储气库中采出的工作气量约占年消费量的 11.3%（如图 1-2-2 所示），足以满足当前消费的需要。

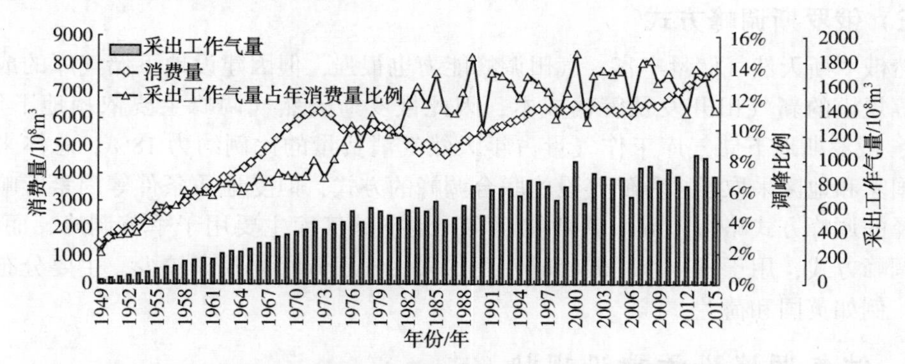

图 1-2-2　美国历年天然气消费量及地下储气库工作气量变化曲线图

截至 2014 年底，美国共有 11 座 LNG 接收站，气化能力达 $1320\times10^8m^3$，每年从美国各地的内陆 LNG 接收站输出约 $13\times10^8m^3$ 的 LNG 用于平衡“尖峰”或应急调峰，约占每年天然气消费总量的 0.2%。由于页岩气产业迅速发展，目前美国已停止新建 LNG 接收站项目，并开始逐步改造现有的 LNG 接收站，利用现有设施进行液化工艺改造，以实现将剩余的页岩气产能外输。

（二）欧洲调峰方式

欧洲大部分国家和地区的天然气调峰方式以地下储气库为主；LNG 接收站调峰量占总量的比例很小，基本不承担季节调峰的功能，属于补充调峰方式；也有少量国家利用大气田调峰，例如荷兰就是利用格罗宁根大气田与地下储气库系统共同进行调峰，在供气不紧张时，将富余的天然气注入格罗宁根气田，将其作为调峰气田使用，在供气紧张时，格罗宁根气田大规模生产，保证安全供气。

欧洲 23 个国家(不含独联体)地下储气库总工作气量为 $1104\times10^8m^3$，约占 2015 年欧洲 $4374\times10^8m^3$ 天然气总消费量的 25%。作为一个整体，欧洲地下储气库具有充足的存储能力，许多国家所拥有的存储容量大于他们的需求，可以通过互联的天然气网络向其他国家提供工作气量。德国、意大利、法国、奥地利和匈牙利是欧洲传统的地下储气库大国，其地下储气库工作气量占年消费量的比例分别为 30.7%、27.9%、32.7%、98.8% 和 72.9%。

截至 2014 年底，欧洲已建成 LNG 接收站 24 座，在建的 LNG 接收站 4 座。英国、法国和西班牙对 LNG 有着不同程度的依赖，英国作为欧洲最早拥有 LNG 接收站的国家，目前建有 6 座接收站；法国建有 3 座接收站；西班牙的天然气资源接近 50%依靠进口 LNG，拥有 6 座接收站。

从荷兰和英国的调峰现状来看，随着储层压力不断下降，气田产量持续递减。荷兰的格罗宁根大气田自 1963 年投产以来，随着储层压力的下降，气田产量已从 $450\times10^8m^3$ 逐渐减少到 $270\times10^8m^3$。受大陆架开采的影响，英国大气田的灵活性急剧降低，而英国本土地下储气库的储气量占消费量比例只有 7.7%，迫切需要扩展储气能力，但受欧洲市场模式的限制却无法实现，只能依赖已处于递减阶段的挪威特洛尔气田进行调峰。

(三) 俄罗斯调峰方式

虽然俄罗斯天然气储量丰富，气田调峰能力也很强，但因建设地下储气库的成本远远低于同等规模的新气田开发及管输成本，因此俄罗斯天然气调峰主要依赖地下储气库。2015 年，俄罗斯地下储气库工作气量占年天然气消费量的比例约为 18%。总体来看，国外典型国家和地区采取了多种储气设施联合调峰的方式，但受地质条件等因素影响，各个国家选择的调峰方式略有差异。就功能而言，地下储气库主要用于季节调峰，而 LNG 作为辅助调峰方式，用于日、小时调峰时使用。采用气田调峰的国家较少，主要分布在西北欧地区，例如英国和荷兰。

二、储气调峰设施建设现状

根据储气调峰技术的优缺点，合理选择储气调峰方式与调峰责任承担主体是保障储气调峰可行性与经济性的重要前提。首先，地下储气库由于储气量大、调峰能力强、成本低，应当作为具有合适地下建库点的用气中心的首选储气调峰方式，亦可作为国家能源安全、天然气平稳供应保障的长远战略计划。由于初期建设投资大，地下储气库的投建多依托于政府或投资能力强的大型国企。其次，在远离气源、无建库地质条件或调峰需求急迫的用气城市，发挥 LNG 调峰装置建设周期短、应急能力强、空间灵活性高的优势，建立 LNG 接收站、LNG 调峰站、LNG 储罐及相应的液化、气化装置，根据地区用气峰谷的时间特点和空间特点进行灵活调峰。相较于地下储气库，LNG 储气调峰设施投资规模小，在宏观层面的 LNG 调峰系统建设规划之外，产业链中游的燃气企业可根据客户需求自行建立 LNG 储罐及 LNG 调峰站分担调峰任务，产业链下游的大型用气户亦可自建 LNG 储罐。最后，在用气峰谷落差极大或输气管网架设不完善的用气区，可利用 LNG、LPG 灵活、应急响应快的特点建立天然气点供设施，填补日、小时调峰空缺，提升供气面覆盖率，保障供气系统持续运营。

我国的地下储气库主要由中国石油和中国石化两大公司建设，已投运地下储气库虽具有一定的调峰能力，但远滞后于日益增长的调峰需求，调峰能力严重不足，冬季用气高峰期，主要通过地下储气库、LNG 接收站、气田增产、控制可中断用户等多手段并用来保障下游天然气供应安全。

目前，全国已建成地下储气库(群)11 座，其中中国石油 10 座，中国石化 1 座(尚未参与调峰)。参与调峰的 10 座地下储气库(群)，截至 2015 年底，调峰能力约为 $50\times10^8m^3$，加上已建成的 11 座 LNG 接收站，气田利用放大压差进行调峰，仍不能满足调峰需求，还需在冬季用气高峰期，按照“压内保外”“压工保民”的原则，压减化工、发电等用户用量。

三、存在的主要问题

(一) 地下储气库建库地质条件复杂，建设速度缓慢

受复杂地质条件、注采能力及补充垫气需求等因素的影响，地下储气库建设需要较长的建库周期和达容时间，同时地下储气库建设存在不确定性因素，制约着地下储气库后期达容、达产。此外，我国盐穴地下储气库建库地质条件差，造腔工艺相对复杂，建库技术尚不成熟，受卤水消化能力及卤水浓度的限制，建设速度缓慢。

(二) LNG 接收站抗风险能力较弱

亚洲 LNG 价格采取的是与油价挂钩的定价机制，LNG 价格受国际油价影响显著。另外，受原油“亚洲溢价”的连带效应，中国的 LNG 进口价格相对于北美和欧洲国家存在较高的溢价。

LNG 接收站调峰受供应源、运输成本、天气等外部因素影响较大，抗风险能力弱。截至 2015 年底，受华北地区气候影响，唐山 LNG 接收站进口 LNG 的运输船无法进港，导致华北地区特别是北京市天然气供应趋紧。

(三) 气田调峰不利于气田科学开发

我国境内储量大、能量足、产能高、适合调峰的优质气田少，在役气田多年来因超强度开采和放大压差提产调峰，已造成了气田出水加大、出砂加剧、边底水入侵、产气量下降等情况，有的气井甚至水淹停产。气田生产负荷因子大于 1，给科学开发气田和安全平稳供气造成了重大隐患。

综上所述，合理选择储气调峰方式与调峰责任承担主体是保障储气调峰可行性与经济性的重要前提。地下储气库由于储气量大、调峰能力强、成本低，应当作为具有合适地下建库点的用气中心的首选储气调峰方式，亦可作为国家能源安全、天然气平稳供应保障的长远战略计划。

因地制宜地建设天然气储气调峰系统是解决“气荒”问题、保障天然气持续供应的重要措施。只有建设合理、有效的地下储气库、LNG 调峰设施、点供装备的联动调峰体系，结合产量管理、价格机制引导等供需辅助调峰手段，才能实现天然气供给的持续性、合理性、经济性目标(见表 1-2-2)。

表 1-2-2 调峰技术对比

	地下储气库	CNG		LNG	LPG
		高压储气罐	高压储气管网		
储气量	最大，可达 $20\times10^8m^3$	$3000\sim10000m^3$ 储气量可调	最小	单位储气能力最强 液气体积比 1/600	最小
调峰能力	季节调峰	日调峰	小时调峰	可季节调峰	小时调峰
建设周期	最长，20~30 年	较短	较短，1 年	较短	
投资成本	投资总量最大(超 10 亿)，单位成本最小	单位投资最高 200~300 元/m^3	投资总量最小 100~200 元/m^3	单位投资较长 2~3 元/m^3	供应最少 较为昂贵
调峰成本	最长，约 0.91 元/m^3			较长，约 1.26 元/m^3	约 2.06 元/m^3
灵活性	最差，必须建于用气中心地质条件适宜处	差，占地面积大	较差 要求管线长、压力高	最灵活，储运方便 可进行空间调峰	较灵活
安全性	高	差，高压易爆	较好	较好	易速成管网堵塞

因此，应积极利用经济杠杆，采取不同的定价机制，确保供气安全。欧美国家实行天然气峰谷价，美国天然气冬夏季的价格相差 50%以上，法国冬季气价是夏季的 1.2~1.5 倍，客观上起到了机动调整调峰用气量的作用。中国应积极研究天然气峰谷价格，通过制定不同用气时段的“峰谷价格”等方式，引导市场的天然气“调峰”能力建设，利用价格杠杆引导天然气用户合理避峰。

四、国内调峰方式选择及布局

(一) 天然气市场需求分析

2017 年，由于“2+26”城市大气污染治理任务，各地“煤改气”项目提速并进入尾声，天然气市场需求量增加。在民用、车用、工业用气市场需求扩大的情况下，国际市场 LNG 进口价格飙升，中亚地区可供进口气量减少，导致西气东输管线供气不足，供气压力接近临界值；国内，天然气供应受储气调峰设施不足、管网互联互通不足等制约，天然气供需形势较为严峻，供求矛盾在今年冬季显得尤为突出。

据中国石油规划总院预测，未来一段时间中国天然气市场仍将处于高速发展阶段，环渤海地区、长三角地区、东南地区和中南地区是天然气主要消费区域，约占全国消费总量的 63%。预计 2020 年环渤海地区天然气需求量达 $680\times10^8m^3$，占全国消费总量的 19%，长三角地区、东南地区和中南地区紧随其后，分别占全国消费总量的 16.7%、14.7%和 12.8%。西南地区、西北地区和中西部地区天然气需求量居中，东北地区需求量较少，仅占全国消费总量的 6.9%。

我国地域辽阔，南北方气温差异较大，用气波动幅度有所不同。东北、西北、中西部和环渤海地区城市燃气的用气量波动大，尤其是环渤海地区，由于北京采暖用户用气量约占总用气量的 60%，所以其用气量波动更为突出；西南和东南沿海地区城市燃气的用气量波动较小。2020 年，八大天然气消费区(环渤海地区、中西部地区、长三角地区、西北地区、东南沿海地区、东北地区、西南地区、中南地区)调峰需求量占年消费量比例将达 11%，其中环渤海地区调峰需求量最大，调峰比例为 20.1%；东北、中西部和西北地区调峰需求量较大，调峰比例分别是 17.4%、13.6%和 13.5%；西南和东南沿海地区调峰需求量较小，调峰比例分别为 4.4%、1.5%；长三角和中南地区居中，调峰比例分别为 6.5%和 8.4%。“调峰、应急”将成为我们迫在眉睫的问题。

2011 年，利用所得税返还政策相继开建的 6 座储气库，于 2015 年已全部建成，目前正处在扩容达产阶段，大部分尚未达到设计能力。近年启动的新建储气库项目只有中国石化的文 23 储气库，新库建设步伐明显放慢。中国石油储气库已形成 $74\times10^8m^3$ 工作气量，与发达国家储气库运营能力相比还有较大差距。近年来储气库调峰能力持续增加，主要由于 2011 年启动建设的 6 座储气库全面进入扩容达产阶段。国内天然气骨干管道长度为 7.4×10^4km，年天然气管输能力为 $2800\times10^8m^3$，与之配套的储气库 25 座，天然气调峰量为 $100\times10^8m^3$，与美国、欧盟和俄罗斯相比，储气库调峰比例明显偏低，储气库调峰价值在市场上还没有得到实质性体现(如图 1-2-3 所示)。

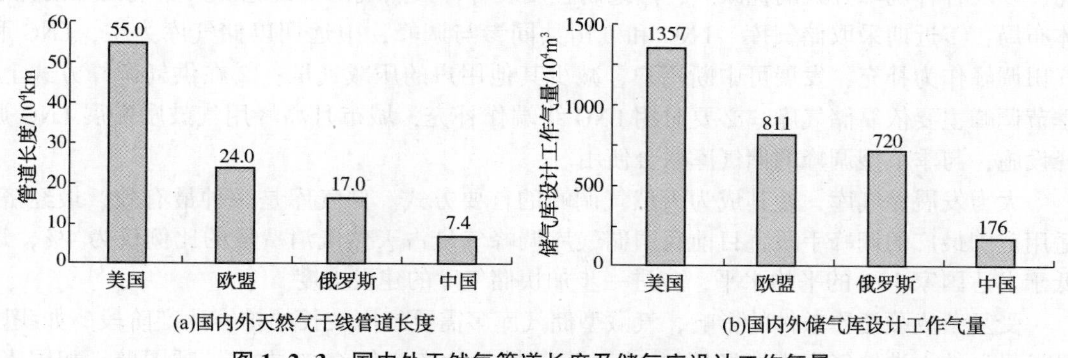

图 1-2-3　国内外天然气管道长度及储气库设计工作气量

(二) 各种调峰方式的选择

功能分析如下：

1. 地下储气库调峰

天然气地下储气库以其储气压力高、容量大、成本低等特点，成为季节调峰及保障天然气供气安全的主要方式和手段，同时，作为天然气管道输送系统的重要组成部分，地下储气库可以优化天然气基础设施开发，提升管输效率。

另外，地下储气库也在优化气田生产方面发挥着重要作用，地下储气库的消峰填谷作用可以使气田相对平稳生产，避免因市场用气波动造成负荷因子加大，进而影响气田的开发效果。

除此之外，地下储气库还拥有市场所不能实现的政治价值，即在极端天气条件下，以及供应遭到破坏的情况下，供应商可以保障持续供应；其次在天然气市场化程度较高的国家和地区，地下储气库可以从市场价格的变动中提取价值。

2. LNG 接收站调峰

LNG 接收站在有限的空间内天然气储存量大，动用周期短，能够快速应对天然气的供应短缺。但其投资大，规模小，液化/气化成本高，能耗高，且受制于 LNG 供应源。因此，这种调峰方式适用于地下储气库储备不足的沿海地区辅助调峰和日、小时调峰。

3. 气田调峰

调峰气田除应具有一定的储量规模、地层能量充足，以及具有短期放产的能力以外，其对气田组分要求比较高，应为单一的纯天然气气藏，同时干线输气能力必须能满足调峰气量外输的要求。

但无论是备用产能还是放大压差调峰，都会对气田正常生产造成一定影响。备用产能调峰后需要适当降低周围气井的产量，来弥补备用产能调峰对气田整体生产能力的影响。而短时间内放大生产压差提高气田产量，很容易造成地层能量消耗过快、边底水入侵、气井出水、出砂，致使气井产能降低或水淹停产，导致气田整体生产能力下降，影响气田的最终开发效果。因此，气田调峰对市场来说是不可持续的。

（三）中国储气调峰设施战略布局

鉴于我国天然气资源区与消费市场分离、建库资源分布不均的特点，结合国内实际情况，以及各种调峰方式的优缺点，因地制宜发展各种天然气调峰设施。天然气调峰设施总体布局：①近期采取储气库、LNG 和气田共同参与调峰，中远期以储气库为主，LNG 和气田调峰作为补充，发展可中断用户，减少其他用户的压减气量；②在供气调峰方式上，季节调峰主要依靠储气库，必要时用 LNG 终端作补充，城市月高峰用气鼓励发展 LNG 调峰设施，与季节型调峰的储气库联合使用。

大力发展储气库，使其成为天然气调峰的首要方式。储气库是一种最有效、最经济、适用范围最广的调峰手段，目前我国储气库调峰气量占天然气消费量的比例仅为 4%，远低于发达国家 10%的平均水平，应进一步加快储气库的建设力度。

受复杂成藏地质条件的影响，气藏型储气库多需要经历较长的扩容达产阶段。如我国最早投运的大港储气库库群经历 14 个达容周期，达产率仅 60% 左右；呼图壁、相国寺、苏桥、陕 224、板南等储气库已经历 3~4 个注采周期，目前尚未达容达产，预计要实现达容达产至少还需要经过 2~3 个注采周期。建库地质条件的复杂性直接影响了储气库的建设、达容达产进程，成为制约我国天然气调峰能力迅速提升的关键因素。

东部沿海地区(环渤海地区、长三角地区、东南沿海地区)应针对目前地下储气库建设滞后的问题，充分利用目前国际油价下跌的时机，发挥已建储罐的周转能力有效地弥补地下储气库调峰能力的不足。近期采取地下储气库与 LNG 调峰并重，同时加大有利建库目标的筛选及勘探，中远期调峰手段逐渐转向以地下储气库为主，以 LNG 为辅(见表 1-2-3)。

表 1-2-3　中国天然气储气调峰方式布局安排

区　域	省级行政区	调　峰　方　式
东部沿海地区	京、津、冀、鲁、辽、苏、浙、沪、闽、粤、桂、琼、港	由储气库与 LNG 并重，逐渐转向以储气库为主，以 LNG 为辅
内陆地区	新、甘、青、藏、川、渝、云、贵、陕、宁（四大气区范围内）	以储气库为主，以气田调峰为辅
	黑、吉、蒙、晋、豫、鄂、湘、赣、皖（四大气区范围外）	以储气库为主，以管网调配为辅

在四大气区(塔里木、青海、西南、长庆)周边，首先应充分利用已建地下储气库进行调峰，当地下储气库无法满足调峰需求时，可利用气田进行辅助调峰。其他地区则应进一

步寻找地下储气库建库目标，加快地下储气库建设，以地下储气库调峰为主，以管网调配为辅。

（1）储气库建设方式：首选枯竭油气藏，其次是盐穴和含水层。

（2）储气库建设规模：近期以调峰储备为主。远期可以考虑储气库战略储备，逐步使工作气量占天然气消费量的比例超过10%。

（3）储气库布局：因地制宜、重视保重点消费区，兼顾区域调配，优先部署在天然气进口通道、长输管道沿线、消费市场中心附近。在库址资源丰富地区（如西北和西南地区），投运储气库满足本地区天然气调峰需求的同时，部分余量可作为应急储备以应对各种原因造成的供气中断，同时可以考虑开采的大气田，如塔里木的克拉2气田；在库址资源相对稀缺的天然气消费区（如环渤海、长三角、中西部、中南、东南沿海地区），应加大勘探评价力度，继续寻找有利的建库目标，满足本地区天然气调峰需求，同时利用天然气管网实现邻近富余区域的天然气调配，以缓解天然气调峰压力；对于天然气枢纽地区，如中西部地区，地处长庆气区与陕京、西气东输各大输气干线交会处，应加大该地区的库址筛选和建库力度，增加储气规模，使其成为储气调峰的应急枢纽，利用在此交会的各条输气管线实现向周边地区调配天然气的目的。

我国天然气产业保持快速增长态势，天然气利用领域不断拓展，深入到城市燃气、工业燃料、发电、化工等各方面安全平稳供气已成为关乎国计民生的重大问题。由于城市燃气用气不均衡，冬季用气大幅攀升，部分城市用气季节性峰谷差巨大，加之目前我国地下储气库建设相对滞后，调峰能力不足，冬季供气紧张局面时有发生。为了确保天然气安全、平稳供应，可以借鉴国外天然气调峰经验，高度重视储气调峰设施建设，统筹考虑地下储气库、LNG接收站、气田等调峰方式，优化储气调峰设施布局。

天然气的主要储存方式一般包括地面储罐储存、地下管道储存和地下储气库储存等。地下储气库利用封闭的较深地层构造储气，具有储气容量大、压力高、储气成本低的特点，现已成为当今世界上主要的天然气储存方式。

国外地下储气库建设和运行的实践证明，地下储气库是天然气管道用户的重要调峰手段，在解决用户季节用气不均衡问题上发挥着重要作用。据统计，美国、俄罗斯及欧洲等主要天然气消费国家和地区，地下储气库的储备能力占全年总耗气量的比例都在15%以上。

地下储气库按照功能可分为调峰型地下储气库和战略储备型地下储气库。其中，调峰型地下储气库居主导地位，占全世界储气库储气总量的90%以上。调峰型地下储气库分为两类：季节调峰型和事故调峰型。

季节调峰，是指地下储气库为缓解因各类用户对天然气需求量随季节变化带来的不均衡性而进行的调峰。用气低谷期，将输气管道的富余天然气注入地下储气库储存；用气高峰期，将地下储存的天然气采出，用于调峰供气。

事故调峰，是指当气源或上游输气系统发生故障或因系统检修使输气中断、无供气能力时，将地下储气库中储存的天然气应急采出，保证安全、可靠地供给各天然气用户。

第三节 天然气调峰需求

一、不均匀性分析

(一) 不均匀系数定义

天然气供应规模取决于用气量的多少。对于一个用户，在生产规模确定后，每年的总用气量不变，但是由于利用性质不同的关系，天然气用户往往在一年中的月、日、小时用气量是不同的。在天然气利用规划中，往往借鉴以往的用气经验来作为规划设计的依据。

用气不均匀性可分为三种：月不均匀性(或季节不均匀性)、日不均匀性和小时不均匀性。本书参照《城镇燃气设计规范》中的不均匀性系数定义作为计算公式，通常天然气输配系统的小时流量按最大月内的高峰日最大的小时用气流量进行计算。所以，计算月为不均匀系数最大月。

1. 月不均匀系数

月不均匀系数(K_m)应按式(1-3-1)确定：

$$K_m=\frac{该用立平日用气量}{全年平均日用气量} \qquad (1-3-1)$$

12个月中平均日用气量最大的月，也即月不均匀系数数值最大的月，称为计算月。月最大不均匀系数 K_m 称为月高峰系数。

2. 日不均匀系数

日不均匀系数(K_d)应按式(1-3-2)确定：

$$K_d=\frac{计算月中某日用气量}{计算月平均日用气量} \qquad (1-3-2)$$

计算月中日最大不均匀系数 K_d 称为日高峰系数。

3. 小时不均匀系数

小时不均匀系数(K_h)应按式(1-3-3)确定：

$$K_h=\frac{计算月中最大日的某小时用气量}{计算月中最大日的平均小时用气量} \qquad (1-3-3)$$

计算月中最大日的小时最大不均匀系数 K_h 称为小时高峰系数。

从上述三个公式可以看出：每一个平均系数应为1。当月、日、小时不均匀系数大于1时，表明这个月、日、小时用气量大于基准的平均值；反之，表明这个月、日、小时用气量小于基准的平均值。

(二) 不均匀系数的确定

根据用气经验确定各地市不同用户的不均匀系数。其中，城市燃气和发电的不均匀性比较复杂，须进行详细地分析；工业燃料用户主要为玻璃、建材、石化等企业，用气波动性较小；化工用户借鉴其他用户经验，作为可中断用户或可调节用户比较合理，正常生产时同样比较稳定，视为平稳用户。

二、不均匀用量分析

(一) 城市燃气

城市燃气用气波动情况取决于居民生活、采暖、制冷、天然气汽车、由城市管网供气的小工业用户等各类用户的用气特性及其用量在整个城市燃气中所占的比例。居民和采暖用气主要受气温变化影响，天然气汽车可按全年稳定用气考虑，城市小工业用户全年用气按330天考虑。总体来看，城市燃气用户是用气不均匀性较为显著的一类用户。特别是京、津、冀、鲁四省市地处我国北方，冬季较冷，采暖用户较多，冬夏季节用气不均匀性越大，调峰压力也越大。

由于各城市燃气在利用方面不尽相同，因此对不均匀性也有一定的影响。需要指出的是，各城市的高峰月不尽相同，但基本上都是在冬季的几个月份。北方采暖期一般从每年11月15日开始，到次年3月15日结束，考虑到12月、1月是采暖期最冷时段，12月~1月期间用气量最大。

(二) 工业燃料

工业企业用气的不均匀性与其生产工艺的特点和性质及其下游产品的市场供求关系等因素具有较强的关联性。不同的企业生产工艺不同，用气的不均匀性就不同。在目标市场中，工业燃料用气主要为玻璃、建材等行业，该行业的用气波动较小，波动一般发生在春节长假期间，其余时间用气量比较稳定，月不均匀系数基本上在0.78~1.02。

(三) 发电用户

书中所述项目涉及的燃气电厂的供气采用间歇供气，用气波动较大，不均匀性明显。

(四) 化工用户

化工原料企业(大化肥、大甲醇等)在正常生产时用气量也很稳定，没有明显的用气波动。这类用户基本上可以视为用气平稳用户，月用气量可以按不变来考虑，月不均匀系数可以取1。

目标市场未来发电多以热电厂为主，因此以河北省热电厂为例，高月系数在1.39。热电厂用户不均匀系数如图1-3-1所示。

如前所述，各类用户不均匀用量的计算与市场分配方案的结构和各自的不均匀系数相关性很强。因此，在确定目标市场各类用户各月不均匀用气量时，首先要根据目标市场用户的结构进行测算，然后根据确定的典型的月不均匀系数对市场各类用户的用气量进行不均匀测算。

根据2015年华北地区的天然气消费情况，冬夏季峰谷差较大，夏季低谷月日均用气量约$6800\times10^4m^3$，冬季高峰月日均用气量约$20800\times10^4m^3$，峰谷比超过3：1，随着煤改气、天然气采暖、热电联供项目的大量推行，冬季供暖高峰期的用气需求将进一步增加。华北地区2015年各月天然气消费情况如图1-3-2所示。

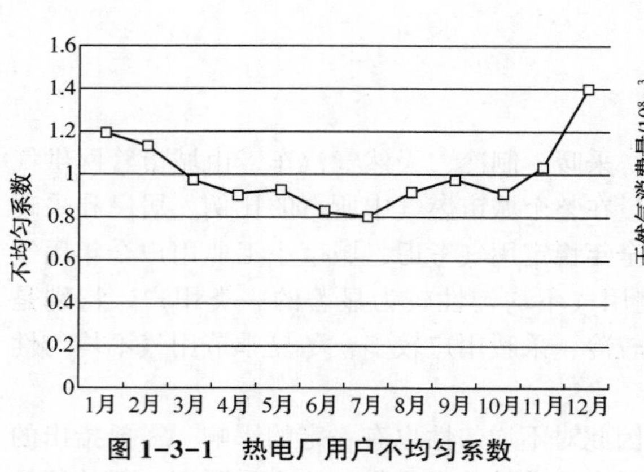

图 1-3-1 热电厂用户不均匀系数

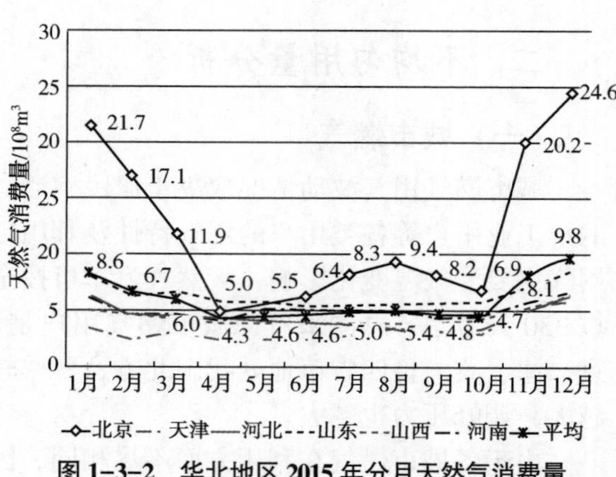

图 1-3-2 华北地区 2015 年分月天然气消费量

三、调峰需求量预测

（一）调峰需求量

根据目标市场 2020 年用气量达 $885\times10^8m^3$ 的要求，调峰气量为 $160.1\times10^8m^3$，而 2015 年华北地区实际有效工作气量仅 $22\times10^8m^3$，根据华北地区储气库规划情况，市场调峰缺口巨大。结合 2015 年用气不均匀情况及中国石化市场供气预期，对目标市场调峰用气进行预测，调峰需求量，见表 1-3-1。

表 1-3-1 目标市场调峰气量预测 10^8m^3

省（市）	项 目	2017 年	2018 年	2019 年	2020 年	2025 年
北京市	总需求	162.0	171.0	181.0	189.0	240.0
	调峰需求量	35.7	40.9	46.3	51.2	65.0
天津市	总需求	66.0	74.0	84.0	102.0	154.0
	调峰需求量	6.5	9.6	13.3	18.7	32.4
河北省	总需求	70.0	81.0	112.0	147.0	196.0
	调峰需求量	6.2	9.9	17.0	26.1	39.2
山东省	总需求	101.0	112.0	133.0	165.0	215.0
	调峰需求量	7.1	11.9	18.3	27.2	40.6
河南省	总需求	73.0	82.0	103.0	130.0	185.0
	调峰需求量	3.7	7.3	12.6	19.7	32.8
山西省	总需求	69.0	75.0	82.0	93.0	132.0
	调峰需求量	2.0	3.8	5.8	8.3	14.0
江苏北部	总需求	42.0	48.0	53.0	59.0	130.0
	调峰需求量	2.1	4.3	6.5	8.9	23.1
合计	总需求	583.0	643.0	748.0	885.0	1252.0
	调峰需求量	41.2	63.4	87.7	119.7	160.1

（二）不可中断应急气量

由于天然气广泛应用于各大城市，涉及千家万户，属于公共事业。同时，天然气的输送便利性又远不及煤炭、石油等能源。一旦出现供应中断，应急保安问题就会十分突出。因此，天然气供应必须具备稳定、安全的特点，并充分考虑在紧急事故发生后的应急预案。保证一定数量的不可中断应急气量，有助于大型管道的平稳、安全运行。

根据经验，在大型天然气供气项目中，可以根据天然气用户的种类确定不可中断应急气量。如前所述，天然气用户可以分为城市燃气、工业企业、发电和化工用户。根据应急预案制定原则，一般在出现供应中断等紧急事故情况下，必须优先保证城市民用、公共事业等用气。因此，确定不可中断应急气量的原则是：在出现供应中断等紧急事故状况下，应保障至少 10 天的 90%城市燃气用气量和 50%工业企业用气量(主要是玻璃、建材等不可中断用户的用气量)。

（三）储气库用气周期

1. 调峰用气结构

根据用气经验确定各省市用气量具有不确定性。其中，城市燃气和发电的不均匀性比较复杂，须进行详细的分析；工业燃料用户主要为玻璃、建材、石化等企业，用气波动性较小；化工用户借鉴其他用户经验作为可中断用户或可调节用户比较合理，正常生产时同样比较稳定，视为平稳用户，因此调峰用气结构主要考虑城市燃气和发电用气，而城市燃气用气的差异性主要为采暖用气。

2. 调峰天数

（1）采暖天数。

文 23 地下储气库调峰市场为华北市场“五省二市”，根据国家计委、国家税务总局印发《关于北方节能住宅投资征收固定资产投资方向调节税的暂行管理办法》的通知，华北“五省二市”各市的采暖天数见表 1-3-2。

表 1-3-2　目标市场采暖期各城市采暖天数表

序　号	省(直辖市)	城　市	采暖天数	备　注
1	北京市	北京	125	
2	天津市	天津	119	
3	河北省	石家庄	112	
4	河北省	张家口	153	
5	河北省	承德	144	
6	河北省	唐山	127	
7	河北省	保定	119	
8	山东省	济南	101	
9	山东省	青岛	110	
10	山东省	威海	114	
11	河南省	郑州	98	

续表

序 号	省(直辖市)	城 市	采暖天数	备 注
12	河南省	濮阳	107	
13	河南省	开封	102	
14	山西省	太原	135	
15	山西省	长治	135	
16	山西省	大同	162	

根据目标市场的采暖天数为98~162天。近年，极端天气不断出现，例如2016年华北地区出现的极寒天气，华北地区多地采暖期延长。

根据《民用建筑供暖通风与空气调节设计规范》(GB 50736—2012)4.1.17条规定，设计计算用供暖期天数，应按累计日平均温度稳定低于或等于供暖室外临界温度的总日数确定，一般民用建筑供暖室外临界温度宜采用5℃，且新建建筑或改造建筑应采用分户计量，规范5.10.1条规定，集中供暖的新建建筑和既有建筑节能改造必须设置热量计量装置，并具备室温调控功能。用于热量结算的热量计量装置必须采用热量表。这样就为用户合理选择供暖时间提供了条件。

(2) 储气库采气天数的确定。

根据华北市场的调峰用气结构和采暖天数，将文23储气库的采气天数确定为150天。

(3) 储气库运行周期确定。

由于文23储气库为低渗致密砂岩气藏储气库，在历年全气藏关井测压期间，压力恢复一般在15天左右才能趋于稳定。为准确录取地层压力，同时获得较多的压力平衡时间，设计每年调峰期末设置15天的停气平衡期(检修期)，具体安排如下：

采气期：150天；

注气期：200天；

检修期：15天。

第四节 调峰曲线

一、需求量曲线

将每天的总用气量进行排序，并以下降的趋势表示出来，如图1-4-1所示。X轴坐标有些变化，不再表示一年的天数，而是调峰量大于或等于某一数值的天数。例如，在X轴上40就表示有40天的日用气量大于或等于$985\times10^6 ft^3/d$。这张图就称为调峰曲线。

从图1-4-1中基本上看不出大、中型工业用户和大型商业用户调峰量的季节变化情况。这说明这些用户用气主要是进行产品加工，基本不受气温变化的影响，只在每月之间有一些小的波动。对住宅类型用气量来讲，季节用气量变化较大。小型商业用气量也有一定程度的季节性波动。这两类用户都有大量的室内取暖用气。

二、需求和供应曲线

图 1-4-1 只给出供求关系中用气需求部分，但还有一部分是用气供应。如果要达到供需平衡，总的供气量应该与图 1-4-1 中的总需求量一致。图 1-4-2 就是一张供需曲线图，图中的总用气量就是图 1-4-1 中的总用气量。从图中可以看出，输气公司有三种供气源。

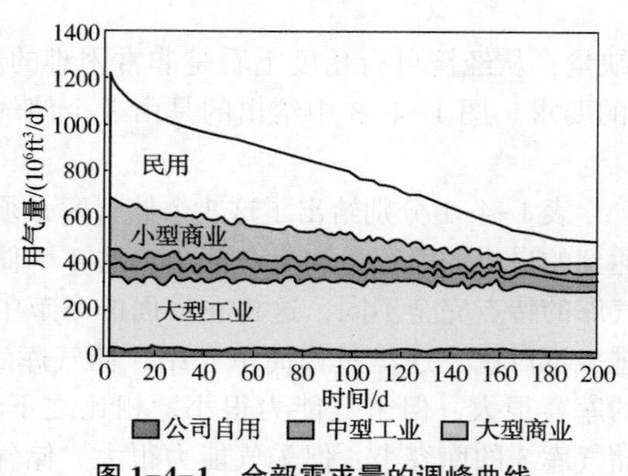

图 1-4-1 全部需求量的调峰曲线

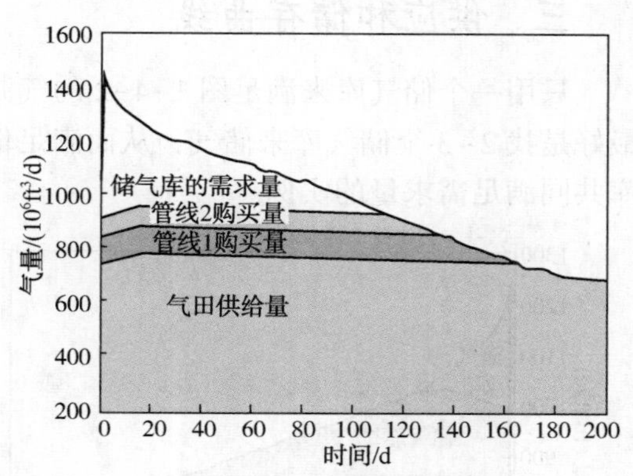

图 1-4-2 全部供需量的调峰曲线

输气公司主要供气源是个有大量陆上气井的气田，这个气田可能还有几口海上气井。这些气井与其他气井相似，从图中也能反映出一些特征：气田供气在 15 天以前快速上升，到 15 天左右达到高峰。假设在非常寒冷的时候，气田的一部分气由于下列情况无法供应，如气井结冰、集输管线被水合物堵塞、地面结冰影响开井，或其他由于天气寒冷带来的不利因素等。对于图 1-4-2 中的气田，假设在最冷的时候，供气量下降 6%，而且这种供气下降在第 1~15 天呈线性变化。

从图 1-4-2 中还可以看出，在 15 天以后气田供气量下降，这是由于气井产能的自然递减造成的。在这个例子中，年递减率定为 10%。尽管新井的投产能弥补产量的递减，但这些新井能否在最冷的时候投产，就值得怀疑了。因此认为，在调峰曲线上气田的供气量在第 15 天达到高峰。

图 1-4-2 中其余的两个气源是购买的两条管线，不同的购买合同对管线供气要求也不同。有些合同上要求管线的年供气量达到要求，否则就是违约。这其中存在的问题就是，没有一个合同对每天的最大供气量作出规定。在这个例子中，假设购买合同已经规定了每天的最大供应量，而且除了气价外没有其他因素限制。还假设管线 2 中的气价比管线 1 中的高，两条管线中的气价都比气田的高。

从图 1-4-2 中可以看出，在第 110 天及以后，供气量完全能满足用户需求，而在前 109 天，正常的供应不能满足需求，就需要其他类型的气源来补充。是购买其他辅助气源还是利用地下储气库，这要看哪种形式比较经济。冬季购买气源是非常贵的，因为那时各个输气公司都要增加气源。如果在那时能买到气的话，可能是来自其他公司的储气库。在这个例子里，我们认为，购买气源在经济上是不可行的，必须利用储气库。

从图 1-4-2 中可知，在冬季天冷的时候，气源短缺量总数是 $20625\times10^6ft^3$。在最冷的时候，供气量每日缺少 $517\times10^6ft^3$。储气库必须能够提供这个缺失量，或比这个量更多一些。图 1-4-2 调峰曲线反映的是一冬天的情况。统计表明，有些冬天会更冷一些，必须考虑冬天天气更冷时的情况。至于调峰量应该比正常情况增加多少，是规划设计人员必须研究的。气象局历年的气温记录也有助于确定 10 年、30 年，甚至 50 年间出现的温度异常。

三、供应和储存曲线

只用一个储气库来满足图 1-4-2 的气源短缺量，从经济可行角度上看是非常困难的。最好是找 2~3 个储气库来储气，从而满足储气的要求。图 1-4-3 中给出的是由 3 个储气库共同满足需求量的实例。

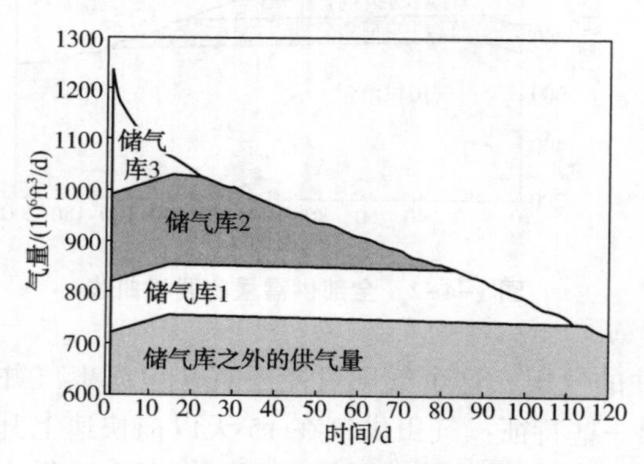

图 1-4-3　全部供需量及储存量的调峰曲线

表 1-4-1 分别给出了这 3 个储气库必须达到的最小的库容量和生产能力，这 3 个储气库的特点完全不同，这将在后面的章节中进一步讨论。这里只作简单介绍，储气库 1 的库容很大，但采气能力很小。相比之下，储气库 3 的库容小，但采气能力很大。储气库 2 介于两者之间。储气库 1 属基本型的储气库，这类储气库在需要调用库存量时就开始投入运转，在整个冬季一直生产。储气库 3 这种类型的储气库只有在最冷天才使用，而且还可以根据每天的需求量随时打开或关闭。由于库存量有限，在利用时必须谨慎，只有在用气量达到高峰时期才投入使用。

表 1-4-1　假设的输气公司最小的储存需求

分　类	容积/10^6ft^3	生产能力/10^6ft^3	分　类	容积/10^6ft^3	生产能力/10^6ft^3
储气库 1	9750	100	储气库 3	1968	242
储气库 2	8907	175	合计	20625	517

由于储气库是一个临时气源，对采出的气必须及时补充。一般是在冬季采气结束后向储气库中注气，如果对采出的气没有补充的话，下一个冬季储气库就无气可采。实际上，只要是供应量大于需求量就可以向储气库中注气。图 1-4-4 说明了这个公司是如何实现注采平衡的。在前 109 天储气库向外采气，每天采气量不等，随后大约有 49 天既不注也不采，实际上这些天是分散在整个冬季里的。在寒冷的季节有温暖的日子，在温暖的季节也有冷天。

大约到第 158 天以后，开始向储气库低速注气。随着天气变暖或其他原因使需求量不断下降，注气速度开始增加。此时，不再需要两条购买管线中的气源。用气价比较低的气田中的气来填补储气库要比用高价的管输气更经济。前面已经提到，随着气井的生产，产量会逐渐下降。如果新井的投产不能弥补产量损失的话，可能在注气季节末期，需要用购买的管线中的气源来填补储气库以达到要求的注气速度。

值得注意的是，图 1-4-4 所示的是一个理想的计划。天气较冷就需要从储气库中采气，对输气公司来说是唯一的选择。在这期间，主要的参数就是准确地预测调峰量和气温偏离正常气温的幅度。在储气库注气季节里，输气公司有一些自由支配的时间。若要进行储气库的设备维修，注气计划就可能停 20 天或 30 天。此外，在冬季气温比较暖和的时候，也会向储气库注气。有时在同一天中，一部分时间用来采气，而另一部分时间用来注气，这种情况也是有的。

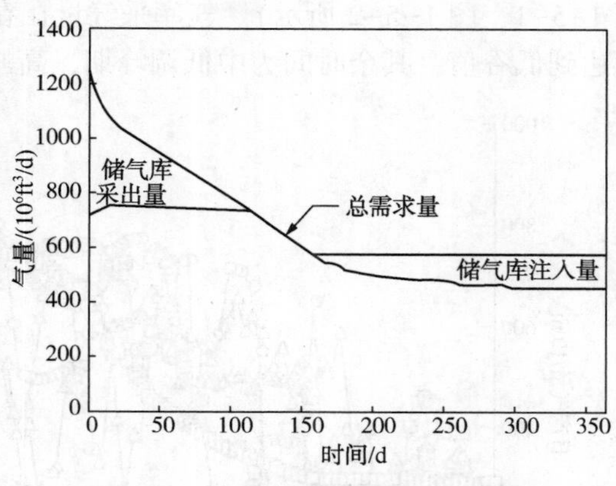

图 1-4-4 需求量及储气库采出量和注入量的调峰曲线

前面提到，这里数据都是根据气象局记录的历年冬天正常的气温模式预测得到的。实际上，冬天的气温变化形式很少是正常的，主要问题是实际冬天的气温与正常冬天用的数据相差多远，相应的注采计划是如何安排的。因此，对出现的非正常情况，需要细心谨慎对待。若那年的冬天比常年暖和一些，就意味着储气库没有完全达到满负荷运转。这时，应向石油工程师咨询以确定在这种情况下是否需要对储气库采取某些校正措施。若那年的冬天比常年冷一些，储气库有足够的库容量是最重要的。因此，有必要分析一下冬天气温比正常温度高 20%或低 30%所带来的影响。分析主要是从储气库设备和公司财政收入两个方面进行。

第五节 调峰产量与采气井数设计

一、调峰采气规律与规模

地下储气库对天然气用气市场的调峰补气作用决定了气库在自身具有的能力范围内，其采气供气规律必须与用气市场的需求规律相同，调峰采气规模必须与用气市场的需求规模相近。因此，地下储气库的方案设计理念和方案指标的设计选取必须以气库具备的工作气能力为基础，以适应用气市场的需求规律为前提，以尽可能满足市场的需气规模为目标。

天然气用途主要包括民用燃料气和工业原料气两类，通常用气量受季节温差的影响较大，存在着市场需求气量的不均衡性，在中国北方地区的冬季取暖，以及在南方地区的夏季天然气制冷季节，各类天然气用户对天然气需求量急剧大幅提升，峰谷差为 2~5 倍。

地下储气库与用气市场的紧密相关性决定了气库生产的不均衡性。在供气期内，须根据市场用气量的变化来确定气库采气量的变化。从大港地下储气库群已经运行的十余个周期看，在中国北方冬季具有典型的市场用气规律，通常在 11 月中旬到下年度 3 月中旬的冬季 120 天内，用气市场经历了低—高—低的用气量变化过程，则地下储气库群和储气库均相应发生了低—高—低的采气量变化过程，其气库采气量调峰曲线近似“钟形”分布（如

图1-5-1、图1-5-2所示）。气库采气量在春节期间达到高峰值，在采气期开始和结束期间达到低谷值，其余时间为中低调峰期，高峰期与低谷期日产气量的峰谷比为2~5倍。

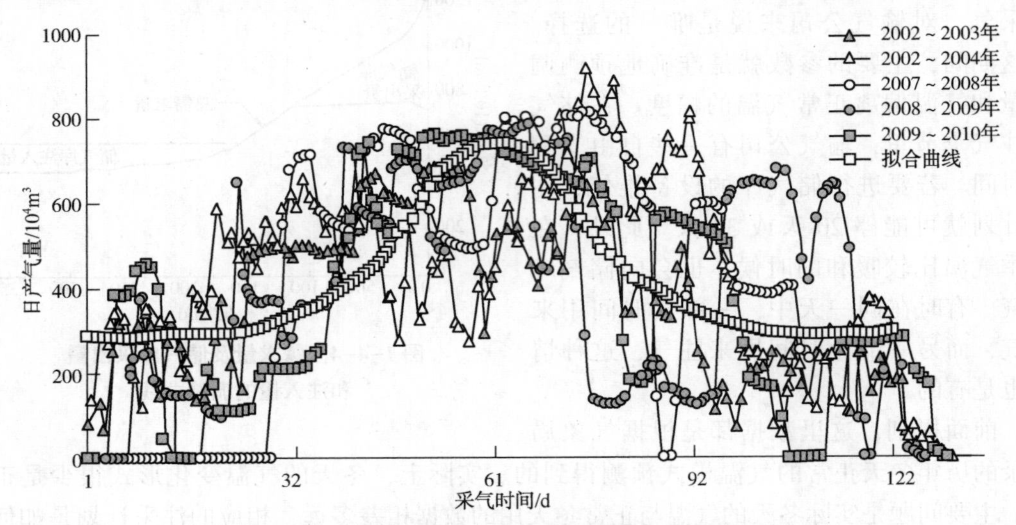

图1-5-1　某地下储气库不同采气周期调峰采气曲线图

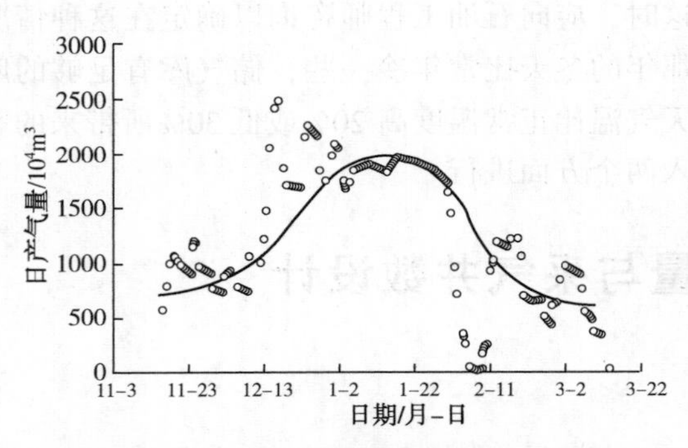

图1-5-2　某地区储气库群单一采气周期调峰采气曲线图

二、采气运行特征

将华北地区已投入生产运行的地下储气库调峰采气规律与规模进行归纳，可以建立标准的地下储气库调峰采气运行模式图(如图1-5-3、图1-5-4所示)。

分析地下储气库调峰采气运行模式图，可以明确气库调峰采气运行的关键指标如下：

(1) 气库工作气量(G_w)：采气期内采气总量，10^4m^3，图中阴影面积，具体数值由气库方案确定。由于不同气库的规模大

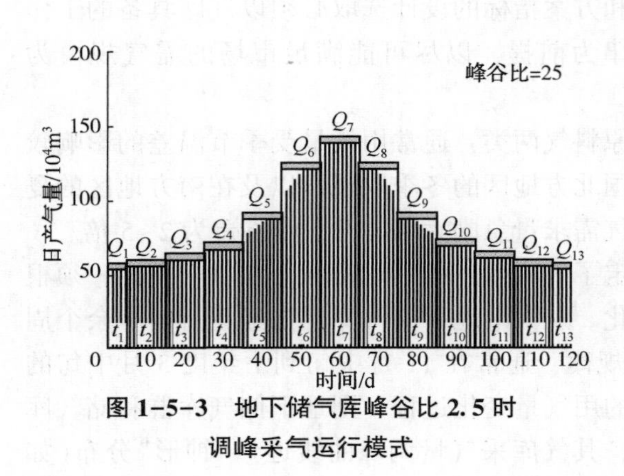

图1-5-3　地下储气库峰谷比2.5时调峰采气运行模式

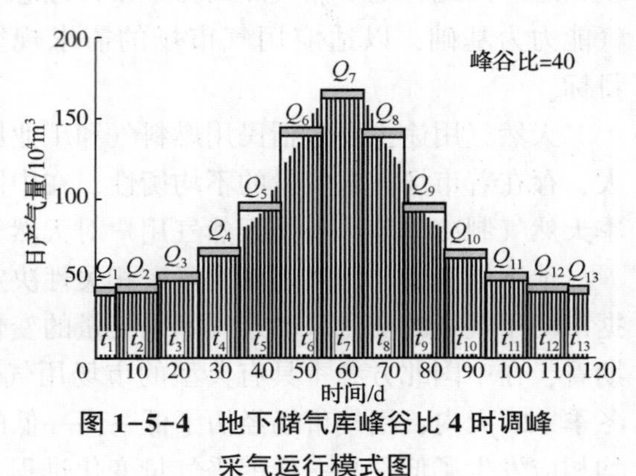

图1-5-4　地下储气库峰谷比4时调峰采气运行模式图

小不同，因此气库工作气量数值不同。

（2）气库采气期（T）：调峰采气时间天数，d，图中横坐标长度，具体数值根据气库方案确定。本处按华北地区供气规律取 $T=120$d，其中为保证研究精度，可将采气期细分，如本例为 12 个周期，每周期 $\Delta t=10$d。周期特征：①各周期以采气期中间点为基点，向两侧呈均匀对称分布。②Δt_1、Δt_{13}周期为气库最低调峰采气期，各为 1/2 周期 Δt。③Δt_7 周期为气库最高调峰采气期，其余周期为中间过渡调峰采气期。

（3）气库调峰产量（Q_i）：采气期内某天的日产气量，10^4m^3，图中某天所对应的纵坐标值。调峰气量分布特征：①尽管气库实际采气运行过程中，每一天的调峰产量不尽相同，但在同一周期 Δt 内，可视为日产气量为一均值。②各周期间调峰产量具有较为固定的比例关系。在 12 个计算单元内，以最末半个周期 Δt_{13}的平均日产气量（Q）为基数测算。③气库最高调峰气量以春节日为中心点的前后各 5 天内取平均日产量。气库最低调峰气量取停止供气前的 5 天内平均日产量。④气库高峰采气期平均日产气量与低峰采气期平均日产气量的比值称为峰谷比，即 Q_7/Q_{13}。

（4）气库合理的采气井数（N）：同时满足高峰采气期日产气量（Q_7）和低峰采气期日产气量（Q_{13}）的所需采气井数。由于气库采气是降压开采过程，早期 Δt_1 阶段气库压力最高，单井产气能力最强，但调峰需求气量不高，需要的气井数最少。高峰采气期（Δt_7）阶段气库压力中等，单井产能较强，但调峰需求气量（Q_{max}）最高，需要的气井数最多为 N_g。晚期 Δt_{13}阶段气库压力最低，单井产能最弱，但调峰需求气量最低，需要的气井数为 N_d。N_g 和 N_d 井数不一定谁多谁少，有两种可能：一是 N_g 口井在气库调峰最末期的产量可以达到最低调峰量（Q_{13}）时，说明 N_g 口井可以实现气库各阶段指标，此时气井数合理。二是 N_g 口井在气库调峰最末期的产量不能达到最低调峰量（Q_{13}）时，说 明 N_g 口井无法满足最低调峰需求，则应按满足 Q_{13}产量的井数 N_d 作为气库合理的调峰井数 N。

三、采气数学模型与计算方法

地下储气库调峰采气运行数据是由气库实际生产数据统计得到，由此很难建立标准的牛顿–莱布尼兹定积分计算数学模型，但可以根据定积分原理，将地下储气库调峰采气运行模式图划分为若干个计算单元，计算每个单元的面积，并将全部计算单元面积求和，即为全部图形的总面积，在物理意义上，图形总面积即对应气库的工作气量，可由此反推求得任一计算单元的 Q_n 值，即调峰日产气量值。

高等数学提供了计算图形面积积分近似值的方法，计算精度可以满足一般工程计算的需要。通常，为了提高近似计算的精度，可以采取如下方法：①根据计算精度要求化小计算单元的自变量 Δt 长度。②每个计算单元小曲边图形的面积可以用相应的矩形或梯形面积来近似代替，但以梯形法精度较高。

基于定积分在几何上表示为曲边梯形的面积，定积分计算单元小曲边图形面积的近似值方法为：用分点 $t=t_1$，t_2，…，t_n（t_n 将 T 分为 n 个等长的小单元，$\Delta t_n=T/n$），过分点做纵线交于曲线得交点 $q=q_1$，q_2，…，q_n 点，将相邻两点连接起来得弦线，于是得到 n 个小梯形。

梯形面积的计算公式为：

$$S_n=(q_n+q_{n+1})\Delta t/2 \tag{1-5-1}$$

在一般工程项目中，当Δt_n取值较小，单元内的产量变化不大时，q_n与q_{n+1}可取平均值$Q_n=(q_n+q_{n+1})/2$，则式(1-5-1)可简化成：

$$S_n=Q_n\Delta t_n \tag{1-5-2}$$

总面积的计算公式为：

$$S=\sum_{n=1}^{n}S_n=\sum_{n=1}^{n}Q_n\Delta t_n \tag{1-5-3}$$

对于某一特定的地下储气库，气库工作气量G_W相当于图形总面积S，则由马小明-成亚斌建立的数学公式表示如下：

$$G_W=\sum_{n=1}^{n}Q_n\Delta t_n \tag{1-5-4}$$

式(1-5-4)明确了地下储气库工作气量与变化的日调峰气量之间的数学关系，为国内首创，简称马成公式1或MC1。其中，Q_n为Δt_n单元内的平均日产气量，10^8m^3；S_n为Δt_n单元内的面积。

四、储气库调峰日采气量计算

地下储气库日调峰气量是变化值，按照已有的地下储气库调峰采气运行模式，不同计算周期的日采气量具有较为固定的比例关系，已由马小明-成亚斌计算得出，称为马成系数m值(见表1-5-1)，系数的应用条件是在120天的采气期内，日采气量呈“钟形”对称分布，划分成计算周期数12次(最初和最末的2个半周期合为1个周期)，每周期长10天。当设定最低采气周期的日产气量为基准日产气量Q时，其他周期的日产气量为基准产量的m倍。由马小明-成亚斌建立的数学公式表示如下：

$$Q_n=m_nQ \tag{1-5-5}$$

式(1-5-5)明确了地下储气库各个计算周期的日采气量数学比例关系，为国内首创，简称马成公式2或MC2。将式(1-5-5)代入式(1-5-4)，得

$$G_w=\sum_{n=1}^{n}Q_n\Delta t_n=\sum_{n=1}^{n}m_nQ\Delta t_n=(m_1+m_2,\ \cdots,\ +m_{12})Q\Delta t_n \tag{1-5-6}$$

将式(1-5-6)变形，即得到计算低谷期日采气量的公式：

$$Q=G_w/[(m_1+m_2+\cdots+m_{12})\Delta t] \tag{1-5-7}$$

将式(1-5-7)代入式(1-5-5)可以给出各个计算周期的日采气量Q_n。此公式是马成公式1(MC1)的常用代数表达式，简称为马成公式或MC式。

对于某特定的地下储气库，其工作气量G_W已由方案给定，计算单元已选定区间长度$\Delta t_n=10$天，m值可由表1-5-1查得。将上述已知参数代入马成公式(1-5-7)即可求得基准日产气量Q，将Q代入式(1-5-5)即可求得任一计算周期的日采气量Q_n。对于地下储气库不同峰谷比时的低峰期基准日产气量Q，可由马成公式和马成系数计算得到(见表1-5-1)，为与工程项目表述习惯相一致，气量Q单位可选为$10^4m^3/d$，则数值应乘以10000倍，计算结果如下：

峰谷比为2.0时：

$$Q=60G_W \tag{1-5-8}$$

峰谷比为2.5时：　$Q=56G_{W}$　(1-5-9)

峰谷比为3.0时：　$Q=50G_{W}$　(1-5-10)

峰谷比为3.5时：　$Q=46G_{W}$　(1-5-11)

峰谷比为4.0时：　$Q=42G_{W}$　(1-5-12)

表1-5-1　地下储气库日产气量比例——马成系数(*m*)表

峰谷比	采气周期												
	1	2	3	4	5	6	7	8	9	10	11	12	13
2.0	1.00	1.04	1.12	1.26	1.53	1.87	2.00	1.87	1.53	1.26	1.12	1.04	1.00
2.5	1.00	1.04	1.12	1.26	1.59	2.19	2.50	2.19	1.59	1.26	1.12	1.04	1.00
3.0	1.00	1.04	1.12	1.34	1.86	2.62	3.00	2.62	1.86	1.34	1.12	1.04	1.00
3.5	1.00	1.04	1.14	1.43	2.03	2.99	3.50	2.99	2.03	1.43	1.14	1.04	1.00
4.0	1.00	1.05	1.24	1.56	2.27	3.42	4.00	3.42	2.27	1.56	1.24	1.05	1.00

注：1. 采气周期Δt为10天，全时长为120天；2. $\Delta t_1+\Delta t_{11}=\Delta t=10$天。

五、采气合理井数计算

地下储气库合理采气井数就是同时能够实现地下储气库工作气量与日调峰气量的最少井数，合理采气井数与地下储气库调峰采气规律及规模直接相关，与不同采气时间对应的单井产量高低直接相关。根据地下储气库运行关键节点的产量需要，合理的采气井数(N)需要满足三个条件：①满足冬季春节前后市场最高需气量Q_{max}。②满足采气期末市场最低需气量Q。③能够达到采气期总产气量即地下储气库工作气量G_{W}。

由马成公式(MC)可知，在满足了地下储气库日产气量(Q)的同时即可实现工作气量(G_{W})。因此，计算地下储气库合理采气井数可归结为计算满足采气期日产气量的井数，但由于不同采气阶段地下储气库压力不同造成单井产量不同，同时市场的需气量不同，不同时段相对应的采气井数可能不同，需要分别计算高峰期气井数(N_{g})和低谷期气井数(N_{d})，取最多井数作为合理井数(N)。换言之，能够同时满足高峰期和低谷期日产气量的采气井数即为合理采气井数(N)。

根据物质平衡原理，地下储气库日采气量Q_n应等于地下储气库N_n口采气井数的单井日采气量q_n的总和，即

$$Q_n=N_nq_n \tag{1-5-13}$$

将式(1-5-13)变形后，得到采气井数计算公式：

$$N_n=Q_n/q_n \tag{1-5-14}$$

式(1-5-14)为采气井数计算的通用公式。

将式(1-5-7)代入式(1-5-14)，得到低谷采气期采气井数的计算公式：

$$N_{d}=Q/q_{d}=\{G_{w}/[(m_1+m_2+\cdots+m_{12})\Delta t_n]\}/q_{d} \tag{1-5-15}$$

将式(1-5-5)代入式(1-5-14)，得到高峰采气期采气井数的计算公式：

$$N_{g}=Q_{max}/q_{g}=m_7Q/q_{g} \tag{1-5-16}$$

因此，合理采气井数选取条件为：$N\geqslant N_{g}$，$N\geqslant N_{d}$，即选取N_{g}与N_{d}中的最大值作为合理井数(N)。

六、实例检验

某地下储气库经过10余年的生产运行，生产指标已得到确认，即最大库容量为$17.81\times 10^8\mathrm{m}^3$，有效工作气量为$6.0\times 10^8\mathrm{m}^3$，最高调峰期日产气量为$800\times 10^4\sim 900\times 10^4\mathrm{m}^3$，运行压力为15~29MPa，单井产能为$35\times 10^4\sim 70\times 10^4\mathrm{m}^3/\mathrm{d}$，采气井15口，运行时间为120天，用此实例验证马成公式计算的地下储气库调峰产量和合理采气井数是否合理。

地下储气库运行遵循市场用气规律，调峰峰谷比取2.5。用马成公式和马成系数表进行计算。

（1）地下储气库低谷期日产气量：

$$Q=G_{\mathrm{W}}/[(m_1+m_2+\cdots+m_{12})\Delta t_n]$$
$$=56G_{\mathrm{W}}=56\times 6\times 10^4\mathrm{m}^3=336\times 10^4\mathrm{m}^3$$

（2）地下储气库高峰期日产气量：

$$Q_{\max}=m_7Q=2.5\times 336\times 10^4\mathrm{m}^3=840\times 10^4\mathrm{m}^3$$

（3）在低谷采气期，采气井单井产量为$35\times 10^4\mathrm{m}^3/\mathrm{d}$，则低谷采气期采气井数为：

$$N_{\mathrm{g}}=Q/q_{\mathrm{d}}=336/35=9.6\text{ 口}$$

（4）在高峰采气期，采气井单井产量$55\times 10^4\mathrm{m}^3/\mathrm{d}$，则高峰采气期采气井数为：

$$N_{\mathrm{g}}=Q_{\max}/q_{\mathrm{g}}=840/55=15.3\text{ 口}$$

（5）合理采气井数选取条件：$N\geqslant N_{\mathrm{g}}$(15口)；$N\geqslant N_{\mathrm{d}}$(10口)；选取$N_{\mathrm{g}}$与$N_{\mathrm{d}}$中的最大值作为合理井数，即$N=15$口。

计算结果表明：应用马成公式计算该地下储气库调峰峰谷比为2.5时，最高调峰期日产气量为$840\times 10^4\mathrm{m}^3$，合理采气井数为15口。与实际相比，日产气量符合率为99%，采气井数符合率为100%，预测值与实际状态高度一致，证实该计算方法科学、实用。

第六节 调峰设计

一、调峰方案设计

盐岩地下储气库调峰设计应充分考虑不同运行工况运行参数的取值要求，根据调峰气量和调峰时间，确定合理注、采气速率和运行压力，避免出现强注和强采现象，保证储气库安全、平稳运行

（一）单个储气库调峰设计

单个储气库调峰应考虑调峰气量、调峰时间、最大采气速率、最小储气内压等参数要求，建立以下调峰约束方程

$$\begin{aligned}&Q=k(P_1-P_2)V\\&\frac{P_1-P_2}{T}<0.65(\mathrm{MPa/d})\\&P_2>6.0(\mathrm{MPa})\end{aligned}\tag{1-6-1}$$

式中　Q——调峰气量，m^3；

k——调峰气量与储气库内压相关系数；

P_1—调峰前储气库内压，MPa；

P_2—调峰后储气库内压，MPa；

T——调峰时间，d；

0.65MPa/d—最大采气速率限值；

6.0MPa—储气库最低运行压力限值。

针对地下储气库调峰采气量与调峰时间、储气库压力关系，绘制调峰时程图，如图 1-6-1、图 1-6-2 所示。在最大采气速率(0.65MPa/d)约束下，可根据调峰采气量和调峰时间选择合理采气速率。

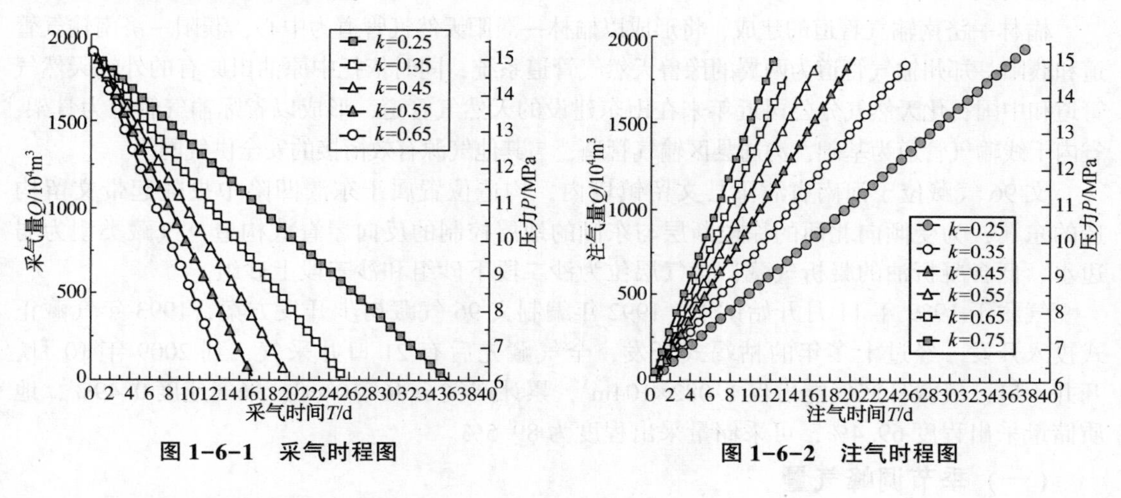

图 1-6-1　采气时程图　　图 1-6-2　注气时程图

(二) 储气库群调峰方案设计

由多个储气库组成的储气库群调峰设计应考虑调峰气量、调峰时间、最大采气速率、最小储气压力和储库间压力差等参数，建立以下调峰约束方程：

$$
\begin{aligned}
&Q=k(P_1-P_2)V \\
&\frac{P_1-P_2}{T}<0.65(\mathrm{MPa/d}) \\
&P_2>6.0(\mathrm{MPa}) \\
&\Delta P<9.0(\mathrm{MPa})
\end{aligned}
\tag{1-6-2}
$$

式中　p——调峰气量，m^3；

k——调峰气量与储气库内压相关系数；

P_1——调峰前储气库内压，MPa；

P_2——调峰后储气库内压，MPa；

T——调峰时间，d；

0.665MPa/d——最大采气速率限值；

6.0MPa——储气库最低压力限值；

ΔP——相邻储库间压力差，MPa。

二、文 96 储气库调峰设计

为满足东部地区经济发展对天然气的需求，中国石化以鄂尔多斯北部塔巴庙探区天然气气源为基础，以杭锦旗和杭锦旗南探区为接替，以山西煤层气作为下一步发展目标，兴建榆林—济南天然气管道，主要供应豫北、山东市场。

榆林—济南输气管道设计输气量 $30\times10^8m^3/a$，线路总长度 1045km，管道起点为陕西省榆林首站，末点为山东省齐河末站，途径 4 省 23 县。榆林—濮阳段线路长度为 779km，榆林—濮阳段管道系统设计压力 10. 0MPa，管线采用 *D*711、材质 X65 钢管，濮阳—济南段线路长度为 266km，管道系统设计压力 8MPa，管线采用 *D*610、材质 X60 钢管；管道全线共设各类站场 12 座。

榆林—济南输气管道的建成，将形成以榆林—濮阳天然气管道为中心，濮阳—济南输气管道和濮阳—郑州输气管道为两翼的豫鲁天然气管道系统，同时依托中原油田原有的外输天然气管道和中国石化天然气分公司近年来在山东建设的天然气管道，形成以省际输气管道为骨架，省内干线输气管道为基础，沟通县区输气管道，与其他气源有效衔接的安全供气网络。

文 96 气藏位于河南省濮阳县文留镇境内，构造位置属于东濮凹陷中央隆起带文留构造的东翼，为受倾向北西的徐楼断层与东倾的地层控制的反向屋脊式构造。气藏类型为弱边水、低含凝析油的凝析气藏，含气层位为沙二段下砂组和沙三段上砂组。

气藏于 1989 年 11 月开始试采，1992 年编制文 96 气藏初步开发方案，1993 年气藏正式投入开发。经过十多年的枯竭式开发，全气藏先后有 21 口井采气，到 2009 年 10 月，开井 4 口，气藏日产气能力仅 $1.082\times104m^3$，累计产气 $6.46\times10^8m^3$，采气速度 0. 49%，地质储量采出程度 69. 4%，可采储量采出程度为 89. 5%。

（一）季节调峰气量

在进行调峰气量预测时，可视河南、山东等目标市场的所有天然气用户为一个整体，所有气源鄂尔多斯北部塔巴庙探区、杭锦旗和杭锦旗南探区，先预留山西煤层气为一个稳定供气源。由于整个目标市场用气量差别较大，民用生活气部分的调峰可由各级管网消化调整，而采暖保障用气则由于用气过于集中，且用量占整个市场量较大，因此必须建立专门的设施以作调峰之用，本工程是依据中国石化有关部门决定，在下游市场的上口、地质等条件优越的中原油田建立地下储气库，以将气源来气在夏季出现余量时注入储气库，冬季用气市场出现缺口时由储气库来补充，从而保障整个沿线市场用气的平稳、安全。

用气不均匀系数与地域气候差别、用气结构均有关，根据豫北、山东市场调研数据（见表 1-6-1、图 1-6-3），分析预测出目标市场用气综合月不均匀系数。

目标市场的用气综合月不均匀系数见表 1-6-2、图 1-6-4。

表 1-6-1　目标市场综合月用气量表

月　份	1月	2月	3月	4月	5月	6月	7月	8月	9月	10月	11月	12月
月富余用气量/ 10^8m^3（标准）				0. 275	0. 45	0. 5	0. 5	0. 5	0. 425	0. 3		

续表

月　份	1月	2月	3月	4月	5月	6月	7月	8月	9月	10月	11月	12月
月不足用气量/ 10^8m^3(标准)	1.025	0.675	0.175								0.175	0.9
日注气量/ 10^4m^3(标准)				92	150	167	167	167	142	100		
日采气量/ 10^4m^3(标准)	342	225	117								117	300

表 1-6-2　目标市场综合月不均匀系数表

月　份	1月	2月	3月	4月	5月	6月	7月	8月	9月	10月	11月	12月
不均匀系数	1.41	1.27	1.07	0.89	0.82	0.8	0.8	0.8	0.83	0.88	1.07	1.36

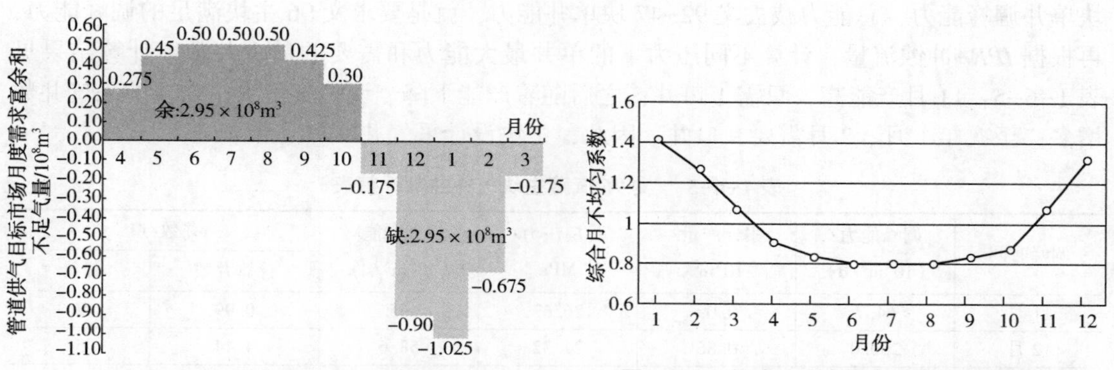

图 1-6-3　河南、山东综合月不均匀用气图　　**图 1-6-4　河南、山东综合月不均匀系数曲线**

根据用气结构和综合月不均匀系数，管道达到设计输量后，目标市场季节调峰总量为 $2.95\times10^8m^3$。季节调峰期目标市场的最大注气量(6~8 月)为 $167\times10^4m^3/d$，最小注气量(4 月)为 $92\times10^4m^3/d$；最大采气量(1 月)为 $340\times10^4m^3/d$，最小采气量(3 月、11 月)为 $117\times10^4m^3/d$。

(二)气库正常调峰方案设计

1. 储气库运行安排

根据预计的气库运行气量，各月的运行能力不同，日产能在 $(117\sim342)\times10^4m^3$。其中，12 月及次年的 1 月要求的日产能最高，达到 $(300\sim342)\times10^4m^3$；其次是 2 月份日产能为 $225\times10^4m^3$；较低的是 11 月及次年的 3 月份，日产能为 $117\times10^4m^3/d$(见表 1-6-3)。气库正常运行时，要求气井井口压力最小为 9MPa。

表 1-6-3　文 96 储气库调峰气量运行安排表

月　份	11月	12月	1月	2月	3月
日调峰能力/10^4m^3	117	300	342	225	117

2. 采气井数确定

根据气库运行能力及不同气库压力下的单井最高产能计算月度运行采气井数，文 92-47 块虽然有库容，但单井产能较低，为满足库容，设计 2 口井(见表 1-6-4)。

表 1-6-4 文 96 气藏文 92-47 块采气能力计算表

调峰时间	调峰气量/10^8m^3	气层压力/MPa	最大产能/(10^4m^3/d)	设计产能/(10^4m^3/d)	设计井数/口	设计能力/10^8m^3
11 月	0.0202	26.70	29.8	26	2	0.08
12 月	0.1239	21.44	21.2	21	2	0.20
1 月	0.2420	16.61	13.2	13	2	0.28
2 月	0.3198	13.84	8	8	2	0.32
3 月	0.34	13.15	6.2	6	2	0.34

计算文 96 主块采气井数方法是：先根据调峰量分配文 92-47 块运行能力，计算文 92-47 块单井调峰能力，总能力减去文 92-47 块单井能力，就是要求文 96 主块满足的调峰能力，再根据 *IPR*-冲蚀流量，计算不同压力下的单井最大能力和需要的最少井数。计算结果见表 1-6-5：11 月产能高，只需 1 口井；之后随着产能下降、调峰气量大，需要的采气井数增多，至次年 1 月、2 月需要 9 口井。因此，主块设计采气井 9 口。

表 1-6-5 文 96 气藏主块气井井数计算表

调峰时间	调峰能力/(10^4m^3/d)	累计产量/10^8m^3	气层压力/MPa	最大产能/(10^4m^3/d)	井数/口	
					计算井数	设计
11 月	64.7	0.09	26.67	65	0.99	2
12 月	260.0	0.86	21.32	58.6	4.44	5
1 月	315.7	1.82	16.42	39.2	8.05	9
2 月	209.0	2.45	13.61	25.8	8.10	9
3 月	104.7	2.61	12.91	21.9	4.78	6

上述 2 个块满足调峰要求的采气井数共 11 口，由于计算略高于 11 口，不再设计备用井。

3. 注气井数确定

根据地面集输提供的 4~10 月每月的注气量要求[范围为$(0.275\sim0.5)\times10^8m^3$ 时]，计算日注气能力范围为$(92\sim167)\times10^4m^3$。

同采气时计算方法一样，先计算文 92-47 块单井注气能力，再计算主块注气能力和需要的注气井数。计算表明见表 1-6-6、表 1-6-7，文 92-47 块需要 2 口气井，文 96 块主块需要 4 口井，总注气井数为 6 口。

表 1-6-6 文 96 气藏文 92-47 块注气能力及注气井数计算表

月份	月注气量/10^8m^3	累计注气量/10^8m^3	气层压力/MPa	注气能力/(10^4m^3/d)	计算井数/口
4 月	0.03169	0.0316949	14.24	30	0.4

续表

月　份	月注气量/10^8m^3	累计注气量/10^8m^3	气层压力/MPa	注气能力/(10^4m^3/d)	计算井数/口
5月	0.05186	0.0835593	16.08	28.1	0.6
6月	0.05762	0.1411864	18.27	26	0.7
7月	0.05762	0.1988136	20.66	23	0.8
8月	0.05762	0.2564407	23.34	18.5	1.0
9月	0.04898	0.3054237	25.89	12.4	1.3
10月	0.03457	0.34	26.99	8.8	1.3

表1-6-7　文96气藏主块注气能力及注气井数计算表

月　份	月注气量/10^8m^3	累计气量/10^8m^3	气层压力/MPa	注气能力/(10^4m^3/d)	计算井数/口	备用井/口	设计注气井数/口
4月	0.2433051	0.2433051	14.02	80.4	1.0	1	2
5月	0.3981356	0.6414407	15.89	76.5	1.7	1	3
6月	0.4423729	1.0838136	18.10	71.1	2.1	1	3
7月	0.4423729	1.5261864	20.54	63.4	2.3	1	4
8月	0.4423729	1.9685593	23.26	52.6	2.8	1	4
9月	0.3760169	2.3445763	25.86	37.9	3.3	1	4
10月	0.2654237	2.61	26.99	28.5	3.1	1	4

气库运行曲线如图1-6-5、图1-6-6所示。

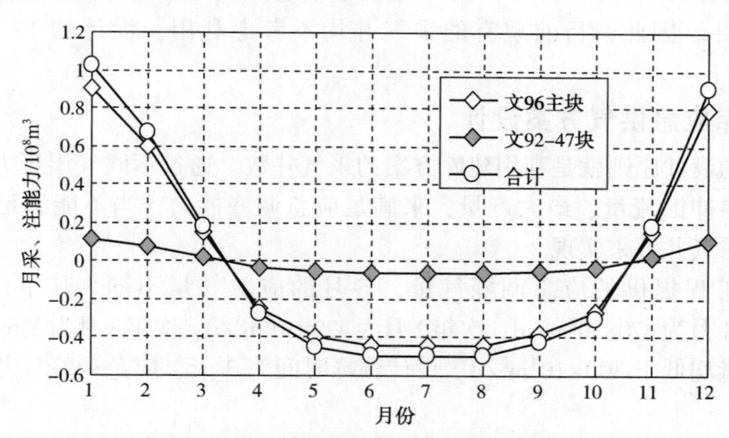

图1-6-5　文96储气库注采运行曲线

4. 可利用井评价

作为储气库的注采气井，要满足强注强采需要，特别是对注气井的井况要求高，必须满足以下条件：

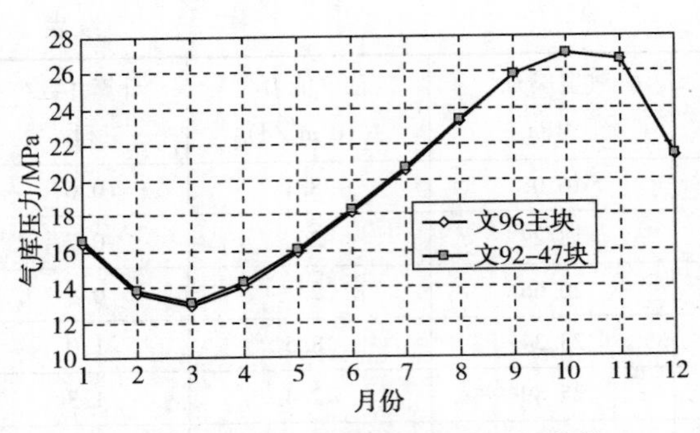

图 1-6-6　文 96 储气库压力运行曲线

（1）气层与地面站的连接设施、气井井壁、井筒应具有良好的气密封性能，以确保在地下储气库运行过程中气体不会通过油套环空及套管外产生泄漏。

（2）在因注气-采气周期作业而造成的储气库负荷正负交替操作过程中，气井必须具有良好的可靠性及稳定性。

（3）气井结构应能允许开展多种措施、改造和维修作业，能满足作为生产井、观察井和减压井、排水井等综合功能的要求。

（4）井身结构完善，无套变、腐蚀、落物等现象，能满足注、采气完井工艺管柱下入的需要。

因此，在储气库建造初期阶段，对每口利用井要采用变密度、电磁等多种手段进行井筒测试，确保固井质量良好、套管无腐蚀、套变等。对于注气井还需要采用氮气试压，以确认井筒气密性。

目前，气田文 96 气藏先后投产气井 21 口。其中，专作为气藏采气井 6 口(文 96-1 井、文 96-2 井、文 96-3 井、文 96-4 井、文 96-5 井、文侧 96 井)，其余 15 口为下部油藏低产井或报废油水井上返采气井。根据井况调查结果，除文侧 96 井为 2001 年新钻井外，其余 20 口均为 1996 年以前的老井，由于套管为非气密封井，加上投产已达 15 年以上，导致井况腐蚀、套变等井况。评价认为，只有文侧 96 井才能作为采气井。但是，该井井下有落物，鱼顶位置 1815. 2m，并于 2005 年 3 月注水泥封井，注水泥位置：1106. 72～1141. 72m。该井在钻塞、打捞作业时，势必对套管影响较大，不考虑利用该井。因此，目前现有的采气井均不考虑利用，设计的 11 口注采井均需要钻新井。

(三) 气库应急供气方案设计

应急供气的设计原则就是利用建库方案的采气井数，通过不同气层压力下各井的极限产量即气井临界冲蚀流量、最大产量，来满足应急调峰能力，当不能满足应急调峰能力时，通过增加采气井数来实现。

根据地面工程提供的应急调峰气量，各月的应急气量不同。其中，12 月为 $356\times10^4m^3/d$；次年 1 月为 $470\times10^4m^3/d$；次年 2 月为 $423\times10^4m^3/d$；次年 3 月为 $356\times10^4m^3/d$；其余各月的应急气量均低于 $300\times10^4m^3/d$。设计调峰时间为 3 天，应急调峰气井井口压力最小为 7MPa。

根据气库运行压力，一般是调峰后期气库压力较小，气井产能较低。应用极限法计算，在 2 月、3 月时地层压力已处于最低，根据调峰气量计算产生的压降如图 1-6-7、图 1-6-8 所示。应急调峰供气设计总井数为 14 口(见表 1-6-8)。即在气库正常运行的情况下，要保证应急调峰能力，还需要增加 3 口井。

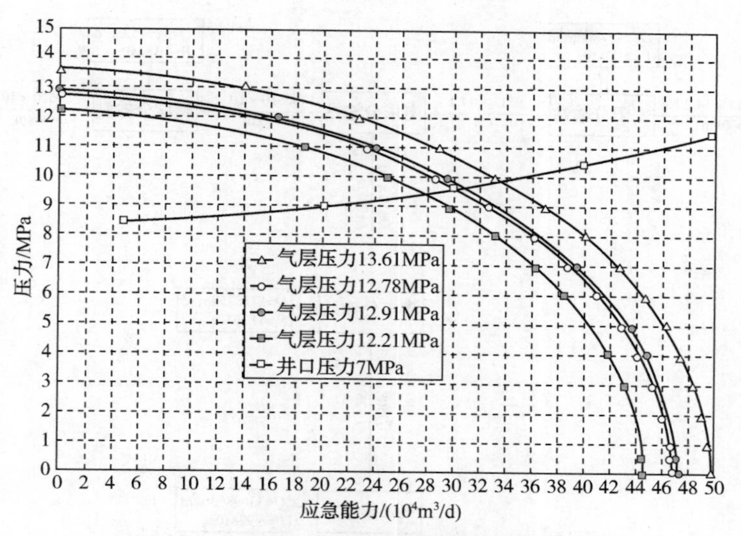

图 1-6-7 文 96 气藏主块应急能力计算曲线

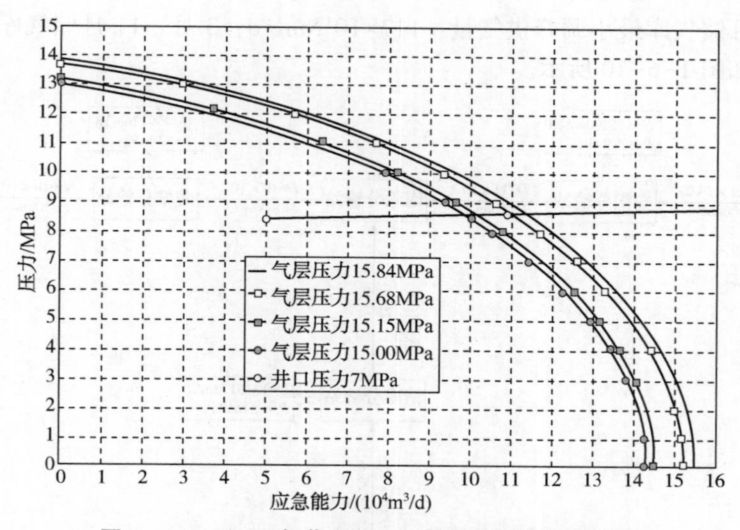

图 1-6-8 文 96 气藏文 92-97 块应急能力计算曲线

表 1-6-8 文 96 储气库应急预案井数计算表

月 份	应急能力/($10^4m^3/d$)	文 92-47 块		文 96 主块			设计井/口
		产能/($10^4m^3/d$)	生产井/口	应急能力/($10^4m^3/d$)	单井平均产能/($10^4m^3/d$)	生产井/口	
2 月	423	16	2	407	34	12	14
3 月	356	12	1	344	29.9	12	13

文 96 储气库 1 月储气库最大调峰供气量：$342\times10^4Nm^3/d$，1 月储气库最小调峰供气量时运行情况如图 1-6-9 所示。

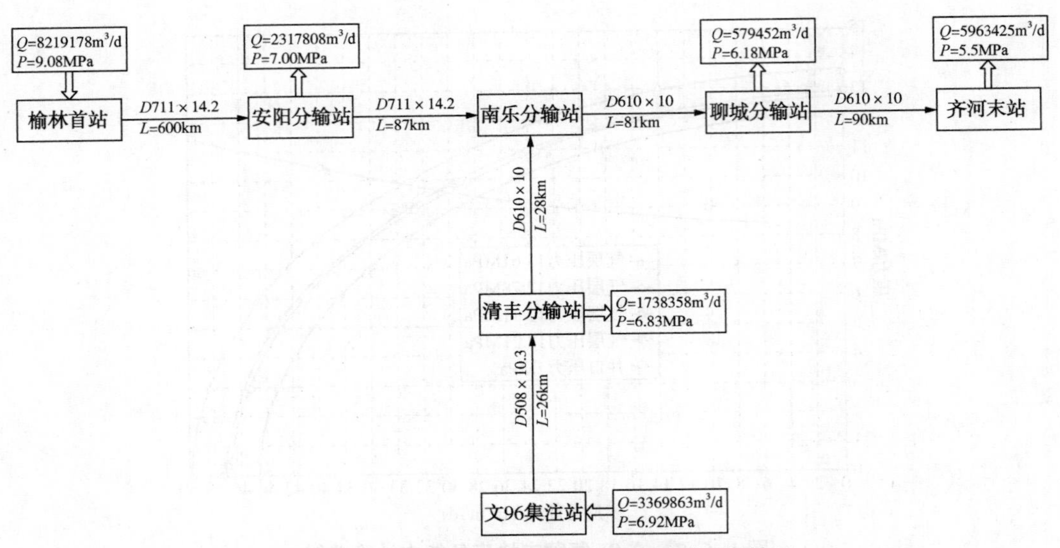

图 1-6-9　1 月储气库最小调峰供气量时运行情况

3 月、11 月储气库最小调峰供气量：$117\times10^4Nm^3/d$；3 月、11 月储气库最小调峰供气量时运行情况如图 1-6-10 所示。

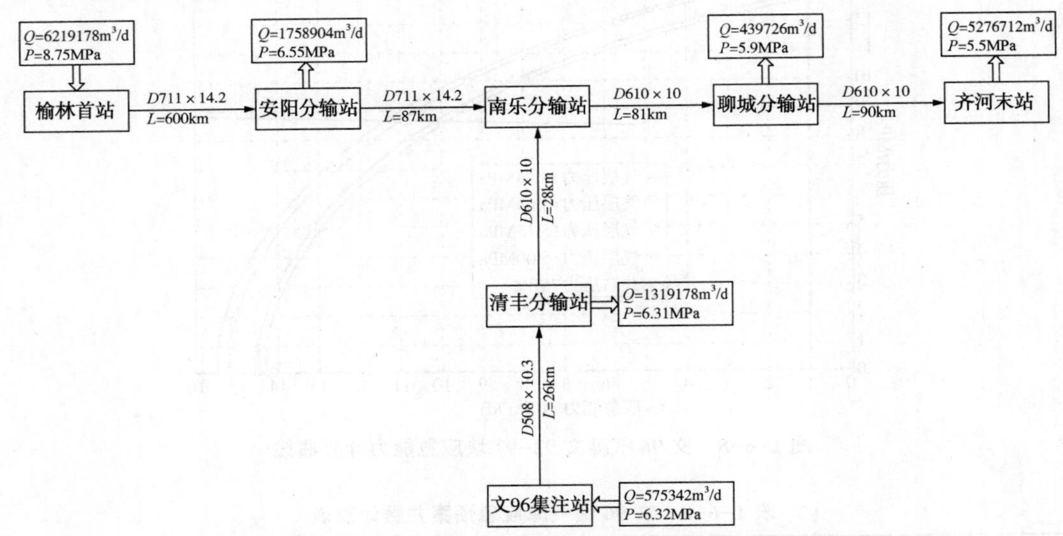

图 1-6-10　3 月、11 月储气库最小调峰供气量时运行情况

(四) 气库正常运行时调峰能力

气库正常运行调峰供气时，采气井井口最低压力按 9MPa 设计，气库正常运行时，14 口采气井调峰能力见表 1-6-9。

气库最大日调峰能力随着采气阶段的延长而逐步降低，运行至采气末期时，地层压力降至下限压力 12. 91MPa，最大日调峰能力仅满足 $270\times10^4m^3/d$，但仍满足调峰供气要求。

表 1-6-9　气库正常运行时调峰能力

井口压力/MPa	月份	地层压力/MPa（文 96 主块/文 92-47 块）	井底流压/MPa（文 96 主块/文 92-47 块）	最大稳产/（10^4m^3/d）（主块/92-47 块）	选用气（10^4m^3/d）（文 96 主块/文 92-47 块）	气库最大调峰量/（10^4m^3/d）			市场需调峰气量/（10^4m^3/d）
						文 96 主块 12 口井	文 92-47 块 2 口井	最大调峰量	
9	11 月	26.67/26.7	17.3/12	74.5/29.5	69/29	828	58	500	117
	12 月	21.32/21.44	14.8/11.3	56.2/21.4	56/21	672	48	500	300
	1 月	16.42/16.61	12.7/13.5	37.5/13.5	37/13	444	26	470	342
	2 月	13.61/13.84	11.6/10.9	25.0/8.3	25/8	300	16	316	225
	3 月	12.91/13.15	11.4/10.8	21.5/6.9	21.5/6	258	12	270	116

三、盈亏平衡设计

通过成本分析和财务分析可知，项目达产年的生产能力利用率为：

$$BEP_{生产能力利用率}=\frac{年固定成本}{年销售收入-年可变成本-年运营税金}\times100\%$$

或
$$BEP_{产量}=BEP_{生产能力利用率}\times设计生产能力$$

通过计算，项目的生产能力利用率为 92.67%，即年储转天然气 $2.73\times10^8m^3$，正常生产年份调峰能力盈亏平衡分析情况如图 1-6-11 所示。

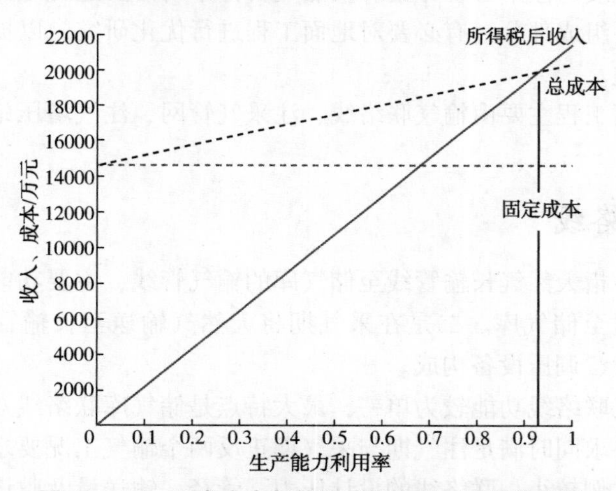

图 1-6-11　正常生产年份调峰能力盈亏平衡分析图

第二章 储气库注采工艺

第一节 枯竭油气藏型储气库地面工程

天然气地下储气库是天然气长输管道系统的重要组成部分，储气库地面工程建设受到诸多方面影响，不仅直接受长输管道运行压力和管输量的影响，而且受天然气目标市场实际需求的影响，还与储气库运行状态(地质与注采工程)、注采压力、注采气周期、注采气量、采出气组分和温度等诸多因素相关联，每一个因素都影响着建设方案和运行成本，这都是影响储气库安全、高效、低耗运行的重要因素。

储气库的建设投资、运行成本最终将转化到天然气销售气价上(储存、处理周转费用)，因此，做好储气库地层筛选、注采及钻井工程优化、“地下、地上”方案充分结合，发挥地下储气库“注的进、存的住、采的出”调峰储存功能，实现投资省、能耗低、安全平稳运行，是增强天然气长输管网系统市场竞争力的重要步骤。

地面工程依据地质、注采工程方案、天然气目标市场需要进行地面配套设计，是天然气地下储气库的重要组成部分，有必要对地面工程进行优化研究，以提高天然气地下储气库的整体功能与效益。

地下储气库地面工程主要由输气联络线、注采气管网、注气增压站、天然气净化处理装置等组成。

一、输气联络线

储气库联络线是指天然气长输管线至储气库的输气管线，主要功能：一是在注气期将长输管线天然气输送至储气库。二是在采气期将天然气输送至长输管线。一般由输气管道、截断阀室、计量、调压设备构成。

由于储气库供气联络线功能较为单一，最大特点是储气库联络线双向输气、周期性运行模式，工艺设计要求同时满足注气期与采气期正反两个输气工况要求，联络线建设费用占储气库总投资的比例较小。联络线的设计压力、管径、输送量及敷设施工方法可参考天然气长输管道的设计方法。

二、注采气工艺

天然气地下储气库地面工程设计为周期运行模式，即天然气长输管网及目标市场天然气出现盈余时进行注气，称为注气期，反之出现不足时，需要采气井采气弥补不足，称为采气期。注采气站主要完成的工艺作业：一是在注气期将储气库联络线来气按照计划分配输送至注气干线、单井注气管线，压力不足时需要在站内设置压缩机进行增压，多数天然气地下储气库联络线来气压力不高，都需要设置压缩机进行天然气增压。二是在采气期将采气井生产的天然气进行集气、气液(油气)分离、脱水脱烃露点控制，达到商品气标准后通过联络线按计划输送至各用户。

根据储气库注采工程需要，对采出气、水进行分别计量，计量方式可以是单井连续计量或选井周期计量。天然气流量计量的设置可分为联络线进站交接贸易计量、单井生产过程计量。天然气交接贸易计量一般要求配套天然气组分在线连续分析仪。

(一) 注气流程

地下储气库的注气流程有以下两种基本形式：

(1) 靠注气压缩机增压注气(如图 2-1-1 所示)。

(2) 靠采气干线的管压注气(如图 2-1-2 所示)。

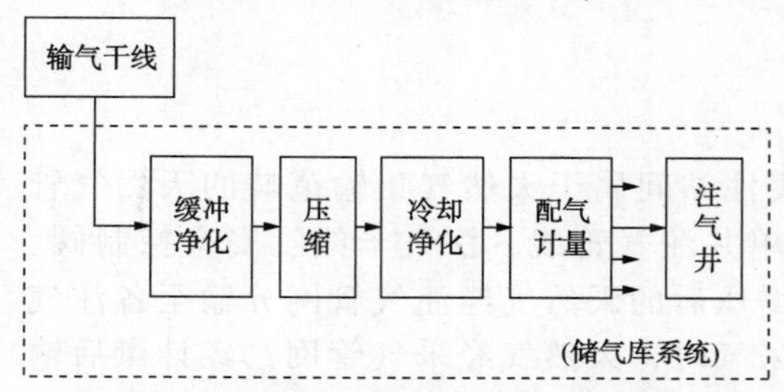

图 2-1-1 靠注气压缩机增压注气示意图

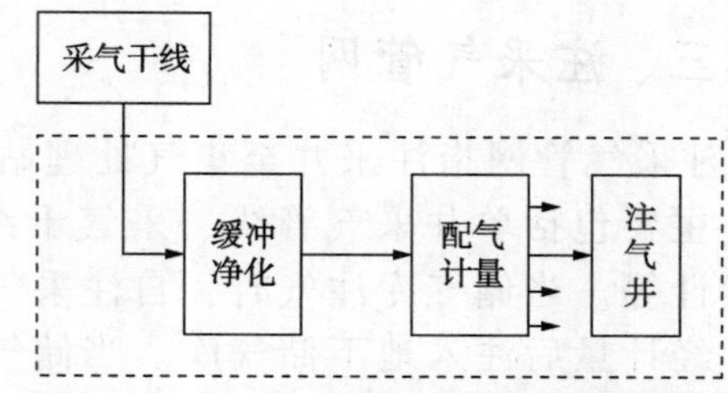

图 2-1-2 靠采气干线的管压注气示意图

两种流程的差别在于是否设注气压缩机，这需要结合天然气长距离管道系统全面考虑，只有当储气库联络线运行压力高于储气库最高注气压力时，才不需要设注气压缩机。显然，国内外绝大多数天然气长输管网储气库需要设注气压缩机。

不管是增压还是不增压注气流程，都需要对注气天然气进行净化处理，按照功能可分为流量计和压缩机前端的过滤分离，主要是过滤分离出天然气中所含有的液体与固体颗粒、粉尘，满足天然气计量仪表、增压设备要求。压缩机增压后天然气的过滤，主要是分离出天然气中携带的润滑油等杂质、水分，满足注气井注气质量要求。

(二) 采气流程

地下储气库的采气流程是指注采井(采气井)至注采站(集气站)的集气流程，一般有两种基本形式：

(1) 靠地层压力将采出的天然气输至输气干线(如图 2-1-3 所示)。

(2) 靠地层压力和外输气压缩机增压将采出气输至输气干线(如图 2-1-4 所示)。

两种流程的差别在于是否设外输气压缩机。普遍做法是储气库距离天然气目标市场近，供气压力低的储气库不设置增压机，依靠气井能力直接输送至长输管网，

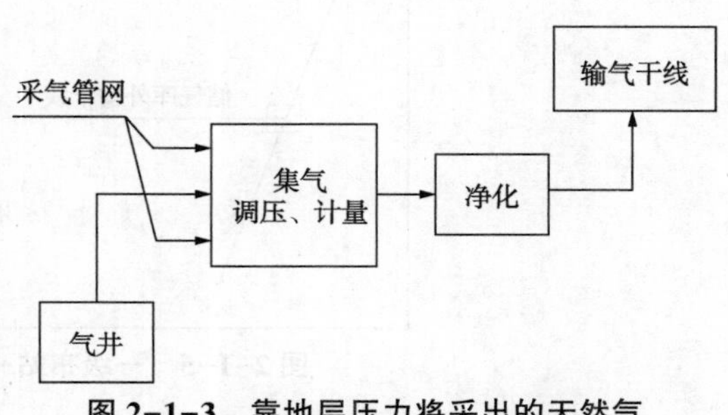

图 2-1-3 靠地层压力将采出的天然气输至输气干线的流程图

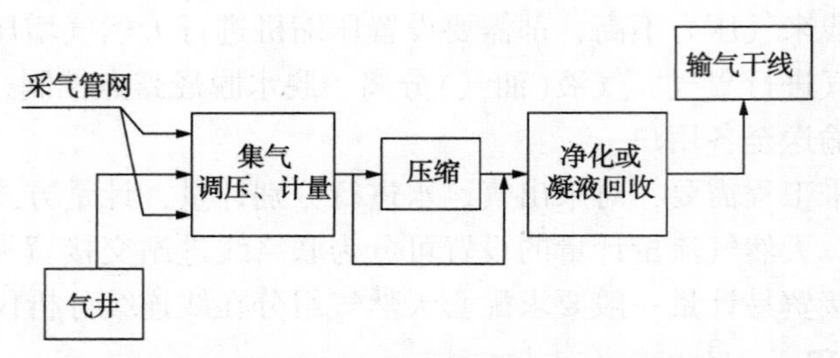

图 2-1-4 靠地层压力和外输气压缩机增压将采出气输至输气干线的流程图

反之距离目标市场远、供气压力高、目标市场调峰需求不足的储气库，宜配套天然气增压机组，实现储气库增压输气。

三、注采气管网

注采气管网指注采井至集气处理站、集注站间属于天然气集输范畴的天然气管网，主要包括单井采气管线、采气干线、单井注气管线、注气干线、安全控制阀、流量计等。当储气库注气时，自注采气站增压后的天然气经注气管网分输至各注气井，经计量后注入地下储气库。当储气库采气时，天然气经采气管网，经计量后输送至注采站。按照承担的功能不同，天然气地下储气库注采井可分为注气井、采气井、注采井三类，工程方案设计时为了节省投资，注采井的单井注采管线可以合用一条管线。

根据储气库所辖注采井的井位、井数、井间距和采出气组分的不同，可采取一级、二级等多种布站方式，注采气管网一般采取放射状(如图 2-1-5 所示)、枝状(如图 2-1-6 所示)或二者相结合的注采气方式。集输系统最常用的布站方式为一级或二级布站方式，管网采取枝状结构，井连接单井管线，单井管线连接到更大的干线，在规模小、距离近的情况下，可采用一级布站工艺，井通过单井管线直接与注采站相连，单井计量流量计可以设在注采站或集注站内方便管理。

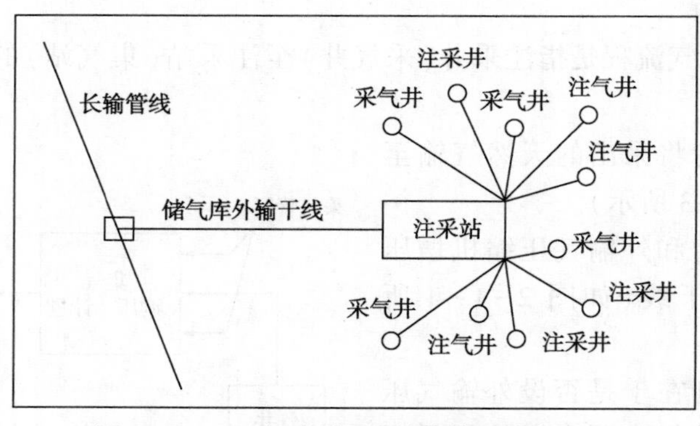

图 2-1-5 一级布站+放射状管网集气方式

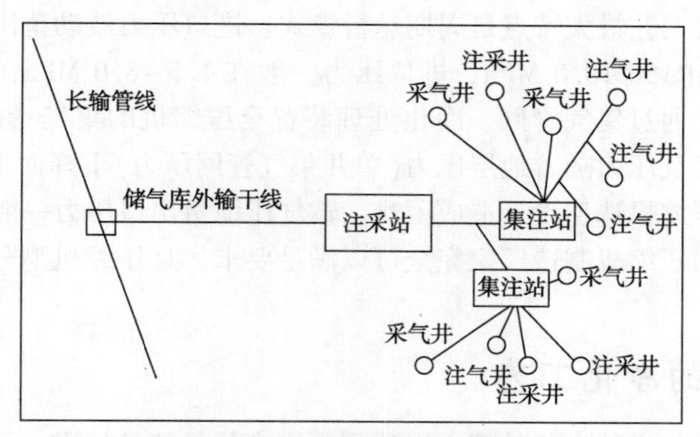

图 2-1-6　二级布站+枝状管网集气方式

四、储气库增压压缩机

从储气库注采气工艺可以看出，天然气压缩机是储气库工程的关键设备，也是储气库工程最大的能耗设备。按照功能可分为注气压缩机、输气压缩机，分别承担增压注气、增压输气任务。

（一）注气压缩机

注气压缩机选型及工艺参数设计，不仅要与天然气长输管线及目标市场需求配套，而且要与储气库地质、注采工程方案配套。即压缩机不仅能够顺利地通过联络线将剩余天然气输送至压缩机，压缩机增压后通过注气系统至注气井，而且运行工况参数要与天然气管网参数相匹配，与注气井注气能力相匹配，不出现联络线憋压、压缩机进口节流、压缩机出口注气流程节流等现象。

储气库增压注气工艺与其他增压工艺最大特点是注气压力高、周期运行模式。注气工艺运行压力一般在 15.0~35.0MPa，输送增压天然气流量在一定区间内变化，输气管线通过联络线至压缩机的输气量由低到高、由高到低周期变化，且变化幅度大。压缩机出口至注气井口注气系统压力随着地层压力上升而上升，由低到最高压力，且上升幅度大。

目前，离心式储气库压缩机主要应用在欧洲，国内储气库压缩机主要是电机驱动往复式活塞压缩机，多为国外进口设备。近年来，储气库压缩机国产研究取得显著成就，中国石化文 96 储气库、文 23 储气库国产压缩机出口压力分别达到 25.0MPa、35.0MPa，配套功率达到了 1500kW、4500kW，压缩机的设计制造及运行参数均达到并满足工程要求，装机在用的储气库压缩机 9 台为国产，工程造价节约 50%以上。

（二）输气压缩机

输气压缩机选型及工艺参数设计类似于注气压缩机，不仅与天然气长输管线及目标市场需求配套，还要与储气库地质、注采工程方案配套设计。即通过单井集气管线、天然气净化处理装置处理后的天然气能够顺利进入压缩机增压，然后通过联络线输送至长输管网，压缩机运行工况出气参数要与天然气管网参数相匹配，参数与集气处理流程相匹配，做到压缩机进口集气处理流程不节流、压缩机出口联络线输气不憋压等。

储气库增压输气工艺最大特点是周期运行模式、进口压力波动范围大。输气压缩机出口压力一般是8.0 MPa或10.0 MPa，进口压力一般在1.5~8.0 MPa，天然气流量由大到小变化。即采气单井通过集气管网、净化处理装置至压缩机的集气量由高到低周期变化，至压缩机进口，天然气压力随着地层压力(单井集气管网压力)下降而下降，由高到低下降幅度大于数倍，给压缩机选型设计造成困难。输气压缩机出口压力一般≤12 MPa，选用一级或二级压缩，国内压缩机制造厂家完全可以满足要求，且压缩机型号、制造厂家选择余地较多。

五、采出气的净化工艺

储气库采出天然气进行净化处理，以达到管道商品天然气标准，满足管道输送、天然气用户的要求。

储气库采出气净化工艺是指在注采站或集气处理站对注采井(采气井)采出气进行气液分离脱出游离水、凝析油，再脱水(或脱烃)控制天然气露点，使其达到管输气标准的工艺过程。应包括气液分离器、过滤器、低温分离或吸收法脱水露点控制等设备。选择什么样的净化处理工艺，直接取决于采出天然气物理性质、组分与储气库外在运行条件。

属于干气气藏、重烃含量低的储气库采出气净化处理相对简单，不需要脱烃处理；凝析气藏储气库采出气则需要脱水、脱烃控制露点；油气藏型储气库采出气则首先进行油气分离脱出凝析油，然后再进行天然气脱水、脱烃控制露点，特别是非枯竭油气藏型储气库应首先考虑天然气与原油的分离，往往原油的回收比较复杂，管理较为困难。

储气库采出气脱出游离水、凝析油常用重力式气液分离器及配套工艺；水露点控制常用地温分离法、甘醇吸收法脱水工艺。

重烃含量高需要脱烃时，应综合选用脱水、脱烃工艺，常用方法：一是采用低温分离方法在脱水的同时将重烃一并脱出。二是采用先脱水再脱烃的方法。采出气重烃含量逐年降低，应适当缩小脱烃设备规模、使用年限，宜选用撬座设备。

第二节　储气库建设地面工艺选择

一、注采气工艺设计基本原则

储气库地面工程注采工艺是指储气库的注气工艺、采输气工艺。采输气工艺又分为集气工艺、天然气净化处理工艺与输气工艺。凝析气藏储气库注采气工艺设计的基本原则如下：

(1) 天然气地下储气库是天然气长输管道的重要组成部分，主要担负目标市场的季节调峰供气、应急供气任务。因此，储气库的设计规模、运行参数不仅受制于注采、地质工程并为之配套，而且还是天然气长输管道系统设计的主要组成部分，储气库设计规模的确定取决于储气库的最大库容量与配套天然气长输管道的需求，当需求大于供给时，按照储气库最大库容量设计，反之按照长输管道需求的最大调峰气量或应急供气能力的最大值配套设计。储气库地面工程注采气工艺的设计须“地上、地下”充分结合，通过多方案经济比选后最终确定。

(2) 天然气地下储气库是天然气长输管道系统的重要组成部分，担负着天然气目标市场季节调峰供气、应急供气任务，也是国家天然气能源储备的重要组成部分，在国计民生中有重要地位。储气库地面配套注采气工艺输送介质易燃易爆、高温高压，采用“强采、强注”、周期运行模式，承受交变载荷、使用寿命长的特点。因此，在工程选址、工艺优化中应选用适用、安全、高效、先进、成熟的工艺技术。

二、注采气工艺参数设计

注采气工艺参数设计是指为注采工程配套的储气库地面工程中注气工艺、采气工艺能力，主要有：单井注气量、注气压力；单井采气量、对应采气压力、温度、最低井口压力参数；注采气集输管网、天然气净化处理设备、增压注气与增压输气等设计规模。它构成了储气库地面工程方案的主要设计参数与核心指标，也是储气库设计规模的重要组成部分。

单井注采气能力是储气库注采工程研究的重要内容，合理确定单井生产参数应与地面注采气工艺相结合，工程实践有如下结论：

(1) 采气井井口回压的确定须满足集气工艺的需要，即依靠气井自身压力将采出气通过集气管网输送至天然气净化处理设备，脱水、脱烃后通过输气联络线进入天然气长输管网，或通过增压机增压后输送。一般情况下，依靠自身压力输气的储气库最低井口压力应大于储气库外输压力1.0MPa(集气管线、天然气净化站场压力损失1.0MPa)；需要增压输送的储气库最低井口压力应≥2.0MPa。

(2)设计压缩机出口温度受制于储气库最高注气温度、注气管网运行温度、压缩机组配套设计等因素。盐穴储气库对注气温度有严格要求，油气藏储气库本身地层温度≥80℃，因此对注入气温度没有过多限制，储气库压缩机出口温度的设置主要取决于工艺管网，参考常用防腐、绝燃材料，使用温度一般≤85℃，压缩机出口温度宜≤80℃。

(3)注气压缩机出口最高运行压力应与储气库井口最高注气压力统一，井口最高注气压力应为允许的最高地层压力减去对应的气柱压力。国内储气库设计时允许的最高地层压力一般取原始地层压力。为了提高储气库库容量，根据国外储气库建设经验可以适当提高最高地层压力，但一般不超过原始地层压力的20%，具体视地质工程情况决定。

(4) 注采共用井应选用一套工艺管网，便于节省投资。设计时，应通过水力、热力计算，满足注气、采气不同周期生产需要。

(5) 储气库注采气管线、外输管线应配套水露点控制装置，防止水合物形成堵塞管道。一是长距离天然气外输管线一般埋地非保温敷设，应在集注站或集气处理站进行集中脱水、脱烃处理。二是采气管线湿气集输应因地制宜配套防止水合物技术措施。

(6) 储气库注采井注气量、采气量是注采工程的重要研究内容。采气量应高于最低携液气量、冲蚀气量。注气量应小于冲蚀气量，地面配套工艺中应设置最高、最低气量措施。

(7) 合理选用采气井口温度对设计集气处理工艺至关重要。储气库注采井采气时的井口温度是管柱参数、井底温度、环境温度、采气量、井口压力等众多运行参数的函数。在管柱参数、地层温度一定的情况下，井口温度与采气量成正比、与井口压力成反比，即配产气量越高，井口温度越高。气量相同时，井口压力越高，井口温度越低。因此，通过调整生产制度，特别是在气温、地温较低季节，通过减少开井数、提高单井配产的方法提高井口温度。

（8）采气井应配套手动或自动气量控制工艺设施，宜适当提高集气管线经济流速≥15m/s，节流点应尽量前移至井口。应通过合理制定生产制度的方法提高单井气量，继而提高井口及集气温度，从而简化、优化集气工艺，集气温度应高于最高水合物形成温度3℃。在环境温度较低地区，采气管线宜保温埋地敷设。

（9）储气库注采气及处理装置能力设计主要取决于长输管道天然气目标市场的需求与储气库地质、注采工程的最大调峰供气能力。当长输管道天然气目标市场需求大于储气库地质最大供气能力时，按照储气库的最大能力配套设计。根据国内建设储气库实际经验，天然气目标市场用户所在地区不同季节供气均匀系数也不同，北方冬季寒冷用气量大，用气不均匀系数高达2.0以上，储气库地面工程最大调峰供气能力为采气期平均日供气能力的1.4~1.6倍。注气能力为注气期平均日注气能力的1.2~1.4倍，天然气目标市场用户所在区用气不均匀系数越大，该系数取值应越大。当长输管道天然气目标市场需求小于储气库地质最大供气能力时，按照天然气长输管道目标市场需要配套设计，即根据天然气目标市场用户所在地区不同的季节供气均匀系数，按月计算出日均供气量、注气量，取最大值作为储气库最大供气能力、最大注气能力，储气库最大供气能力，还应满足管道故障时的应急供气能力。天然气目标市场用气不均匀系数、应急供气能力的计算参考天然气长距离管道设计方法。

三、注气处理工艺

（一）注气工艺流程的特点

储气库增压注气工艺与其他增压工艺最大特点是注气压力高达35.0MPa，并承受交变载荷周期运行。注气受制于储气库气层吸气能力，压缩机出口至注气井口的管网系统，压力随着地层压力上升而上升，周期运行，且上升幅度大。气源受制于长距离输气管道，出现盈余时，注气气量由低到高、由高到低周期变化，且变化幅度大，多气源管道供气时，压力存在不均衡性，需要分别增压。

（二）注入气净化与处理

储气库注采站不管是增压还是不增压注气流程，都需要对注入天然气进行净化过滤处理，按照功能可分为流量计或压缩机前端的过滤分离，主要是过滤分离进站天然气中所含有液体与固体颗粒、粉尘，满足天然气计量仪表、增压设备要求。压缩机增压后天然气的过滤，主要是分离天然气中携带的润滑油等杂质、水分，满足注气井注气质量要求。

1. 过滤分离器结构示意图

过滤分离器可分为立式或卧式结构，是由一个内部装有一级滤芯(过滤聚结滤芯)、二级滤芯(分离滤芯)的金属壳体组成，同时配有排污阀、放水阀、压差表、安全阀或伴热装置等附件，其结构示意图如图2-2-1、图2-2-2所示。

2. 过滤分离器工作原理

天然气进入过滤分离器后，首先汇集于铝制托盘，再分散进入聚结滤芯(由里向外)，第一步由过滤层滤除固体杂质，第二步通过破乳层，将乳化状态的油水分离，第三步由聚结层将微小的水滴聚结成大的水滴，沉降于集水槽内。然后，未来得及聚结的小水滴靠分离滤芯的斥水作用进一步分离，沉降于沉淀槽，由排水阀排出。干净的燃料通过分离滤芯汇集于二级托盘，由过滤分离器的出口排出。

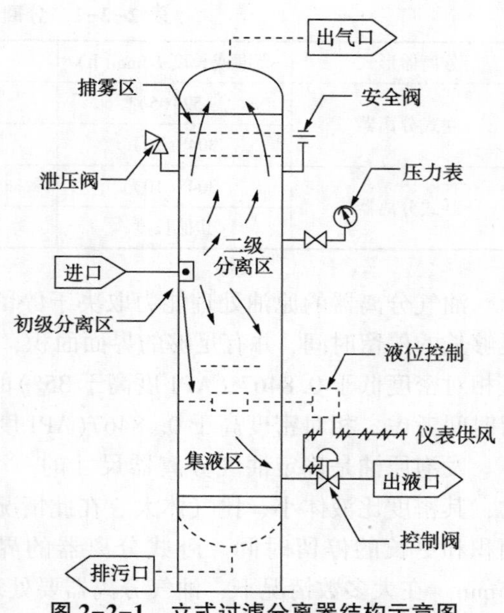

图2-2-1　立式过滤分离器结构示意图

3. 过滤分离器的工艺计算

分离器的天然气处理能力可由修正的斯托克斯定律求出。采用斯托克斯定律时，处理能力以给定流速下气流中沉降出的最小液滴粒径为原则。在操作条件下，气体最大允许表观速度可由式(2-2-1)求出：

$$V_a = K\sqrt{\frac{d_L - d_G}{d_G}} \tag{2-2-1}$$

式中　V_a——通过二级分离区的气体最大允许表观速度，m/s(ft/s)；

d_L——在操作条件下，液体的密度，$kg/m^3(lb/ft^3)$；

d_G——在操作条件下，气体的密度，$kg/m^3(lb/ft^3)$；

K——取决于设计和操作条件的常数，见表2-2-1。

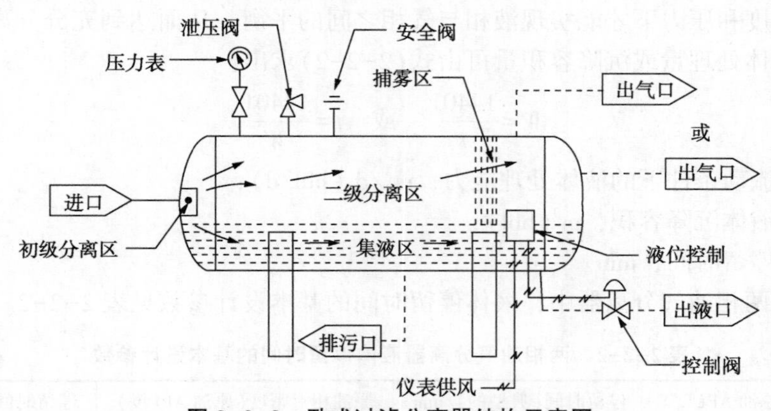

图2-2-2　卧式过滤分离器结构示意图

按上述系数计算出的允许表观速度适用于采用钢丝网捕雾器的分离器。这一速度可将直径大于10μm的液滴从气体中沉降出来。其他类型捕雾器应考虑最大允许表观速度或其他设计标准。为使捕雾器的功能得到充分利用，应按照捕雾器供货商推荐的丝网与上游气体井口和下游气体出口之间的距离安装。

表 2-2-1 分离器典型操作条件常数

分离器形式	高度或长度 L/mm(ft)	典型的系数 K 范围
立式分离器	1524(5)	0.037~0.073(0.12~0.24)
	3048(10)	0.055~0.107(0.18~0.35)
卧式分离器	3048(10)	$(0.122\sim0.152)\times(L/3048)^{0.56}[(0.40\sim0.50)\times(L/10)^{0.56}]$
	其他长度	0.061~0.107(0.2~0.35)

油气分离器的原油处理能力取决于停留时间和油-气界面面积。基本要求是使原油有足够长的停留时间，并有足够的界面面积，使原油中夹带的气体能充分逸出。对于不发泡且相对密度低于0.8467（API度高于35°）的原油，油气分离器的液相容积一般按1 min停留时间考虑，相对密度高于0.8467(API度低于35°)的原油，需要更长的停留时间。

发泡原油是确定油气分离器尺寸的一个因素。泡沫是气体分散在液体中形成的混合物，其密度比液体小、比气体大。在此情况下，将气体从液体中分离出来需要更大的界面面积和更长的停留时间。卧式分离器的界面面积通常是最大的，停留时间也许要长达15min。在大多数情况下，油气分离器要处理发泡原油的停留时间为2~5min。从油井取样测试装置模拟可以确定更精确的停留时间，消泡分离器的设计通常包括用以增大处理量的各种专有内部构件。除介质性质外，天然气处理能力还受以下因素影响：

（1）操作温度高于原油的析蜡点。

（2）操作温度高于天然气的水合物形成温度。

（3）液体的起泡倾向。

（4）流体的均匀性。

（5）消泡剂(如采用)。

油气分离器的液体处理量主要取决于分离器中液体的停留时间。只有足够长的停留时间，在分离温度和压力下才能实现液相与气相之间的平衡，从而达到充分分离。基于停留时间所需的液体处理量或沉降容积量可由式(2-2-2)求出：

$$W=\frac{1440V}{t} \quad 或 \quad t=\frac{1440V}{W} \tag{2-2-2}$$

式中 W——流动条件下的液体处理能力，m^3/d（bbl/d）；

V——液体沉降容积，m^3(bbl)；

t——停留时间，min。

通常，在两相油气分离器中，液体停留时间的基本设计参数见表2-2-2。

表 2-2-2 两相油气分离器液体停留时间的基本设计参数

原油相对密度(原油API度)	停留时间(典型的)/min	原油相对密度(原油API度)	停留时间(典型的)/min
0.8467以下(35°以上)	1	0.9314~0.9977（10°~20°）	2~4
0.8732~0.9314（20°~30°）	1~2		

可用公式(2-2-2)中的沉降容积来求特定油气分离器的液体处理量。综合考虑气体、液体处理量后，才能确定合适的油气分离器尺寸。需要注意的是，对于多数高压凝析气

井，因气油比高，气体处理量往往是油气分离器设计的主导因素，但对于低气油比介质所采用的低压分离器来说，情况则正好相反。油气分离器上的排液阀或调节阀尺寸取决于可能产生的压降、液体流量和液体黏度。

4. 油、气、水三相分离器的尺寸确定

油气分离器（立式、卧式）的形式均可用于三相分离。三相油气分离器应满足下列要求：

（1）在初级分离区，液体应与气体分离。

（2）气体流速应降低，以使液滴沉降。

（3）气体应经过有效的捕雾器进行除液。

（4）水和油应转入容器中无湍流的区域。

（5）液体应在容器中有足够长的停留时间，以便实现分离。

（6）油水界面应能够保持稳定。

（7）油、水应从各自的出口排出。

确定三相油气分离器的尺寸主要取决于停留时间，所需的停留时间取决于油气分离器的容积、需要处理的液体量及油和水的相对密度，油气分离器中的有效停留容积是分离器中油与水相互接触的部分。就油水分离而言，液体一旦离开初级分离区，尽管它可能还停留在分离器中的某个分隔的区域，但该部分容积不能算作停留容积。在确定停留时间时，需要考虑两个主要因素：

（1）水从油中充分分离的油相脱除时间。

（2）油从水中充分分离的水相沉降时间。

设计中，常用的方法是给油和水取相同的停留时间。可采用各种液位控制器或可调高度的堰板来实现。通常，三相油气分离器中液体停留时间的基本设计参数见表2-2-3。

表2-2-3 三相油气分离器液体停留时间的基本设计参数

原油相对密度（原油 API 度）	温 度	停留时间（典型的）/min
0. 8467 以下（35°以上）	—	3~5
0. 8467 以上（35°以下）	37. 8°C 以上（100°F 以上）	5~10
	26. 7°C 以上（80°F 以上）	10~20
	15. 6°C 以上（60°F 以上）	20~30

计算实例：

$$v_a=K\sqrt{\frac{d_L-d_G}{d_G}}=0.09\sqrt{\frac{824.95-54.46}{54.46}}=0.34\text{m/s} \tag{2-2-3}$$

$$v_a=K\sqrt{\frac{d_L-d_G}{d_G}}=0.3\sqrt{\frac{51.5-3.4}{3.4}}=1.128\text{ft/s} \tag{2-2-4}$$

实际气体流量：

$$Q_G=\frac{Q_{GS}}{V_{MS}}\times M_W\times\frac{1}{d_G}=\frac{7.19\times10^5\times20.3\times10^{-3}}{24.04\times10^{-3}\times54.46}$$

$$=1.11\times10^4\text{m}^3/\text{s}$$

$$\text{实际气体流量}=\frac{25000000\text{SCF/d}\times 20.3\text{lb/mol}}{379.5\text{SCF/mol}\times 86400\text{s/d}\times 3.40\text{lb/ft}^3}=4.552\text{ft}^3/\text{s}$$

$$\text{最小气体流动面积}\ A_{\min}=\frac{Q_G}{v_a}=\frac{0.13}{0.34}=0.38\text{m}^2$$

$$\text{最小气体流动面积}=\frac{4.552\text{ft}^3/\text{s}}{1.128\text{ft/s}}=4.035\text{ft}^2$$

$$\text{最小分离器内径}\ D_{\min}=\sqrt{\frac{4A_{\min}}{\pi}}=\sqrt{\frac{4\times 0.38}{\pi}}=0.7\text{m}$$

$$\text{最小分离器内径}=\sqrt{\frac{4.035\times 144}{0.7854}}=27.2\text{in}$$

选用内径 D 为 762mm（30in）的标准直径油气分离器。假设原油的相对密度小于 0.8467（API 度大于 35°）的两相分离设计所需的停留时间不少于 1min。

注：外径为 762mm（30in）可能较好，在此用内径只为了简化例题。

$$\text{液体体积}\ V(\text{不包括封头容积})=\frac{\pi\times D^2}{4}\times H\times 30\%=\frac{\pi\times 0.762^2\times 3.048\times 30\%}{4}=0.41\text{m}^3$$

$$\text{液体体积}\ V(\text{不包括下封头容积})=\frac{30^2\times 0.7854\text{in}^2\times 3\text{ft}}{\frac{144\text{in}^2}{\text{ft}^2}\times\frac{5.615\text{ft}^3}{\text{bbl}}}=2.62\text{bbl}$$

油气分离器的液体处理量：

$$W=\frac{1440V}{t}=\frac{1440\times 0.41}{1.0}=590.4\text{m}^3/\text{d}$$

$$W=\frac{1440V}{t}=\frac{1440\times 2.62}{1.0}=3772\text{bbl/d}$$

规格为 762mm×3048mm（30in×10ft）的立式油气分离器的液体处理能力满足设计要求。

储气库一般配套进站工艺过滤分离器、压缩机前管道伞帽过滤器、压缩机各级分离器，压缩机出口分离器，主要是防止液体、粉尘等进入压缩机气缸、储气库地下气层。

对于纯干气天然气介质粉尘过滤精度宜≤10μm；湿气介质时则需要进行相平衡计算，保证液体不进入压缩机气缸，进站工艺过滤分离器等一般气液分离液体液滴直径≤10μm；管道伞帽过滤器安装在一级进口过滤器前，主要功能是过滤并防止较大颗粒进入压缩机，固体过滤精度≤100μm。

储气库压缩机出口配套分离器主要是过滤分离天然气中夹带的润滑油、湿气介质时凝结的液体，防止进入注气管线并带入地下气层，因此天然气的过滤分离精度受储气库地质影响。

过高的分离精度要求增加了分离器制造成本，特别是储气库压缩机出口压力高，影响大，应与储气库地质工程相结合，分析天然气中夹带润滑油的危害，适当降低分离精度。

储气库压缩机出口配套分离器宜选用聚集过滤分离器，聚集滤芯免维护，配套高液位显示、报警与自动排液功能。

（三）天然气计量工艺

天然气计量是天然气长距离管道及地下储气库生产运行、营销管理的重要手段之一，目前绝大多数天然气计量以体积流量计量为主。

天然气地下储气库工程天然气计量包括进出储气库集注站的交接贸易计量及单井、单体工艺设备的生产过程计量。用于天然气交接(贸易)计量，应配套在线连续分析仪分析天然气组分。

1. 天然气计量工艺流程

天然气计量工艺包括过滤器、零泄漏关断阀、整流器、直管段、压力表、温度计、检修旁路、标定取样放空口等，可分为一支路流程、多支路流程。

2. 天然气流量计工作原理

天然气流量计种类繁多，但适用于地下储气库高压力、宽压力工况，以及大量程比、双向计量，长周期运行要求配有超声波流量计、靶式流量计、智能旋进旋涡流量计。

1）超声波流量计工作原理及优缺点

根据对信号检测的原理，超声波流量计可分为传播速度差法(直接时差法、时差法、相位差法和频差法)、波束偏移法、多普勒法、互相关法、空间滤法及噪声法等。超声波流量计和电磁流量计一样，因仪表流通通道未设置任何阻碍件，均属无阻碍流量计，是适于解决流量测量困难问题的一类流量计，特别在大口径流量测量方面，有较突出的优点，它是发展迅速的一类流量计之一。

超声波流量计是一种非接触式仪表，它既可以测量大管径的介质流量，也可以用于不易接触和观察的介质的测量。它的测量准确度很高，几乎不受被测介质的各种参数的干扰，尤其可以解决其他仪表不能解决的强腐蚀性、非导电性、放射性及易燃易爆介质的流量测量问题。

现今所存在的缺点主要是可测流体的温度范围受超声波换能铝及换能器与管道之间的耦合材料耐温程度的限制，以及高温下被测流体传声速度的原始数据不全。目前，我国只能用于测量200℃以下的流体。另外，超声波流量计的测量线路比一般流量计复杂。这是因为，一般工业计量中，液体的流速常常是每秒几米，而声波在液体中的传播速度约为1500m/s，被测流体流速(流量)变化带给声速的变化量最大也是10^{-3}数量级。若要求测量流速的准确度为1%，则对声速的测量准确度须为$10^{-6}\sim10^{-5}$数量级，因此必须有完善的测量线路才能实现，这也正是超声波流量计只有在集成电路技术迅速发展的前题下才能得到实际应用的原因。

超声波流量计换能器的压电元件常制成圆形薄片，沿厚度方向振动。薄片直径超过厚度的10倍，以保证振动的方向性。压电元件材料多采用锆钛酸铅。为固定压电元件，使超声波以合适的角度射入流体中，需要把元件放入声楔中，构成换能器整体(又称探头)。声楔的材料不仅要求强度高、耐老化，而且要求超声波经声楔后能量损失小，即透射系数接近1。常用的声楔材料是有机玻璃，因为它透明，可以观察到声楔中压电元件的组装情况。另外，某些橡胶、塑料及胶木也可作声楔材料。

2）靶式流量计工作原理、优缺点

靶式流量计于20世纪60年代开始应用于工业流量测量，主要用于解决高黏度、低雷诺数流体的流量测量，先后经历了气动表和电动表两大发展阶段，SBL系列智能靶式流量计是在原有应变片式(电容式)靶式流量计测量原理的基础上，采用了最新型力感应式传感器作为测量和敏感传递元件，同时利用现代数字智能处理技术而研制的一种新式流量计量仪表。

靶式流量计整台仪表结构坚固且无可动部件，为插入式结构，拆卸方便。可选用多种防腐及耐高、低温材质(如哈氏合金、钛等)。整机可实现全密封无死角(焊接形式)，无任何泄漏点，可耐42MPa高压。仪表内设自检程序，故障现象一目了然。传感器不与被测介质接触，不存在零部件磨损，使用安全、可靠。可就地采用干式标定方法，即采用砝码挂重法。单键操作即可完成标定。具有多种安装方式可供选择，如选择在线插入式，安装费用低。具有一体化温度、压力补偿，直接输出质量或体积。可选择小信号切除、非线性修正、滤波时间。能准确测量各种常温、高温500℃、低温-200℃工况下的气体、液体流量。计量准确，精度可达到0.2%。重复性好，一般为0.05%~0.08%，测量快速。压力损失小，仅为标准孔板的½ΔP左右。抗干扰、抗杂质能力特强。可根据实际需要，更换阻流件(靶片)而改变量程。低功耗电池现场显示，能在线直读示值，显示屏可同时读取瞬时和累计流量及百分比棒图。安装简单、方便，极易维护。具有多种输出形式，能远传各种参数。抗振动性能强，在一定范围内可测脉动流。

3）智能旋进旋涡流量计工作原理、优缺点

在入口侧安放一组螺旋形导流叶片，当流体进入流量传感器时，导流叶片迫使流体产生剧烈的旋涡流。当流体进入扩散段时，旋涡流受到回流的作用，开始作二次旋转，形成陀螺式的涡流进动现象。该进动频率与流量大小成正比，不受流体物理性质(密度等)的影响，检测元件测得流体二次旋转进动频率，就能在较宽的流量范围内获得良好的线性度。信号经前置放大器放大、滤波、整形转换为与流速成正比的脉冲信号，然后再与温度、压力等检测信号一起被送往微处理器进行积算处理，最后在液晶显示屏上显示出测量结果(瞬时流量、累计流量及温度、压力数据)。

旋涡流量计内置压力、温度、流量传感器，安全性能高，结构紧凑，外形美观。就地显示温度、压力、瞬时流量和累计流量。采用新型信号处理放大器和独特的滤波技术，有效地剔除了压力波动和管道振动所产生的干扰信号，大大提高了流量计的抗干扰能力，使其具有出色的稳定性。特有的时间显示及实时数据存储功能，无论在什么情况下，都能保证内部数据不会丢失，可永久性保存。整机功耗极低，能凭内电池长期供电运行，是理想的无需外电源而就地显示的仪表。防盗功能可靠，具有密码保护、防止参数改动功能。表头可180°随意旋转，安装方便。

储气库进出站天然气交接(贸易)计量宜选用超声波流量计，配套在线连续分析仪分析天然气组分；单井注气、采气可以是单井连续计量或选用井周期计量方式；单井、单体工艺设备宜选用智能旋进旋涡天然气流量计，管径大或需要双向计量时，宜选用二声道的超声波流量计。

（四）注气压缩机

注气压缩机、增压输气压缩机是天然气地下储气库注、采气工艺中的关键设备，注气压缩机能否安全、高效、平稳运行直接决定了地下储气库建设运营的成功与否，因此，增压工艺及压缩机组的设计参数优化尤为重要。

1. 国内天然气管道压缩机的技术发展现状

1986年8月，我国第一座长输天然气管道压气站在中-沧输气管道濮阳站建成投产，首次采用了燃气轮机驱动离心压缩机机组。1996年11月，建成投产的鄯-乌输气管道鄯善站，是我国首次采用天然气发动机驱动往复式压缩机机组的压气站。2000年11月，投产陕-京管道应县压气站，是我国第一个采用变频调速电机，通过增速齿轮箱驱动离心压缩机机组的压气站。2007年2月，投产西气东输管道蒲县压气站，是我国第一个投产的采用高速变频调速电机直接驱动离心压缩机机组的压气站。

自20世纪50年代末以来，燃气轮机已成为中等功率到大功率范围天然气管道增压用最广泛的驱动机，较小功率的机组多采用燃气发动机驱动往复式压缩机。随着我国天然气管道的不断延伸和电力电网的发展，一些靠近电力充足地区的压气站开始以大功率电动机驱动离心压缩机作为天然气增压方式，促进了我国天然气输送工业的发展。针对易维护性、远程控制及环保要求不断提高的现状，在供电能力较高的地区，采用电动机驱动管道压缩机的机组将会越来越多。我国天然气管道使用的压缩机组有燃气发动机驱动往复式压缩机、变频调速电机驱动往复式压缩机、变频调速电机通过增速齿轮箱驱动离心式压缩机、高速变频调速电机直接驱动离心式压缩机和燃气轮机驱动离心式压缩机等类型，但目前我国还没有采用恒速高压电机通过调速行星齿轮驱动离心式压缩机的机组，以及整体式磁悬浮电驱离心压缩机组(见表2-2-4、图2-2-3)。

表2-2-4 国内储气库天然气增压压缩机使用现状表

制造厂	机　型	排量/(m³/min)	压力/MPa		轴功率	驱动型号或类型	使用油田名称	台　数
			进气	排气				
上海压缩机厂	H22(Ⅱ)-260/15	260		1.5	2000	TDK260/55-24		11/6
沈阳气体压缩机厂	4M12-100/42	100		4.2	1000	电动机	辽河/胜利	16/11
北京第一通用机械厂	2D12-70/0.1-3	70	0.01	1.3	500	JB500-12	大庆	10
北京第一通用机械厂	4L-28/0.3-5	28	0.03	0.5	120	电动机	大庆	3
北京第一通用机械厂	4L-45/1-6	45	0.1	0.6	150	电动机	辽河	13
北京第一通用机械厂	P-5/0.3-2.5	5	0.03	0.25	55	JDO315S-14P	辽河	8
北京第一通用机械厂	P-28/2-8	28	0.2	0.8	90	电动机	胜利	3
四川空气压缩机厂	2MT10-2.8-11.4/45	2.8~11.4	0.13~0.8	0.5~4.5	174	天然气发动机	大港/胜利/四川	1/3/22
四川空气压缩机厂	MY10-1.4-5.7/45	1.4~5.7	0.13~0.8	0.5~4.5	87	天然气发动机	四川	7
北京第一通用机械厂	2DT2-150/2-8	150	0.2	0.8	500	电动机	中原	8
四川空气压缩机厂	2D16-10.4-14.4/5-68	10.4~14.4	0.5~6.0	6.8	283~757	TDF800-16/2150	四川	2

续表

制造厂	机　型	排量/(m^3/min)	压力/MPa		轴功率	驱动型号或类型	使用油田名称	台　数
			进气	排气				
美国艾瑞儿公司	JGR/2-H				150	G329 天然气发动机	四川	2
美国艾瑞儿公司	JGR/2-L				150	G379 天然气发动机	四川	2
美国艾瑞儿公司	JG/4				300	G3408 天然气发动机	四川	11
美国库伯能源服务公司	C-42				31	二冲程天然气发动机	大庆	
美国库伯能源服务公司	DPC-60				45	二冲程天然气发动机	四川	6

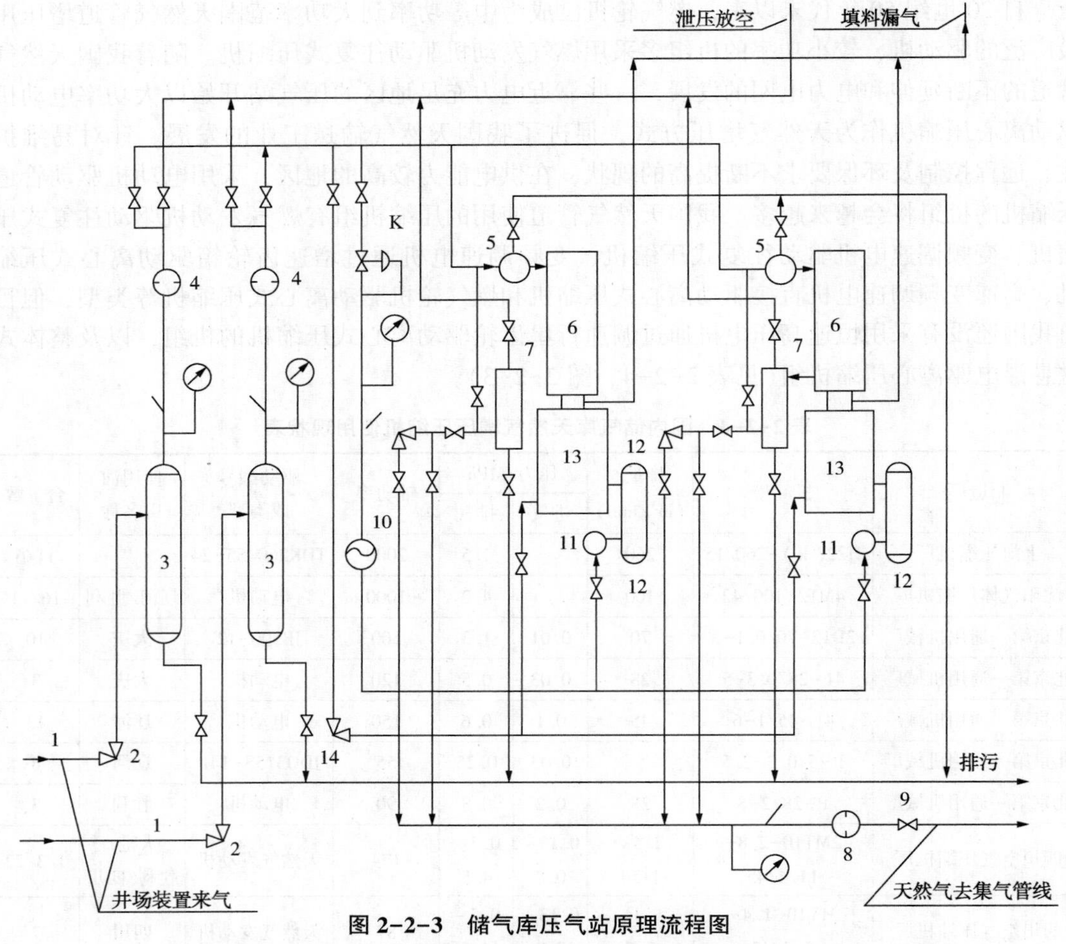

图 2-2-3　储气库压气站原理流程图

1—从井场装置接来的采气管线；2—进站气体压力控制阀；3—气液分离器；4—气液流量计；5—气体精细过滤分离器；6—活塞式压缩机；7—冷却器；8—压缩机出口气体总计量；9—出站气体截断阀；10 —燃料气计量表；11—燃料气过滤分离器；12—燃料气缸；13—燃料发动机；14—起动气体压力控制阀

2. 国内外天然气地下储气库注气压缩机的技术发展现状

地下储气库是天然气季节性调峰和资源战略储备的最佳选择，它已经成为当今天然气消费大国储存和调配天然气的重要基础设施，是天然气上、中、下游一体化利用的重要组成部分。同时，地下储气库的建造技术和相关工艺水平与现代科学技术的发展紧密相关，储气库受到世界各国的重视。

国外储气库压缩机多用往复式压缩机，目前大型天然气压缩机生产商主要有：ANGI公司、IMW公司、Cooper公司、Ariel公司、D-R(德莱塞兰)公司等；天然气发动机生产商主要有Waukesha(沃喀莎)公司和Caterpillar(卡特比勒)公司。其产品已经实现系列化设计、模块化生产，成套技术先进，工艺配套科学，型号齐全，应用范围广，产品使用遍布世界各地。机组都在向高可靠、长周期、低成本运行方向发展。

国内生产天然气压缩机始于20世纪80年代末期。经过几十年的生产、建设经验积累，已能满足CNG加气站、低压大排量、高压小排量天然气增压的工艺要求，但是在大型天然气增压方面应用较少，国内压缩机生产商主要有石化机械压缩机分公司、济柴动力成都压缩机厂、无锡压缩机股份有限公司等，生产的产品遍布国内各个地区乃至亚洲的其他国家和地区，同时国内压缩机造价较低(约为同等进口压缩机的1/3~2/3)，供货周期短，售后服务快捷，备品、配件供应及时等。

我国的地下储气库建设起步较晚，储气库的建设、装备制造等与发达国家相比有明显差距，因此国内储气库压缩机的起步也较晚。国内储气库95%以上的注气压缩机采用进口或进口主机国内成撬，国内储气库采用的压缩机参数见表2-2-5。

表2-2-5　国内建成储气库压缩机工作参数表

储气库名称	入口压力/MPa	出口压力/MPa	排量/10^4m^3	配套电机功率/kW	台　数	压缩机生产厂
相国寺储气库	7.0~9.5	30	166	4000	8	普帕克
呼图壁储气库	9	28	200	4000	8	普帕克
京58储气库	4	18	90	1500	4	艾斯德伦
文96储气库	5.0~7.0	23.5	62	1550	2	艾斯德伦
双六储气库	4.0	26	142	4500	8	普帕克
苏桥储气库	4.5	35	115	4000	12	GE

国内储气库压缩机发展还处于起步阶段，没有定型产品，也没有形成规模，只在中原文96储气库作为重大国产化攻关项目试验过1台压缩机，且压缩机的配套电机功率不超过2000kW，具体见表2-2-6。

表2-2-6　国产化压缩机在储气库的应用情况表

储气库名称	入口压力/MPa	出口压力/MPa	排量/10^4m^3	配套电机功率/kW	台　数	生产厂商
文96储气库	5~7	23.5	62	1500	1	石化机械压缩机分公司

据不完全统计，目前全国共有储气库25座，天然气增压机组226套，装机容量约12×10^4kW，年增压天然气产量达$6\times10^8m^3$。近年来，储气库压缩机国产化研究取得显著进步，储气库压缩机的设计制造能力及运行参数均满足工程要求。以中国石化文96储气库、文23储气库为例，先后投用了9台国产二级压缩往复式活塞压缩机组，装机容量分别达到了1500kW、4500kW，工作压力达到了25.0MPa、35MPa，基本上达到了天然气地下储气库对注气压缩机的要求。

3. 储气库注气工艺特点及对注气设备特殊要求

地下储气库是天然气长距离输气管道系统的重要组成部分，主要承担天然气目标市场季节调峰、应急供气任务。注气工艺的主要功能就是在注气期负责将盈余天然气注入地下，盈余天然气量与输气管道、目标市场的用户用气不均匀系数有关，且变化幅度大，随"注气期"季节性周期运行。同时，随着注气量的累计增加，储气库气藏压力逐渐升高，注气压缩机出口压力也跟随气藏周期变化，且变化幅度大。

因此，注气压缩机运行压力、流量跟随长距离输气管道输气、配套储气库储气运行状况变化而变化，注气压缩机必须具有较强的变工况适应能力，适应气量的周期变化，较频繁启停，机组多台并联操作。

注气工艺介质属于易燃易爆的甲A类危险品天然气，工艺过程高温、高压，承受交变载荷，长期储存，须具有防火和防爆的特性及良好的密封措施。安装的周围环境必须满足《油储气库爆炸危险场所分区》(SYJ 25—1987)的要求。

输送介质天然气中常含有H_2O、CO_2或重组分轻烃，应具有良好的抗腐蚀性能；在增压过程中，可能会析出凝析油、水，稀释和污染设备润滑油、堵塞储气库气层，应配套液体分离设备。

输送介质天然气是优质清洁的能源(燃料)，价格昂贵，主要用途为民用燃料、燃气发电、化工原料和精细工业燃料，对经济发展、社会稳定影响大。

4. 储气库注气压缩机选型

1）压缩机及驱动机的选择原则

（1）具有较强的变工况适应能力，较频繁启停、流量可调范围宽、调节控制简单。

（2）机组运行平稳、安全、可靠；运转率高、有利于实现自动化。

（3）比功率小、比重量小、使用寿命长；安装维修方便、占地少、造价适当。

（4）活塞式压缩机采用多台安装，一般为2~4台，以便机组检修时，有备用机组保证系统正常运行。

（5）压缩机机组必须满足储气库天然气增压的特点及其对增压设备的特殊要求。机组安装的周围环境必须满足《油储气库爆炸危险场所分区》(SYJ 25—1987)的要求，并以此确定驱动机的防爆等级或防火等级。

2）注气压缩机选择

（1）回转式压缩机。

回转式压缩机包括容积式(正排量)压缩机和动力式压缩机两类。

容积式压缩机是利用叶片、凸轮或螺杆的旋转将气体容积减少，达到增加气体压力的目的；动力式压缩机则利用旋转的叶片组给气体传递能量，然后将它排进扩压器中，在扩压器中气体的速度降低，气体的动能转变成静压能。

（2）往复式活塞压缩机。

往复式压缩机由气缸和活塞组成，活塞在气缸中压缩缸内气体达到增压目的。压缩形式可以是单作用也可以是双作用。

往复式压缩机适用于小流量、高排气压力的场合，而近年随着用户的需要，大排量的往复式压缩机也逐渐得到应用。往复式压缩机通常每一级的压缩比为 3∶1~4∶1，更高的压缩比会引起它的容积效率和机械效率下降，还会造成压缩机的应力过大。另外，排气温度也限制了压缩比的提高，由于机械方面的原因，通常限制排气温度在176℃以下。

往复式压缩机运动部件的尺寸确定后，工作腔的容积变化规律也随之确定，机器转速的改变对工作腔容积变化规律不发生直接影响，气体的吸入和排出靠工作腔容积变化实现，机器适应性强并容易达到较高的压力。故具有排出压力稳定、适应压力范围较宽、压缩比较高、适应性强等优点，但在相同的运行参数下，其外形尺寸大、排量相对较小、气流有脉动且噪声大，主要适应于小排量、高压或超高压条件。

（3）离心式压缩机。

离心式压缩机用于流量较大的场合，离心式压缩机的壳体分为水平剖分和垂直剖分两种形式。对于小流量的压缩机来说，水平剖分型可应用于压力在 5.52~6.89MPa，而垂直剖分型的压缩机压力应用范围比水平剖分型的要高，如油田注气压缩机，其压力可以达到 72.39 MPa。

离心式压缩机排量大、重量小、结构简单、占地面积小、运行效率高、流量平稳、噪声小、操作灵活、使用寿命长、维护费用少、被压缩气体不与机械润滑油类接触，能确保输送气体质量，但有易发生喘振、单级压缩比较低等不足，主要使用在长输管线上。

螺杆式压缩机结构紧凑、重量小、体积小。适用于中、小流量和较高压缩比。转子易磨损，寿命短，效率较低。工作压力一般不超过 2.5 MPa。

（4）螺杆式压缩机。

螺杆式压缩机分为干式螺杆压缩机和喷油润滑式螺杆压缩机两种。喷油润滑式螺杆压缩机的最高排出压力可达 5MPa。

天然气增压工艺中，一般选用离心式压缩机、往复式压缩机、螺杆式压缩机等作为天然气输送增压设备，优缺点对比见表 2-2-7。

表 2-2-7 天然气压缩机优缺点对比表

压缩机类型	优 点	缺 点
离心式压缩机	结构紧凑、重量小、体积小。适用于大、中流量和较高压缩比，比较稳定工况，叶轮不易磨损	1. 流量可调范围相对较窄。 2. 须避免喘振现象发生。 3. 效率较低，一般为 70%~80%
往复式压缩机	单机压缩比高，机械效率高，流量调节范围宽	1. 单机功率小，流量小。 2. 体积大，笨重。 3. 排气温度高，一般需要降温处理。 4. 机组维修周期短：8000~16000h。 5. 运行维护费用高。 6. 输出压力有脉动，机组振动严重

续表

压缩机类型	优 点	缺 点
螺杆式压缩机	结构紧凑、重量小、体积小。适用于中、小流量和较高压缩比	1. 转子易磨损，寿命短，效率较低。 2. 工作压力一般不超过 2.5MPa

综上分析，适用于储气库循环高压注气功能的压缩机主要有往复式压缩机、离心式压缩机两种。离心式压缩机主要应用在欧洲某些国家和地区的大型盐穴储气库，油气藏储气库、小型储气库多选多级压缩的活塞式压缩机，国内储气库压缩机主要是二级或三级压缩的往复式压缩机。

3）压缩机驱动机的一般选择原则

燃气发动机(燃气轮机)或电动机均可用作天然气压缩机的驱动设备，选择什么样的驱动设备，主要取决于技术、经济评价。压缩机驱动设备一般选择原则如下：

(1) 驱动机的转速应与被驱动压缩机转速相匹配，便于省去变速箱及机械损失，并使结构简化。

(2) 活塞式压缩机的驱动机宜用电动机和天然气发动机，在电源得到保证的地方，应尽量选用电机驱动。在电力缺乏地区，宜选用燃气发动机提供动力，但是辅助设备所需动力，应尽量考虑由主发动机驱动或主发动机发电电动机驱动。

(3) 驱动机的额定功率应大于压缩机的轴功率，电机驱动或燃气发动机驱动时裕量应为 10%或 5%。

(4) 通过调节驱动机转速来调节压缩机排气量时，应保证压缩机能获得设计转速。

(5) 活塞式压缩机一般选用 4 极、6 极、8 极笼型异步电动机。电机电压等级依据供电系统条件确定。一般规定：当供电电源电压为 6000V 时，功率大于或等于 220kW，选用 6000V 电动机，小于 220kW，选用 380V 电动机；当供电电源电压为 3000V 时，大于或等于 100kW 时，选用 3000V 电动机，小于 100kW 时，选用 380V 电动机。

(6) 选择天然气发动机时，注意当地现场安装环境条件与天然气发动机设计环境条件不同时，须对二冲程发动机和四冲程自然吸气发动机进行功率校正。涡轮增压后冷却式发动机是否需要校正，应根据设备的具体情况确定。二冲程发动机比四冲程发动机易于调节转速，维修费用低，更适合驱动压缩机，但四冲程发动机比二冲程发动机对燃料的适应范围大。

(7) 机组应有防火、防爆措施，安装环境必须满足《油储气库爆炸危险场所分区》(SYJ 25—1987)的要求，并以此确定防爆等级或防火等级。

4）活塞式压缩机组驱动方式选择

(1) 压缩机组驱动方式比选。

天然气压缩机的驱动设备主要有燃气轮机、燃气发动机(内燃机)和电动机三种。一般来说，往复式活塞压缩机采用燃气发动机或电动机。燃气发动机的优点是利用干线天然气作为燃料气能源，供应不受外部条件的限制。电动机作为压缩机的驱动设备，最突出的优点是效率高、噪声小，不污染环境，可靠性高。但要求厂址周边具备引接外电源条件，且电力供配系统要能满足集注站二级用电负荷。

两种驱动方式在近几年国内外储气库中均有成功运行经验，两种驱动方式均能满足设计需求，两种驱动设备优缺点对比见表 2–2–8。

表 2–2–8 往复式压缩机与离心式压缩机优缺点比选表

压缩机类型	优 点	缺 点
往复式压缩机	单机压缩比高、机械效率高、流量调节范围宽、无喘振现象、适应性强	1. 单机功率小，流量小。 2. 体积大，笨重。 3. 机组维修周期短：8000~16000h。 4. 运行维护费用高。 5. 输出压力有脉动，机组振动较严重
离心式压缩机	结构紧凑、重量小、体积小、单机排量大、占地面积小、运行效率高、稳定工况范围宽、叶轮不易磨损、噪声低、使用寿命长、维护费用低	1. 流量和压力可调范围相对较窄。 2. 须避免喘振现象发生。 3. 压缩机单级压缩比低。 4. 流量、压力波动对机组效率影响较大

具体选择哪种驱动方式更为合理，应根据现场条件进行多方案经济技术比选后确定（见表 2–2–9）。在外部不具备电源供电条件的地区，优先考虑采用燃气发动机驱动，可以不进行经济技术比选。在外部具备供电电源条件地区，应进行多方案经济技术比选后确定。

表 2–2–9 压缩机驱动设备技术性能对比表

序 号	比选项目	电驱压缩机	燃驱压缩机
1	设备特征	除电动机转子外，其他均为静止部件	活动部件较多
2	输出功率	受环境温度和大气压力的影响可忽略	受环境温度和大气压力的影响较大，环境温度越高，大气压力越低，输出功率越小
3	启动时间	较快，为秒级	较慢，为分级
4	对环境的影响	平均噪声比燃气发动机低 10dB 左右，无有害气体排出	噪声较高，排放少量高温有害气体
5	检修和维护	检修的主要部件为电动机轴承，除更换轴承外，整套设备基本不需要大修	主要部件受高温及腐蚀的影响须定期检查和大修，大修周期一般为 3.5~4 年

（2）储气库压缩机驱动方式选择。

注气压缩机选择燃气驱动还是电机驱动，在技术上均可以满足储气库工程工况的要求，驱动方式的选择主要取决于储气库所处的地理位置、承担的主要任务和各项技术、经济指标。

在外部不具备供电电源条件无法实施供电地区，以及主要功能定性为应急或战略性储气库，由于供气时间、运行周期的不确定性，注气压缩机常处于备用状态，供电备用负荷、成本高，因此应急或战略性储气库压缩机应选择对外依赖少的燃气驱动方式。

在压缩机组日常管理维护中，以燃气发动机为动力的压缩机组维修工作量以及发生的配件费用、维修费用高于同等功率以电机驱动的压缩机组。据不完全统计，燃气发动机维修工作量及发生的配件费用，占到总费用的 75%。如果用户中同类型设备数量较少，维护费用及管理难度会更高，因此国内大部分储气库企业选择电机驱动压缩机，与内燃机驱动压缩机相比主要优点有：①运行可靠，电机机组的平均无故障运行时间比燃气机组的长。②管理简单，维护工作量小，维护费用低，电机驱动设备与燃气发动机的进排气阀、涡轮增压器相比，较少受机械应力和热应力的影响。③采用电机驱动可以节省天然气，便于将天然气输送到清洁能源需求大的东部发达地区。

选择电机驱动时，要求厂址周边具备引接外电源条件，且电力供配系统要能满足压缩机大负荷用电要求，同时还必须考虑储气库压缩机周期运行方式对用电负荷不平衡带来的负荷占用费、供电设施维护费、负荷计划审批与及时供给问题。选择电机驱动方案时，压缩机电机有 10kV 电机和 6kV 电机两种规格可以选择，10kV 电机具有启动电流小、能耗低等优点，因此，在供电条件允许情况下，储气库多选用 10kV 电机。

在外部具备电源条件的地区应进行经济技术比较后决定。

以文 23 储气库建设为例，配置燃气驱动压缩机、电机驱动压缩机两种驱动方案进行备选。电机驱动及燃气驱动压缩机运行费用见表 2-2-10。

表 2-2-10 不同驱动方式单台压缩机运行费用对比表

项 目	燃气驱动往复压缩机		电机驱动往复压缩机	
	单台耗量	价格/万元	单台耗量	价格/万元
燃料气耗量/(10^4m^3/d)	2.2	4.068	0	
耗电量/(10^4kW·h/d)	0		7.956	5.577
辅助系统耗电量/(10^4kW·h/d)	0.552	0.397	0.48	0.336
润滑油耗量/(t/d)	0.053	0.53	0.027	0.27
单 价	天然气 1.849 元/标准立方米		电 0.719 元/(kW·h)(35kV) 电 0.701 元/(kW·h)(110kV)	
年运行费用/万元	995		1236.6	
年维修费用/万元	190		106	
合计/(万元/台)	1185		1342.6	

注：电机驱动压缩机组 110kV 电源，电价为 0.701 元/(kW·h)；燃气驱动压缩机组 35kV 电源，电价为 0.719 元/(kW·h)。压缩机价格为进口压缩机价格。

电机驱动比燃气驱动压缩机机组年运行费用多 157.6 万元/台。不同驱动配置方式建设费用详见表 2-2-11。

表 2-2-11 不同驱动配置方式建设费用一览表

驱动方式	燃气驱动(配置一)	电机驱动(配置二)
单机排量/(10^4m^3/d)	154~230	154~230
压缩机台数/台	16	16
压缩机转速/(r/min)	1000	1000
驱动形式	G3616	10kV 高压电机
驱动机功率/kW	3531	3900

续表

驱动方式	燃气驱动(配置一)	电机驱动(配置二)
总价/万元	77600	58720
配套费用/万元	5985	18593
压缩机配套总费用/万元	83585	76413

注：1. 电机驱动压缩机组 110kV 电源，电价为 0.701 元/(千瓦·时)；燃气驱动压缩机组 35kV 电源，电价为 0.719 元/(千瓦·时)。

2. 表中燃气驱动压缩机组单台价格为 4850 万元，电机驱动压缩机组单台价格为 3670 万元。

电机驱动比燃气驱动压缩机设备购置费低 1180 万元/台，采用电驱压缩机的工程投资比采用燃气驱动压缩机的费用低 5167 万元。储气库全部按建成运行 3 年计算，燃气驱动压缩机组投资+运行费用为 140465 万元，电机驱动压缩机组投资+运行费用为 140857.8 万元，两种驱动方式在经济上基本持平。

以上对比分析以天然气价格为 1.849 元/立方米为依据，具有明确的时效性，考虑到国内天然气自产不足，属于战略稀缺资源，价格上升趋势大于电价上升趋势。

同时，在国内也面临燃气驱动压缩机机组碳排放收费问题，以及在运行管理上，燃气驱动压缩机组需要专业化维保队伍问题，经过综合比较，推荐采用电机驱动压缩机组。

5. 储气库注气压缩机工艺参数确定及计算步骤

根据储气库建设规模确定注气压缩机装机排量、单机排量及吸气压力、排气压力、吸气温度、排气温度，以及介质在此工况下的绝热指数等计算参数。

其中，当储气库最大注气量给定后，便可确定装机容量。装机容量是安装在站内所有压缩机额定注气能力的总和，装机容量须大于或等于站最大处理量。单机排量取决于压缩机台数，压缩机台数确定后单机排量可按式(2-2-5)计算：

$$q_{A}=q_{max}/n \tag{2-2-5}$$

式中　q_{A}——单机排量，m^3/d；

q_{max}——装机容量，m^3/d；

n——压缩机台数。

压缩机级数取决于增压工艺的总压缩比，一般单机压缩比应不大于 4.0，多级压缩时压缩比不大于 3.0。

具备了流程的原始数据和单机排气量之后，就可以对照压缩机的样本资料进行选择配套的压缩机。倘若压缩机的技术资料不齐全，为了进一步核对压缩机有关热力参数对流程的适应性及制定压缩机运转过程中的操作控制指标，有必要对初步选定的压缩机进行工艺方面的热力计算。这种热力计算是在已初定压缩机的结构方案、级数、气缸直径、转速、行程的基础上进行的。其热力计算步骤如前所述，只是当计算到各级气缸直径与实际选定的压缩机气缸直径不符时，以实际的气缸直径作为代替，然后再复算出各有关热力参数。其步骤如下：

初步确定各级的名义压力。按等压力比分配各级压力：

$$\varepsilon=\sqrt[B]{\frac{p_{cB}}{p_{sI}}} \tag{2-2-6}$$

式中 B——压缩机级数；

p_{cB}——第 B 级的排气压力。

各级的吸排气压力为：

$$p_{sI}\cdot\varepsilon=p_{di}=p_{s(i+1)} \tag{2-2-7}$$

计算各级排气系数。可按式(2-2-7)求取：

$$\lambda=\frac{Q}{V_t}=\lambda_V\cdot\lambda_p\cdot\lambda_T\cdot\lambda_g \tag{2-2-8}$$

式中 Q——压缩机状态实际排气量，m^3/min；

V_t——行程容积，m^3/min；

λ_V——容积系数；

λ_p——压力系数；

λ_T——温度系数；

λ_g——泄漏系数或称气密系数。

计算析水系数。可按式(2-2-8)求取：

$$\mu_{di}=\frac{p_{sI}-\varphi_{si}\cdot p_{saI}}{p_{si}-\varphi_{si}\cdot p_{sai}}\cdot\frac{p_{si}}{p_{sI}} \tag{2-2-9}$$

式中 p_{sai}、p_{saI}——第 i 级和第 I 级吸气温度下的饱和蒸汽压，10^5Pa；

p_{si}、p_{sI}——第 i 级和第 I 级吸气压力，10^5Pa。

计算各级气缸行程容积。单级压缩机或多级压缩机的 I 级行程容积按式(2-2-9)求取；多级压缩机的其余各级行程容积按式(2-2-11)求取；排气压力超出 1.0×10^7Pa 的高压级按式(2-2-12)求取。

$$Q'=V_t=V_h\cdot n \tag{2-2-10}$$

式中 V_t——行程容积(即单位时间内的理论吸气容积值)，m^3/min；

V_h——气缸工作容积(即活塞在一个行程所扫过的容积值)，m^3；

n——压缩机的转数，r/min。

$$Q_i=V_{ti}\cdot\frac{\lambda_{Vi}\cdot\lambda_{pi}\cdot\lambda_{Ti}\cdot\lambda_{gi}}{\mu_{di}}\cdot\frac{p_{si}}{p_{sI}}\cdot\frac{T_{sI}}{T_{si}} \tag{2-2-11}$$

当考虑压缩因子时，

$$Q_i=V_{ti}\cdot\frac{\lambda_{Vi}\cdot\lambda_{pi}\cdot\lambda_{Ti}\cdot\lambda_{gi}}{\mu_{di}}\cdot\frac{p_{si}}{p_{sI}}\cdot\frac{T_{sI}}{T_{si}}\cdot\frac{Z_{sI}}{Z_{si}} \tag{2-2-12}$$

计算各级气缸直径。据拟选压缩机的结构方案，级在列中的配置及活塞杆直径 d，由表 2-2-12 所列行程容积 V_t 反求各级气缸直径 D'_i。

表 2-2-12 不同压力和不同温度下的绝热指数 K_T

气 体	温度/℃	压力/10^5Pa						
		1	100	200	300	600	800	1000
氮气	20	1.410	1.416	1.400	1.379	1.345	1.340	1.346
	100	1.406	1.419	1.426	1.419	1.377	1.372	1.373
	200	1.400	1.409	1.409	1.408	1.387	1.380	1.374

续表

气　体	温度/℃	压力/10^5Pa						
		1	100	200	300	600	800	1000
氢气	25	1.404	1.407	1.408	1.407	1.402	1.394	1.390
	100	1.398	1.399	1.400	1.401	1.396	1.393	1.388
	200	1.396	1.397	1.398	1.399	1.396	1.394	1.392
一氧化碳	25	1.400	1.433	4.414	1.394	1.349	1.344	1.341
	100	1.400	1.422	4.424	1.422	1.395	1.390	1.390
	200	1.399	1.407	1.415	1.422	1.408	1.403	1.398
甲烷	25	1.320	1.360	1.280	1.240	1.220	1.210	1.210
	100	1.270	1.300	1.300	1.280	1.250	1.230	1.220
	200	1.230	1.260	1.250	1.250	1.240	1.240	1.230

按拟选压缩机的实际气缸直径圆整各计算直径。若计算所得的各级缸径 D'_i 与实际直径 D_i 不符，则以 D'_i 值圆整。圆整后的实际行程容积计算，据不同的气缸配置，以 D_i 分别代替 D'_i，求得圆整后的实际行程容积 V''_{ti}。

计算圆整后的各级名义压力。圆整后各级名义吸、排气压力 p^o_{si}、p^o_{di} 为：

$$p^o_{si}=\beta_{si}p_{si} \tag{2-2-13}$$

$$p^o_{di}=\beta_{di}p_{di} \tag{2-2-14}$$

式中　β_{si}——圆整后的吸气压力修正系数。

$$\beta_{si}=\frac{V^o_{tI}}{V_{tI}}\cdot\frac{V_{ti}}{V^o_{ti}}$$

式中　β_{di}——圆整后的吸气压力修正系数。

$$\beta_{di}=\beta_{s(i+1)}$$

计算圆整后各级实际压力及压缩比考虑压力损失后各级吸、排气实际压力 p'_{si}、p'_{di}：

$$p'_{si}=p^o_{si}(1-\delta_{si}) \tag{2-2-15}$$

$$p'_{di}=p^o_{di}(1-\delta_{di}) \tag{2-2-16}$$

$$\delta'=\delta\left(\frac{\gamma}{1.29}\right)^{\frac{2}{3}} \tag{2-2-17}$$

$$\delta'=\delta\left(\frac{C_m}{1.29}\right)^2 \tag{2-2-18}$$

式中　δ'——修正后的压损率；

γ——压缩气体的重度；

C_m——实际压缩机活塞平均线速度。

各级实际压力比 ε'_i 为：

$$\varepsilon'_i=\frac{p'_{di}}{p'_{si}} \tag{2-2-19}$$

复算各级实际排气温度，按式(2-2-21)计算。

压缩机精确排气量 Q' 复算：

$$Q'=Q\frac{V_{tI}^{o}}{V_{sI}} \tag{2-2-20}$$

计算各级指示功率。中、低压级的指示功率为：

$$N_i=1.634p_{si}V_{ti}^{o}\cdot\lambda_{Vi}\frac{K_{Ti}}{K_{Ti}-1}\cdot\left[\left(\frac{p'_{di}}{p'_{si}}\right)^{\frac{K_{Ti}-1}{K_{Ti}}}-1\right] \tag{2-2-21}$$

对于高压级，考虑气体压缩性因子影响：

$$N_i=1.634p_{si}V_{ti}^{o}\cdot\lambda_{Vi}\frac{K_{Ti}}{K_{Ti}-1}\cdot\left[\left(\frac{p'_{di}}{p'_{si}}\right)^{\frac{K_{Ti}-1}{K_{Ti}}}-1\right]\cdot\frac{Z_{si}+Z_{di}}{2Z_{si}} \tag{2-2-22}$$

压缩机轴功率及驱动机功率按式(2-2-23)、式(2-2-24)计算：

轴功率为：

$$N=\frac{N_{id}}{\eta_m} \tag{2-2-23}$$

式中，大、中型压缩机，$\eta_m=0.90\sim0.95$；小型压缩机，$\eta_m=0.85\sim0.90$。

驱动机功率为：

$$N_e=(1.05\sim1.15)\frac{N}{\eta_e} \tag{2-2-24}$$

式中 η_e——传动效率。

皮带传动 $\eta_e=0.96\sim0.99$；齿轮传动 $\eta_e=0.97\sim0.99$；半弹性联轴节 $\eta_e=0.97\sim0.99$；刚性联轴节 $\eta_e=1$。

6. 储气库注气工艺参数优化

从地下储气库注气工艺的特点可以看出，压缩机运行参数非固定在某一数值，按照常规压缩机设计理念，不适应地下储气库注气工艺的要求，应采用压缩机区间运行的设计理念，综合运用余隙大小、压缩比分配、转速控制、运行台数等流量控制方法，做到进气流程不节流，低进气压力时压缩机出口温度不超、高出口压力时轴功率不超，以实现储气库循环增压注气工艺的高效运行，增压工艺与参数优化设计如下：

1）压缩机组进出口压力、温度优化设计

压缩机的进口压力由长输管道决定，并与管网压力配套设计，不再单独设置调压装置节流运行，进口压力运行在一定区间内。以文 96 储气库、文 23 储气库为例，配套调峰管网为榆林—济南输气管道、新气管道，通过模拟计算管网运行情况，确定注气压缩机的进口温度及压力为 5.0~7.0MPa、温度 20~40℃；6.0~8.0MPa、温度 20~40℃。

压缩机出口压力取决于储气库注采工程，在注气期内注气压力随着地层压力由低到高缓慢变化，周而复始，具体应参照储气库注采方案中注气压力确定。以中原储气库为例，文 96 储气库的气藏上限压力为 27.0MPa、下限压力为 12.0MPa；文 23 储气库的上限压力为 38.6MPa、下限压力为 19.0MPa，考虑到管注压差、沿程摩阻等因素，确定的文 96、文 23 储气库注气井口最高压力 23.5MPa、34.5MPa，即文 96 储气库压缩机出口压力运行区间为 8~23.5MPa、文 23 储气库运行区间为 12~34.5MPa。

压缩机出口温度的限制首先考虑注入天然气温度对地层、管线防腐层的影响，以及空冷器适应性、换热效率、负荷、能耗等因素。

油气藏储气库不同于盐穴储气库，盐穴储气库为防止盐层融化，必须对注入天然气进行严格限制，一般注气温度不超过50℃。油气藏储气库本身气藏温度高，一般在80℃以上（文96、文23储气库气藏温度高达120℃），故对注入天然气温度没有过多限制。

天然气管道埋地敷设防腐层一般选用三层PE、沥青等防腐蚀材料的耐温指标≤85℃。压缩机增压后天然气冷却温度不宜过低，否则会增加空冷器投资与运行负荷等费用。

据储气库主要是夏季注气、冬季采气的运行特点，出口温度要求过低，势必造成空冷器的换热面积大、空冷器负荷大，耗能过多。综合考虑油气藏储气库压缩机出口温度宜≤70℃，符合《地下储气库设计规范》（SY/T 6848—2012）中对压缩机的出口温度要求为≤70℃的要求。

2）压缩机单机排量、台数设计

在油气集输工艺设备配备的原则中，对于连续性运行的设备，一般不少于2~3台，同时为了减少工程投资，应尽量减少设备台数。众多油气集输工程实践说明，油气动设备选型应避免单台功率过大及启动电流造成对电网的冲击，同时设备台数过多也会增加投资与运行费用。

综上，储气库压缩机配置一般应不少于2~3台，具体数量主要取决于储气库规模，以及压缩机制造能力。

压缩机工作压力、排气量受制于压缩机气缸的制造水平、曲轴杆载力、驱动设备能力。从国内外燃气驱动发动机技术最新发展来看，常用燃气发动机最大功率为3600kW，因此，考虑到压缩机组的性价比与配件的互换性，储气库注气活塞式压缩机轴功率一般不超过4000kW，并以此可以推算出允许的单机最大排气量。

以中原储气库建设为例：在文96储气库地质注采工程方案中，储气库工作气量2.95×10^8m^3，注气能力180×10^4m^3/d。压缩机组进口压力5.0 MPa/7.0 MPa，出口压力23.5 MPa，考虑到压缩机检维修配件供应运行管理，配置同型号3台压缩机并联运行注气，以此推算出单机排量为60×10^4m^3/d，配套电机轴功率≤1600kW。

在文23储气库地质注采工程方案中，储气库一期工作气量32.67×10^8m^3，注气能力1800×10^4m^3/d。国内外燃气驱动发动机技术最新发展中指出，常用最大功率为3600kW，按压缩机组进口压力6.0MPa/8.0MPa，出口压力34.5MPa，配套电机轴功率≤4000kW，以此推算出单机排量为150×10^4m^3/d，考虑到压缩机检维修配件供应运行管理需要，需要配置同型号12台压缩机并联运行注气。

通过对压缩机参数优化，选择二级对称平衡式6缸往复式压缩机，在出口压力达到注采方案要求的18.0~34.5MPa时，压缩机进气允许压波动6.0~8.0MPa，气量波动100×10^4~180×10^4m^3/d，保证压缩机在高入口压力下轴功率不超4000kW，低进口压力下出口温度不超130℃，管网系统压缩机进口工艺不存在节流，压缩机在高效区间运行满足变工况区间运行要求，能耗利用合理，压缩机设计参数见表2-2-13。

表 2-2-13　压缩机设计参数表

项目名称	设计参数	备注
进口压力/MPa	6.0~8.0	6.0~9.0
出口压力/MPa	≤34.5	12~34.5(并联)
进气温度/℃	5~25	
出口温度/℃	≤80	冷却后 70
排气量/(10^4m^3/d)	150	100~180

3）储气库注气量调节方法优化设计

储气库注气量调节主要是通过注气压缩机并联运行台数或注气压缩机单机排量的调节来实现。往复活塞式压缩机排量调节方式有进口节流调节、出口回流调节、转速调节、余隙调节、自动卸荷调节、单双作用气缸调节等众多调节方式。

对于一般增压工艺的压缩机来说，为适应单机排气量、压力变工况区间运行，通常通过调节驱动设备的转速来实现，即须配备变频调速系或机械变速器。主要有变频调速电机驱动、调速行星齿轮驱动和整体式磁悬浮电机驱动三种方式。变频调速电机驱动是利用变频驱动装置与变频电机联合运行；调速行星齿轮驱动是利用电机与调速行星齿轮联合运行；整体式磁悬浮电机驱动是利用电机和磁悬浮轴承联合运行，此项技术目前在国内尚未得到应用。

目前，在国内天然气管道运行中，变频调速电机驱动占主导地位，而且有越来越被重视的趋势，但是不管哪种调节方式都需要增加设备、投资与管理费用，合理选择储气库注气量调节方式应着重从如下方面综合考虑：

（1）储气库注气工艺不同于长输管道天然气增压输送工艺，天然气长输管道重要运行参数关联度最高的是输送量，而储气库注气关注的是注气压力，对注入气量的多少敏感性不高。

（2）储气库注气量主要是通过并联运行压缩机台数调节进行匹配，辅以单机排量调节，主要手段为调节压缩机余隙大小，节流控制进口压力。采取调节排量的方法效能低，但方法简单且极容易实施。

（3）从可靠程度、节省投资、节能方面等综合考虑，储气库注气量调节方式应首选并联运行台数+单机余隙排量调节方式，即储气库注气压缩机组不增设专门的调速机构(压缩机进口设置节流控制设施备用)，运行中利用管道剩余压力自动调节压缩机单机排量，总注气量由并联运行台数匹配确定，以满足注气压缩机变工况区间高效运行要求，降低压缩机能耗，提高注气系统增压效率。

4）压缩机冷却方式选择

天然气压缩机需要对增压后的天然气、润滑油进行冷却，冷却方式一般有风冷与水冷两种，其优缺点见表 2-2-14。

表 2-2-14　风冷、水冷优缺点比选表

比选项目	风冷	水冷
集成制造	大气直接对天然气冷却，工艺简单，便于撬装集成设计	以水为工质大气对天然气间接冷却，工艺相对复杂。需要工质水循环系统

续表

比选项目	风冷	水冷
冷却效果	冷却温度受大气环境最高温度限制。冷却温度一般高于环境温度 8~15℃	冷却温度受环境温度影响较小，冷却温度一般高于环境最高温度 5~10℃
安装维护	安装及维护工作量较小	水循环系统(管线、泵、储罐、水质)安装及维护工作量较大

储气库注气压缩机宽工况运行且出口温度较高，为了节约投资，以及减少现场维护工作量，宜选用空气冷却方式。

7. 注气压缩机组集成安全控制技术设计

大型注气压缩机组的高效、安全、平稳运行是地下储气库注气增压工艺技术实施的保证。为提高注气压缩机组整体技术水平，应着重对如下技术进行优化研究：

(1) 注气压缩机组主要构成为压缩机主机、驱动设备、润滑系统、空冷冷却系统、进排气缓冲罐、防爆控制柜、软启动配电柜、紧急关断阀、紧急放空阀、出气单流阀、安全阀、自动手动排污阀、控制系统、共用撬座等，应对撬装压缩机组技术集成进行研究，完成注气压缩机的集成设计。

(2) 储气库注气压缩机启停较为频繁，且驱动转矩、驱动电机启动电流大(启动电流往往是额定电流的 7 倍)，不仅会对供电电网造成冲击，而且会对压缩机本体构成伤害，降低使用寿命，因此在注气压缩机组集成设计中，将降低启动转矩作为一项重要内容。降低活塞式压缩机启动转矩技术措施：一是压缩机进口配套小口径启动阀，专门用于启动时的流量、压力自动控制，以保证压缩机进口压力、排气量的缓慢提升。二是压缩机进出口回流双阀并联设计，较大口径回流阀专门用于启动天然气回流至进口，以尽量减小压缩机出口背压、减小启动转矩。三是驱动电机配套软启动柜，减少启动电流对电网冲击。

(3) 储气库压缩机工作介质属于易燃易爆的甲 A 类危险品天然气，工艺过程处于高温(130℃)、高压(35 MPa)、交变载荷下，注气工艺的安全保障措施尤为重要。注气压缩机组安全控制工艺应包括进出口紧急关断阀、手动/自动放空阀、出口单向阀、超压安全阀放空系统，进口分离器自动/手动排污系统，温度、压力、液位显示、报警、联锁控制系统，自动启、停机系统等。

在储气库注气工艺中，对高压天然气泄放应进行限流与准确控制，以减少泄放量放空损失，以及泄放对下游管网及放空系统的冲击。压缩机进出口回流双阀并联设计，其中较小口径回流阀专门用于停机时天然气自动回流至进口，以满足突然故障停机时的高压天然气泄压。压缩机超压三重保护，即在常规压缩机出口超压安全阀放空、联锁停机的基础上，增加超压自动回流保护，提高了压缩机高压运行的安全性，减少了压缩机停机天然气放空损失。

(4) 压缩机组管线内气体流速过高，将产生很大噪声和较大的振动，并增大阻力损失，若管径增大虽可使流速降低并可使振动减弱，但又导致安装困难和投资增多。因此，综合各方面因素，压缩机进口管线流速宜小于 10m/s，出口管线流速宜小于 15m/s。

(5) 进出口的缓冲罐和油水分离器应尽量靠近压缩机的气缸，管线越短越好。在安装位置许可时，缓冲罐应与压缩机的进出口直接相连。尽量少用弯头或不用弯头。当必须使用弯头时，弯头曲率半径不得小于 2.5*DN*。

（6）在设计气缸进出口的支架时，应特别考虑疲劳强度的影响，管托要有减振措施。

（7）压缩后的脉冲气流，虽有缓冲罐进行缓冲，但仍有相当一部分冲击负荷由管线传到支架，使管线、支架和支架基础发生振动。故支架位置的选择应考虑地基的抗振能力，或用减振设施减少地基和基础的振动负荷。

（8）为提高稳定性，基础的重量一般应为压缩机和原动机重量的 3~5 倍。在可能的条件下，力求基础的标高降低。

（9）为了防止管线发生剧烈振动，进出口前后的管线宜直接埋地敷设。

（10）为了防止压缩气体中的凝液进入气缸引起撞缸事故，在压缩机进口应设气、液分离器，并应设有手动/自动排液阀、止回阀。在各级冷却器、缓冲罐等容器的底部，以及管线的低点均应设有排液口。

（11）多级压缩时，每一级应设有安全泄压阀，当级间管线超压时，能自动泄气减压。安全阀应安装在易于检修的位置。压缩机末级出口应装设单向阀，以防高压气倒回机体。

（12）天然气压缩机在开工时，须用惰性气体置换气缸和管线内的空气，因此应设有惰性气体置换管线，置换管线的入口接于压缩机进口截断阀后。排空管线接于出口截断阀前。

（13）多级压缩机，除各级之间设置必需的调节回路外，始末两级之间应设闭路循环管线，供启动与切换时使用。

1）注气压缩机优化设计中应注意的问题

（1）压缩机组水力模型等的相关计算。

压缩机组初步设计的第一步是建立设计单位的水力计算模型与压缩机生产厂商机芯设计的一体化计算，根据计算结果确认和改进压缩机的设计性能和运行条件。由于每条管道的工艺条件不同，机组的运行工艺条件均存在一些不确定因素，因此在机组投产后，设计单位应根据实际情况进行参数审查、确认、修正管道水力模拟和压缩机工艺电算结果。设置两个或多个压气站的管道，在实际运行达到设计流量且运行条件稳定以后，应对整个管道压缩系统中的所有压缩机运行实际效能重新进行全面的评估和分析，将得到的整个管道压缩系统的总效率与设计要求相比较，以弥补国内相关设计水平的不足。

（2）压缩机组相关技术的应用。

① 回热联合循环系统。燃气轮机增加回热联合循环系统后，既能提高燃气轮机的综合热效率，又可减少热污染，在国外已被广泛应用。例如，某输气管道压气站的燃气轮机额定功率与西气东输管道用的部分燃气轮机功率相近，由于采用回热联合循环，每台燃机的综合热效率由 36.5%上升到 47.5%，但在国内天然气管道压缩机组中还尚未应用。

② 蒸发冷却技术。在干燥炎热地区为燃机进气系统选配蒸发冷却器，能够提高燃机效率，降低综合能耗和延长燃机寿命。目前使用的有湿膜式蒸发冷却器和喷雾式蒸发冷却器等，基本原理是等焓蒸发冷却，通过蒸发冷却器的测量、控制和保护系统严格控制给水的水质，防止叶片结垢。根据燃气机的功率、进气温度、湿度和大气压力适时调节喷水量，既能最大限度地提高进气的相对湿度，又能严格控制进入燃机的含水量。在很短的时间内(小于 1s)，实现水的绝热蒸发，并使进气的相对湿度超过 90%。此项技术已日趋成

熟，在我国西部地区的燃机上已有应用，并取得了较好的效果。

③ 主动磁力悬浮技术。主动磁力悬浮技术属于“无油”技术，1985 年，该技术首次应用于天然气压缩机组。该技术的优势是取消了复杂并占用较大空间的润滑油系统，降低了润滑油的损耗。减少了天然气泄漏和机组维护成本费用，机组使用寿命提高，故障率降低。噪声降低且无废气排放等。该技术目前已应用于燃机、电机和离心压缩机中。

④ 调速行星齿轮驱动离心式压缩机。调速行星齿轮驱动装置的运行基于功率分配原理，在很宽的速度范围内保持高效率，采用了流体动力学的运行方式，无磨损且可靠性高。它集流体动力学部件和行星齿轮于一个箱体内，由可调转矩变换器、固定行星齿轮和旋转行星齿轮等主要部件构成。通过可调转矩变换器，用液压油将一部分动力分流叠加到旋转行星齿轮，来控制主驱动轴的转速。采用标准高压电机驱动，实现了无污染气体排放，减少了噪声和电磁辐射对人员的伤害。目前，此项技术在我国的电驱机组中还没有得到应用。

⑤ 整体式磁悬浮电驱离心压缩机组。整体式磁悬浮电驱离心压缩机组可用于管道增压和储气库注气，是一种高速、智能、无油电驱离心压缩机组。该机组电机和压缩机均采用磁悬浮轴承(径向轴承和推力轴承)，取消了润滑油系统，大大简化了操作和维护。采用整体密封式技术集压缩机和电机为一体，取消了干气密封，电机用工艺气冷却。由于采用高速变频器和高速变频电机，电机与离心压缩机为直联方式，取消增速齿轮箱，其大功率变频器的应用，使压缩机单台功率达到 22000kW。目前，此项技术在我国还尚未应用。

2）压缩机组运行及维护

（1）注气压缩机组运行优化。

在注气期，用仿真模拟软件(TGNET、SPS)模拟分析天然气长输管道系统各种注气量的最优运行方案。

（2）机组故障监测与诊断。

① 远程监测与诊断系统。天然气管道压缩机组远程监测与诊断系统是利用丰富的图谱实时对机组进行“体检”，实现机组的早期故障预警，并通过网络随时掌控机组的实时运行状态，变被动的故障后处理为早期发现潜在故障并及时处理，能使千里之外的诊断专家及时得到机组异常变化信息。它的有效利用可以提高机组故障诊断准确率，对机组故障的预测、分析和排除能力、机组定期保养检修和辅助大修能力，以及机组现场开车指导能力和机组备品、备件需求预前判断能力提升具有重要意义，可以保证压缩机组的长期、安全和平稳运行。

② 油液分析。油液分析是抽取油箱中有代表性的油样，分别采用铁谱分析、发射光谱分析、红外光谱分析及常规理化指标分析，确定在用润滑油中的磨粒种类、数量和成分、变质产物的种类、含量，以及润滑油中典型添加剂的损耗程度，以此作为判断机组关键摩擦部位润滑和磨损状况的主要依据。在国内已进行了针对天然气压缩机组的油液分析、诊断和研究工作且进行了部分应用。

四、采气集输处理工艺

储气库地面工程采气集输处理工艺可划分为单井采气流程、到集气站的集气流程、至长输管道的输气联络线及增压外输流程。其中，增压外输属于天然气干气输送工艺，从注采井至集气处理站属于湿气集输、天然气脱水、脱烃露点控制净化处理工艺。采气集输处理工艺流程如图 2-2-4 所示。

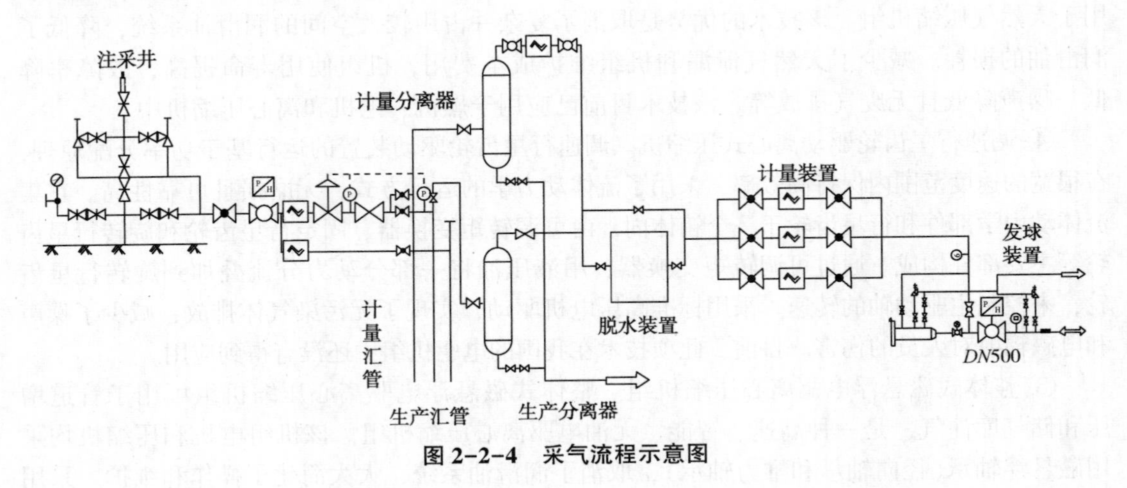

图 2-2-4 采气流程示意图

(一) 采气集输处理工艺流程

从采气井口到集气站的采气集输处理工艺，不仅要满足配产与采气速度的要求，还要根据采气井的井口压力、温度、气体组成等参数，设计合理的采气集输处理流程，达到不堵(水合物堵)、不腐(管线内腐蚀)、不超压运行，安全、经济地将井口天然气输送到处理厂(集气站)进行脱水(脱烃)处理，达到管输天然气标准。

采气集输工艺可分为三种：一是采气井口不加热、不节流高压输送工艺。二是采气井口不加热、节流注抑制剂低压输送工艺。三是采气井口加热、节流低压输送工艺。其中，比较典型的井场装置流程如图 2-2-5、图 2-2-6 所示。

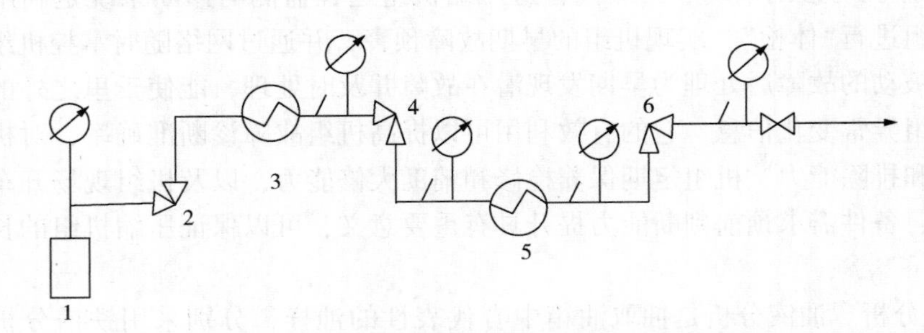

图 2-2-5 加热防冻的井场装置原理流程图

1—气井；2—采气树针形阀；3—加热炉；4—一级节流阀(气井产量调控节流阀)；5—天然气集热设备；6—二级节流阀(气体输压调控阀)

从输送介质分析，天然气集输工艺又可分为干气输送和湿气输送两种。所谓干气输送是指在矿场井(集气站)对天然气先进行脱水处理后再集输；而湿气输送是指在矿场井(集气站)对天然气仅降压气液分离，脱出液相后进行集输。

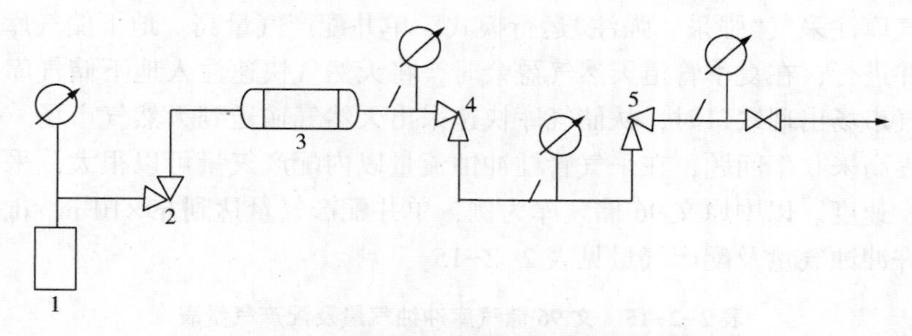

图 2-2-6 注抑制剂防冻的井场装置原理流程图

1—气井；2—采气树针形阀；3—抑制剂注入器；
4—一级节流阀(气井产量调控节流阀)；5—二级节流阀(气体输压调控阀)

1. 干气输送工艺

干气输送工艺是在矿场井(集气站)内部建脱水装置，各井来气分离后进入脱水装置，再进计量装置，后经集气干线输往净化厂。脱水装置出站的原料气水露点温度可达-15℃以下，以保证从矿场井(集气站)输至净化厂天然气管线无凝析液产生，防止管线内发生腐蚀。

干气输送工艺的优点是输气管线运行阻力小、管线内腐蚀轻；缺点是工艺复杂、投资高、运行费用高。

2. 湿气输送工艺

湿气输送工艺是不在矿场井(集气站)内部建脱水装置，而在末站集中建设脱水装置。天然气中含有硫化氢等酸性气体时，必须配套管道防腐技术或加注缓蚀剂。

湿气输送工艺的优点是工艺相对简单、投资低、运行费用低；缺点是存在水合物堵塞管线、管线腐蚀问题，需要配套防止水合物堵塞、管线内防腐技术。

防止水合物形成的技术主要有两种：一是控制集气温度方法，天然气输送温度高于水合物形成的温度以上。二是加注水合物抑制剂方法，降低水合物形成温度，使其低于天然气的输送温度。

目前，国内地下储气库建设起步晚于天然气管道建设，可供借鉴的经验不多。大港油田地下储气库地面采气工艺基本上采用了常规的气田采气工艺，即井口不加热、节流注抑制剂低压输送技术，集气站内采用节流低温法脱液、脱水工艺。依托中原油田建设的文96、文23储气库应用采气井口不加热、不注水合物抑制剂、管线不保温输送工艺，集注站内应用三甘醇吸收法脱水+丙烷制冷脱烃露点控制技术。

天然气地下储气库采气集输处理工艺不同于常规天然气田开发，需要结合储气库运行特点，对常用的加热集气工艺和抑制剂控制水合物形成技术进行适应性分析，更加合理地设计储气库集输气工艺。

(二) 采气集输处理工艺的主要特点

天然气地下储气库担负着天然气长输管道季节调峰与应急供气任务，采气集输处理工艺流程与常规气田开发有着很大不同，主要体现在承担任务、具有的功能、运行的模式等方面差异显著，最主要特点是：

（1）储气库注采气“强采、强注”运行模式，单井配产气量高。地下储气库注气、采气多由同一口井进行，在夏季管道天然气盈余时，将天然气快速注入地下储气库储存。在冬季管道天然气市场出现缺口时，从储气库快速采出天然气输送到天然气市场。储气库采气配产不存在提高采收率问题，在采气管柱冲蚀流量以内配产气量可以很大，采气速度远远超出气田开发速度。以中原文96储气库为例，单井配产气量达到$69\times10^4m^3/d$，文96储气库注采井允许冲蚀气量及配产气量见表2-2-15。

表2-2-15 文96储气库冲蚀气量及配产气量表

区块（井口压力9MPa）	月份	地层压力/MPa	井底流压/MPa	单井最大稳定生产能力/($10^4m^3/d$)	冲蚀流量/($10^4m^3/d$)	最大产气量/($10^4m^3/d$)
文96主块	11月	26.67	17.3	74.5	69.25	69
	12月	21.32	14.8	56.2	64.05	56
	1月	16.42	12.7	37.5	59.33	37
	2月	13.61	11.6	25	56.71	25
	3月	12.91	11.4	21.5	56.21	21.5
文92-47块	11月	26.7	12	29.5	57.68	29
	12月	21.44	11.3	21.4	55.97	21
	1月	16.61	13.5	13.5	61.17	13
	2月	13.84	10.9	8.3	54.97	8
	3月	13.15	10.8	6.9	54.72	6

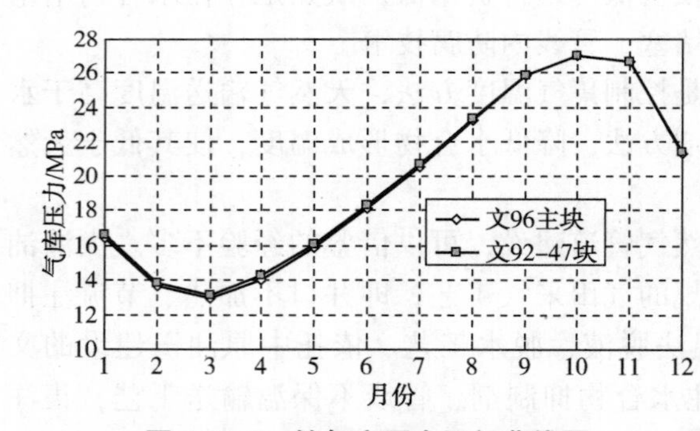

图2-2-7 储气库压力运行曲线图

（2）调峰供气周期运行，采气变化幅度大。储气库注采气采用周期运行模式，采气压力、集输处理气量随季节变化巨大。以文96储气库为例，在注气期注气压力前低后高，注气压力从12MPa上升到23.5MPa。在采气期采气压力前高后低，井口压力由22.5MPa下降至9MPa，单井采气能力也由高到低，由最初的$60\times10^4m^3/d$下降到$20\times10^4m^3/d$，储气库压力运行曲线如图2-2-7所示。

（3）井口温度是气采量的正比函数且影响大，采气量高、井口温度高。采气井口温度是采气集输处理工艺选择及日常生产管理的一个重要参数。井口温度不仅与井底温度有关，而且随着采气量和大气温度变化而变化，在同样的井底温度条件下，井口温度与采气量成正比，以文96地下储气库为例，12月-21℃气温环境条件下，气量由$20\times10^4m^3/d$上升到$50\times10^4m^3/d$时，井口温度由28.9℃上升到47.4℃，升高18.5℃；3月份采气量同为$8\times10^4m^3/d$时，极端高温、低温条件下，井口温度由38.5℃变化到15.1℃，两者相差23.4℃。不同气量、不同气温条件下的井口温度见表2-2-16。

表 2-2-16　不同气量、不同气温条件下的井口温度表

项　目	月　份	气温/℃	地层压力/MPa	单井采气量/($10^4m^3/d$)	井口压力/MPa	井口温度/℃
极端最高气温	11 月	25	26.67	30	21.1	61.4
				60	15.2	65.0
	12 月	16.2	21.32	20	17.1	48.2
				50	11.5	58.8
	1 月	17.5	16.42	20	12.7	48.2
				40	8.2	54.8
	2 月	19.3	13.61	15	10.7	42.3
				25	9.1	50.8
	3 月	26.6	12.91	8	10.6	38.5
				15	10.0	46.9
极端最低气温	11 月	−8	26.67	30	21.04	47.4
				60	15.2	56.3
	12 月	−21	21.32	20	17.1	28.9
				50	11.5	47.4
	1 月	−16.9	16.42	20	11.9	35.0
				40	8.2	41.8
	2 月	−13.1	13.61	15	10.6	21.8
				25	9.1	34.5
	3 月	−3.1	12.91	8	10.5	15.1
				15	9.98	27.9

文 23 储气库注采工程方案在极高、极低气温条件下井口压力和温度见表 2-2-17。

表 2-2-17　采气井井口压力和温度计算结果

方　案	上限地层压力/MPa	产量/($10^4m^3/d$)	井口压力/MPa	极高、极低气温条件下井口温度/℃	
				43	−21
最大工作气量($32.67\times10^8/a$)	38.6	10	23.6	59.3	14.1
		20	30.6	72.8	39.2
		40	27.9	82.5	58.4
		50	25.5	83.7	63.1
		60	22.4	83.8	65.6

综上可知，排除环境大气温度影响，配产采气量是影响井口温度的重要参数，提高配产气量不仅可以显著提高井口温度，同时井口压力也会降低，明显有利于采气集输处理生产运行。

储气库采出天然气组成与注入气质、气藏原始气组成有关，而且随着储气库运行周期的增加，采出天然气含水量逐渐降低，中后期天然气组分逐渐变干，因此在配套设计集气

工艺、脱水工艺时，除了要满足储气库建库初期脱水要求，还要考虑到储气库中后期运行脱水负荷降低问题，以降低运行费用，节省工程投资。

1. 采气集输处理工艺应用条件

采气集输处理工艺遵循“简化、实用、安全、高效”的原则，就是指应用最简化、实用的工艺技术，保证采气集输流程畅通、进站集气温度适中且利于天然气净化并降低脱水负荷，核心就是营造有效的防止水合物形成的采气集输条件，满足储气库“强采、强注”调峰、应急供气要求。

天然气水合物是水与烃类气体的结晶体，在集输气管线中产生时，则会使下游压力降低，严重时可堵塞管道从而妨碍正常输气。

经过充分研究，集输气管道天然气水合物形成的三个必备条件如下：

（1）足够低的温度和足够高的压力。对于任何组分的天然气，在给定压力下，都存在一个既定的水合物形成的温度界限，一旦低于这个温度将形成水合物。当压力升高时，形成水合物的温度也随之升高。

（2）存在游离水。天然气湿气输送时，管道内天然气处于水气饱和或过饱和状态，就有可能存在游离水，营造出天然气水合物形成的必要物质条件。

（3）水合物晶体的存在及晶体停留的特定物理位置(如弯头、孔板、阀门、粗糙的管壁)。

以上是天然气形成水合物的三个必备条件，即使三个必备条件均已达到，也不一定形成水合物。

通过研究影响天然气水合物形成的因素，确定防止水合物形成的有效集输条件如下：

（1）适当降低采气集输天然气压力。在其他条件不变的情况下，天然气压力越高，能够生成天然气水合物的最低温度越高，也就是说，天然气水合物越容易生成。反之，适当降低采气集输天然气压力，就可以降低水合物形成温度，避免水合物形成。

（2）控制采气集输天然气温度。天然气温度越低，能够生成天然气水合物的最低压力越低，天然气水合物越容易生成。也就是说，在给定天然气组分条件下，一定的压力对应一定的天然气水合物形成温度。文 96 储气库水合物形成温度见表 2-2-18。

表 2-2-18 文 96 储气库水合物形成温度

压力/MPa	22	20	18	16	14	12	10	8	6
水合物形成温度/℃	22.48	21.80	21.02	20.15	19.15	18.28	18.0	17.0	14

在实际工程应用中，通常做法就是控制采气集输温度始终高于水合物形成温度，可有效避免水合物形成从而堵塞管道。

（3）防止游离水存在。只有在饱和或过饱和状态下天然气中才可能存在游离水，因此尽可能采用干气集输工艺。天然气湿气集输处于饱和或过饱和状态时，应保持一定的气体流速，并及时排出管道底部游离水。

2. 防止水合物形成堵塞管线的技术措施

地下储气库采气集输处理工艺脱水装置以前，单井集气管线、集气干线是发生与防止水合物形成、堵塞管道的主要部位，在工程设计与生产运行管理过程中，应避开水合物形成条件。采取的主要技术措施如下：

（1）控制采气集输温度高于水合物形成温度。输送介质的天然气组分、含水确定后，计算不同压力下水合物形成温度，并以此作为参考，应控制采气集输温度高于水合物形成温度3℃。以文96储气库为例，不同压力下，采气集输温度见表2-2-19。

表2-2-19　集气管线运行压力、集气温度

集气压力/MPa	18	16	14	12	10	8	6
集气成温度/℃	≥24	≥23	≥22	≥21	≥21	≥20	≥17

（2）优化采气集输处理工艺，合理布置集气站、脱水处理站位置，单井采气管线长度宜≤1.0km、湿气集气干线长度宜≤1.0km。

（3）采气集输管线宜埋地敷设、流速≥8m/s、管外保温、低点排污，以减少环境温度影响。

（4）制定合理的生产制度，在冲蚀气量以下尽可能提高单井配产以降低井口压力、提高井口温度，继而提高集输气温度。流量控制工艺等压力节流点前移至井口，以尽可能降低集气压力、提高流速、提高末站进站温度。

以文96储气库为例，在极端环境温度条件下，单井配产与井口压力、温度见表2-2-20。

表2-2-20　极端气温条件下配产与井口压力、温度表

项　目	月　份	气温/℃	地层压力/MPa	单井采气量/($10^4m^3/d$)	井口压力/MPa	井口温度/℃
极端最高气温	11月	25	26.67	30	21.1	61.4
				60	15.2	65.0
	12月	16.2	21.32	20	17.1	48.2
				50	11.5	58.8
	1月	17.5	16.42	20	12.7	48.2
				40	8.2	54.8
	2月	19.3	13.61	15	10.7	42.3
				25	9.1	50.8
	3月	26.6	12.91	8	10.6	38.5
				15	10.0	46.9
极端最低气温	11月	-8	26.67	30	21.04	47.4
				60	15.2	56.3
	12月	-21	21.32	20	17.1	28.9
				50	11.5	47.4
	1月	-16.9	16.42	20	11.9	35.0
				40	8.2	41.8
	2月	-13.1	13.61	15	10.6	21.8
				25	9.1	34.5
	3月	-3.1	12.91	8	10.5	15.1
				15	9.98	27.9

井口流量控制(节流)与进集注站流量控制(节流)对集气温度的影响，见极端低温环境条件下，不同配产条件下井口、站内流量控制的进站温度表 2-2-21。

表 2-2-21 不同配产条件下井口、站内流量控制的进站温度

月份	气温/℃	单井采气量/($10^4m^3/d$)	井口压力/MPa	井口温度/℃	井口节流8MPa 温度/℃	进站温度/℃	直接进站温度/℃	站内节流8MPa 温度/℃
11 月	-8	30	21.04	47.4	14.8	14.9	36.8	4.4
		60	15.2	56.3	38.3	34.1	48.8	31
12	-21	20	17.1	28.9	6.1	7.9	20.4	-2.1
		50	11.5	47.4	38.6	32.5	39.5	31
1 月	-16.9	20	11.9	35.0	25.2	17.5	22.9	13.4
		40	8.2	41.8	41.3	32.7	33.1	32.8
2 月	-13.1	15	10.6	21.8	15.3	10.2	13.1	6.8
		25	9.1	34.5	31.7	22	23.7	21.2
3 月	-3.1	8	10.5	15.1	8.8	7.4	8.8	2.8
		15	9.98	27.9	22.9	14.2	16.4	11.7

在环境温度较高地区应用干气集输工艺，在井口或集气站设置低温气液分离装置、加热升温装置、节流等辅助制冷装置，分离出游离水单独输送。

单井采气集输距离远、环境温度过低季节，预留水合物抑制剂加注口，配备撬座加注泵。

定期吹扫管线，排出积水、杂质等。

3. 集气管线井口节流后进站温度计算选用公式

采气井口节流后温度、采气集输管线末站进站温度可以由如下公式计算。

(1) 节流效应系数的计算公式：

$$D_i=\frac{(0.98\times10^4/T_{pj}^2)-1.5}{c_p} \tag{2-2-25}$$

式中 D_i——节流效应系数,℃/MPa；

T_{pj}——输气管线的平均温度,℃；

c_p——定压比热，kJ/(kg·℃)。

(2) 输气管线的平均温度计算公式：

$$T_{pj}=T_0-(T_q-T_0)\times\frac{1-e^{aL}}{aL} \tag{2-2-26}$$

式中 $a=\dfrac{225.358\times10^6DK}{Q\Delta c_p}$；

T_0——管线周围介质温度,℃；

T_q——管线起点气体的温度,℃；

K——由管线中气体到土壤的总传热系数，W/(m^2·K)，不保温的管线取 2.79 W/(m^2·K)；保温的管线取 1.49W/(m^2·K)；

D——管子的外径，取0.114m；

c_p——气体的定压比热，J/(kg·K)；

Q——天然气流量，m^3/d；

L——管线全长，取1000km。

(3) 管线中距起点L_x千米处的温度计算公式：

$$T_x = T_0 + (T_q - T_0) \times e^{-aL_x} \tag{2-2-27}$$

4. 采出气的净化流程

储气库采出气净化处理的目的是满足天然气长输管道管输商品天然气的要求。

储气库采出气净化流程是指对注采井(采气井)采出气进行气液分离脱出游离水、凝析油，再对天然气露点控制(脱水、脱烃)，使其达到管输气标准的工艺流程。应包括气液分离器、过滤器、低温分离法或吸收法脱水、脱烃露点控制装置等主要设备。选择什么样的处理工艺，直接取决于采出气天然气的组分、物理性质与储气库的运行条件。

储气库采出气净化流程一般要先进行气液分离，再根据要求进行露点控制脱水、脱烃处理，脱出凝析油、水分回收利用。干气气藏储气库采出气净化处理比较简单，一般不需要脱烃与烃露点控制；凝析气藏储气库采出气需要进行脱水、脱烃露点控制；油气藏储气库采出气则需要进行油气分离、天然气脱水、脱烃露点控制，特别是非枯竭油气藏储气库采出气含有原油时，应首先考虑原油与天然气的分离与回收，往往原油的回收工艺比较复杂，管理较为困难。

由于储气库采出气包含了注入的管道气，也包含原油气藏所生产的天然气、凝析油及气层产出水。一般认为，随着注采周期的延长，采出气逐渐接近注入气质，但是准确地计算储气库产出气的组分相当困难，它不仅是管道气组分、性质、注入量、注入强度的函数，也是不同油气藏产出井流物组分、性质、采出程度的函数。更重要的是，采出气组分受日常生产工作制度影响，也是时间的函数，不确定因素太多，因此，准确预测采出气组分相当困难，这就给合理设计天然气净化工艺造成麻烦。工程中，常用做法是依据原有油气藏开发生产过程中的组分初选油气分离、脱水、脱烃工艺，再参考油气藏开发程度进行优化并适当减少油气分离、脱烃规模。储气库采出气脱出游离水、凝析油常用重力式气液分离器及配套工艺；水露点控制常用甘醇吸收法脱水工艺；烃、水露点都需要控制时，应综合选用脱水、脱烃工艺，常用方法：一是采用低温分离方法，在脱水的同时将烃脱出。二是采用先脱水再脱烃的方法，该方法对于枯竭油藏烃含量较低的储气库非常实用，脱烃工艺使用年限短、工艺简单、规模小，可以节省投资与运行费用。

(三) 采出气净化处理设备

1. 重力式气液分离器

1) 重力式气液分离器的适用范围

重力式气液分离器有各种各样的结构形式，但其主要分离作用都是利用天然气和被分离物质的密度差(即重力场中的重度差)来实现的，因而叫重力式分离器。除了温度、压力等参数，最大处理量是设计分离器的另一个主要参数，只要实际处理量在最大设计处理量的范围内，重力式分离器即能适应较大的负荷波动。在集输系统中，由于单井产量的递减、新井投产及配气要求变化等原因，气体处理量变化较大，因而在集输系统中，重力式分离器应用也较为广泛。

2）基本结构与工艺原理

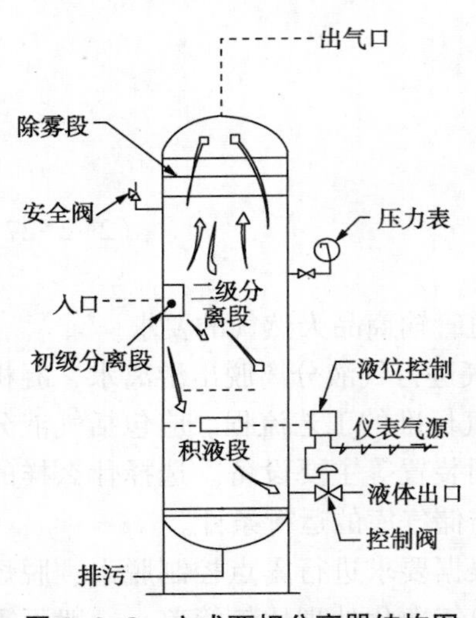

图 2-2-8 立式两相分离器结构图

（1）立式重力分离器。

立式重力分离器的主体为立式圆筒体，气流一般从该筒体的中段进入，顶部为气流出口，底部为液体出口，其结构如图 2-2-8 所示。

初级分离段即气流入口处，气流进入筒体后，由于气流速度突然降低，成股状的液体或大的液滴由于重力作用被分离出来直接沉降到积液段。为了提高初级分离效果，常在气液入口处增设入口挡板或采用切线入口方式。

二级分离段即沉降段，经初级分离后的天然气流携带着较小的液滴向气流出口以较低的流速向上流动。此时，由于重力的作用，液滴则向下沉降与气流分离。本段的分离效率取决于气体和液体的特性、液滴尺寸及气流的平均流速与扰动程度。在分离器设计计算过程中，本分离段的各种流动参数是决定分离器计算直径的关键因素，也是分离器工艺计算的立足点。

积液段主要收集液体。在设计中，本段还具有减少流动气流对已沉降液体扰动的功能。一般，积液段还应有足够的容积，以保证溶解在液体中的气体能脱离液体而进入气相。对三相分离器而言，积液段也是油水分离段。分离器的液体排放控制系统也是积液段的主要内容。为了防止排液时的气体旋涡，除了保留一段液封外，也常在排液口上方设置挡板类的涡旋装置。

除雾段主要设置在紧靠气体流出口前，用于捕集沉降段未能分离出来的较小液滴（10~100μm）。微小液滴在此发生碰撞、凝聚，最后结合成较大液滴下沉至积液段。

立式重力分离器占地面积小，易于清除筒体内污物，便于实现排污与液位自动控制，适于处理较大含液量的气体。但其单位处理量成本高于卧式重力分离器。

（2）卧式重力分离器。

卧式重力式分离器的主体为一卧式圆筒体，气流从一端进入，从另一端流出，其作用原理与立式分离器大致相同，由图 2-2-9 所示，可分为下列部分：

入口初级分离段可具有不同的入口形式，其目的也在于对气体进行初级分离，除了入口挡板外，有的在入口内增设一个小内旋器，即在入口对气-液进行一次旋风分离。

沉降二级分离段也是气体与液滴实现重力分离的主体，其各种参数为设计卧式分离器的主要依据。在立式重力分离器的沉降段内，气流一般向上流动，而液滴向下运动，两者方向完全相反，因而气流对液滴下降的阻力较大，而卧式重力分离器的沉降段内，气流水平流动与液滴下沉成 90°夹角，因而对液滴下降阻力小于立式重力分离器，通过计算可知，卧式重力分离器的气体处理能力比同直径立式重力分离器的气体处理能力大。

除雾段可设置在筒体内，也可设置在筒体上部紧接气流出口处。除雾段除设置纤维或金属网丝外，也可采用专门的除雾芯。

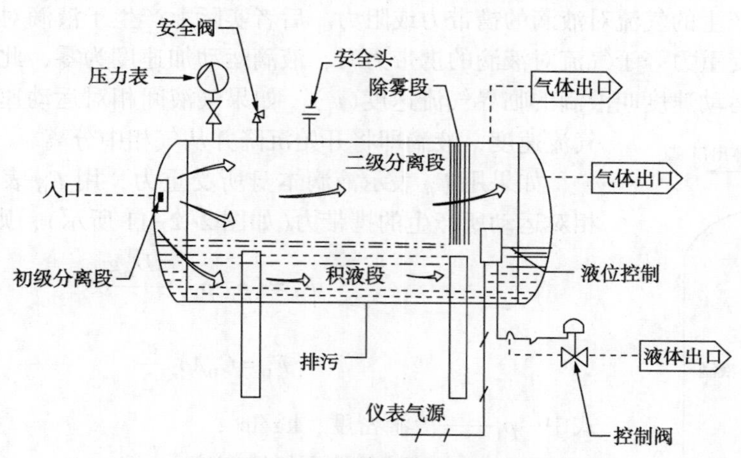

图 2-2-9 卧式两相分离器结构图

液体储存段(积液段)设计常需要考虑液体必须在分离器内的停留时间，一般储存量度按 $D/2$ 考虑。

卧式重力分离器和立式重力分离器相比，具有处理能力较大、安装方便和单位处理量成本低等优点。但也有占地面积大、液体控制比较困难和不易排污等缺点。

针对卧式重力分离器液位控制等方面的缺陷，另外还有一种双筒卧式重力分离器，如图 2-2-10 所示。上筒用于气液分离，下筒专门用于储液，但由于其建造费用较高，应用不太广泛。

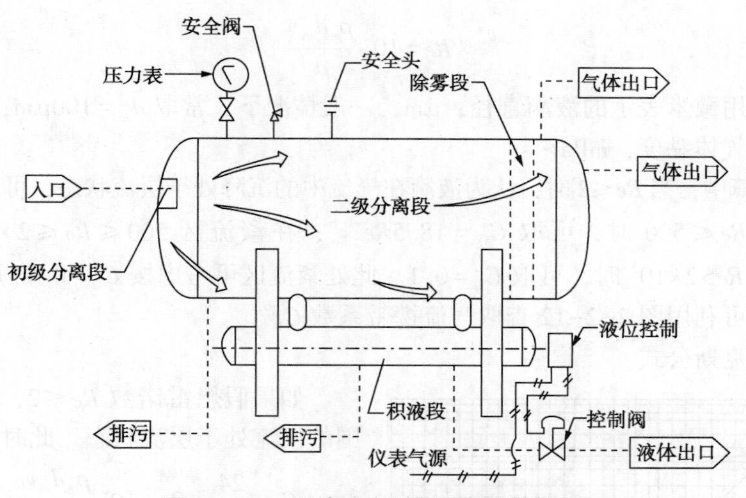

图 2-2-10 双筒卧式两相分离器结构图

3）重力式气液分离器基本沉降理论与沉降速度

(1) 液滴在沉降过程中的受力分析。

在重力分离器中，液滴在沉降段与初级分离段的受力情况不同。液滴在分离段主要受离心力或惯性力的作用。在沉降段，液滴主要受其本身向下的重力和液滴向下沉降或气流向上运动时所产生的气流对液滴的携带力或阻力。后者实际上产生于液滴对气流的相对运动。当液滴所受重力等于气流对液滴的携带力时，液滴运动加速度为零，此时的气体与液滴之间的相对运动速度叫液滴的临界气流速度(v_t)。如果气液间相对运动速度低于此临界气流速度，液滴即将开始沉降并从气相中分离。

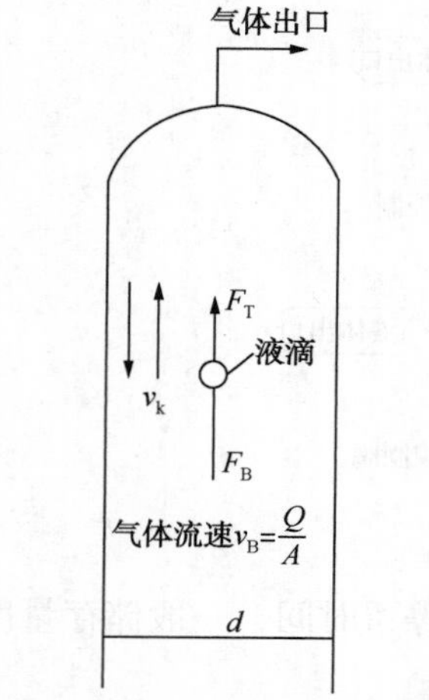

如果用 F_B 表示液滴本身所受重力，用 F_D 表示气体对液滴相对运动所产生的携带力(如图 2-2-11 所示)，则有

$$F_B=(\rho_l-\rho_g)\frac{\pi D_m^3 g}{6} \tag{2-2-28}$$

$$F_D=C_D A\rho_g \frac{v^2}{2} \tag{2-2-29}$$

式中 ρ_l——液滴密度，kg/m^3；

ρ_g——工况条件下气体密度，kg/m^3；

D_m——液滴直径，m；

C_D——气流携带力系数；

A——液滴横截面积，m^2；

v——工况条件下液滴周围气流速度，m/s；

g——重力加速度，9.81m/s^2。

图 2-2-11 液滴在重力分离器中的受力分析

对于球形液滴来说，携带能力系数是假想雷诺数的函数，其关系式如下：

$$C_D=\frac{24}{Re}+\frac{3}{Re^2}+0.34 \tag{2-2-30}$$

$$Re=10^{-3}\frac{\rho_g d_m v}{\mu} \tag{2-2-31}$$

式中 d_m——用微米表示的液滴直径，μm，一般情况下，常取 $d_m=100\mu m$；

μ——气体黏度，mPa·s。

通常在计算中，当 $Re\leqslant 2$ 时，认为液滴在气流中的沉降处于层流状态，可取 $C_D=24/Re$；在过渡区 $2\leqslant Re\leqslant 500$ 时，可取 $C_D=18.5Re^{-0.6}$；在紊流区 $500\leqslant Re\leqslant 2\times10^5$ 时，可取 $C_D=0.44$；当 $Re>2\times10^5$ 时，可取 $C_D=0.1$。此处紊流区可考虑按 $C_D=0.44$ 取用。

此外，也可利用图 2-2-12 查取气流携带系数 C_D。

(2) 司托克斯公式。

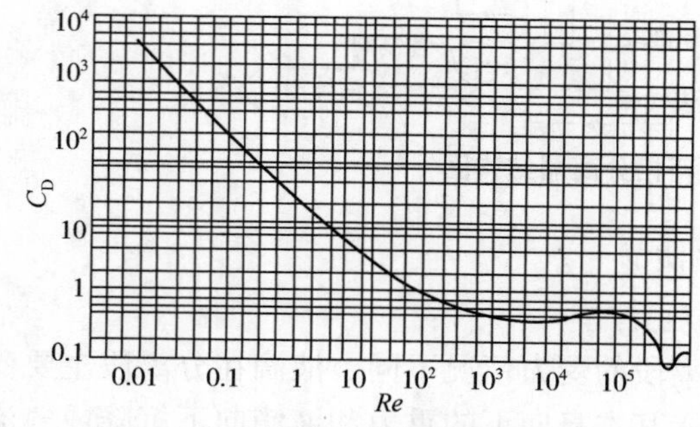

图 2-2-12 阻力系数与雷诺数的关系

如果假想雷诺数 $Re\leqslant 2$，则认为液滴周围的气流处于层流状态。此时

$$C_D=\frac{24}{Re}\quad Re=10^{-3}\frac{\rho_g d_m v}{\mu}=10^{-3}\frac{\rho_g D_m v}{\mu}$$

$$F_D=C_D A\rho_g\frac{v^2}{2}=\frac{24}{Re}\left(\pi\frac{D_m^2}{4}\right)\rho_g\frac{v^2}{2}$$

$$=\frac{24\mu}{10^3\rho_g D_m v}\left(\pi\frac{D_m^2}{4}\right)\rho_g\frac{v^2}{2}$$

可得 $$F_D=3\times10^{-3}\pi u D_m v$$

令 $F_D=F_B$，即 $$3\times10^{-3}\pi\mu D_m v=(\rho_1-\rho_g)\frac{\pi D_m^3 g}{6}$$

可得

$$v=0.545\times10^3\left(\frac{\rho_1-\rho_g}{\mu}\right)D_m^2 \tag{2-2-32}$$

当液滴直径用 $d_m(\mu m)$ 表示时，则可得如下层流状态时的临界气体流速公式：

$$v_t=\frac{5.45\times10^{-10}(\rho_1-\rho_g)d_m^2}{\mu} \tag{2-2-33}$$

需要说明的是，该式在推导过程中，C_D 使用了简化式，因而在气液分离运算中误差较大。但该式在三相分离器油水分离计算时可采用。

利用牛顿第二定律还可建立起液滴在气流中下降时的加速度公式，即

$$a=\frac{F_B-F_D}{m} \tag{2-2-34}$$

经微积分运算后，可得下列液滴沉降时的动态公式：

$$v_t=5.45\times10^{-10}\frac{(\rho_1-\rho_g)d_m^2}{\mu}\left(1-\frac{1}{e^{\gamma}}\right) \tag{2-2-35}$$

式中　γ——$5.45\times10^{10}\dfrac{\mu t}{(\rho_1-\rho_g)d_m^2}$；

t——沉降时间，s。

经计算可知：在相当短的时间内，液滴下降运动即可处于平衡状态，当平衡以后，动态式(2-2-35)即与静态式(2-2-33)相同。

(3) 气液分离的实用公式。

如上所述，由于司托克斯公式用于气液分离误差较大，故需要对气液分离的临界气体流速实用公式进行推导。其推导过程如下：

首先，假定 C_D 为常数，令 $F_D=F_B$，且液滴横切面 $A=\pi\dfrac{D_m^2}{4}$

由式(2-2-28)和式(2-2-29)可得

$$C_D\left(\pi-\frac{D_m^2}{4}\right)\rho_B\frac{v_1^2}{2}=(\rho_1-\rho_g)\frac{\pi D_m^3 g}{6}$$

令液滴直径用 $d_m(\mu m)$ 表示，可得

$$v_1^2=13.08\times10^{-6}\left(\frac{\rho_1-\rho_g}{\rho_g}\right)\frac{d_m}{C_D}$$

$$v_t=3.617\times10^{-3}\left[\left(\frac{\rho_1-\rho_g}{\rho_g}\right)\frac{d_m}{C_D}\right]^{0.5} \tag{2-2-36}$$

设 $C_D=0.34$ 时，可得紊流条件下的临界流速 v_t^o：

$$v_t^o=6.203\times10^{-3}\left[\left(\frac{\rho_1-\rho_g}{\rho_g}\right)\frac{d_m}{C_D}\right]^{0.5} \tag{2-2-37}$$

从上述推导中可以看出，实用公式的计算首先需要求得 C_D 常数的值。C_D 常数的计算可利用上述有关公式按下列步骤进行计算：

在紊流条件下计算第一步，即

$$v_t^o = 6.203\times10^{-3}\left[\left(\frac{\rho_l-\rho_g}{\rho_g}\right)\frac{d_m}{C_D}\right]^{0.5}$$

计算雷诺数，第一次计算时，式(2-2-31)中 v 用 v_t^o 代替：

$$Re = 10^{-3}\frac{\rho_g d_m v_t^o}{\mu}$$

计算 C_D 常数：

$$C_D = \frac{24}{Re}+\frac{3}{Re^{1/2}}+0.34$$

利用式(2-2-36)计算 v_t，即

$$v_t = 3.617\times10^{-3}\left[\left(\frac{\rho_l-\rho_g}{\rho_g}\right)\frac{d_m}{C_D}\right]^{0.5}$$

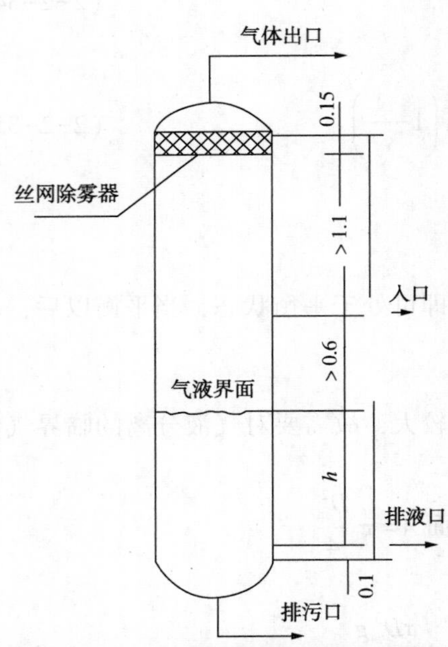

图 2-2-13　两相立式重力分离器示意图

利用算得的 v_t，再开始计算下一个 v_t，使最后两次计算的 v_t 值靠近所需的精度，然后利用最后算得的 v_1 求得所需的 C_D 系数值。

显然，以上试算以计算机计算为好，但即使手工计算，该式收敛也较快。当利用上述方法求得 C_D 系数后，就进一步计算分离器的设计系数 K 值，其计算结果适用于不同形式的重力式分离器工艺计算。

4）两相立式重力分离器计算

两相立式重力分离器示意图如图 2-2-13 所示（图中尺寸单位为 m）。

（1）气相处理能力计算。

立式重力分离器的气体处理能力计算，主要基于气体在分离器中的流速必须小于液滴的临界气体流速 v_t［见式(2-2-36)］。

分离器气体流速为：

$$v_g = \frac{Q}{A_g} \tag{2-2-38}$$

式中　Q——天然气工况下流量，m^3/s；

A_g——分离器横截面，m^2。

$$A_g = \frac{\pi D^2}{4} = 0.785D^2$$

$$Q = Q_n\frac{p_0ZT}{pT_0 86400} = Q_n\frac{0.101325TZ}{p\times(273.2+20)\times86400} = 4\times10^{-9}\frac{TZQ_n}{p}$$

$$v_g = \frac{Q}{A_g} = \frac{4\times10^{-9}\frac{TZQ_n}{p}}{0.785D^2} = 5.096\times10^{-9}\frac{TZ}{pQ^2}Q_n$$

令 $v_t=v_g$，v_t 按式(2-2-36)计算，最后可得

$$D^2=1.408\times10^{-6}\frac{ZQ_nT}{p}\left[\left(\frac{\rho_g}{\rho_l-\rho_g}\right)\frac{C_D}{d_m}\right]^{0.5}$$

令

$$K=\left[\left(\frac{\rho_g}{\rho_l-\rho_g}\right)\frac{C_D}{d_m}\right]^{0.5} \tag{2-2-39}$$

得

$$D^2=1.408\times10^{-6}\frac{ZQ_nT}{pd_m^{0.5}}\cdot K \tag{2-2-40}$$

当 $d_m=100\mu m$ 时，

$$D^2=1.408\times10^{-7}\frac{ZQ_n\cdot T}{P}\cdot K \tag{2-2-41}$$

式中 ρ_g——气体工况下密度，kg/m^3；

D——分离器计算直径，m；

ρ_l——液体密度，kg/m^3；

Z——气体压缩因子；

Q_n——气体流量，m^3/d($P=0.101325MPa$，$t=20℃$)；

T——分离温度，K；

P——分离压力(绝)，MPa；

d_m——液滴直径，μm；

C_D——阻力系数；

K——分离器设计系数，可利用气液分离的实用公式进行计算或查相关图表获得。

由式(2-2-40)或式(2-2-41)可算所需分离器最小直径 D。

(2) 液相处理能力计算。

液相处理能力计算主要依据所需液体在分离器内的稳定时间或滞留时间。若分离器储液段体积为 $V_1(m^3)$，液体流量为 $Q_1(m^3/s)$，分离器液柱高度为 $h(m)$，则液体在分离器内的滞留时间 t 为：

$$t=\frac{V_1}{Q_1}$$

$$V_1=\frac{\pi D^2h}{4}=0.785hD^2$$

若液体产量 Q_{In} 单位用 m^3/d 表示，则

$$Q_t=\frac{Q_{In}}{86400}=1.157\times10^{-5}Q_{In}$$

可得

$$t=\frac{V_1}{Q_1}=\frac{0.785hD^2}{1.157\times10^{-5}Q_{In}}=6.784\times10^4\frac{hD^2}{Q_{In}}$$

若滞留时间用分钟表示为 t_r，则

$$t_r=\frac{6.784\times10^4}{60}\frac{hD^2}{Q_{In}}=1130.8\frac{hD^2}{Q_{In}}$$

最后可得立式重力分离器的液体处理能力计算式：

$$D^2h = 8.843\times10^{-4}t_r Q_{ln} \tag{2-2-42}$$

式中　h——分离器液柱高度，m；

t_r——液体在分离器中所需的滞留时间，min。

根据 API 规范推荐，对油气分离器而言，油液在分离器内的滞留时间见表 2-2-22：

表 2-2-22　API 推荐油液在分离器内的滞留时间表

原油比重指数(°API)	滞留时间/min	原油比重指数(°API)	滞留时间/min
大于 35°API	1	20°API	2~4
30°API	1~2		

API 度数与原油相对密度关系换算式为：

$$\frac{141.5}{131.5+°API} = d_{15.6}^{15.6}$$

一般，天然气气水分离时，可用 $t_r\leqslant1$min。

（3）分离器实用长度与长径比。

立式分离器的实用长度必须考虑气液分离段长度、丝网除雾器长度、排液口下部的长度及沉降段的长度。故立式分离器的实用长度可按式(2-2-43)计算：

$$L_{SS} = h+(1.9\sim2) \tag{2-2-43}$$

式中，1.9~2m 的长度为经验数据，在具体设计分离器时，可根据分离的结构参照最小直径 D 和 D^2h 计算值及合适的长径比对 1.9~2m 的值进行调整。

长径比的选择一般为 3~4。

5）两相卧式重力分离器计算

两相卧式重力分离器示意图如图 2-2-14 所示。

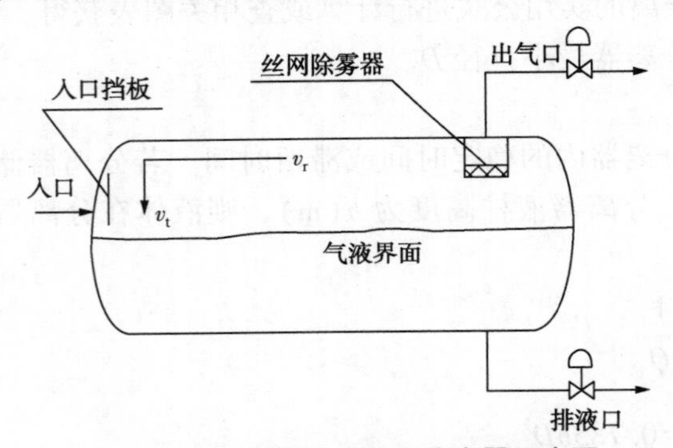

图 2-2-14　两相卧式重力分离器示意图

（1）气体处理能力计算。

为了便于分离器液位控制及其他内部结构设计，一般假设卧式分离器的内部一半为液体充满。因而，气体在分离器中的流速及分离器的有效长度等可计算如下：

求气体流速 v_g：

$$v_g = \frac{Q}{A_g}$$

$$A_g = \frac{1}{2}\left(\frac{\pi}{4}D^2\right) = \frac{\pi D^2}{8}$$

$$Q = 4\times10^{-9}\frac{TZQ_n}{p}$$

$$v_g = 1.019\times10^{-8}\frac{TZQ_n}{PD^2} \tag{2-2-44}$$

式中　A_g——分离器气相部分横截面。

求分离器有效长度 L_{ef}。从沉降过程可知，气体在卧式重力分离器中的滞留时间 t_g 必须大于或等于液滴从气体中沉降分离所需的时间 t_d。再利用式（2-2-44）和式（2-2-36）可得

$$t_g=\frac{L_{ef}}{v_g}=\frac{L_{ef}}{1.019\times10^8\ \dfrac{TZQ_n}{PD^2}}$$

$$t_d=\frac{\dfrac{D}{2}}{v_1}=\frac{D}{2}\cdot\frac{1}{3.617\times10^{-3}}\left[\left(\frac{\rho_g}{\rho_1-\rho_g}\right)\frac{C_D}{d_m}\right]^{0.5}$$
$$=138.2\left[\left(\frac{\rho_g}{\rho_1-\rho_g}\right)\frac{C_D}{d_m}\right]^{0.5}\cdot D$$

令 $t_g=t_d$ 可得

$$L_{ef}D=1.408\times10^{-6}\left(\frac{TZQ_n}{Pd_m^{0.5}}\right)\cdot K \tag{2-2-45}$$

当 $d_m=100\mu m$ 时，得

$$L_e+D=1.408\times10^{-7}\left(\frac{TZQ_n}{P}\right)\cdot K \tag{2-2-46}$$

系数 K 的计算与立式分离器相同。在乘积 $L_{ef}D$ 中，L_{ef} 和 D 的大小可参考所需的长径比进行计算。

比较式（2-2-41）与式（2-2-46）可知，卧式重力分离器的气体处理能力为同直径立式重力分离器的（L_{ef}/D）倍，但一般考虑到卧式重力分离器液面受气流影响大，故设计卧式重力分离器时，常需要将最大处理量 Q_n 乘以 1.5~2 的稳定系数。

（2）液体处理能力计算。

液体处理能力的计算公式推导如下：

设滞留时间为 t（s），分离器储液体积为 V_1（m^3），液体流量为 Q_1（m^3/s），则

$$t=\frac{V_1}{Q_1}$$

而

$$V_1=\frac{1}{2}\left(\frac{\pi D^2L_{ef}}{4}\right)=0.3927D^2L_{ef}$$

$$Q_1=Q_{In}/86400=1.157\times10^{-5}Q_{In}$$

故

$$t=\frac{V_1}{Q_1}=\frac{0.3927D^2L_{ef}}{1.157\times10^{-5}Q_{In}}=3.394\times10^4\frac{D^2L_{ef}}{Q_{In}}$$

用 t_r 表示以分钟为单位的滞留时间，并用 D_l 表示液相能力代替 D，可得

$$L_{ef}D_1^2=\frac{t_rQ_{In}}{566}\quad 或\quad L_{ef}D_1^2=1.767\times10^{-3}t_rQ_{In} \tag{2-2-47}$$

（3）分离器实用长度 L_{SS} 与长径比。

考虑到分离器入口分离段与出口网状吸附器或除雾器的安装，在设计分离器时，还必须在有效长度 L_{ef} 的基础上考虑分离器的实用长度 L_{SS}。

以气体处理能力进行分离器设计时，实用长度按式(2-2-48)计算：

$$L_{SS}=L_{ef}+D \tag{2-2-48}$$

以液体处理能力进行分离器设计时，实用长度则按式(2-2-49)计算：

$$L_{SS}=\frac{4}{3}L_{ef} \tag{2-2-49}$$

据现场经验，分离器的长径比(即分离器实用长度与分离器直径之比)一般按3 ~4考虑。

[**例2-2-1**] 某气井产气量 Q_n 为 $2.832\times10^4m^3/d$，产油 Q_{ln} 为 $318m^3/d$，油相对密度 Δ_o 为0.825，天然气相对密度 Δ_g 为0.642，压缩系数为0.84，分离压力 P 为6.897MPa(绝压)，分离温度 t 为15.5℃，求所需分离器工艺尺寸。

解： 1. 辅助计算

(1) 求基准状态下天然气密度 ρ_g^o：

$$\rho_g^o=\Delta_g\cdot\rho_a^o=0.642\times1.204=0.773kg/m^3$$

式中 ρ_a^o——在基准状态，$P=0.101325MPa$，$t=20℃$ 下空气的密度，kg/m^3。

(2) 求工况下天然气密度 ρ_g：

$$\rho_g=\frac{\rho_g^oPT_0}{P_0ZT}=0.773\frac{6.897\times(273.15+20)}{0.101325\times0.84\times(273.15+15.56)}=63.59kg/m^3$$

(3) 求天然气黏度 μ：天然气黏度可查图表求取，也可按下列公式进行计算：

$$\mu=K\times10^{-4}e^{\left[x\left(\frac{\rho_g}{1000}\right)^{y}\right]}$$

$$K=\frac{(9.4+0.02M)\cdot(1.8T)^{1.5}}{209+19M+1.8T}$$

$$x=3.5+\frac{986}{1.8T}+0.01M$$

$$y=2.4-0.2x$$

$$M=28.964\Delta_g$$

式中 M——气体相对分子质量；

T——绝对温度，K；

Δ_g——天然气相对密度。

故

$$M=28.96\times0.642=18.6$$

$$T=288.8$$

$$K=\frac{(9.4+0.02\times18.6)(1.8\times288.8)^{1.5}}{209+19\times18.6+1.8\times288.8}=107$$

$$x=3.5+\frac{986}{1.8\times288.8}+0.01\times18.6=5.583$$

$$y=2.4-0.2\times5.583=1.2834$$

$$\mu=107\times10^{-4}\times e^{\left[5.583\times\left(\frac{63.59}{1000}\right)^{1.2834}\right]}=0.01259mPa\cdot s$$

(4) 按下列步骤求分离器设计系数 K：

① 选按式(2-2-37)求 v_t^o，此时 $d_m=100\mu m$；

$$v_t^o = 6.203\times10^{-3}\left[\left(\frac{\rho_1-\rho_g}{\rho_g}\right)d_m\right]^{0.5}$$

$$= 6.203\times10^{-3}\left[\left(\frac{825-63.59}{63.59}\right)\times100\right]^{0.5}$$

$$= 0.2146\text{m/s}$$

② 利用式(2-2-31)求雷诺数 Re：

$$Re = 10^{-3}\frac{\rho_g d_m v_t^o}{\mu} = \frac{10^{-3}\times63.59\times100\times0.2146}{0.01259} = 108.4$$

③ 利用式(2-2-30)求阻力系数 C_D：

$$C_D = \frac{24}{Re}+\frac{3}{\sqrt{Re}}+0.34 = \frac{24}{108.4}+\frac{3}{\sqrt{108.4}}+0.34 = 0.8495$$

④ 利用式(2-2-37)求 v_t^o：

$$v_t^o = 3.617\times10^{-3}\left[\left(\frac{\rho_1-\rho_g}{\rho_g}\right)\frac{d_m}{C_D}\right]^{0.5}$$

$$= 3.617\times10^{-3}\left[\left(\frac{825-63.59}{63.59}\right)\times\frac{100}{0.8495}\right]^{0.5}$$

$$= 0.1361\text{m/s}$$

⑤ 利用求得的 v_t^o 代入步聚②雷诺数公式，求雷诺数，再重复步聚③、步骤④的计算，一般手工计算时，重复 4 或 5 次即可得到较好的收敛，如利用可编程计算器或计算机计算时，可令 $v_{gn}-v_{g(n-1)} = 0.001$ 即可。此例为手工计算，重复 5 次后可得

$$Re = 59.4,\ v_t = 0.1175\text{m/s},\ C_D = 1.133$$

⑥ 利用式(2-2-39)求 K 值：

$$K = \left[\left(\frac{\rho_g}{\rho_1-\rho_g}\right)C_D\right]^{0.5} = \left[\left(\frac{63.59}{825-63.59}\right)\times1.133\right]^{0.5} = 0.308$$

2. 按立式分离器进行设计

（1）气体处理能力计算。利用式(2-2-41)计算分离器最小直径 D：

$$D^2 = 1.408\times10^{-7}\frac{TZQ_n}{p}\cdot K$$

$$= 1.408\times10^{-7}\frac{288.8\times0.84\times283200}{6.897}\times0.308 = 0.4320\text{m}^2$$

$$D = 0.657\text{m}$$

（2）液体处理能力计算。利用式(2-2-42)求液柱高度：通过气体处理能力计算可知，实际分离器可选用 $DN = 800$mm 系列直径，并定 $t_r = 1$min。

由式(2-2-42)

$$D^2h = 8.843\times10^{-4}t_r Q_{\text{In}}$$

或得

$$h = \frac{8.843\times10^{-4}t_r Q_{\text{In}}}{D^2} = \frac{8.843\times10^{-4}\times1\times318}{0.8^2} = 0.44\text{m}$$

（3）计算分离器筒体高度 L_{SS}。利用式(2-2-43)求分离器上、下封头筒体的高度：

$$L_{SS} = h+(1.9\sim2) = 0.44+(1.9\sim2) = 2.34\sim2.44\text{m}$$

故可取

$$L_{SS}=2.4\text{m},\ DN=800\text{mm}$$

3. 按卧式重力分离器进行设计

（1）气体处理能力计算按式(2-2-46)进行：

$$\begin{aligned}L_{ef}D&=1.408\times10^{-7}\left(\frac{TZQ_n}{p}\right)\cdot K\\&=1.408\times10^{-7}\left(\frac{288.8\times0.84\times283200}{6.897}\right)\times0.308\\&=0.4320\text{m}^2\end{aligned}$$

若长径比按4考虑，则利用下式对分离器直径进行初步试算：

$$D=\sqrt{\frac{L_{ef}D}{3}}$$

式中　$L_{ef}D$——气体处理能力公式计算结果。

故可得

$$D=\sqrt{\frac{0.4320}{3}}=0.379\text{m}$$

最后圆整后，仍取 $D=400\text{mm}=0.4\text{ m}$(若考虑液面稳定需要，可取 $D=0.5\text{m}$)。

$$L_{ef}=\frac{0.4320}{D}=\frac{0.4320}{0.4}=1.08\text{m}$$

若利用计算机计算，则可算出一系列数据进行选择，无须试算。

（2）液体处理能力计算按式(2-2-47)进行：

$$L_{ef}D_1^2=\frac{t_rQ_{ln}}{566}=\frac{1\times316}{566}=0.5618\text{m}$$

若长径比 L_{SS}/D 按4考虑，则计算时 D 可按下式选用：

$$D_1=\sqrt[3]{\frac{L_{ef}D_1^2}{3}}$$

故

$$D_1=\sqrt[3]{\frac{0.5618}{3}}=0.572\text{m}$$

选

$$D_1=0.6\text{m}，得$$

$$L_{ef}=\frac{0.5618}{0.6^2}=1.56\text{m}$$

（3）计算实用长度 L_{SS}：

对气体处理能力而言，其实用长度按式(2-2-48)为：

$$L_{SS}=L_{ef}+D=1.08+0.4=1.48\text{m}$$

对液体处理能力而言，其实用长度按式(2-2-49)为：

$$L_{SS}=\frac{4}{3}L_{ef}=\frac{4}{3}\times1.56=2.08\text{m}$$

比较计算结果可知，液体处理能力决定了该分离器尺寸，即 $D=600\text{mm}$，$L_{SS}=2.08\text{m}$，此时长径比为3.47，这主要是由于采用圆整标准直径带来的误差，若需要保证长径比为4，则可加长分离器的长度尺寸。

6）三相立式重力分离器计算

三相立式重力分离器结构如图 2-2-15 所示。

（1）气体处理能力计算。

三相立式重力分离器的气体处理能力计算公式与两相分离器的计算相同。即分离器的计算直径为：

$$D^2=1.408\times10^{-6}\frac{TZQ_n}{pd_m^{0.5}}\cdot K$$

或

$$D^2=1.408\times10^{-7}\frac{TZQ_n}{p}\cdot K$$

式中　$K=\left[\left(\frac{\rho_g}{\rho_1-\rho_g}\right)C_D\right]^{0.5}$；

ρ_o——原油（主要指凝析油等轻质油）密度，kg/m^3。

C_D 计算亦与两相分离器相同。

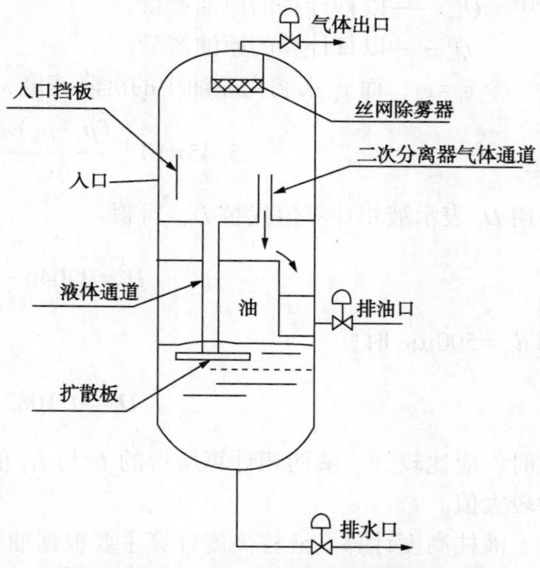

图 2-2-15　三相立式重力式分离器示意图

（2）液体处理能力计算。

关于油水分离的司托克斯公式。两相重力分离器气液分离沉降的基本理论同样适用于三相重力分离器，而油水两相的分离沉降计算则可采用司托克斯公式，见式(2-2-33)。

$$v_t=5.45\times10^{-10}\frac{(\rho_w-\rho_o)d_m^2}{\mu}$$

式中　v_t——油滴或水滴在连续相中的临界沉降速度，m/s；

ρ_w——地层水密度，kg/m^3；

d_m——油滴或水滴尺寸，μm，一般情况下，d_m 选用 500μm；

μ——连续相黏度，当连续相为油时，用 ρ_o 表示，mPa·s。

由于油的黏度远大于水的黏度，因而分离油中的水滴远比分离水中的油滴困难。同时，三相分离器的主要目的之一是对原油进行初步脱水处理。所以，三相分离器的设计也常以从原油中除去水滴为主要依据。

为了保证水中油滴或油中水滴有适当的时间碰撞结合成较大的油滴或水滴以便分离，在设计分离器时，油水两相所需的在分离器内的滞留时间也同样是个重要因素。一般在没有特别要求的情况下，推荐两者的滞留时间为 10min，反之，若油水密度差很小，而分离温度又很低(如 15℃左右)，则滞留时间可增至 20~30min。

液体处理能力公式(按从油层除去水滴进行分离器最小直径的计算)，原油在分离器中的流速 v_o 按式(2-2-50)计算：

$$v_o=\frac{Q'_o}{A}=\frac{\frac{Q_o}{86400}}{\frac{\pi D^2}{4}}=1.474\times10^{-5}\frac{Q_o}{D^2}\tag{2-2-50}$$

式中 Q'_o——以秒计算的原油产量；

Q_o——以日计算的原油产量。

令 $v_t=v_o$，而 v_t 水滴在原油中的沉降速度，按式(2-2-33)计算：

$$5.45\times10^{-10}\frac{(\rho_w-\rho_o)d_m^2}{\mu_o}=1.474\times10^{-5}\frac{Q_o}{D^2}$$

并用 D_l 表示液相计算值代替 D，可得：

$$D_l^2=27046\frac{Q_o\mu_o}{(\rho_w-\rho_o)d_m^2} \tag{2-2-51}$$

当 $d_m=500\mu m$ 时，

$$D_l^2=0.1082\frac{Q_o\mu_o}{(\rho_w-\rho_o)} \tag{2-2-52}$$

此时，应比较气、液两相计算所得的 D 与 D_l 值，在进行以下液柱高度计算时，应选用其中较大值。

液柱高度计算。液柱高度计算主要根据油、水在分离器内所需的滞留时间而定，故可分别参照采用两相分离器的相应计算公式，只是式中分离器直径 D 应大于式(2-2-41)和式(2-2-52)所得计算值的任一值，即可得

$$D^2h_o=8.843\times10^{-4}t_{ro}Q_o \tag{2-2-53}$$

$$D^2h_w=8.843\times10^{-4}t_{rw}Q_w \tag{2-2-54}$$

式中 h_o、h_w——油、水高度，m；

t_{ro}、t_{rw}——油、水滞留时间，min；

Q_o、Q_w——油、水产量，t/d。

式(2-2-53)与式(2-2-54)相加可得

$$(h_o+h_w)D^2=8.843\times10^{-4}(t_{ro}Q_o+t_{rw}Q_w) \tag{2-2-55}$$

式中，D 同样应大于式(2-2-41)和式(2-2-52)计算结果的设定值。

(3) 实用长度计算。

$$L_{SS}=h_o+h_w+2 \tag{2-2-56}$$

或

$$L_{SS}=h_o+h_w+D+1 \tag{2-2-57}$$

式中，2m 和 1m 分别为结构设计时的经验数据，在具体设计时，可做适当调整。同时，在式(2-2-57)中，D 为按气体处理能力计算所得分离器最小直径。一般立式三相分离器的长径比在 1.5~3。

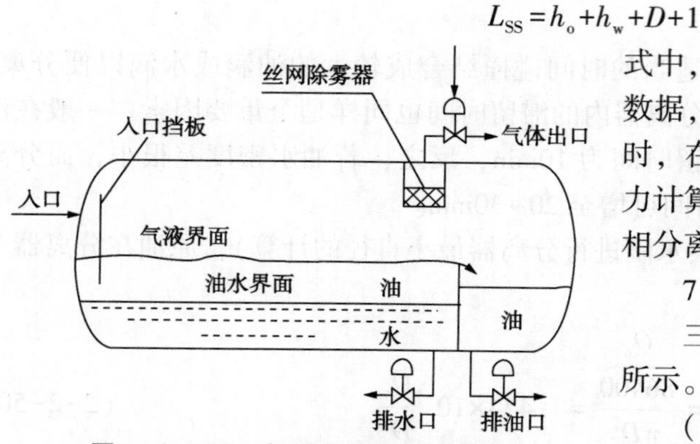

图 2-2-16 三相卧式分离器示意图

7）三相卧式重力分离器计算

三相卧式重力分离器结构如图 2-2-16 所示。

(1) 气体处理能力计算。

此计算与两相卧式分离器相同，可以

采用同样的气液分离公式，见式(2-2-45)和式(2-2-41)。即

$$L_{ef}D=1.408\times10^{-6}\left(\frac{TZQ_n}{Pd_m^{0.5}}\right)\cdot K$$

$$K=\left[\left(\frac{\rho_g}{\rho_l-\rho_g}\right)\cdot C_D\right]^{0.5}$$

当 $d_m=100\mu m$ 时：

$$L_{ef}D=1.408\times10^{-7}\left(\frac{TZQ_n}{P}\right)\cdot K$$

(2) 液体处理能力计算。

油水滞留时间是影响液体处理能力计算的关键因素。若滞留时间 t 用秒表示，油、水体积 V_o、V_w 用 m^3 表示，其余长度单位均用 m 表示，并假定分离器是按液体充满一半来考虑，同时设定：

A_1——油、水两相占分离器的横截面之和，即 $A_1=A_o+A_w$，m^2；

A_o——油占分离器横截面部分，m^2；

A_w——水占分离器横截面部分，m^2；

Q_o——油每天的产量，m^2/d；

Q_w——水每天的产量，m^3/d；

V_1——油、水在分离器中的体积，即 $V_1=V_o+V_w$，m^3；

Q'_o、Q'_w——油、水每秒钟的产量，m^3/s。

故：

$$t_o=\frac{V_o}{Q'_o}t_w=\frac{V_w}{Q'_w}$$

$$V_1=V_o+V_w=\frac{1}{2}\left(\frac{\pi D^2L_{ef}}{4}\right)=0.3927D^2L_{ef}$$

$$V_o=0.3927D^2L_{ef}\left(\frac{A_o}{A_1}\right)$$

$$V_w=0.3927D^2L_{ef}\left(\frac{A_w}{A_1}\right)$$

$$Q'_o=\frac{Q_o}{86400}=1.157\times10^{-5}Q_o$$

$$Q'_w=\frac{Q_w}{86400}=1.157\times10^{-5}Q_w$$

对于原油，

$$t_o=\frac{V_o}{Q'_o}=\frac{0.3927D^2L_{ef}\left(\frac{A_o}{A_1}\right)}{1.157\times10^{-5}Q_o}=3.394\times10^4\frac{D^2L_{ef}}{Q_o}\left(\frac{A_o}{A_1}\right)$$

可得

$$3.394\times10^4\left(\frac{A_o}{A_1}\right)=\frac{t_oQ_o}{D^2L_{ef}}$$

对于水，同样可得

$$3.394\times10^4\left(\frac{A_w}{A_1}\right)=\frac{t_wQ_w}{D^2L_{ef}}$$

当滞留时间用 min 表示时，可得

$$566\left(\frac{A_o}{A_1}\right)=\frac{t_{ro}Q_{ro}}{D^2L_{ef}}$$

$$566\left(\frac{A_w}{A_1}\right)=\frac{t_{rw}Q_{rw}}{D^2L_{ef}}$$

上两式相加，可得

$$566\left(\frac{A_w+A_o}{A_1}\right)=\frac{t_{rw}Q_{rw}+t_{ro}Q_{ro}}{D^2L_{ef}}$$

最后，同样用代替表示液体处理能力，得

$$D_1^2L_{ef}=1.767\times10^{-3}(t_{rw}Q_{rw}+t_{ro}Q_{ro}) \tag{2-2-58}$$

利用式(2-2-58)可以计算出满足所需油水处理量的不同分离器的计算直径和有效长度的组合。

(3) 计算许用最大油层厚度$(h_o)_{max}$。

三相重力卧式分离器中，为了保证水滴从油层中尽快地分离沉降，要求在油层厚度满足所需滞留时间的同时，还不得超过最大油层厚度$(h_o)_{max}$。

设 t_w 为油层中水滴沉降到油水界面所需的时间(s)，t_o 为油液在分离器中的滞留时间(s)。若滞留时间用 min 表示则为 t_{ro}。

要求

$$t_w=t_o$$

而

$$t_w=\frac{h_o}{V_t},\quad V_t=\frac{5.45\times10^{-10}(\rho_w-\rho)d_m^2}{\mu_o}$$

式中 h_o——油层厚度，m；

μ_o——原油黏度，mPa·s。

故

$$t_w=\frac{h_o}{\dfrac{5.45\times10^{-10}(\rho_w-\rho)d_m^2}{\mu_o}}=1.835\times10^9\frac{h_o\mu_o}{(\rho_w-\rho)d^2}$$

当 t_w 用 t_{ro}(min)表示时：

$$t_w=\frac{1.835\times10^9}{60}\frac{h_o\mu_o}{(\rho_w-\rho)d_m^2}=3.058\times10^7\frac{h_o\mu_o}{(\rho_w-\rho)d_m^2}$$

由于推导中使用了临界沉降速度，故式中 h_o 为最大油层厚度。

故

$$(h_o)_{max}=3.27\times10^{-8}\frac{t_{ro}(\rho_w-\rho)d_m^2}{\mu_o} \tag{2-2-59}$$

当设定 $d_m=500\mu m$ 时，

$$(h_o)_{max}=8.175\times10^{-3}\frac{t_{ro}(\rho_w-\rho)}{\mu_o} \tag{2-2-60}$$

最大油层厚度的概念同样适用于三相立式重力分离器，只是由于三相立式重力分离器计算液相公式本身已包含了最大油层厚度概念，没有单独计算。例如，用式(2-2-52)除式(2-2-53)可得出上述最大油层厚度公式(2-2-60)。

（4）分离器最大直径 D_{max} 的计算。

若用 Q''_o 与 Q''_w 表示每分钟的油水产量：

$$Q''_o=\frac{Q_o}{24\times60}=6.94\times10^{-4}Q_o$$

$$Q''_w=\frac{Q_w}{24\times60}=6.94\times10^{-4}Q_w$$

这样，分离器所需油水横截面分别为：

$$A_o=\frac{Q''_o t_{ro}}{L_{ef}}=6.94\times10^{-4}\frac{Q_o t_{ro}}{L_{ef}}$$

$$A_w=\frac{Q''_w t_{rw}}{L_{ef}}=6.94\times10^{-4}\frac{Q_w t_{rw}}{L_{ef}}$$

$$A=2(A_o+A_w)=2\times6.94\times10^{-4}\left(\frac{Q''_w t_{rw}+Q''_o t_{ro}}{L_{ef}}\right)$$

$$=1.388\times10^{-3}\left(\frac{Q''_w t_{rw}+Q''_o t_{ro}}{L_{ef}}\right)$$

故

$$\frac{A_w}{A}=0.5\frac{Q_w t_w}{t_{ro}Q_o+t_{rw}Q_w} \tag{2-2-61}$$

由上述方法求得 $\frac{A_w}{A}$ 比值 A_w 后，即可从图 2-2-17 确定出 Z 系数，这样即可求出分离器的最大许可直径 D_{max}：

$$D_{max}=\frac{(h_o)_{max}}{Z} \tag{2-2-62}$$

图 2-2-17 也可用公式(2-2-63)计算：

$$0.5\frac{Q_w+t_{rw}}{t_{ro}Q_o+t_{rw}Q_w}=\frac{\arccos(2Z)}{\pi}-\frac{Z}{\pi}\sqrt{\frac{1}{4}-Z^2} \tag{2-2-63}$$

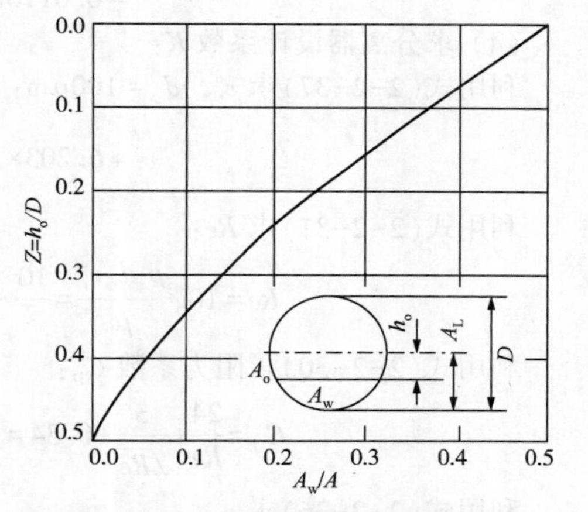

图 2-2-17　油层最大厚度 Z 系数曲线图

（5）实用长度 L_{SS} 与长径比。

三相卧式重力分离器实用长度的计算与两相重力分离器相同，即以气体处理能力进行分离设计时，选用式(2-2-48)，以液体处理能力进行分离器设计时选用式(2-2-49)。

长径比通常选用 3~5。

［例 2-6-2］　某油气井产气量 Q_n 为 141600m³/d，产油量 Q_o 为 794.9m³/d，产水量 Q_w 为 477m³/d，分离压力 P 为 0.6897MPa(绝压)，天然气相对密度 Δ_g 为 0.6，油相对密度 Δ_o 为 0.876，地层水的相对密度 Δ_w 为 1.07，原油黏度 μ_o 为 10mPa·s，分离温度 t=32.2℃。

解：

1\. 辅助计算

(1) 求天然气在基准状态下密度：

天然气在基准状态下密度 ρ_g^o：

$$\rho_g^o=\Delta_g\cdot\rho_g=0.6\times1.204=0.722\text{kg/m}^3$$

式中 ρ_g^o——空气在基准状态 $P_0=0.101325\text{MPa}$，$t=20℃$时的密度，kg/m^3。

(2) 求天然气在工况下的密度 ρ_g：

$$\rho_g=\rho_g^o\frac{P_1T_0}{P_0ZT_1}=0.722\times\frac{0.67973\times(273.15+20)}{0.101325\times0.981\times(273.15+32.2)}=4.81\text{kg/m}^3$$

(3) 求天然气黏度：

天然气相对分子质量： $M=0.6\times29.96=17.4$

$$T=273.15+32.2=305.4\text{K}$$

$$K=\frac{(9.4+0.02\times17.4)(1.8\times305.4)^{1.5}}{209+19\times17.4+1.8\times305.4}=115.3$$

$$x=3.5+\frac{986}{1.8\times305.4}+0.01\times17.4=5.468$$

$$y=2.4-0.2\times5.468=1.306$$

$$\mu g=115.3\times10^{-4}\text{e}^{\left[5.468\times\left(\frac{4.81}{1000}\right)^{1.306}\right]}$$

$$=0.0116\text{mPa}\cdot\text{s}$$

(4) 求分离器设计系数 K：

利用式(2-2-37)求 v_t^o，$d_m=100\mu\text{m}$：

$$v_t^o=6.203\times10^{-3}\left[\left(\frac{\rho_1-\rho_g}{\rho_g}\right)d_m\right]^{0.5}$$

利用式(2-2-31)求 Re：

$$Re=10^{-3}\frac{\rho_g d_m v_t^o}{\mu}=\frac{10^{-3}\times4.81\times100\times0.8384}{0.0116}=34.61$$

利用式(2-2-30)求阻力系数 C_D：

$$C_D=\frac{24}{Re}+\frac{3}{\sqrt{Re}}+0.34=\frac{24}{34.61}+\frac{3}{\sqrt{34.61}}+0.34=1.543$$

利用式(2-2-36)求 v_{t1}：

$$v_{t1}=3.617\times10^{-3}\left[\left(\frac{\rho_1-\rho_g}{\rho_g}\right)\frac{d_m}{C_D}\right]^{0.5}=3.617\times10^{-3}\left[\left(\frac{876-4.81}{4.81}\right)\frac{100}{1.543}\right]^{0.5}=0.3919\text{m/s}$$

将 v_{t1} 代入雷诺数公式(2-2-31)，求雷诺数，经 7 次试算后得：

$$v_t=0.2619\text{m/s},\ C_D=3.460$$

利用式(2-2-39)求 K 值：

$$K=\left[\left(\frac{\rho_g}{\rho_1-\rho_g}\right)\cdot C_D\right]^{0.5}=\left[\left(\frac{4.81}{876-4.81}\right)\times3.460\right\}^{0.5}=0.138$$

2\. 按立式重力分离器进行设计

(1) 气体处理能力计算。按式(2-2-41)计算分离器最小直径 D：

$$D^2=1.408\times10^{-7}\frac{TZQ_n}{p}\cdot K=1.408\times10^{-7}\frac{305.4\times0.981\times141600}{0.6897}\times0.138=1.196\text{m}^2$$

$$D=1.093\text{m}$$

（2）按式(2-2-52)液体处理能力计算。在进行液体所需分离器最小直径计算时，按水滴从油层中分离出来，$d_m=500\mu\text{m}$，

$$D_1^2=0.1082\frac{Q_o\mu_o}{\rho_w-\rho_o}=0.1082\frac{794.9\times10}{1070-876}=4.433\text{m}^2$$

$$D_1=2.105\text{m}$$

由于 $D_1>D$，故下面计算用 D_1 为分离器直径。

（3）油水离度按式(2-2-55)计算：

$$(h_o+h_w)D_1^2=8.843\times10^{-4}(t_{ro}Q_o+t_{rw}Q_w)$$
$$=8.843\times10^{-4}(10\times794.9+10\times477)=11.25\text{m}^2$$

当 $D_1=2.105$ 时，$(h_o+h_w)=\frac{11.25}{2.105^2}=2.54\text{m}$

（4）求实长 L_{SS}：

$$L_{SS}=(h_o+h_w)+2=2.54+2=4.54\text{m}$$

此时，分离器直径为2.105mm。

3. 按卧式三相重力分离器进行设计

（1）气体处理能力按式(2-2-46)计算：

$$L_{ef}D=1.408\times10^{-7}\left(\frac{TZQ_n}{p}\right)\cdot K$$
$$=1.408\times10^{-7}\frac{305.4\times0.981\times1460}{0.6897}\times0.138$$
$$=1.196\text{m}^2$$

若长径比按4考虑，则

$$D=\sqrt{\frac{L_{ef}D}{3}}=\sqrt{\frac{1.196}{3}}=0.631$$

$$L_{ef}=\frac{1.196}{0.631}=1.895\text{m}$$

（2）液体处理能力按式(2-2-58)计算：

$$D_1^2L_{ef}=1.767\times10^{-3}(t_{rw}Q_{rw}+t_{ro}Q_{ro})$$
$$=1.767\times10^{-3}(10\times794.7+10\times477)$$
$$=22.49\text{m}^3$$

若分离器长径比按4考虑，则

$$D_1=\sqrt[3]{\frac{L_{ef}D_1^2}{3}}=\sqrt[3]{\frac{22.49}{3}}=2\text{m}$$

$$L_{ef}=\frac{22.49}{2^2}=5.62\text{m}$$

（3）利用式(2-2-60)求油层最大厚度：

$$(h_o)_{max}=8.175\times10^{-3}\frac{t_{ro}(\rho_w-\rho)}{\mu_o}$$

$$=8.175\times10^{-3}\frac{10(1070-876)}{10}$$

$$=1.586\text{m}$$

（4）与$(h_o)_{max}$相应的分离器最大许可直径：

$$\frac{A_w}{A}=0.5\frac{Q_w t_w}{t_{ro}Q_o+t_{rw}Q_w}=0.5\frac{477\times10}{794.9\times10+477\times10}=0.1875$$

利用图 2-2-17 查得 $Z=0.257$。

利用式(2-2-62)可得

$$D_{max}=\frac{(h_o)_{max}}{Z}$$

求分离器实用长度。按式(2-2-48)气体处理能力计算时，则有

$$L_{SS}=L_{ef}+D=1.895+0.631=2.526\text{m}$$

按式(2-2-49)液体处理能力计算时，则有

$$L_{SS}=\frac{4}{3}L_{ef}=\frac{4}{3}\times5.62=7.5\text{m}$$

根据计算结果比较可知，该分离器应按液体处理能力进行设计，也即 $D=2\text{m}$，$L_{SS}=\frac{4}{3}L_{ef}=\frac{4}{3}\times5.62=7.5\text{m}$。同时，此时的分离器直径小于分离器最大许可直径 6.17m。

第三节 天然气集输管线

一、集输流程及其分类

集输管线是集输系统重要的组成部分。从气井至集气站第一级分离器入口之间的管线称为采气管线；集气站至净化厂或长输管线首站之间的管线称为集气管线。集气管线分为集气支线和集气干线。由集气站直接到附近用户的直径较小的管线也属集气管线范畴。由集气干线和若干集气支线(或采气管线)组合而成的集气单元称为集气管网；一个地区的集气管网则是指一个储气库和一个或几个储气库的集气管线组合而成的集气单元。

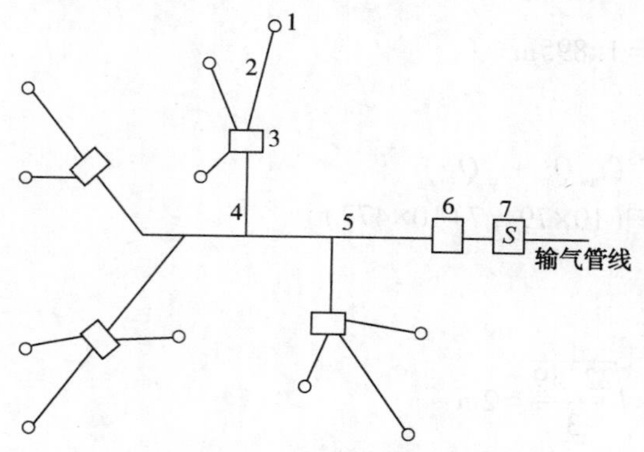

图 2-3-1 集气系统示意图

1—井场装置；2—采气管线；3—多井集气站；4—集气支线；5—集气干线；6—集气总站；7—天然气净化厂

图 2-3-1 为一储气库集输管网的示意图。净化后的天然气进入输气管线。

按集气管线的操作压力通常分为高压、中压和低压集气管线。其压力范围见表 2-3-1。

表 2-3-1　按管压管线分类

管线名称	压力范围/MPa	管线名称	压力范围/MPa
高压集气管线	$10 \leqslant P \leqslant 16$	低压集气管线	$P<1.6$
中压集气管线	$1.6 \leqslant P \leqslant 10$		

二、集输管网

(一) 集输管网的分类

储气库集输管网流程可分为四种形式：线型管网、放射型管网、成组型管网、环型管网。集输管网流程类型如图 2-3-2 所示。

1. 线型管网流程

线型管网流程的管网呈树枝状，经储气库主要产气区的中心建一条贯穿储气库的集气干线，将位于干线两侧各井的气集入干线，并输到集气总站，如图 2-3-2(a)所示。该流程适用于气藏面积狭长且井网距离较大的储气库，其特点是适宜于单井集气。

2. 放射型管网流程

放射型管网有几条线型集气干线从一点(集气站)呈放射状分开，如图 2-3-2(b)所示。适用于储气库面积较大、井数较多，且地面被自然条件所分割的矿场。

3. 成组型管网流程

成组型管网流程如图 2-3-2(c)所示，适用于若干气井相对集中的一些井组的集气，每组井中选一口设置集气站，其余各单井到集气站的采气管线成放射状，亦称多井集气流程。在四川储气库中应用最广泛，大庆的汪家屯储气库和大港的板桥储气库也采用这种流程，其优点是便于天然气的集中预处理和集中管理，能减少操作人员。

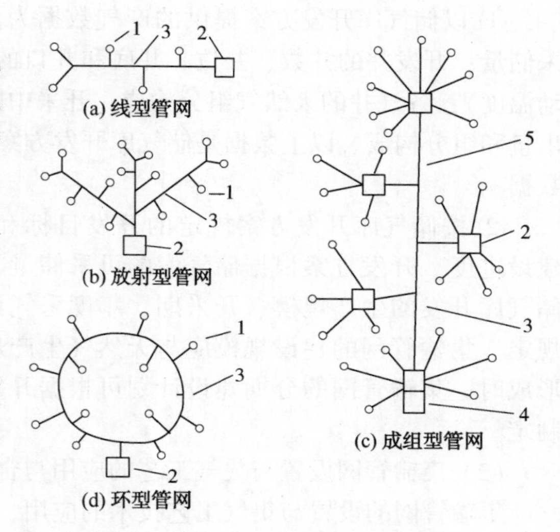

图 2-3-2　集输管网流程的类型

1—气井；2—集气站；3—集气管道；4—集气总站或增压站

4. 环型管网流程

环型管网流程如图 2-3-2(d)所示。适用于面积较大的圆形或椭圆形储气库。具备上述条件的储气库，如果地形复杂，储气库处于大山深谷中，则不宜采用，而以采用放射型管网为宜。四川威远储气库即采用这种流程。其特点是气量调度方便，环形集气干线局部发生事故也不影响正常供气。

大型储气库不局限于一种集气管网流程，可用两种或三种管网流程的组合。

此外，集输管网按压力等级分高、中、低压三种，如一般压力在 10MPa 以上为高压集气，在 1.6~10MPa 为中压集气，小于 1.6MPa 为低压集气。

集输管网的输送方式有干气和湿气输送两种，采气管线一般为湿气输送。含硫储气库集气支线和干线多采用干气输送。凝析气藏储气库一般采用高压气液混输和低温分离的集输工艺流程。

按布站方式可分一般布站(单井集气，在井场实施节流、调压、分离、计量、加温、注醇、排水采气等)和二级布站(多井集气、将分离、计量集中在集气站，这样简化了井口流程及管理)等。

管网的类型主要取决于储气库的形状、井位布置、所在地区的地形、地貌及集输工艺等诸多方面的因素。因此，管网的布局是一个较为复杂的“系统”问题，要进行优化布置，对提高储气库开发经济效益具有关键意义。

(二) 集输管网的设置原则

(1) 满足储气库开发方案对集输管网的要求。

① 以储气库开发方案提供的产气数据为依据。产气区的地理位置、储层的层位和可采储量；开发井的井数、井位、井底和井口的压力及温度参数(包括井口的流动压力和流动温度)；各气井的天然气组分构成，开采中的平均组分构成；气井凝液和储气库水的产出量和组分构成。以上数据是储气库开发方案编制的依据，也是集输管网建设所需的基础数据。

② 按储气库开发方案规定的开发目标和开发计划确定集输管网的建设规模并安排建设进度。开发方案根据储气库的可采储量、天然气的市场需求和适宜的采气速度，对储气库开发的生产规模、开采期、年度采气计划、各气井的总采气量和采气率做了具体规定。集输管网的建设规模应与天然气生产规模相一致。当天然气生产规模要求分阶段形成时，集输管网的分期建设计划可根据开发期内年度采气计划规定的年采气量变化来制定。

(2) 集输管网设置与集气工艺的应用与合理设置集输场站相一致。

集输管网的设置与集气工艺技术的应用、集气生产流程的安排和集输场站的合理布点要求密切相关。采用不同的集气工艺技术和集输场站设置方案会对集输管网设置提出不同的要求，带来某些有利和不利的因素，影响到集输管网的总体布置和建设投资。通过优化组合集输管网和场站建设方案将这两项工程建设的总投资额降到最低，是集输管网设置希望达到的主要目标之一。

(3) 集输管网内的天然气总体流向合理，管网内主要管道的安排和具体走向与当地的自然地理环境条件和地方经济发展规范相协调。

矿场集输中的天然气的终端是天然气净化厂，但经净化后的净化天然气最终要输送到天然气用户区。集输管网内的天然气总体流向不但要与产气区到净化厂的方向一致，还应与产气区到主要用户区的方向一致。为此，要把集输管网设置和天然气净化厂的选址结合起来，把净化厂选址在产气区与主要用户区之间的连线上，或与这条连线尽可能接近的区域，并力求净化厂与产气区的距离最短。

管网中集气干管道和主要集气支管道的走向与当地的地形、工程地质、公路交通条件相适应。避开大江、大河、湖泊等自然障碍区和不良工程地段及高频地震区，使管道尽可能沿有公路的地区延伸。远离城镇和其他居民密集区，不进入城镇规划区和其他工业规划区。

（4）符合生产安全和环境保护要求。

① 腐蚀控制。腐蚀是导致集输管道在内压作用下发生爆破的主要原因，要求根据天然气中腐蚀性物质的种类和含量有针对性地制定防护措施和正确选用管道材质，防止爆破事故的发生。

② 设置事故时的气源自动紧急截断装置。爆破事故发生时，自动紧急截断通向事故点的气源，这是集输管网设置中的安全原则之一。在气井井口处设置高低压安全截断阀，在下游管道超压或失压时自动关闭井口。在管道上分段设置能在管道爆破时自动紧急截断上、下游气源的截断阀，将事故时的天然气自然泄放量和天然气中有毒物质的绝对泄放量都控制在规定的限定值以内。这些都是降低事故危害作用，防止后续事故发生的通行做法。

三、集输管线敷设施工

储气库天然气集输管线包括单井集气管线、集气干线，单井注气管线、注气干线，输气联络线。输气联络线担负着储气库站场工程至天然气长输管道联络输气的任务，一般管径大、距离较长，可以参考天然气长输管线的设计、建设及运营管理，其他管线均属于天然气集输管线范畴。储气库天然气集输管线应包括路由选择、参数设计、管路的焊接，以及清管试压等。

（一）选线

线路选择总原则是根据设计标准及管道所经地区的地形、地貌、交通、工程地质等条件，结合本工程特点，确定以下选线原则：

（1）线路走向力求顺直、平缓，以节约钢材、减少投资。

（2）尽可能靠近或利用现有铁路、公路，以方便管道施工和维护管理。

（3）尽量避开施工难度较大和不良工程地质段，确保管道安全、可靠运行，确有困难时，应选择合适的位置和方式通过，并采取相应的工程措施。

（4）大、中型穿(跨)越位置选择应符合线路总体走向，其局部走向应根据实际情况进行调整，尽量减少穿(跨)越段的工程量和施工难度。

（5）线路路由与地方的城镇、矿产资源、铁路及公路的规划建设相协调，尽量避开人口稠密区；因特殊原因无法躲避时，严格按《输气管道工程设计规范》关于地区等级划分的要求进行设计，对于城镇和工矿企业区，应充分考虑其发展、规划的需求。

（6）尽量避开经济作物区域和重要的农田基本建设设施。

（7）避开重要的军事设施、易燃易爆仓库及国家重点文物保护单位的安全保护区。

（8）避开城市的水源保护区及国家级风景名胜区。

较为特殊的是，山地选线时应注意：

（1）应选择较宽阔、纵坡较小的河谷、沟谷、山体鞍部等地段通过。

（2）尽量选择稳定的缓坡地带敷设，避开陡坡、陡坎和陡崖地段。

（3）尽量减少对森林植被的损坏和影响。

平地选线时应注意：

（1）线路应尽量顺直。

（2）在不增加线路长度的前提下，尽量靠近沿线用气市场。

（3）站场位置在符合管线总体走向的同时，充分考虑站场自身的功能及站场的社会依托条件。

（4）尽量避开地震断裂带和灾害地质地段。

水网选线时应注意：

（1）线路应尽量避开连片鱼塘、湖泊、通航河流、养殖区等水体。

（2）充分与当地规划相结合，线路尽量沿当地基础设施建设走廊带通过。

（3）尽量避开风景区、湿地保护区、自然保护区等地段。

此外，选线时，还要统计与分析管道沿线的自然条件和社会条件，如沿线行政区划分、地形地貌、沿线的工程地质和水文地质及气象资料等，其中最应该注意的不良地质构造是滑坡、崩塌、潜在不稳定斜坡、泥石流、岩溶地面塌陷、采空地面塌陷、不良土体及地面沉降等。

崩塌是一种突然的地质灾害，一旦发生其危害性极大，按变形破坏阶段可分为山体开裂、危岩体、崩塌，前两者是后者破坏变形的两个阶段。在山地地区，由于地势高陡，修筑道路或人工开挖形成临空面，在重力或其他因素作用下，不稳定结构的山体易产生失稳破坏。

潜在不稳定斜坡一类是自然斜坡，即在地壳长期的抬升和地表水侵蚀下切作用下形成的天然斜坡。另一类为人工边坡，为后期人类工程活动开挖形成。天然不稳定斜坡由于自身结构存在不稳定因素，在外界条件成熟时易发生变形破坏，或滑坡，或崩塌。常见的以滑坡形式破坏的不稳定斜坡主要有松散堆积体斜坡、松弛破碎岩体斜坡等；常见的以崩塌形式破坏的不稳定斜坡主要有明显具有外倾结构面的高陡斜坡、受多组裂隙切割的外倾楔形岩体悬崖陡壁。前者多在管道顺坡穿越的“V形”沟，后者多在管道跨越的“U形”谷。人工不稳定边坡主要表现为公路边坡及居民建房形成的局部切坡，土质边坡多以局部小范围的坍塌为主，岩质边坡多以零星崩塌掉块为主。在管道沿线已建和在建的交通线路上多次见人工不稳定边坡，一般高3～20m，长10～200m，有不同程度的变形。天然气管道线路经常就从这些不稳定斜坡体上方或下方经过或横穿，施工时极易造成该边坡体失稳破坏，给自身带来损失。

泥石流是山区暴雨引发的最常见的一种地质灾害，集中在坡高沟深、地势陡峻、沟床纵坡降大、地形破碎，以及流域形态便于水流汇集的地段。

线路选择过程中，对管道安全影响较大的不良地质因素应进行避让，对于受地形、规划等原因无法避让或与管线距离较近的地段，应在详细勘察的基础上采取相应的处理措施，以保证管道的安全。具体措施如下：

1. 滑坡

对于无法避让的滑坡，通过勘察论证其稳定性，确定防治方案，确保滑坡稳定。对于距离管线较近的滑坡，在科学论证的前提下，划定保护区，预留安全带，区内严禁开山炸石。对于场地条件好，且方量小、易治理的滑坡，可进行适当勘察论证后实施工程治理。

对于整体稳定的滑坡群，只须进行局部边坡的防护。对于整体不稳定的滑坡群，应论证管线避让的距离，以免诱发再次滑坡。对于较大的潜在不稳定斜坡，对其进行长期监测，酌情处理。滑坡的治理可根据具体情况相应采取如下措施：

（1）滑坡防治应首先考虑采取挡土墙、抗滑桩、抗滑锚杆等措施对滑坡体进行支挡。

（2）采用向滑动面内灌浆等措施，粘结滑坡体。

（3）采用卸荷等方法彻底清除滑坡体。

（4）为防止地面水侵入滑动面内，应布置有效的导流措施。

2. 崩塌

对于距离管线较近的易崩塌处，要适当地避让或设置障碍拦挡滚石；对于无法避让的易崩塌处，宜选在枯水季节施工，同时严禁使用爆破手段；对于峡谷段的跨越点，要开展专门的勘察，论证两岸岩体的稳定性，确定支撑点位置。所有对管线产生威胁的崩塌危岩体，在施工时都应做到边施工、边监测，发现问题及时处置。

避不开的山体崩塌可根据具体情况相应采取如下措施：

（1）清除崩塌体。

（2）修筑明洞、棚洞等防崩塌构筑物。

（3）在坡角或半坡设置起拦截作用的挡石墙和拦石网。

（4）在危岩下部修筑支柱等支挡加固措施。

（5）对易崩塌岩体采用锚索或锚杆串联加固。

（6）对岩体中的裂缝、空洞，宜采用片石填补、砼灌浆等方法镶补、勾缝。

（7）有水活动的地段，应相应设置导流系统。

3. 不稳定斜坡

基础开挖时，应注意基坑预降水及围护措施，防止在因软土剪切变形或地下水头差作用下引发粉性土流水、涌砂。同时，在基坑开挖施工过程中，应加强对明、暗浜地段的围护，加强监测，发现异常及时处理，以防止地质灾害的发生。

在穿(跨)越河流时，尽量减小工程施工对河岸的影响，避免在其附近堆土及有大量的车辆运行，必要时可对现有河岸进行加固。

4. 泥石流

对危害程度严重的泥石流，管线必须要避开；对危害程度中等的泥石流，管线原则上也应该避开或只能在稳定的堆积区通过，但避免直穿洪积扇，可在沟口设桥(墩)通过，桥位应避开河床弯曲处，宜采取一跨或大跨度跨越，并应注意跨越的安全高度，不得在沟里埋设支墩；对危害程度较小的泥石流，管线可在洪积扇通过，但不能改沟、并沟，并宜分段设桥和采取排洪、导流等防治措施。

泥石流的防治措施一般有：泥石流形成区宜采取植树造林及修建引水、蓄水工程和削弱水动力措施。修建防护工程，稳定土体。流通区宜建拦沙坝、谷坊，采取拦截固体物质、固定沟床和减缓纵坡的措施。堆积区宜修筑排水沟、导流堤、停淤场，采取改变流路、疏派泥石流的措施；对于稀性泥石流，宜采取修建截水沟、引水渠和造林措施，以调节径流，削弱水动力。对黏性泥石流，宜修筑拱石坝、谷坊、各种支挡结构和造林措施，以稳定土体，遏制泥石流的形成。

5. 采空区

对于无法避让的采空区，如果地面发生塌陷，将会对管线形成危害。

治理措施：对尚未形成危害的采空区，应与地方煤炭管理部门进行协商，今后在靠近线路下方采煤时，应留足保安煤柱，以确保输气管道安全；对已形成地面塌陷的采空区，应采用回填或压力灌浆的方法进行处理。回填材料可采用毛石混凝土、粉煤灰、灰土或砂石料等；或采用桩基础跨越的措施。在其周边设置一定数量的变形监测点进行长期观测，以便随时掌握变形破坏程度，及时采取预防措施。

6. 地震断裂带

根据《川气东送管道工程场地地震安全性评价报告》，本工程沿线无对管道安全造成威胁的活动断裂带。

7. 软土、膨胀土

管线施工前，应详细查明管线工程沿线的软土分布及其厚度，线路、站址尽量避开较厚的软土区。在地基土空间分布变化较大的地段，可用松散物进行回填，并采取相应措施降低管道外壁的摩擦阻力。当采用不同的施工工艺(基础形式)时，应在基础形式变化地段设置柔性接头或其他可靠的技术措施，以减轻或避免差异沉降对工程建设的危害。

8. 地面沉降

加强地面沉降监测，及时分析区域地面沉降可能对工程的影响。在工程沿线增设沉降监测点，及时监控施工过程及竣工运行后的沉降影响，施工时尽量避开雨季及雨天。

运营期间，在工程沿线应进行定期沉降监测，对后期沉降较大的地段加大监测力度，缩短监测周期。将工程沿线的沉降监控纳入地方地面沉降监控网络体系之中，进行地面沉降预测、预报。加强沿线及区域地下水开采管理，防止地下水位大幅下降。

对于地面建(构)筑物，可在设计时根据区域地面沉降趋势及工程设计使用年限综合考虑预留标高。

9. 砂土液化

加强工程勘察等前期工作，查明工程场地内浅层砂性土的空间分布规律、液化可能性及其液化等级，设计时采取相应的抗液化处理措施。对于浅层砂(粉)性土发育区，当基坑开挖时，应加强降水，做好必要的基坑防护措施，以防流砂现象的发生。

对于不良地质地段，应做好地质灾害详细勘察工作，探明管线经过地段各种地质灾害位置、状态等。管道施工严禁不合理放坡和弃渣。沿线山区石方段管沟开挖，从爆破方法上建议应以小药量的松动爆破为主，以清除爆破为辅，松动岩块以人工清除为好，减少爆破震动诱发的地质灾害。

对管道工程区的地质灾害或可能发生地质灾害及环境问题，应采取合理的防治工程措施和生态环境保护措施，达到预防和减轻地质灾害危害的目的。同时，做好施工期及运行期的地质灾害监测预警和防灾预案工作。

(二) 线路截断阀室设置

按《输气管道工程设计规范》的要求，为了在管道发生事故时减少天然气的泄漏量，减轻管道事故可能造成的次生灾害，便于管道的维护抢修，应在管道沿线按要求设置线路截断阀室。截断阀一般选择在交通方便、地形开阔、地势较高的地方。截断阀的最大间距应符合下列规定：

(1) 在以一级地区为主的管段最大间距不大于32km。

（2）在以二级地区为主的管段最大间距不大于24km。

（3）在以三级地区为主的管段最大间距不大于16km。

（4）在以四级地区为主的管段最大间距不大于8km。

依据《原油和天然气输送管道穿跨越工程设计规范-穿越工程》的要求，大型穿越工程应在穿越两端设置截断阀（岸边阀）。截断阀选用气液联动全通径全焊接球阀，并能通过清管器。一旦管道破裂，截断阀可根据管道的压降速度来判断工作状态，并自动关闭。一般阀室为手动，但在交通不便的山区和活动断裂带的两侧，设自动阀室（RTU阀室）。此外，为检测可能的管道泄漏，并对泄漏进行定位，确保管道泄漏时及时发现，减少事故损失，在部分自动阀室（RTU阀室）设置音波检漏系统。

（三）管材及管件选用

根据我国《天然气》标准判断输送气质等级及对管道腐蚀程度；根据管道输送设计压力判断气管线的压力级别。针对上述特点选择《管线管规范》作为钢管选用标准。弯管制作应参照《油气输送用钢制弯管》执行。

线路用管选用的基本原则是：保证钢管质量可靠、生产技术先进、价格经济合理。应满足介质的特性、设计压力、环境温度、敷设方式及所在地区等级的要求。保证钢管具有满足管道要求的刚性、强度、韧性和可焊性，并尽量减少耗钢量。

氢致开裂（HIC）是输气管道失效的原因之一，HIC主要与H_2S分压等因素有关。由于从钢材冶炼上考虑抗HIC性能将增加钢板的生产难度和投资费用，因此，本工程应以控制气质指标为主，含硫量和介质pH值必须满足有关标准要求，不合格的气体不允许进入输气管道。

对于制管方式，用于长输管道的钢管成型方式通常有螺旋缝钢管和直缝钢管两种。根据国内外输气管道建设的经验，确定以下用管类型：

（1）管道所处一级地区，一般直管段采用螺旋缝埋弧焊（SSAW）钢管。

（2）管道所处二级地区，一般直管段采用螺旋缝埋弧焊（SSAW）钢管。

（3）管道所处三级、四级地区，一律采用直缝埋弧焊（LSAW）钢管。

（4）所用弯管、弯头，一律采用直缝埋弧焊（LSAW）钢管进行制作。

（5）处于一级地区的困难山区，壁厚加大一个等级。

（6）河流大中型穿跨越、大中型冲沟穿跨越、隧道穿越、二级及二级以上公路穿越、铁路穿越，一律采用直缝埋弧焊管（LSAW）进行制作。

（7）灾害性地质段采用直缝埋弧焊管（LSAW）进行制作，根据应力分析选取壁厚。

建设长输管道，必须将安全性和可靠性放在第一位。因此，选择制管所需板材的生产技术应是成熟、稳定和可靠的，从管材性能（强度、韧性、可焊性）、经济性、设计压力、管径与管材相匹配几个方面进行综合考虑。为此，ϕ1016、ϕ813管材宜从目前应用较多的X70、X65两种钢级中进行选择，ϕ610、ϕ559、ϕ508管材宜从X60、X65两种钢级中进行选择。大管径钢管选用X65钢级时，管道壁厚较大，钢材用量多，工程造价高。经过西气东输和陕京二线工程的建设，国内制管厂、钢板生产厂和施工企业已经对X70焊管有丰富的生产和施工经验，采用X70钢级时整体经济性比选用X65更好。因此，川气东送输气管道干线推荐选用X70钢级的钢材。

管道壁厚的选取应尽量为订货和现场施工提供便利。通过计算，得到圆整后的各种钢级钢管壁厚。

（四）埋地敷设

1. 埋地敷设的优点

由于管线埋于地下，受人为破坏的因素少。管线万一发生爆破，对周围居民及建(构)筑物的影响较露空时小；集气管线由于有成熟的防腐蚀技术的保护，对管道不须做日常维护保养；埋地管线的环境温差小，管道一般不会因热应力而破坏。

2. 对管线埋地敷设的要求

(1) 管线的埋地敷设深度。管线的埋地敷设深度应根据管线所经地区的气温、地温、地面负荷、工程地质条件，以及地下隐蔽物、地区特点等综合考虑确定，以确保管道及其防腐蚀绝缘层不受损害。但管顶至自然地面的最小距离应为：水田 0.8m，旱地 0.7m，岩石荒坡为 0.5m。

(2) 管沟。管沟沟底的宽度一般根据管线组装焊接的需要来确定。当管沟深度小于或等于 3m 时，沟底宽度可由式(2-3-1)确定：

$$B=D_0+b \tag{2-3-1}$$

式中 B——管沟底宽，m；

D_0——钢管的结构外径(包括防腐、保温层的厚度)，m；

b——沟底加宽裕量，m，见表 2-3-2。

表 2-3-2 沟底加宽裕量

施工方法	沟上组装焊接			沟下组装焊接		
地质条件	旱地/m	沟内有积水/m	岩石/m	旱地/m	沟内有积水/m	岩石/m
b/m	0.5	0.7	0.9	0.8	1.0	0.9

当沟内深度大于 3m 而小于 5m 时，沟底宽度应按式(2-3-1)的计算值再加宽 0.2m。当管沟需要加支撑时，其沟底宽度应考虑支撑结构所占用的宽度。

当管沟深度超过 5m 时，应根据土壤类别及其物理力学性质确定管沟底宽，以保证施工的安全。

(3) 管沟边坡坡度要求。

管沟边坡坡度应根据土壤类别和物理力学性质(如黏聚力、内摩擦角、湿度、容重等)确定。

在无法取得土壤的物理性质资料时，如土壤构造均匀，无地下水，水文地质条件良好，挖深不大于 5m，且管沟不加支撑，其边坡可按表 2-3-3 确定。挖深超过 5m 的管沟，可将边坡放缓或加筑平台。

表 2-3-3 管沟允许边坡坡度

土壤名称	边坡坡度		
	人工挖土	机械挖土	
		沟下挖土	沟上挖土
中砂、粗砂	1∶1	1∶0.75	1∶1

续表

土壤名称	边坡坡度		
	人工挖土	机械挖土	
		沟下挖土	沟上挖土
亚砂土、含卵砾石土	1∶0.67	1∶0.5	1∶0.75
粉质黏土	1∶0.5	1∶0.33	1∶0.75
黏土、泥灰岩、白垩土	1∶0.33	1∶0.25	1∶0.67
干黄土	1∶0.25	1∶0.1	1∶0.33
未风化土	1∶0.1		
粉细砂	1∶1.5~1∶1		
次生黄土	1∶0.5		

管道采用沟埋敷设，石方段管道管顶覆土深度不小于0.8m，土方段管道管顶覆土深度不小于1.0m。此外，管道的埋深还应满足管道稳定性要求。

① 在相邻的反向弹性弯管之间，以及弹性弯管和人工弯管之间，应采用直管段连接，直管段长度不应小于钢管的外径，且不小于500mm。

② 石方区的管道敷设，要求超挖0.2~0.3m，沟底必须首先铺设0.2m厚的细土或细砂垫层，平整后方可吊管下沟。石方区的管沟回填，必须首先用细土(砂)回填至管顶以上0.3m，然后方可用原土回填。细土回填的最大颗粒粒径不应大于3mm，回填土的岩石或砾石块径不应大于250mm。

③ 在河流大型穿(跨)越的两端及管道沿线适当位置，应根据规范的要求设置事故截断阀和阀室。

④ 根据管道的稳定性计算，确定在出入站、大中型的穿越和各种跨越两端，以及管道起伏段、出土端、大角度纵向弯头的两侧是否加设固定墩。

⑤ 在线路沿线要求设置里程桩、标志桩、测试桩、警示牌等，测试桩与里程桩合并。

⑥ 对于公路穿越，原则上路边沟外缘线外10m内的穿越段要求采用相同的设计系数(可以根据实际穿越情况适当圆整为整根管段的倍数)，在穿越段内尽量不要出现弯头、弯管(穿越两侧同坡向山区公路除外)。

⑦ 对于大坡度的山坡，应设截水墙、挡土墙、锚栓、截水沟等确保管道的稳定，以及保持回填土稳定的措施。

⑧ 管道的敷设应以埋地方式为主，在局部特殊地段，经技术经济比较后，可以采用地上或管堤敷设。

⑨ 对于地表植被茂密及坡度较大的山岭，经技术经济比较后，可以采用隧道穿越。隧道内管道根据隧道纵向坡度和地质情况，可采用堤埋敷设或支墩敷设方式。

⑩ 开挖管沟之前，须对施工作业带两侧各50m范围内的地下管道、电缆或其他地下建(构)筑物进行详细排查。

⑪ 下沟前，应检查管沟的深度、标高和断面尺寸，并应符合设计要求。对管体防腐层应用高压电火花检漏仪进行100%检查，检漏电压不低于20kV，如有破损和针孔，应及

时修补。冬季施工时，下沟应选择在晴天中午气温较高时。管沟回填时，应至少高出地面0.3m，管沟挖出土应全部回填于沟上，耕作土应置于回填土的最上层。在管道出土端和弯头两侧，回填土应分层夯实。

3. 线路煨制弯管、冷弯管及弹性敷设

（1）线路弯头采用 $R=6D$ 的煨制弯管，达州专线采用 $R=30D$ 的冷弯管，其他冷弯管采用 $R=40D$ 的弯管，弯管壁厚减薄量应满足设计压力下所要求的最小管壁要求。

（2）管道平面的弹性敷设应采用不小于 $1000D$ 的曲率半径。竖面的弹性敷设曲率半径应满足自重条件下弹性敷设的要求，同时满足管道强度的要求。

（3）在场地条件许可的情况下，对平坦地段，在竖面上应优先采用弹性敷设，但对于山区及石方段，不采用弹性敷设，优先采用现场冷弯管。

（4）在进行线路的平断面设计时，避免≤90°的平面及竖面的转角，尽量使转角控制在可弹性敷设或可采用冷弯管的范围内。

（5）考虑山区的施工难度，尽量避免大角度的叠加弯头、弯管。

（6）对于地形复杂地区，设计人员应根据采用的施工机具和施工方法，先设计出作业带的扫线宽度和断面，并根据设计的扫线作业带地形断面进行管道敷设的设计。合理确定作业带、管沟的土石方量、弯头、弯管的数量和规格。

（7）在相邻的反向弹性弯管之间及弹性弯管和人工弯管之间，应采用直管段连接，直管段长度不应小于钢管的外径，且不小于500mm。

对于特殊地段，必须对工程建设中将遇到的各种特殊地段进行施工方案的优化比选。

1）山区陡坡段

在山区陡坡段，按照如下措施进行施工：

山区陡坡段交通依托条件差，运管、布管、管沟开挖、焊接、回填各个施工环节都存在相当大的难度，在施工之前，施工单位必须事先进行现场踏勘，结合施工情况和地形、地质条件，灵活选择适合于施工段的施工形式。

山区陡坡段运管首先将管材采用运管车运送到施工工地附近的堆管点，再采取二次倒运、三次倒运将管材运送到组对现场。

运管过程中，应注意运管人员的保护，做好安全防范工作；注意管材的保护，不损伤钢管防腐层。

在不大于15°纵向坡度的作业区，采取吊管机布管；在坡度>15°的地段，应因地制宜地分别采取挖掘机运管、轻轨运管、山地爬犁外力牵引运管、索道布管、卷扬机牵引溜管等各种运管措施。陡坡布管，应对钢管采取保护措施，外面包裹五彩布或篾片，防止布管中损伤钢管防腐层；防腐管就位时，应小心轻放，防止损坏钢管坡口。在没有外力牵引下，严禁溜管、滑管；陡坡管沟开挖时，应提前修筑挡土墙，将开挖土石方抛置在挡土墙内，防止流失；山区陡坡段补口完成后，应立即回填，并同时做好水工保护和地貌恢复。

2）冷浸田地区

冷浸田地区施工应做到如下几点：

（1）冷浸田承载力差，地下水位高，管沟积水严重，自然排水困难，在施工前，应重点注意便道修建，清淤排水，地基加固。

（2）对存在淤泥区的冷浸田，应先将淤泥清除，平铺编织袋加土或铺垫钢制管排，保证焊接施工的正常进行。

（3）对冷浸田积水严重区域，同时采用作业带两侧修筑挡水坝、用潜水泵抽水、开挖排水沟的方法，降低施工作业带内水位。

（4）冷浸田段管沟成形困难，极易塌方，应在管沟两侧打钢板桩进行防护，管沟底部挖设积水坑；特殊地段使用环形打桩、多层打桩等方法阻止管沟连续塌方和渗水现象发生。

（5）冷浸田地段湿度较大，焊接时应采用焊前预热，焊后烘干的方法，避免不完全焊道和密集性气孔的产生。

（6）在喷砂除锈后，马上进行防腐补口作业，防止钢管因为冷浸田湿度大凝结水珠增加防腐工作难度。

（7）管沟开挖、管线下沟、管沟回填紧密结合，管沟形成则立即下沟、立即回填。

（8）管线下沟后，必须进行稳管，防止回填过程出现漂管现象。

3）地面塌陷

地面塌陷分为岩溶塌陷和采空区塌陷。管线途经地区岩溶塌陷在施工过程中，应加大岩土工程地质勘察力度，准确查明岩溶分布情况，根据现场实际情况，选择塌陷坑边上的稳定地段通过，与塌陷坑保持不小于5m的距离。

4）采空区

已建矿区的采空区塌陷，通过详细勘察后进行必要避让；预测矿区采空塌陷，应根据天然气分公司委托进行的矿压报告意见执行。

5）地震区和断裂带

管线穿过地震区时，瞬间的地震波传播而引起的地面运动，一般不会对高质量的焊接钢管造成直接的损坏，但是，瞬间的地面抖动可能引起滑坡、饱和砂土液化等永久的地面变形。滑坡可能会对埋地管道产生很大的应力，砂土液化可能引起土壤横向扩散，水面上升，因而引起管道的漂浮。同时，地震区中的活动断裂带，在地震时将对管道产生较大的应力。因此，地震区的滑坡、砂土液化、活动断裂带在管道设计中须着重关注。

根据灾害地区范围和潜在的地面运动，管线的应力分析应考虑管线的非线性力、较大的管道变形和弹塑性管道材料。由于钢管本身具有柔性，且滑坡、断裂带运动的可能性较小，因而，管线穿越潜在的滑坡和活动断裂带区域时，允许管道产生有限的非弹性应变。

6）石方段

石方段开山修路，开挖管沟，使用爆破施工方法前，要通过实验确定最佳爆破参数。以小药量的松动爆破为主，清除爆破、松动岩块采用人工方式清除。

对地质资料中提到过的、无法避让的崩塌，严禁使用爆破手段。

在石方地段敷设管道时，为保护管道防腐层，在管底以下20cm至管顶以上30cm范围内采用细砂土回填，对三层PE，回填细土最大颗粒粒径应小于30mm。细土上部采用管沟开挖土石料回填，粒径不大于250mm。

7）泥石流

管线通过易产生泥石流的地段，应以避让为主，如无法避让，应埋在稳定层以下。

8）水网区

长三角地区属于水网密集区，有些地段甚至连成片，地下水位高、不易成沟。管道沿线河、塘、沟、渠密布，施工较困难。针对上述情况，可采取以下措施：

采取分段施工并设置导流围堰的办法，将作业区内地表水与外部隔离；施工过程中可采用砂、碎石、矿渣等材料以挤压的方式，对极软弱的施工作业带内的软土进行浅层加固，以便于机械设备的通行、作业及管沟开挖。

在穿越连片鱼塘时，考虑工程造价和赔偿、征地等情况，在鱼塘两端有空地且鱼塘长度较长时，可以采用定向钻穿越；在其他地段，采用围堰开挖穿越，管道穿越较宽水面时（水面宽大于 20m），施工后需要采用管顶上压压重块稳管。

9）与高压输电线并行

工程输气干线及支线因受地形、地质等条件限制，局部被迫靠近高压线并与其并行，管线设计须采取特殊的阴极保护措施，保证管道的安全。

与高压线较近段，在施工中应加强施工人员、施工机具设备的安全绝缘措施，如：施工人员应穿绝缘鞋，戴绝缘手套，或者在绝缘保护垫上操作等。在高压线附近进行管道焊接时，焊管必须接地。任何情况下，都不得把管道与高压线塔接地连接起来。施工中不宜采用大型机具。雷雨天气必须停止施工作业。与高压线接地极安全距离为 10m，如果间距不足，可以和电力部门联系更改接地极走向。

10）经济作物区、果园段

管线通过经济作物区、果园时，为减少管线施工对经济作物、果园的破坏，施工作业带宽度应尽量缩窄，宜采用沟下组焊方式减小施工作业带宽度，本工程管道通过经济作物区和果园的施工作业带宽度宜压缩为 8m（沟下组焊）。

11）城镇街区段

管线个别地段受地形、建（构）筑物及其他在建工程的限制，从城镇空地间通过。通过这样的地段，首先要获得有关部门批准，施工中采取相应的安全保障措施，可在狭窄场地外组焊，沟下整体拖管就位，以缩小施工作业带宽度（施工作业带宽度可酌情缩减至 6~8m），并设置施工作业带警戒线，修筑临时通道，夜间挂红灯警示，控制噪声。

12）连续梯田

连续梯田段扫线后地貌被完全破坏，必须在施工前设置栓桩，核实管底高程，确保地貌恢复后管道埋深达到设计埋深要求。

13）地下水位较高段

地下水位较高或存在流砂或淤泥地段，均应设计配重块，防止水位上升，管道上浮。

14）小型河流

小型河流虽然水量不大，但如果埋深不足或没有及时恢复地貌、做好水工保护，极易在雨季冲毁管沟，损坏管道。因此，必须埋到冲刷深度以下，并及时做好水工保护措施，确保管道安全。

（五）架空敷设

1. 架空管架分类

管线架空敷设分高架和低架两类。高架管线人为破坏因素较低架少，一般用于局部架空，例如过沟、壑或通过不能开挖的特别地区。低架管线施工和维护方便，但人为的破坏因素大，一般用于人迹稀少、不易开挖的地段或临时管线。

按照管架结构特点，管架有刚性、柔性和半铰接之分。刚性管架是以自身刚度抵抗管线热膨胀引起水平推力的一种结构。由于管线刚度大、柱顶位移值很小，不能适应管线的热变形，因而所承受的热应力大，水平推力也大。半铰接管架，足以适应管线热变形，是一种可以忽略推力的管架。它在沿管道轴线方向上，柱顶允许的位移值较大。柔性管架沿管线轴向的柔度大，柱顶依靠管架本身的柔度允许发生一定的位移，从而适应管线的热胀变形。在设计管架时，依据管线的具体情况，确定管架的间距、固定点的布置及管架的形式。

2. 管架的荷载及跨度

管架的荷载分垂直荷载和水平荷载两类。垂直荷载包括管道、管路附件、保温层及冰雪的重量，检修时的行人荷载，管道投产前所进行的水压试验的水重，以及清管时的污物重量。水平荷载包括补偿器的弹力、管线移动的摩擦力，以及柔性管架的管架位移弹力等沿管线轴线方向的水平荷载，管线横向位移产生的摩擦力与管子轴线方向交叉的侧向水平荷载，还包括作用在管线上(沿管线径向传给管架)和管架上的风荷载等。

管线允许跨度的大小取决于管材的强度、管子截面刚度、外荷载大小(包括介质重)，以及管线敷设的坡度和允许的最大挠度。对于集气管线的跨度，通常按强度条件来决定。

在估算管架数量和不需要精确计算管线跨度的场合，可用 $L=D+4$ 进行跨度估计。式中，L 为管线跨度，m；D 为管子公称直径，in(1in=25.4mm)。

(六) 沿地表敷设

沿地表敷设可分为裸管沿地表敷设和土堤敷设两类。

裸管敷设的优点是施工方便，投资省；若为临时管线，用后可拆卸，可再次利用。但此种敷设有诸多不安全因素，特别是易于人为破坏因素。因此，集气管线一般不采取这种敷设方式。

土堤敷设常用于管线经过不易开挖的山石区或不能开挖的地段。土堤敷设须根据所在地段的地形地貌、自然环境、气候条件及工程地质和水文地质，确定其覆土厚度、土堤边坡坡度，采用防止土堤滑动及可能损坏的措施。土堤敷设管道的覆土厚度一般不宜小于0.6m，上堤顶部宽度应大于 $2D$，且不宜小于0.5m。

(七) 管线热补偿

架空敷设与沿地表敷设管线和埋地管线在强度计算、热应力、承受外载荷等方面都有许多不同之处，尤以热应力影响最大。因此，露天管线须考虑人工或自然补偿，以避免热应力给管线带来危害。

1. 热应力计算

当管线受温度变化发生热胀冷缩且受到外界的约束时，管线内便产生热应力。热应力的大小与管线的截面积和长度无关，仅与管材的性质、温度及约束条件有关。热应力可用式(2-3-2)计算：

$$\sigma=\alpha \cdot \Delta t \cdot E \tag{2-3-2}$$

式中 α——钢材的线膨胀系数，mm/(mm·℃)；

Δt——管线工作温度与安装温度之差，℃；

E——管线弹性模量，MPa。

管线受约束产生热应力时，相应地产生一定的推力或拉力：

$$F=S\cdot\sigma_t \tag{2-3-3}$$

式中 F——力，N；

S——管线的截面积，mm^2；

σ_t——热应力，MPa。

以一条 ϕ325mm×6mm 管线为例，管线敷设时与运行时的最大温差为 40℃，钢材的线胀系数为 1.13×10^{-5}mm/(mm·℃)，弹性模量为 2×10^5MPa，管线截面积为 6503mm^2。按式(2-3-2)和式(2-3-3)计算，受力可达 5.88×10^5N。

可见，管线的热应力是管线设计不可忽视的问题，特别对于架空管线，如果对管线不采取补偿的措施，可能产生对约束条件的破坏、支架支墩的倒塌、管线悬空下垂直至断裂。

2. 补偿器的类型

在露空的集气管线上为吸收热膨胀，通常采用自然补偿和补偿器(Ⅱ型、Γ型和Z型)补偿。补偿器的弹性力可采用弹性中心法计算。

自然补偿根据管线所经过的地形条件，利用管线的自然弯曲补偿管线热伸长量。这种弯曲大多可以看作是非90°的Γ型补偿器。当采用自然补偿时，由于活动管架妨碍了横向位移，使管内应力增大，故自然补偿的臂长不能过大，一般不超过25m。Ⅱ型、Γ型和Z型补偿器结构简单，投资省，维修保养方便，但所占空间较大。金属波纹管补偿器使用范围也越来越广，因为它不仅需要的空间小，而且它的固有挠性能够使它吸收不止一个方向上的运动，但目前，这种金属波纹管补偿器仅能适于低压力的管道，中、高压波纹管在制造上较为困难，在我国的中、高压集气管道中未曾使用过。

(八) 管道焊接、检验、清管、试压、干燥与置换

1. 焊接

目前，管道现场焊接常用的方式根据操作条件分为手工电弧焊、半自动焊、自动焊三种。若工程沿线地形复杂，施工难度大，在全线可因地制宜地采用以下多种焊接方式及其组合。

对于地形较好的地段，如平原、低矮丘陵和坡度较缓的山区地段，可采用半自动焊或全自动焊的方法进行。

对于地形较差，不适于半自动焊的地段，以及沟底碰死口和返修焊接部位现场环焊缝全部焊道，采用手工电弧焊下向焊方式。

下向焊操作规程必须符合《管道下向焊接工艺规程》的规定。

2. 焊接材料

目前，管道上常用的手工焊条主要有纤维素焊条和低氢焊条两种。纤维素焊条价格相对便宜，焊接可操作性强、焊速快、质量可靠，但抗裂性能比低氢焊条稍差，适用于对抗裂性能要求相对较低的输油管道；输气管道对抗裂性能、韧性指标要求相对较高，通常采

用抗裂性好的低氢焊条，但其价格相对较高，焊接可操作性相对稍差。

3. 焊缝检验

管道施焊前，应进行焊接工艺试验和焊接工艺评定，制定现场对口焊接及缺陷修补的焊接工艺规程。管道组对应选用内对口器，焊接必须有必要的防风保护措施。当钢级较高、环境温度较低时，要根据焊接工艺评定要求对焊口采取必要的焊前、焊后热处理措施。

4. 检测规定

管道焊接、修补或返修完成后应及时进行外观检查，检查前应清除表面熔渣、飞溅和其他污物。焊缝外观应达到《钢制管道焊接及验收》规定的验收标准。外观检查不合格的焊缝不得进行无损检测。

考虑管道的重要性，所有对接焊缝应进行100%射线检测，并按以下要求进行超声检测复验：

(1) 三级、四级地区的所有管道焊口。

(2) 穿(跨)越河流大中型、山岭隧道、沼泽地、水库、三级以上公路、铁路的管道焊口。

(3) 穿越地下管道、电缆、光缆的管道焊口。

(4) 特殊地质带、地震带的管道焊口。

(5) 钢管与弯头连接的焊口。

(6) 分段试压后的碰头焊口。

(7) 每个机组最初焊接的前100道焊口。

(8) 在采用双壁单影法时，公称壁厚大于或等于17.5mm的焊口。

对于探伤不合格的焊口应按要求进行返修，焊口只允许进行一次返修，一次返修不合格必须割口；当裂纹长度小于焊缝长度的8%时，施工单位提出返修方案，经监理单位同意后，可进行一次返修，否则所有带裂纹的焊缝必须从管道上切除。返修部位应进行100%超声检测，渗透探伤规定角焊缝进行100%渗透检测，对于X60及以上级别的管材返修后要进行100%渗透检测，射线检测应优先选用中心透照法，射线源优先选用X射线。对于弯头和直管段焊缝的超声波检测应进行工艺性试验，得出合理的工艺参数。用X射线检测时，应采用不低于爱可发(AGFA)C7型胶片；用γ源检测时，应采用不低于爱可发(AGFA)C4型胶片，胶片宽度不小于80mm。编制渗透检测工艺时，应根据现场可能遇到的非标准温度条件进行工艺试验。

5. 清管测径

在进行分段试压前，必须采用清管器进行分段清管测径。分段清管应确保将管道内的污物清除干净。

站间管道全部连通后，用压缩空气推动清管器进行站间清管测径。站间清管应使用站场清管收发装置。清管器所经阀门为全开状态。

6. 试压

试压介质选用无腐蚀性洁净水，不得采用空气作为强度试压介质。若工程山区段地形起伏较大，管道壁厚设计裕量较小，采用中国石油西气东输建设中规定低点0.95倍σs的控制要求。

7. 干燥

目前，天然气长输管道常用的干燥方法有干燥剂法、干空气干燥法、真空干燥法等。若工程管道直径大，采用内涂层，经过清管后管内水分含量低，干燥施工工期要求紧，以及安全、环保等诸多因素，选择以干空气干燥法为主对管道进行干燥，特殊地段采用干燥剂法、真空干燥法相结合。

当采用干燥气体吹扫时，可在管道末端配置水露点分析仪，干燥后排出气体水露点应以连续4h比管道输送条件下最低环境温度至少低5℃、变化幅度不大于3℃为合格。

当采用真空法时，选用的真空表精度不低于1级，干燥后管道内气体水露点以连续4h低于-20℃，相当于100Pa(绝压)气压为合格。

当采用甘醇类吸湿剂时，干燥后管道末端排出甘醇含水量的质量分数应以小于20%为合格。

管道干燥结束后，如果没有立即投入运行，宜充入干燥氮气，保持内压大于0.12~0.15MPa(绝压)的干燥状态下的密封，防止外界湿气重新进入管道，否则应重新进行干燥。

8. 置换

投产置换是天然气管道施工后投入运行的一个关键步骤，本工程采用注入氮气后加隔离清管器再引入天然气进行置换的方法。根据置换过程中的实际情况，采用该方法时建议采取以下措施：

(1) 置换前，要确保清管干净，以免给以后的运行管理带来麻烦。

(2) 置换前，要周密计算置换过程中天然气的供气压力，合理控制管道内气体流速，其流速应控制在15~18km/h。

(3) 置换时，要注意检测氮气及天然气到达的位置，计算管道内纯氮气段的大小，保持天然气与空气之间的距离，两个清管器的理想距离为50~60km。

(4) 置换前，粗略确定所需氮气量，避免出现浪费或不足的情况，在管段较长时，可以采用分段置换的方法。

(5) 注氮压力和注入天然气压力应保持一致，注氮结束后要马上注入天然气，尽量减小混气段，减少氮气的损失。

9. 线路附属工程

(1) 管道锚固。若管线沿线地形复杂，起伏很大，为了防止管线失稳，应在合适的位置设置固定墩。固定墩为钢筋混凝土结构。*DN*1000的固定墩采用锚固法兰结构，其他口径的固定墩采用加强环结构，锚固法兰、加强环全部采用工厂预制。固定墩设置原则如下：

① 在管道进、出站场处设置固定墩。

② 管道跨越两端根据计算设置固定墩。

③ 管道敷设长陡坡地段根据地形合理设置固定墩。

④ 管道起伏段、出土端根据稳定性计算设置设固定墩。

⑤ 截断阀室室外放空管线与放空立管之间设置固定墩。管线固定墩由于受地形起伏、

输送介质温度、管径大小、管壁厚薄等因素的影响，大小不等、形式多样。为简化设计、方便施工，对固定墩承受的推力实行系列化和具体化。

(2) 管道标志桩。根据《管道干线标记设置技术规定》的要求，管道沿线应设置：

① 里程桩：每公里设一个，一般与阴极保护桩合用。

② 转角桩：在管道水平改变方向的位置，均应设置转角桩。转角桩上要标明管线里程，转角角度。

③ 穿越标志桩：管道穿越大中型河流、铁路、高等级公路，以及鱼塘定向钻穿越的两侧，均设置穿越标志桩，穿越标志桩上应标明管线名称，穿越类型，铁路、公路或河流的名称，以及线路里程，穿越长度，有套管的应注明套管的长度、规格和材质。

④ 交叉标志桩：与地下管道、电(光)缆和其他地下构筑物交叉的位置，应设置交叉标志桩。交叉标志桩上应注明线路里程、交叉物的名称、与交叉物的关系。

⑤ 结构标志桩：管道外防护层或管道壁厚发生变化时，应设置结构标志桩。桩上要标明线路里程，并注明在桩前和桩后管道外防护层的材料或管道壁厚。

⑥ 设施标志桩：当管道上有特殊设施(如固定墩)时，应设置设施桩。桩上要标明管线的里程、设施的名称及规格。

(3) 管道警示牌。为保护管道不受意外外力破坏，提高管道沿线群众保护管线的意识，输气管线沿途设置一定数量的警示牌。警示牌设置位置如下：

① 管线经过人口密集区，在进、出两端各设警示牌一块，中间每隔 300m 设置一块警示牌。

② 管线跨越河流冲涧处，两端各设置一块警示牌，并在通航河流跨越段中间悬挂明显警示标志。

③ 管线穿越大、中型河流处，在两岸大堤内、外各设置一块警示牌，每条河流设置 4 块警示牌。

警示牌应设置在醒目的地方，可依托水工保护护坡、挡土墙等光滑面刻写标语。

(4) 水工保护。管道沿线所经地貌段大致分为下列几种情况：河谷川台单元、山地单元、水网密集单元、河流穿越单元和其他不良地质段。针对各种不同情况，水工保护设计可采取相应处理措施：

① 河谷川台地带水工保护。设计主要是河谷岸坡的防护治理，工程措施主要采取砌石护岸、锚杆加固和混凝土灌浆等防护形式。河谷川台地段水工保护设计采用 50 年一遇洪水设计标准。

② 山地单元水工保护。山地单元水工保护设计防护采用 50 年一遇洪水设计标准。垂直等高线水工保护：垂直等高线水工保护设计应根据具体测量、工程地质资料、管线埋设情况及现场踏勘情况确定。垂直等高线水工保护形式主要有以下几种：截水墙、实体护坡、重力式挡土墙、植物防护、排水沟等，对于特殊地形、地段可综合采用上述方式的两种或两种以上。平行等高线水工保护：根据测量、地质资料、管线埋设情况及现场踏勘情况，确定平行等高线水工保护设计。斜交等高线水工保护：可根据实际情况，参照平行等高线和垂直等高线水工保护形式进行防护。

③ 网密集单元水工保护。管线在湖北、江浙、安徽、上海等地进入水网密集区，管

道沿线湖、塘、沟、渠密布，有些地段甚至连成片，地下水位高、不易成沟，管线施工较困难，另外管道本身的防腐及水工保护的工程量较大，水工保护的方案主要有围堰与导流，管线穿越处湖、塘、沟、渠堤岸的恢复与防护、稳管措施等。

④ 河流单元水工保护。管线穿(跨)越大型河流、冲沟的防护采用100年一遇洪水位设计标准；中型河流、冲沟的防护采用50年一遇洪水位设计标准；小型河流、冲沟的防护采用20年一遇洪水位设计标准。管线穿(跨)越大中型河流、冲沟处岸坡的防护形式根据穿越处两岸河流特征状态、自然演变趋势及岩土性能的不同具体确定。管线穿越河流、冲沟段河床的防护，主要治理河床的下切破坏对管线的影响，根据河床床基岩性质的不同，结合管线稳管要求综合考虑。

四、集输管网的水力计算

(一) 水力计算的作用和计算内容

1. 作用

1）设计计算

(1) 在集输及处理生产规模和运行压力一定的情况下，计算管网中各流动截面的尺寸，使管网运行中各点处的流量、压力符合生产工艺和生产能力的要求；各流动截面的尺寸相互匹配。

(2) 确定不同工况下管网各点处流体流动参数的变化幅度，检查管网对变工况运行的适应能力，为管网水力设计的优化提供依据。

(3) 计算给定管段的压力、温度的平均值和管内的天然气积存量，为分段或分区设置安全截断装置提供依据。

2）检查集输管网运行情况，为运行优化提供依据

(1) 检查运行中各点处的流量、压力状态是否与设计相一致，判断运行是否正常。

(2) 根据相关各点的流量和压力关系检查有无泄漏和确定泄漏点的大致位置。

(3) 分析管网对给定运行状况的适应能力，根据新的工作要求确定管网的集输改造方案。

2. 计算主要内容

(1) 流量计算：确定管网中各流动截面的天然气通过能力。

(2) 天然气流动中沿管道轴向方向上的压力变化：确定管网各部位的压降速率和运行各点处的压力变化。

(3) 确定给定管段内的天然气平均压力。

(二) 管内气体流动方程

1. 管道内气体流动基本方程

表征管道内气体流动的状态参数主要由气体的压力、密度、流速组成，它们之间的关系由气体在管道中流动的基本方程，即由连续性方程、运动方程及能量方程共同描述。

1）连续性方程

根据质量守恒定律，气体连续性方程为：

$$\frac{\partial\rho}{\partial t}+\frac{\partial(\rho v)}{\partial x}=0 \tag{2-3-4}$$

式中 ρ——气体的密度，kg/m^3；

v——气体的流速，m/s；

t——时间变量，s；

x——沿管长变量，m。

2）运动方程

根据牛顿第二定律，由流体力学所建立的运动方程形式可写为：

$$\frac{\partial\rho}{\partial t}+\frac{\partial(\rho v^2)}{\partial x}=-g\rho\sin\theta-\frac{\partial P}{\partial x}-\frac{\lambda}{D}\frac{v^2}{2}\rho \tag{2-3-5}$$

式中 g——重力加速度，m/s^2；

θ——管道与水平面间的倾角，rad；

λ——水力摩阻系数；

D——管道内径，m；

P——管道中的气体压力，Pa。

其余物理量意义同前。

3）能量方程

根据能量守恒定律，由流体力学建立的能量方程为：

$$-\rho v\frac{\partial Q}{\partial x}=\frac{\partial}{\partial t}\left[\rho\left(u+\frac{v^2}{2}+gs\right)\right]+\frac{\partial}{\partial x}\left[Pv\left(h+\frac{v^2}{2}+gs\right)\right] \tag{2-3-6}$$

式中 Q——单位质量气体向外界放出的热量，J/kg；

u——气体内能，J/kg；

h——气体的焓，J/kg；

s——管道位置高度，m。

其余物理量意义同前。

对于稳定流动，能量方程变为：

$$-\rho v\frac{\partial Q}{\partial x}=\frac{\partial}{\partial x}\left[Pv\left(h+\frac{v^2}{2}+gs\right)\right] \tag{2-3-7}$$

2. 气体的状态方程

实际气体状态方程通式为：

$$P=Z\rho RT \tag{2-3-8}$$

气体状态方程表达了气体的压力 P、密度 ρ、温度 T 这三者之间的关系。把它与上述的运动方程和连续性方程结合起来，就从理论上具备了求解管内流动气体的压力、密度和流速的条件。

气体管内的运动方程、连续性方程、气体状态方程，这三个方程式是进行流体水力计算的基本依据。

在天然气管内稳定流动中，管内轴向各点处的质量流量不随时间变化，处于稳定流动状态，这使运动方程和连续性表达式得到简化。

对于稳定流动，运动方程形式变为：

$$\frac{dP}{dx}+\rho v\frac{dv}{dx}=-g\rho\sin\theta-\frac{\lambda}{D}\frac{v^2}{2}\rho \tag{2-3-9}$$

对于稳定流动，其流动参数不随时间而变化，其连续性方程变为：

$$\frac{d(\rho v)}{dx}=0 \tag{2-3-10}$$

整理得出，气体在管内做稳定流动的基本方程式：

$$-\frac{dp}{\rho}=\frac{dv^2}{2}+g\,ds+\frac{\lambda}{D}d\left(x\frac{v^2}{2}\right) \tag{2-3-11}$$

可以看出，稳定流动中影响压力变化的三个因素为：

(1) 流动中的摩擦阻力损失。摩擦阻力损失与水力摩擦系数 λ 成正比，与流体流动速度 v 的平方成正比，与流动直径 D 成反比。

(2) 气体流动中的高程变化。高程增加时，气体的位能成正比增加，压力相应下降；高程降低时，气体的位能成正比下降，压力相应升高。

(3) 气体流速。气体流动中的线速度增高时，气体的动能增大、压力降低；线速度降低时，气体的动能下降、压力升高。

(三) 气体输送管道的流量计算

1. 威莫斯公式及其适用条件

威莫斯输气计算公式：

$$Q=5033.11d^{8/3}\sqrt{\frac{P_1^2-P_2^2}{ZTL\gamma}} \tag{2-3-12}$$

潘汉德输气计算公式：

$$Q=11522Ed^{2.53}\sqrt{\frac{P_1^2-P_2^2}{ZTL\gamma^{0.961}}} \tag{2-3-13}$$

式中 P_1——管线起点压力，MPa；
P_2——管线终点压力，MPa；
Q——管线输量，m^3/d；
d——管线内径，cm；
L——管线长度，km；
T——管输天然气的平均温度，K；
γ——天然气对空气的相对密度，无量纲；
E——流量校正系数；
Z——管输天然气在平均压力和平均温度下的平均压缩因子。

威莫斯公式适用于有液相水和烃类液相物质存在的天然气矿场集输管道流量计算。制管技术的进步已使钢管内表面的粗糙程度较威莫斯公式提出时有大的改善；天然气矿场集输中的天然气气液分离效果、天然气输送过程中的清管和腐蚀控制技术也有了很大的提高。这使威莫斯公式的流量计算值常常比实际值低10%左右。但迄今为止，它仍然广泛应用于天然气矿场集输的流量计算中，只有当天然气已经在矿场干燥时，才会考虑采用其他的流量计算公式。

威莫斯公式发表于1912年，当时正值天然气输气管线发展初期，管线管径及输送量较小，气质净化程度低，制管技术较为落后，输气管内壁粗糙，根据当时的生产条件统计归纳出了此公式。

2. 潘汉德公式及其适用条件

潘汉德根据管道输送清洁、干燥的商品天然气的经验提出了适用于这类天然气输送的水力摩擦系数取值方法，并代入流量的一般表达式得出了与威莫斯公式的形式相似、各参数的单位一致的流量计算潘汉德公式。他前后推荐了两种不同的水力摩擦系数取值方法，分别见式(2-3-14)和式(2-3-15)：

$$\lambda = 0.0847Re^{-0.01461} \tag{2-3-14}$$

$$\lambda = 0.01471Re^{-0.03922} \tag{2-3-15}$$

式(2-3-14)常被称为潘汉德公式的A式，式(2-3-15)则为B式，Re为雷诺数。B式是对A式的修正，目前应用中常采用B式。

在水平输气管道中，可以对稳定流动状态下的基本方程做进一步简化，此时公式为：

$$Q_v = 1051.32\left[\frac{(P_1^2-P_2^2)d^5}{\lambda Z\gamma TL}\right]^{0.5} \tag{2-3-16}$$

式中 P_1、P_2——输气管起点、终点压力(绝压)，MPa；

d——输气管道直径，cm；

λ——水力摩阻系数；

γ——气体相对密度；

Z——气体压缩因子；

T——输气管道内气体的平均温度，K；

L——输气管道计算段的长度，km。

如果忽略天然气的年度变化对λ值的影响而将其视为定值，只与天然气的相对密度γ、管径d有关。可得到另一种形式的潘汉德公式，前提是对天然气在管输状态下的黏度设了$\mu = 1.09\times10^{-5}\text{N}\cdot\text{s/m}^2$的条件。使用此式前，应对天然气在设计或实际状态下的黏度进行核对，实际黏度与假定值相似时使用式(2-3-17)比较方便。当与假定值相差较大时，应使用式(2-3-16)。

$$Q_v = 10477d^{2.53}\left(\frac{P_1^2-P_2^2}{Z\gamma^{0.961}TL}\right)^{0.51} \tag{2-3-17}$$

潘汉德公式适用于气质条件比较好的商品天然气输送管道，尤其是大直径、长距离的商品天然气管道，一般不在矿场集输管道中使用。但处于腐蚀防护的目的，当矿场集输中已对天然气进行干燥处理，或集输中在低温状态进行凝液回收已使天然气处于干燥状态时，可以采用潘汉德公式。

中国《输气管道工程设计规范》建议，在流动状态处于阻力平方区的情况下应用潘汉德公式B时，用输气管道效率系数E对流量计算结果进行校正。在公称直径为300~800mm时，E=0.8~0.9；在公称直径大于800mm时，E=0.91~0.94。这比较符合中国当前的制管技术、管道施工和生产运行管理的实际情况。

3. 流量计算公式参数分析

从式(2-3-13)可以看出，管输流量取决于管线直径、起点、终点压力、管线长度，以及管输的平均温度和天然气对空气的相对密度。但各参数对输量的影响不同。现假定当其他条件不变时，分析其中一个参数变化对输量的影响。

1）管径 d 的影响

根据式(2-3-13)可知，当其他条件一定时，管径和流量的关系可由式(2-3-18)表达：

$$\frac{Q_1}{Q_2}=\left(\frac{d_1}{d_2}\right)^{8/3} \tag{2-3-18}$$

由式(2-3-18)可知，管输流量与管径的8/3次方成正比。若管径增加一倍，即 $d_2=2d_1$，则 Q_2 为 Q_1 的6.3倍。因此，扩大管径是增加输量最有效的办法。

2）管线长度 L 的影响

当其他条件一定时，管线长度和流量的关系可由式(2-3-19)表达：

$$\frac{Q_1}{Q_2}=\left(\frac{L_2}{L_1}\right)^{0.5} \tag{2-3-19}$$

管输流量与管长的0.5次方成反比。若管长缩短一半，即 $L_2=0.5L_1$，则 $Q_2=1.41Q_1$。

3）温度 T 的影响

当其他条件一定时，天然气温度和流量的关系可由式(2-3-20)表达：

$$\frac{Q_1}{Q_2}=\left(\frac{T_2}{T_1}\right)^{0.5} \tag{2-3-20}$$

和管长一样，管输流量与温度(绝对温度)的0.5次方成反比，即管中的温度越低，其输气量越大。但为提高输气量而降低温度将带来一系列工艺上的改变，且对输气量的提高仍不显著。例如，原操作温度为25℃，降温后为0℃(若工艺条件能保证不致形成水合物)，则有

$$\frac{Q_1}{Q_2}=\left(\frac{273+0}{273+25}\right)^{0.5}=0.957 \tag{2-3-21}$$

$$Q_2=1.045Q_1 \tag{2-3-22}$$

即输气量提高4.5%。在采用注抑制剂法或干气输送的管道上，适当地降低温度还是有利的。

4）起点压力 P_1 和终点压力 P_2 对输量的影响

当其他条件一定时，若增大 P_1 和减小 P_2 的数值 ΔP 如相同，则有

$$(P_1+\Delta P)^2-P_2^2=P_1^2+2P_1\Delta P-P_2^2+\Delta P^2 \tag{2-3-23}$$

$$P_1^2-(P_2-\Delta P)^2=P_1^2+2P_2\Delta P-P_2^2-\Delta P^2 \tag{2-3-24}$$

式(2-3-23)与式(2-3-24)右边相减得

$$2\Delta P(P_1-P_2)+2\Delta P^2>0 \tag{2-3-25}$$

所得差值始终为正值，即 $(P_1+\Delta P)^2-P_2^2>P_1^2-(P_2-\Delta P)^2$。因 Q 与 $\sqrt{P_1^2-P_2^2}$ 成正比，起点、终点差越大，Q 越大。可见，增大起点压力 P_1 比减小同样数值的终点压力 P_2 更有利于输气量的增加。

4. 气体输送中高程变化的流量计算公式

当集输管道通过地区的地形起伏会使管道轴线上的各点出现大于200m的高程变化时，

需要在流量计算中考虑高程变化对管道流量的影响。

1）考虑地面高程变化的威莫斯公式

$$Q_v = 5031.22d^{\frac{8}{3}}\left\{\frac{P_1^2 - P_2^2(1 + a\Delta h)}{Z\gamma TL\left[1 + \frac{a}{2L}\sum_{i=1}^{n}(h_i + h_{i-1})L_i\right]}\right\}^{0.5} \quad (2-3-26)$$

2）考虑地面高程变化的潘汉德公式

$$Q_v = 1051.32d^{\frac{5}{2}}\left\{\frac{P_1^2 - P_2^2(1 + a\Delta h)}{\lambda Z\gamma TL\left[1 + \frac{a}{2L}\sum_{i=1}^{n}(h_i + h_{i-1})L_i\right]}\right\}^{0.5} \quad (2-3-27)$$

$$a=\frac{2\gamma}{ZR_a T} \quad (2-3-28)$$

式中　a——系数，m^{-1}；

R_a——空气气体常数，在标准状况下（$P_0=0.101325MPa$，$T=293K$），$R_a=287.1m^2/(s^2\cdot K)$；

Δh——输气管道计算段的终点对计算段起点的标高差，m；

n——输气管道沿线计算的分管段数❶；

h_i——各计算分管段终点的标高，m；

h_{i-1}——各计算分管段起点的标高，m；

L_i——各计算分管段的长度，km；

g——重力加速度，$g=9.81m/s^2$。

其余物理量意义同前。

气、液两相混输管路的流动状态极为复杂，人们至今尚未完全掌握其流动规律，也没有一个世界上所公认的、经得起实践检验的高精度计算方法。目前，我国采用的采气管线的流量计算方法是使用式(2-3-29)计算，然后对计算值进行修正，即当天然气中液体含量小于 $40cm^3/m^3$ 时，采用式(2-3-29)计算天然气流量：

$$Q=5033.11d^{8/3}\left(\frac{P_1^2-P_2^2}{\Delta ZL}\right)^{0.5}E_p \quad (2-3-29)$$

式中　E_p——流量校正系数。

其他物理量意义同前。

对于水平管，当天然气流速小于 15m/s 时，流量校正系数 E_p 可按式(2-3-30)计算：

$$E_p=\left(1.06-0.233\times\frac{q_1^{0.32}}{\overline{\omega}}\right)^{-1} \quad (2-3-30)$$

式中　q_1——气体中液体含量，cm^3/m^3；

$\overline{\omega}$——管线中气体平均流速，m/s。

当管中天然气流速大于 15m/s 时，可按图 2-3-3 确定流量系数 E_p 的近似值。

❶计算分管段的划分是沿输气管道走向，从起点开始，当其中相对高差在 200m 以内，同时不考虑高差对计算结果影响时，可划作一个计算分管段。

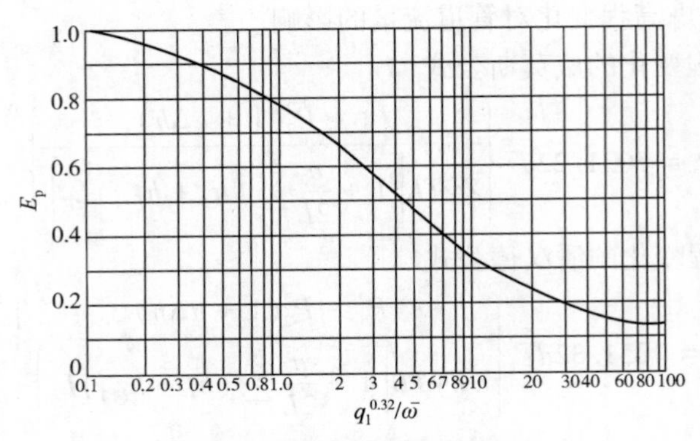

图 2-3-3 校正系数 E_p 值图

(四)集输管道运行中轴向压力变化及管段天然气的平均压力

1. 管道轴向压力的变化

1）影响压力变化的主要因素

在不存在严重泄漏的情况下，天然气在流动中的摩擦阻力损失是影响压力变化的主要因素。压力降低过程中的 *J-T* 效应；天然气通过管壁与外界环境的热量变换，以及天然气在管内流动中的高程变化，也是影响压力变化的因素。由于天然气在输送状态下的密度相对较低、压降幅度相对较窄，高程变化和 *J-T* 效应对压力变化的影响通常不大。与外界环境的热量交换受管外传热系数低的限制，也常常不是影响压力变化的主要因素。

2）集输管道内压力变化的特点

压降速率随流经路程的增长而增长，沿管道轴向的压力曲线呈抛物线状，这是包括天然气集输管道在内的所有气体输送管道的共同特点。

2. 管道运行中天然气的平均压力

关注管内天然气平均压力可以用来辅助确定某些物理性质和计算管道运行状态下管内天然气的积存量。

集输管道运行中轴向各点处的压力变化如下：

1）管线沿程的压力分布

设在一水平管线上，起点为 A，终点为 B，M 为管线上距 A 点 x 的任意一点，起点压力为 P_1，终点压力为 P_2。全长为 L，管线输量为 Q_0(如图 2-3-4 所示)。

利用式(2-3-12)，分别列出 AM 和 BM 的流量计算式。令两段流量相等，即可得 M 点处的压力为：

$$P_x=\sqrt{P_1^2-(P_1^2-P_2^2)\frac{x}{L}} \tag{2-3-31}$$

式中，物理量意义同前。

用不同的 x 值代入式(2-3-31)中，得到数个对应的 P_x 值，将 P_x 值置于以 L 为横坐标，以 P 为纵坐标的坐标图中，可得管线沿程压力分布曲线(如图 2-3-5 所示)。它表明了天然气在管中压力变化的规律。在前段，压力下降较为缓慢，距起点越远，压力下降越快。在前 3/4 的管段上，压力下降了约 1/2，而另一半的压降，则消耗在后段仅 1/4 的管段上。

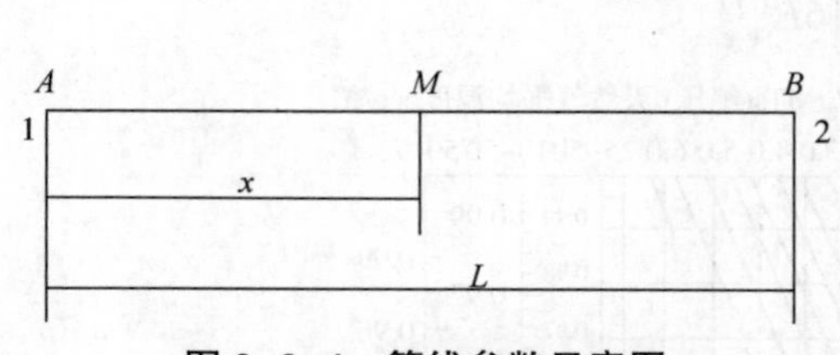

图 2-3-4　管线参数示意图

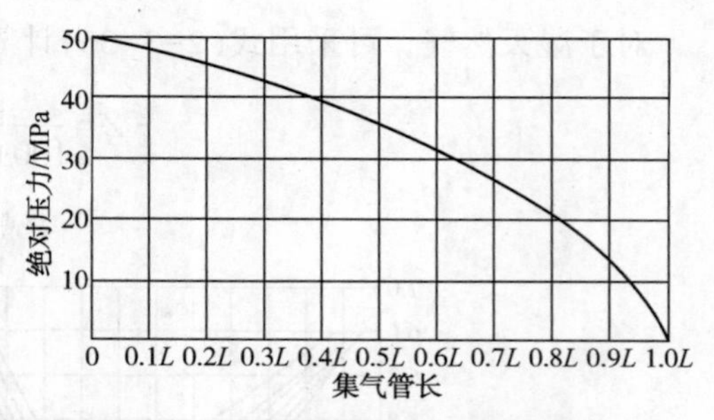

图 2-3-5　集气管中压力变化曲线

了解管线压力的分布的规律，不仅在管线设计工作中，而且在生产实际中也是有意义的。例如在生产过程中，用实测的压降曲线与理论曲线相比较，可以发现管线运行是否正常。当管线所经地区的高差大于 200m 时，就应考虑高程变化对压力的影响。此时，在管线上任一点的压力为：

$$P_x = \left[P_1^2 - \frac{2(P_1^2 - P_2^2)}{(2-a\Delta H)L}\frac{x}{L} + \frac{a\Delta H(P_1^2 - P_2^2)}{2-a\Delta H}\frac{x^2}{L^2}\right]^{0.5} \tag{2-3-32}$$

由 n 段斜管线组成的起伏地区的管线上任一点的压力为：

$$P_x = \left\{\frac{P_1^2(1+C)+P_2^2B-\left[P_1^2-P_2^2(1+a\Delta H)\dfrac{x}{L}\right]}{(1+a\Delta H)+D}\right\}^{0.5} \tag{2-3-33}$$

式中　$B = \dfrac{a}{L}\sum\limits_{i=1}^{n_x}(H_i + H_{i+1})l_i$；

$C = \dfrac{a}{L}\sum\limits_{i=n_x}^{n}(H_i + H_{i+1})l_i$；

$D = B + C$；

n_x——x 点以前的管段数目。

其他物理量意义同前。

2）管线中气体的平均压力

当管线停输后，管内高压端的气体很快流向低压端，终点压力逐渐升高，起点压力逐渐下降，压力逐渐达到平衡。在平衡过程中，管线中有一点的压力是不变化的，这一点叫平均压力点。

平均压力是计算管线平均压缩系数和管道储气量及其他参数的重要参数。若已知管线起点、终点的压力，即可采用式(2-3-34)求得该管线天然气的平均压力：

$$P_{cp} = \frac{2}{3}\left(P_1 + \frac{P_2^2}{P_1+P_2}\right) \tag{2-3-34}$$

利用平均压力，可求得在操作条件下气体的平均压缩因子。对于干燥的天然气，可采用式(2-3-35)计算：

$$Z = \frac{100}{100+1.734P_{cp}^{1.15}} \tag{2-3-35}$$

对于湿天然气，可采用式(2-3-36)计算：

$$Z=\frac{100}{100+2.916P_{\mathrm{cp}}^{1.15}} \tag{2-3-36}$$

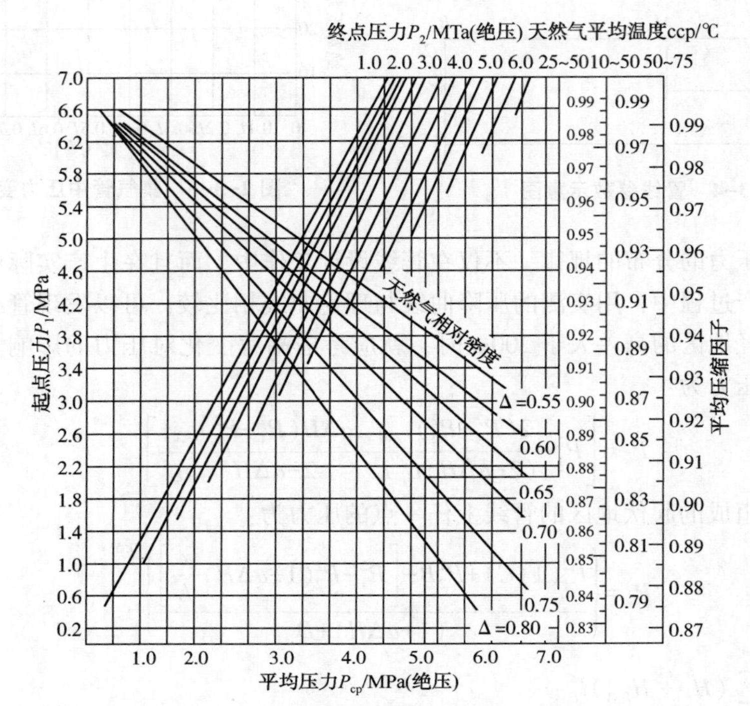

图 2-3-6 天然气平均压力和压缩因子计算图

图2-3-6是根据管输天然气的压力、温度及相对密度的关系绘制的。当不需要精确计算时，已知管线的起点、终点压力，可求得平均压力；已知平均压力、操作温度和管输天然气的相对密度，可求得满足工程计算要求的天然气的压缩因子。例如，已知管线的起点压力 P_1 为5.8MPa，终点压力 P_2 为4.5MPa，天然气的相对密度为0.75，天然气的平均温度为30℃，由图2-3-6可查得管中天然气的平均压力 P_{cp}。为5.18MPa，压缩因子为0.875。

地形起伏地区的管线的平均压力可用式(2-3-37)计算：

$$P_{\mathrm{cp}}=\frac{2}{3}\ \frac{P_1^3\left(1-\frac{3}{2}a\Delta H\right)-P_2^3\left(1-\frac{a\Delta H}{2}\right)}{(P_1^2-P_2^2)(1-a\Delta H)} \tag{2-3-37}$$

对于由 n 段直管段组成的起伏管线，其平均压力可按下述方法求得：

① 首先根据式(2-3-38)求出各转折点处的压力：

$$P_2=\left(P_1^2-\frac{3.948\times10^6 Q\Delta TLZ}{d^{16/3}}\right)^{0.5} \tag{2-3-38}$$

② 按照式(2-3-37)求出各直线管段的平均压力。

③ 采用式(2-3-39)求得 n 段直管段的平均压力：

$$P_{cp}=\frac{\sum_{i=1}^{n}P_{cpi}l_i}{L} \tag{2-3-39}$$

式中　P_{cp}——n 段直管段的平均压力，MPa；

P_{cpi}——各分段直管段的平均压力，MPa；

l_i——各分段长度，km。

平均压力点距起点的距离，可用式(2-3-40)求得：

$$x_0=\frac{P_1^2-P_{cp}^2}{P_1^2-P_2^2}L \tag{2-3-40}$$

从管线停输到气压达到平衡的时间，可用 t 表示：

$$t=\frac{1}{a}\ln\frac{P_1+\sqrt{P_1^2-P_{cp}^2}}{P_{cp}} \tag{2-3-41}$$

式中，$a=\frac{4}{L}\sqrt{\frac{9.81dZRT}{\lambda x_0}}$。其他物理量意义同前。

3. *气体输送管道停输或某一管段因上、下游截止阀关闭而停止流动时，轴向各点处的压力变化和压力不变点的位置*

输送管道停运时，摩擦阻力立即消失，轴向上各点处的压力迅速趋于一致，其数值等于管道运行中的平均压力 P_m。由 $P_z<P_m<P_Q$，起点和终点间一定存在一个运行压力与平均压力 P_m 相等的点，该点处的压力在停运时不发生变化。

$$x_m=\frac{P_Q^2-P_m^2}{P_Q^2-P_z^2}L \tag{2-3-42}$$

对压降大、输送距离长的集气干管道进行强度设计时，为了节省钢材常常将管道分段按不同压力进行设计，这时需要计算 x_m 点所在管段的设计压力不低于管道运行的平均压力，以保证管道停运时的安全。

五、集输管道热力、强度计算

（一）管线沿程温度分布与平均温度

1. *总传热系数*

传热系数决定着管线温度计算的准确性。在需要保温的管线上，则影响供热负荷的大小和热能的合理利用。总传热系数可由式(2-3-43)计算：

$$\frac{1}{Kd}=\frac{1}{\alpha_1 d}+\sum_{i=1}^{\pi}\frac{\ln\frac{D_i}{d_i}}{2\lambda_i}+\frac{1}{\alpha_2 D} \tag{2-3-43}$$

式中　K——管线的总传热系数，W/(m^2·K)；

α_1——气体对管道内壁的散热系数，W/(m^2·K)；

α_2——管线向外界的散热系数，W/(m^2·K)；

d_i——涂层、管壁和绝缘层等的内径，m；

D_i——涂层、管壁和绝缘层等的外径，m；

d——管道内径，m；

D——管道外径，m；

λ_i——各层材料的导热系数，W/(m²·K)。

当雷诺数 $Re>104$ 时，λ_i 用努塞尔准数 Nu 方程确定：

$$\alpha_1=\frac{Nu\lambda_i}{d} \tag{2-3-44}$$

$$Nu=0.021Re^{0.8}Pr^{0.43} \tag{2-3-45}$$

式中 Pr——是普朗特准数。

$$Pr=\frac{\mu c_{\mu}}{\lambda} \tag{2-3-46}$$

式中 μ——气体的动力黏度，Pa·s；

C_{μ}——气体的定压比热容，kJ/(kg·K)；

λ——气体的导热系数，W/(m²·K)。

外部散热系数用式(2-3-47)求得：

$$\alpha_2=\frac{2\lambda_s}{D\ln\left[\frac{2h}{D}+\sqrt{\left(\frac{2h}{D}\right)^2-1}\right]} \tag{2-3-47}$$

式中 λ——土壤的导热系数，W/(m²·K)；

h——从地面到管中心线的深度，m。

气体、土壤及其他材料的导热系数见表 2-3-4。

表 2-3-4 有关介质的导热系数表

介质名称	温度/℃	导热系数/[W/(m²·K)]	介质名称	温度/℃	导热系数/[W/(m²·K)]
空气	0	24.4	沥青	30	0.6~0.74
氮气	0	24.4	纸	20	0.14
甲烷	50	24.4	超细玻璃棉	36	0.03
	0	30.2	玻璃棉毡	28	0.04
乙烷	50	37.2	玻璃丝	35	0.06~0.07
	0	18.3	聚氯乙烯	30	0.14~0.15
一氧化碳	0	23.0	黄沙	30	0.28~0.34
二氧化碳	0	12.8	湿土	20	1.26~1.65
水蒸气	100	24.0	干土	20	0.5~0.63
氢气	0	137.2	普通土	20	0.83
氦气	0	141.9	黏土	20	0.7~0.93
氮气	0	23.3	石灰岩	0	1.9~2.4
15#碳素钢	0	54.4	水	0	0.55
30#碳素钢	0	50.2	冰	0	1.05

可以看出，总传热系数取决于管径的大小、介质的物性(黏度、定压比热容等)、管线覆盖层和土壤的导热系数等多种因素。对于采用石油沥青为绝缘层的埋地管线的总传热系数可采用表2-3-5中所示值。

表2-3-5 埋地石油沥青绝缘管线总传热系数表 W/(m^2·K)

管径(*DN*)/mm	土壤潮湿程度			
	稍湿	中等湿度	潮湿	水田
50	5.81(5.0)	6.62(5.7)	7.55(6.5)	8.14(7.0)
65	5.23(4.5)	5.81(5.0)	6.62(5.7)	7.21(6.2)
80	4.88(4.2)	5.58(4.8)	6.16(5.3)	6.74(5.8)
100	4.41(3.8)	5.11(4.4)	5.69(4.9)	6.28(5.4)
150	3.60(3.1)	4.18(3.6)	4.76(4.1)	5.23(4.5)
200	3.02(2.6)	3.48(3.0)	4.07(3.5)	4.65(4.0)
250	2.67(2.3)	3.14(2.7)	3.60(3.1)	4.07(3.5)
300	2.20(1.9)	2.55(2.2)	2.90(2.5)	3.25(2.8)
400	1.86(1.6)	2.09(1.8)	2.44(2.1)	2.79(2.4)

注：表中数据为最高值和平均值。

2. 管线沿程温度分布

管线沿程温度分布及据此确定的天然气平均温度是影响集输工艺过程的重要参数。集气管线的水力计算、管输能力计算及确定管内凝析水和水合物产生的可能性、研究管线防腐蚀绝缘层的耐久性能，等等，都需要可靠的温度参数。

管线中距起点 $l_x$km 处的温度可由式(2-3-48)确定：

$$t_x = t_0 + (t_1 - t_0)\mathrm{e}^{-al_x} - J\frac{\Delta P_x}{al_x}(1-\mathrm{e}^{-al_x}) \tag{2-3-48}$$

式中 $a=\dfrac{225.358\times10^6 DK}{Qc_p}$；

t_x——管线中距起点 l_x 处的温度，℃；

t_0——管线周围介质的温度，℃；

t_1——管线起点气体的温度，℃；

K——由管中气体到土壤的总传热系数，W/(m^2·K)；

ΔP_x——l_x 管段内的压降，MPa；

D——管子外径，m；

c_p——气体的定压比热容，J(kg·K)；

Q——天然气流量，m^3/d；

l_x——计算温度处距起点的距离，km；

J——焦尔-汤姆逊效应系数，℃/MPa；见表2-3-6。

表 2-3-6 焦耳-汤姆逊效应系数 ℃/MPa

温度/℃	压力				
	0.098MPa	0.510MPa	2.53MPa	5.050MPa	10.101MPa
-50	0.69	0.66	0.59	0.51	0.41
-25	0.56	0.55	0.50	0.45	0.36
0	0.48	0.47	0.43	0.38	0.32
25	0.41	0.40	0.36	0.33	0.27
50	0.35	0.34	0.31	0.28	0.25
75	0.30	0.30	0.26	0.24	0.21
100	0.26	0.26	0.23	0.21	0.19

注：表中温度与压力系数指管段的平均温度与平均压力。

式(2-3-48)中最后一项表示气体压力降低伴随着温度降低，即焦尔-汤姆逊效应引起的温降。若不考虑该项，即为著名的苏霍失公式：

$$t_x = t_0 + (t_1 - t_0)e^{-al_x} \tag{2-3-49}$$

假定管线周围介质温度(t_0)为10℃，管线起点气体温度(t_1)为32℃，管中气体到土壤的总传热系数(K)为3.02W/(m^2·℃)，天然气密度(ρ)为0.68kg/m^3。采用ϕ219mm×7mm钢管输送，输气量为10×10^{4}m^3/d，其定压比热容(c_p)为35kJ/(kg·K)。据式(2-3-48)计算，可在直角坐标系中，绘出管线中天然气的温降曲线(如图2-3-7所示)；若土壤温度为5℃，温降变化则如曲线2所示。可以看出，起点温度与环境温度差值越大，温降越快。在15km处，温降值约为全线温降的1/2。在20km处，两曲线所示的天然气温度均在20℃以下，曲线2在20km处的温度为16℃。对于在6.4MPa以下操作的集气管道，此温度已低于水合物形成的温度。因此，对于采用加热集气工艺的集气管道，天然气的输送一般采取提高起点温度(t_1)和管道保温(减小传热系数)的措施，以保证管道正常运行。

图2-3-7曲线忽略了节流效应的影响。当起点温度高于环境温度时，有限长管道的终点温度始终高于环境温度。但实际上，在很多情况下，由于节流效应引起的温降，致使终点天然气温度往往低于土壤温度。因此，对于始末端压差较大的管线，不应忽略节流效应对天然气温度的影响。

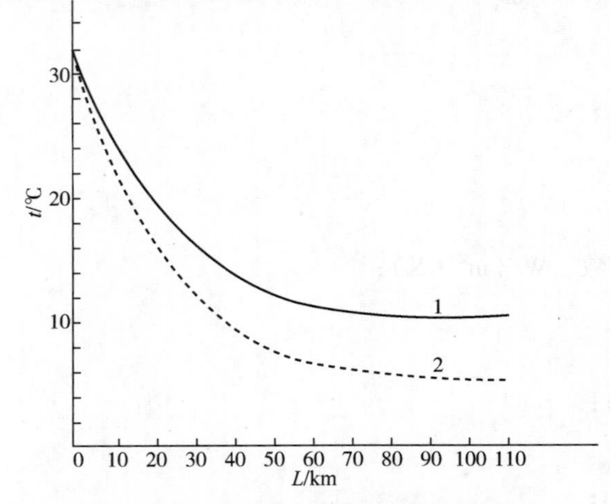

图 2-3-7 埋地管线天然气温度变化图

3. 管线的平均温度

进入埋地管线的天然气与埋设管道周围的土壤存在一定的温差，由于天然气与土壤进行了热交换，温度发生变化，经一段距离后，天然气温度基本上降至地温(如图2-3-7所示)。可见，运行中的集气管线起点、终点的天然气存在一定的温差，起点与地温温差越大，则起点、终点天然气温差越大。为了较为准确地进行集气管线的计算，引入了平均温度这一概念。为了导出平均温度 t_{cp} 的计算式，对式(2-3-48)的管道长度进行积分，再取全线的平均值即得

$$t_{cp}=t_0+\frac{t_1-t_0}{aL}(1-e^{-aL})-J\frac{\Delta P}{L}\left[1-\frac{1}{aL}\right](1-e^{-aL}) \tag{2-3-50}$$

若不计节流效应的影响，则为

$$t_{cp}=t_0+\frac{t_1-t_0}{aL}(1-e^{-aL}) \tag{2-3-51}$$

式中，物理量意义同前。

在设计和生产过程中，通常采用式(2-3-51)来确定集气管道工艺计算中的平均温度。

4. 埋地金属管道在运行中的管壁温度

计算管壁温度可以为在低气温地区工作的集输管道提供选材的依据，也可以防止管道外表面的防腐绝缘材料因管壁温度过高受到破坏。

计算管壁温度时，因为金属材料的导热系数高，管壁颈内各点处的金属温度变化不大，允许将管道金属壁内壁或外壁的温度作为管壁温度。

$$T_w=\frac{K_B T+K_H T_T}{K_B+K_H} \tag{2-3-52}$$

式中　T_w——管壁金属温度，℃；

K_B、K_H——管内和管外放热系数，W/(m²·K)；

T_T——管道埋深处土壤温度，℃。

（二）管道的强度计算

一个储气库集输工程的建设往往需要上千吨的钢材，而线路管材占总钢材耗量的比例很大，少则80%~90%，多则80%~90%。管壁厚度若相差1mm，则线路管材耗钢量就可能相差数百吨甚至上千吨。以一条长60km的 ϕ325mm×12mm 的管线为例，若壁厚减小1mm，钢材耗量就减少447t。另一方面，集气管道的操作压力高，工作环境较为恶劣，管线必须具有满足运行工况下的强度。因此，不但要求管线设计要经济、合理，更要安全、可靠。正确地采用壁厚计算公式，对管线设计具有十分重要的意义。

1. 管线应力及强度理论

当管线内存在均匀分布的压力时，管壁上任何一点的应力状态是由作用于该点上三个互相垂直的主应力决定的。其中，第一个主应力沿管壁圆周的切线方向，称为内压周向应力(σ_{zx})；第二个主应力平行于管子轴线方向，称为内压轴向应力(σ_{zh})；第三个主应力沿管壁的直径方向，称为内压径向应力(σ_{jx})。在这三个方向的应力中，内压周向应力始终最大，它对管子强度起决定性作用。一般情况下，径向应力最小，轴向应力则介于两者之间。

承受内压的管壁的三个主应力的计算公式见表2-3-7。

承受内压的管线处于复杂的应力状态下，它的强度是由主应力的联合作用所决定的，但由于组合应力的求解所采用的强度理论不同，因而管子的理论壁厚计算公式也不相同。

表 2-3-7 承受内压管壁的主应力计算公式表

应力	管子内壁压力 ($r=r_n$)	管子外壁压力 ($r=r_w$)	管壁平均压力	简化的管壁平均压力
内压周向应力	$\frac{P_j(\beta^2+1)}{\beta^2-1}$	$\frac{2P_j\delta}{\beta^2-1}$	$\frac{P_jd}{2\delta}$	$\frac{P_jd}{2\delta}$
内压轴向应力	$\frac{P_j\delta}{\beta^2-1}$	$\frac{P_j\delta}{\beta^2-1}$	$\frac{P_jd^2}{4\delta(d+\delta)}$	$\frac{P_jd}{4\delta}$
内压径向应力	$-P_j$	0	$-\frac{P_jd^2}{2(d+\delta)}$	$-\frac{P_j}{2}$

注：P_j—计算压力，MPa；β—管子外径与内径之比；δ—管子壁厚，cm；d—管子内径，cm。

材料的强度理论有以下四种：

（1）最大主应力理论（第一强度理论）：该理论认为材料的失效或破坏只取决于绝对值最大的主应力。

（2）最大变形理论（第二强度理论）：该理论认为材料的失效或破坏，取决于最大变形值，对于管子即为承受内压的最大拉伸形变值。

（3）最大剪应力理论（第三强度理论）：该理论认为材料的失效或破坏，取决于最大剪应力。

（4）变形能强度理论（第四强度理论）：该理论认为材料失效或破坏，取决于单位体积的变形所积累的位能值。

根据四个强度理论推导的管子理论壁厚计算公式见表 2-3-8。

表 2-3-8 不同强度理论的管子理论壁厚计算公式

强度理论	强度条件	由管子内壁最大应力计算的理论壁厚	由管壁平均应力计算的理论壁厚
最大主应力理论	$\sigma_{max}\leqslant[\sigma]_j$	$\delta_{ln}=\frac{d}{2}\left[\sqrt{\frac{[\sigma]_j+P_j}{[\sigma]_j-P_j}}-1\right]$	$\delta_{lP}=\frac{P_jd}{2[\delta]_j}$
最大变形理论	$\varepsilon_{max}\leqslant[\varepsilon]$	$\delta_{ln}=\frac{d}{2}\left[\sqrt{\frac{[\sigma]_j+0.4P_j}{[\sigma]_j-1.3P_j}}-1\right]$	$\delta_{lP}=\frac{d}{2}\left[\frac{1+\sqrt{\frac{4[\sigma]_j^2}{P_j^2}+\frac{1.6[\sigma]_j}{P_j}+0.67}}{2\left(\frac{[\sigma]_j}{P_j}-0.15\right)}-1\right]$
最大剪应力理论	$\sigma_1>\sigma_2>\sigma_3$ $\sigma_1-\sigma_3\leqslant[\sigma]_f$	$\delta_{ln}=\frac{d}{2}\left[\sqrt{\frac{[\sigma]_j}{[\sigma]_j-2P_j}}-1\right]$	$\delta_{lP}=\frac{P_jd}{2[\delta]_j-P_j}$或 $\delta_{lP}=\frac{P_jD}{2[\delta]_j+P_j}$
变形能理论	$U_f\leqslant[U_f]$	$\delta_{ln}=\frac{d}{2}\left[\sqrt{\frac{[\sigma]_j}{[\sigma]_j-\sqrt{3}P_j}}-1\right]$	$\delta_{lP}=\frac{P_jd}{2.3[\delta]_j-P_j}$或 $\delta_{lP}=\frac{P_jD}{2.3[\delta]_j+P_j}$

注：δ_{max}—最大应力值；$[\sigma]_j$—钢材在计算湿度下的基本许用应力；ε_{max}—最大拉伸变形值；$[\varepsilon]$—许用拉伸变形值；σ_1—内压产生的周向应力值；σ_2—内压产生的轴向应力值；σ_3—内压产生的径向压力值；U_f—单位体积的变形所积成的位能量；$[U_f]$—单位体积的变形所积成的位能许用值；δ_{ln}、δ_{lP}—管子的理论壁厚；P_j—计算压力；d—管子内径。

2. 弯管的强度计算

弯管承受内压作用所需的最小壁厚按式(2-3-53)计算：

$$s=\frac{PD_H}{2\sigma_s F\varphi}\times\frac{4R-D_H}{4R-2D_H}+C_2 \tag{2-3-53}$$

式中　s——弯管任意点处最小壁厚，mm；

D_H——弯管的外径，mm；

P——内压力，MPa；

σ_s——钢管金属材料的屈服极限，MPa；

F——设计系数，取 $F<1$；

C_2——腐蚀余量，mm；

φ——焊接钢管的焊缝系数；

R——弯管的曲率半径，mm。

3. 焊接三通的强度计算

1）对焊接三通的一般要求

（1）材质：用与直管材质相同或相近的钢材制作三通。

（2）用与直管相同材质制作的焊接三通在任意点处的壁厚都不小于与之相连接的直管的厚度，但直管壁厚超过实际工作压力需要时可以例外。

2）强度计算

在焊接三通的总剖面上，主管和直管连接部位的限定区域内，面积满足公式(2-3-54)的要求：

$$S_f\geqslant\frac{P(S_{F_1}+0.5S_f)}{\sigma_S+F} \tag{2-3-54}$$

式中　S_f——承载金属截面的净面积，mm²；

P——内压力，MPa；

$S_{F_1}+0.5S_f$——压力作用面积，mm²；

σ_S——金属材料的屈服极限，MPa；

F——设计系数，$F<1$。

金属截面净面积 S_f 和压力作用面积 S_{F_1} 分别按式(2-3-55)和式(2-3-56)计算：

$$S_f=s'_1(\sqrt{d_1s'_1}+s'_2)+s'_2\sqrt{d_1s'_2}+\frac{1}{2}K^2 \tag{2-3-55}$$

$$S_{F_1}=\frac{1}{2}\left[d_1\left(\sqrt{d_1s'_1}+\frac{s'_2}{2}\right)+s'_2\sqrt{d_2s'_2}\right] \tag{2-3-56}$$

式中　s'_1、s'_2——主管和支管的净壁厚，mm；

d_1、d_2——主管和支管的计算内径，mm；

K——角焊缝的腰高。

（三）管道中凝析水量计算

目前，集气管线中很少有实现干气输送的。进入集气管线的天然气，由于工况的改变，常有饱和水析出。气体中饱和水含量随温度增高而增加，随压力增高而减少。

如图 2-3-8 所示，当天然气在管中流动时，其温度和压力沿输送方向逐渐下降。图中，t 为温降曲线，p 为压降曲线，ad 为在该压力和温度条件下天然气的饱和水含量变化曲线。天然气刚进入管线，由于温差较大，在前一段(ac)的温降较大，而压降较平缓，这段管线中，温降对凝结水的析出起主导作用，天然气中的饱和水含量处于下降过程。当气温趋于地温时，温度降低极少，气体的压降就转化为决定气体饱和水含量的主要因素，气体的饱和水含量又开始了上升的趋势(cd)。

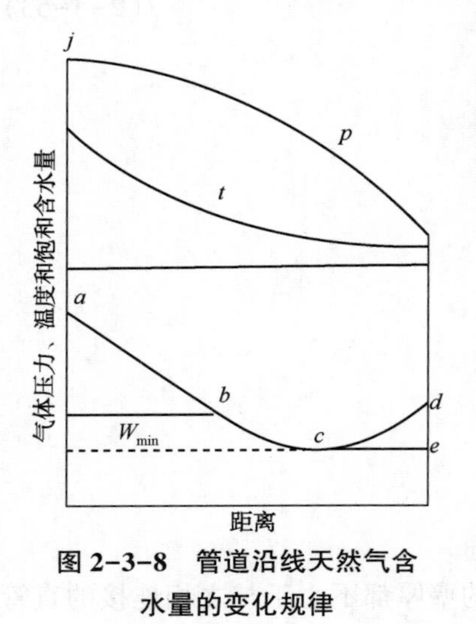

图 2-3-8 管道沿线天然气含水量的变化规律

在 ac 段凝析出的水量是：

$$\Delta W=\frac{W_1-W_{min}}{1000}Q \tag{2-3-57}$$

式中 ΔW——气体在管道中凝析出的水量，kg/d；

W——气体在初始温度和压力下的饱和水含量，g/m^3；

W_{min}——气体在凝析停止点(c)的饱和水含量，g/m^3；

Q——气体在基准状态下的流量，m^3/d。

c 点以后，假如已经凝析出的水不再向前流动，气体的含水量将始终为 W_{min}，而气体的相对湿度(水蒸气饱和度)则不断降低。如果气体进入管道时的含水量 W_h 小于 W_1，但又大于 W_{min}，在温度和压力下降的第一阶段，气体的含水量不变(W_h)，饱和度则不断增大。达到饱和状态(b 点)以后，才开始有水分凝析，在 bc 段上形成水分凝析区。其凝析出的水量用式(2-3-58)计算：

$$\Delta W=\frac{W_h-W_{min}}{1000}Q \tag{2-3-58}$$

脱水后的天然气的含水量 $W<W_{min}$，故永远不会有水析出。

六、集输系统的安全保护

集输系统的安全保护包括集输管道和集输站场的安全保护，安全保护内容包括防火、防爆和防毒等。

(一) 集输管道的安全防护

1. 集输管道的防火安全保护

集输管道的防火安全保护主要是防止管道破裂和放空不当引起火灾。主要方法是采取防火安全措施，以实现安全生产。安全措施的内容包括两个方面：

(1) 管道选材正确并具有足够的强度。

(2) 管道同其他建筑物、构筑物、道路、桥梁、公用设施及企业等保持一定的安全距离。

管道的强度设计应符合有关规程、规范的规定；管道施工必须保证焊接质量并符合现行标准规范的要求，同时采取强度试压和严密性试压来认定；在生产过程中应对管道进行定期测厚，并保持良好的维护管理以保证管道的安全运行。

2. 集输管道的防爆安全保护

主要应防止管道泄漏，避免泄漏气体的燃烧和在封闭的空间内产生爆炸。因此，集输管道的防爆安全防护，应通过管道设计时材料选择和强度设计的正确、施工质量的确认和生产过程中定期巡线检漏工作来保证。

3. 集输管道的限压保护和放空

1）采气管道的限压保护

采气管道的限压保护一般通过井场装置的安全阀来实现。天然气集气站进站前管道上设置的紧急放空阀和超压报警设施，对采气管道的安全也能起保障作用。

2）集气管道的限压保护

集气管道的限压保护通常由出站管道上安全阀的泄压功能来实现，同时集气管道应有自身系统的截断和放空设施。

集气支管道可在集气站的天然气出站阀之后设置集气支管放空阀；长度超过 1km 的集气支管，可在集气支管与集气干管相连处设置截断阀。

集气干管末端，在进入外输首站或天然气净化厂的进站(厂)截断阀之前，可设置集气干管放空阀，并在该处设置高、低压报警设施，该报警设施一般设在站内由站内操作人员管理维护。

（二）集输站场的安全保护

1. 集输站场的防火防爆措施

（1）集输站场的位置及与周围建筑物的距离、集输站场的总图布置等应符合防火规范的规定。

（2）工艺装置和工艺设备所在的建筑物内，应具有良好的通风条件；凡可能有天然气散发的建筑物内，应安装可燃气体报警仪。

2. 集输站场的限压保护和放空

（1）井场装置的限压保护。井场装置的限压保护如图 2-3-9 所示。各种限压保护设备的作用是：

高、低压截断安全阀。如图 2-3-9 中 3 所示。它是一种以气体为动力的活塞式高、低压截断阀。当采气管道的压力高于上限或低于下限时，安全截断阀 3 即自动关闭。采气管道超过上限压力，一般是因为采气管道堵塞或集气站事故情况下紧急关闭进站截断阀而造成的。采气管道低于下限压力，一般是由采气管道发生事故破裂所致。

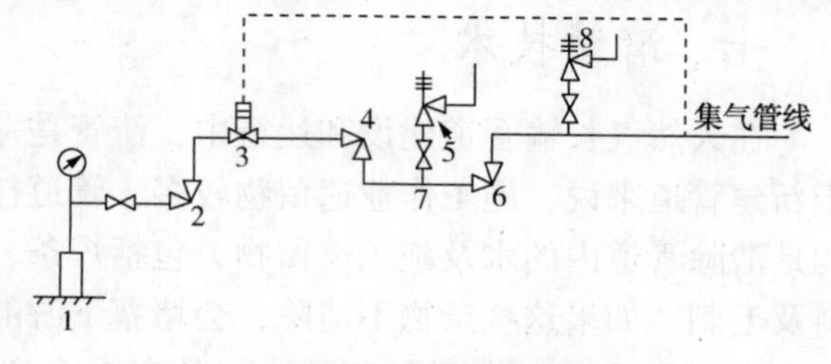

图 2-3-9 井场装置限压保护阀

1—采气阀；2—采气树叶形阀；3—高、低压截断安全阀；4—气井产量调节控制节流阀；6—气体压力调节控制节流阀；5、8—压力泄放安全阀；7—截断阀

压力泄放安全阀。如图 2-3-9 中 5 和 8 所示。它是一种超压泄放设备。管道系统具有不同压力等级时，为防止上一级压力失控，保护下一级压力系统的设备和管道，一般须装设压力泄放安全阀。

（2）集气站的限压保护。通常，集气站中的节流阀将全站操作压力分成两个等级。凡有压力变化的系统，在低一级的压力系统应设置超压泄放安全阀。安全阀与系统之间应安装截断阀，以便检修或拆换安全阀时不影响正常生产。在正常操作时，安全阀之前的截断阀应处于常开状态，并加铅封。

常温分离单井集气站，在进、出站的截断阀之间，可在高压系统或在中压系统设一个紧急放空兼作检修时卸压放空的放空阀。放空气体应引出站外并在安全地段放空。

常温分离多井集气站的多组平行生产装置，在设置安全阀的管段附近，应同时设置一个检修泄压放空阀，并汇集安全阀的放空气体，合并引出站外放空管放空。在多组平行生产装置的汇气管上装设一个紧急放空阀，作为全站超压泄放之用。

在低温分离集气站中，高压分离器和低温分离器之前分别设有节流阀，故有压力等级的变化，因此在高温分离器和低温分离器的前或后的管段上，应分别设置超压泄放安全阀。设在分离器进口管段上的安全阀，其泄放介质应考虑为气液混相，设在分离器出口段上的安全阀，其泄放介质则为气相。

含硫天然气的集输系统除了要预防火灾、爆炸危险事故之外，还应采取相应措施预防中毒事故的发生。

由于硫化氢是毒性很大的气体，人体吸入高浓度的硫化氢会导致迅速死亡，即使接触低浓度的硫化氢，也会刺激眼睛、鼻腔和喉咙。

空气中含不同浓度的硫化氢对人体造成的危险性如下：

① 长期接触的极限值(*TLV*)：10mg/L(体积、不同)；

② 接触数小时后有轻微症状：70~150mg/L；

③ 呼吸 1h 不致出现严重反应的最高浓度：170~300mg/L；

④ 接触 30min 至 1h 后有危险：450~500mg/L；

⑤ 30min 之内致命的浓度：600~800mg/L。

为防止硫化氢中毒事故的发生，含硫天然气集输系统必须采用有效的防毒安全措施：集输管道应有正确的设计、施工和规范的操作管理，避免含硫天然气的泄漏；含有硫化氢的天然气集配站场，应在适当位置装设 2~3 个风向指示标；在站场的工艺装置和有工艺设施的建筑物内，应装设硫化氢检测报警仪，避免操作人员误入有硫化氢泄漏的场所；操作和维护人员在取样或处理故障时，应戴防毒面具；如需要进入容器内检修，应事先对容器内的介质进行置换和吹扫，当容器内的氧含量大于 18%、硫化氢含量小于 10mg/m^3 时，才允许进行检修作业。

七、清管技术

在天然气长输管道建设和运行中，清管是一项非常重要同时也非常有风险的作业。对于新建管道来说，施工作业遗留物较多，管道打压试验时遗留的水比较多，清管的主要目的是清除管道内的水及施工遗留物，包括焊条、焊渣、木棍、石块、土、沙子、饭盒、塑料及毛刺，如果这些杂物不清除，会堵塞下游的过滤器和阀门，损坏压缩机。天然气中一般含有 H_2O 和 CO_2 等酸性气体，水的存在会加速管道腐蚀，同时易形成水合物，造成管道和设备的堵塞，对安全造成威胁。对于新建管道，经常在投产前用测径清管器对管道椭圆度和管道内表面的凸凹不平进行测量，作为管道完整性管理的原始资料。

对已经投产运行的管道，清管的主要目的是清除 FeS 铁粉，提高管壁光洁度和管输效率；对运送湿气的管道，通过清管可以清出管道内的水；对刚从储气库或地库出来的管道，通过清管可将轻烃等凝析液排出。

在管道运行过程中，对管道进行内腐蚀检测和泄漏检测非常有必要。近几年，天然气管道内检测技术发展迅速，欧洲和北美等国家已经开始应用天然气管道的智能内检测技术，在管道的运行维护中发挥了重要的作用。2003 年，我国在陕京管道主干线上实行了内检测技术，取得了良好的效果。

（一）清管器的种类

传统的清管器已有 100 多年的发展历史，从简单到复杂，目前发展到 300 多个种类，清管器主要分为 3 大类：清管球、机械清管器、用于管道检测的清管器。常用的有如下几种：

1. 清管球

常用的清管球由橡胶制成，中空，壁厚 30~50mm，球上有一个可以密封的注水排气孔(如图 2-3-10 所示)。注水孔有加压用的单向阀，用以控制打入球内的水量，从而控制球对管道的过盈量。清管球主要清除管道内的液体和分离介质，清除块状物的能力较差。

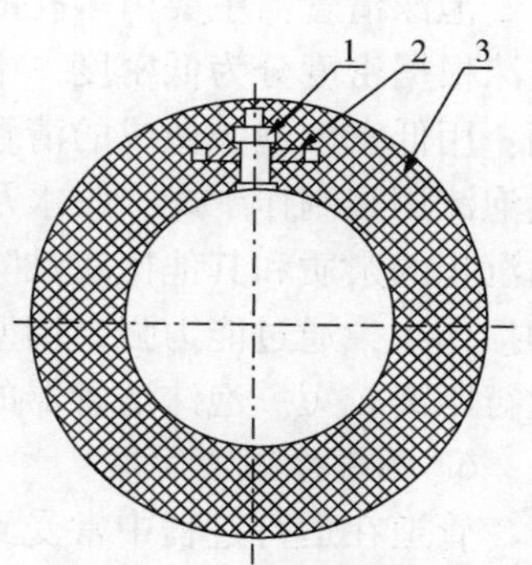

图 2-3-10 清管球结构图

1—气嘴(拖拉机内胎直气嘴)；2—固定岛；3—球体

2. 皮碗清管器

皮碗清管器结构相对简单，安装形式灵活，常用的皮碗按形状分为平面、锥面和球面三种(如图 2-3-11 所示)。皮碗清管器是由一个刚性骨架和前后两节或多节皮碗构成(如图 2-3-12 所示)。它在管内运行时，能够保持着固定的方向，所以能够携带各种检测仪器和装置。为了保证清管器顺利通过大口径支管三通，前后两节皮碗的间隔应有一个最短的限度，根据理论计算和实验，确定前后皮碗的间距不应小于管道直径 D，清管器的总长度可根据皮碗节数的多少和直径的大小保持在(1.1~1.5)D，皮碗唇部对管道内径的过盈量取 2%~5%。皮碗清管器有多道密封，密封性能好，钢刷为其清理工具。

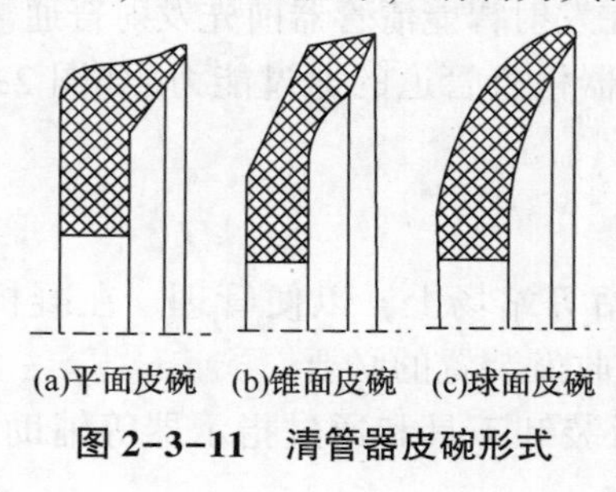

图 2-3-11 清管器皮碗形式

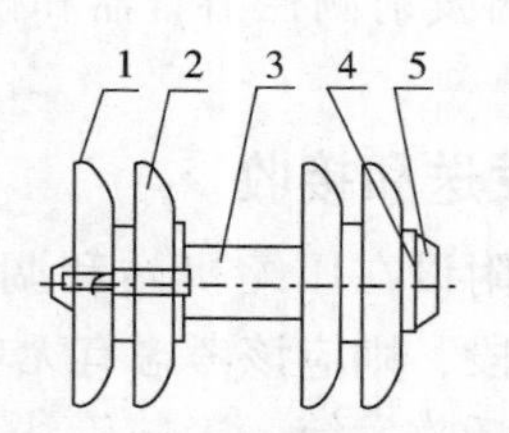

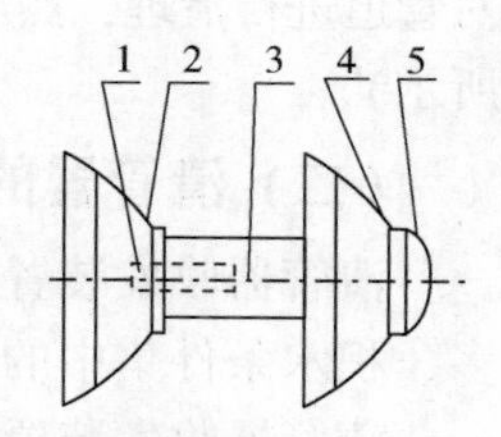

图 2-3-12 皮碗清管器结构简图

1—QXJ-1 型清管器信号发射机；2—皮碗；3—骨架；4—压板；5—导向塞

3. 直板清管器

直板清管器的主体骨架和皮碗清管器基本相同，直板主要分为支撑板(导向板)和密封板，其形状为圆盘，支撑板的直径比管道的内径略小。密封板相对管道内径要有一定的过盈量。直板清管器最大的优点是可以双向运动，其清除管道杂物的能力较强，在管道投产前期最好用直板清管器，一旦发生堵塞等情况，可进行反吹解堵。

4. 测径清管器

测径清管器主要用来检测管道内部的几何形状，它通过一组传感器将管道内径的变化记录在主体内的记录器中，包括管道焊缝的焊透性情况、椭圆度及不平度等。测径清管器的主体结构紧凑，直径大约为管道内径的60%，皮碗的柔性较好，可以通过缩孔15%的孔洞。通过测径清管器的测量，提供管道状况的原始数据，为管道维修和清管提供相关依据。在智能清管之前，我们经常先发测径清管器，确定管道内部状况，检测管道的通过能力。

5. 泡沫清管器

泡沫清管器主要由多孔的、柔软抗磨的聚氨酯泡沫制成，其长度为管径的1.75~2倍，泡沫根据密度分为低密度、中密度和高密度。每一种密度的泡沫做成的清管器其功能有差别：用低密度泡沫做成的清管器主要用来吸收液体，干燥管道，目前国内应用较多；中密度泡沫用来制作干燥、脱水及清扫管道的清管器；用高密度泡沫制作的清管器可以清除管内沉积的杂质和其他比较难除的杂质。泡沫清管器可收缩，柔性好，对管道和阀门等设备的损伤小，通过能力强，堵塞可能性低，管道振动小，安全系数高，但只能一次性使用，运行距离较短。泡沫清管器的过盈量一般为1in。

6. 漏磁检测清管器

管道在运行过程中常受到化学腐蚀、细菌腐蚀、应力腐蚀和氢脆等的影响，导致管道破裂，造成很大损失，及早发现管道的腐蚀缺陷并加以防范和更换非常重要。通过漏磁检测可以确定管道内外壁的缺陷位置、面积及严重程度。其基本原理是在管道截面充满磁场，利用置于磁极之间的传感器感应磁场泄漏和偏移，从而确定金属损失的面积。2003年，对陕京管道进行了内检测，取得了良好的效果，采用的内检测清管器主要由检测器、支撑系统、驱动系统、钢刷、探头和电路系统及信号处理系统组成。检测器主要由驱动系统、能源系统、磁化系统、传感器系统、数据记录和处理系统、里程系统、旋转检测系统、定位系统等组成。

为了使内检测清管顺利进行，保证内检测效果，在发射智能清管器前先发射普通清管器对管道进行清理，然后再发射测径清管器和模拟清管器检查管道的通过能力(如图2-3-13所示)。

(二) 清管器的发送和接收

清管器收发装置多附设在压缩机站和调压计量站等站场上，以便管理。在凝析水量多、积水条件集中的管段，则应该考虑有无单独建立收发装置的必要。

清管器收发装置包括收发筒、工艺管线、阀门及装卸工具和通过指示器等辅助设备。收发筒集气快速开关盲板是收发装置的主要构成部分。

收发筒的开口端是一个牙嵌式或挡圈式的快速开关盲板，快速开关盲板上应有防自松安全装置，另一端经过偏心大小头和一段直管与一个全通径阀连接，这段直管的长度对于接收筒应不小于一个清管器的长度，否则，一个后部密封破坏了的清管器就可能部分地停留在阀内。全通径阀必须有准确的阀位指示。

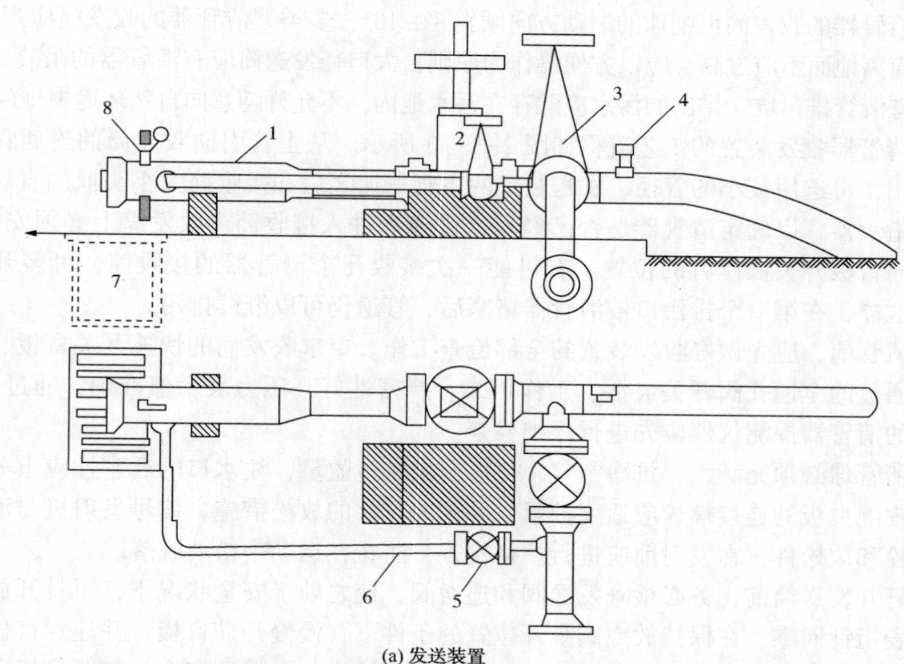

(a) 发送装置

1—发送筒；2—发送阀；3—线路主阀；4—通过指示器；5—平衡阀；6—平衡管；7—清洗坑；8—放空管和压表

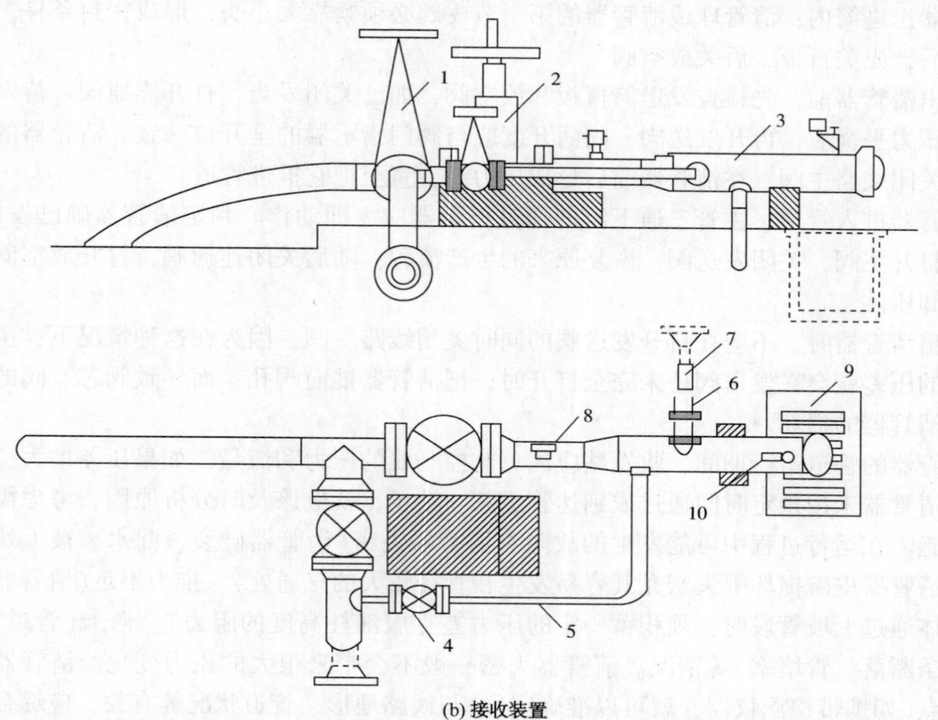

(b) 接收装置

1—接收筒；2—接收阀；3—线路主阀；4—平衡阀；5—平衡管；6—排污阀；7—排污管；8—通过指示器；9—清洗坑；10 —放空管和压力表

图 2-3-13 清管流程示意图

清管器的收发筒可朝球的滚动方向倾斜8°~10°，多类型清管器的收发筒应当水平安装。收发筒离地面不应过高，应以方便操作为原则，大口径发送筒应有清管器的吊装工具，接收筒应有清管排污坑。排出的污水应贮存在污水池内，不允许随意向自然环境中排放。

清管器收发装置的工艺流程如图2-3-13所示。从主管引向收发筒的连通管起平衡导压作用，可选用较小的管径。发送装置的主管三通之后和接收筒大小头前的直管上，应设通过指示器，以确定清管器是否已经发入管道和进入接收筒。收发筒上必须安装压力表，并面向盲板开关操作者的位置。有可能一次接收几个清管器的接收筒，可多开一个排污口。这样，在第一个排污口被清管器堵塞后，管道仍可以继续排污。

清管前，应先做好收发装置的全部检查工作。要求收发筒的快速开关盲板、阀门和清管器通过的全通孔阀开关灵活、工作可靠、严密性好，压力表示值准确，通过指示无误。使用的清管器探测仪器应先进行仔细检查。

清管球必须充满水，排净空气，打压至规定过盈量，注水口的严密性应十分可靠。清管器皮碗夹板的连接螺栓应适度拧紧，并采取可靠的放松措施。信号发射机与清管器的连接螺栓和放松件，在发射前应进行严格检查，防止在运动中松动脱落。

打开发送筒前，务必检查发送阀和连通阀，使之处于安全状况下，再打开放空阀，令压力表指针回零。在保持放空阀全开位置的条件下，慢慢开动盲板，并注意盲板的受力情况。开动盲板时，它的正前方和转动方向上不要站人，以保证安全。打开盲板后，应尽快把清管器送进筒内；清管球或清管器的第一节皮碗必须紧靠大小头，形成密封条件。清管器就位后，先关盲板，后关放空阀。

发出清管器前，先检查发送筒盲板和放空阀，如已关闭妥当，打开连通阀。待发送筒与主管压力平衡后，再开发送阀，阀门开度应与阀门指示器的全开位一致。清管器的发送方法是关闭线路主阀，在清管器前后形成压力差，直至把它推进管道。

清管器进入管道，主管三通下游的通过指示器应立即动作。判定清管器确已发出后，应尽快打开主阀，关闭发送阀，恢复原来的生产流程，随后关闭连通阀，打开放空阀，为发送筒卸压。

发出清管器时，不应在打开发送阀的同时关闭线路主阀，因为在这种情况下，主阀节流产生的压差就会在发送阀还未完全打开时，把清管器推向阀孔，而导致阀芯、阀的驱动装置和清管器的损坏。

清管器的管道运行期间，收发站应注意监控干线的压力和流量，如果压差增大、输量变小，清管器未按预定时间通过或到达管道某一站场，就应该及时分析原因，考虑需要采取的措施。在运行过程中可能发生的故障有清管器失密(清管器破裂、漏水、被大块物体垫起、清管器皮碗损坏等失密尤其容易发生在管径较大的三通处)、推力不足(清管器推动大段流体通过上坡管段时，须积蓄一定的压力差克服液柱高度的阻力)、遇卡(管道变形、三通挡条断落、管堵塞)等情况。清管器失密一般不会带来很大的压力变化。清管器可能停滞地点(如携带检测仪器，就可以准确定位)与线路地形、管道状况等有关，应综合分析后作出判断。

为了排除上述故障，一般首先采用增大压差的办法，即在可能的范围内提高上游压力和降低下游压力，必要时可考虑短时间关闭下游干线阀从接收站放空降压的措施。但这样会损失大量气体，故不轻易使用。清管器失密时，如果增大压差受上、下游压力同时升降的限制而难于实现，则可发送第二个清管器去恢复清管。任何一种排解措施都必须符合管道和有关设备的要求，不影响管道的输送过程。

可能时，清管球和双向清管器还可以采取反向运行的方法解除故障，即造成反向压差，使清管器倒退一段或一直退回原发送站。

如果上述方法均不能奏效，就应尽快确定清管器的停止位置，制定切割管段的施工方案。

清管器运行到距离接收站 200～1000m 时，应向接收站发出预报，以便开始必要的接收操作。为此，可按实际需要的预报时间，在站前装设一个固定的远传通过指示器。

接收清管器的程序是：在污物进站之前，关闭接收筒的放空阀和排污阀(盲板的关闭状况应事先检查)；打开接收筒连通阀，平衡接收阀前后压力，全开接收阀；提前关闭线路主阀，以防污物窜入下游；及时关闭连通阀，打开放空阀排气；待污物进站后迅速关闭放空阀，打开排污阀排污，直至清管器进入接收筒。清管器是否已全部通过接收阀，应依据接收筒上的通过指示器或探测仪器的显示进行判断。之后，打开连通阀，平衡主阀前后压差，打开主阀，恢复干线输气，关闭接收阀、连通阀，打开排污阀、放空阀把筒内压力放至大气压。最后打开盲板，取出清管器，清洗接收阀，关闭盲板。

第四节　储气库集输安全控制技术

一、自动化管理系统

(一) 自动化管理的作用

我国天然气资源较丰富，依托枯竭型油气田建造的储气库分布广泛，并且常远离工业城镇和人口集居的地区；在同一储气库中，气井又十分分散，由于它所处的地理位置不同，开采层位各异，其天然气成分和所含杂质不一。一般来说，除在集输工艺上需要一套与工艺设备相适应的自控仪表设备对分离、计量、换热、调压等过程进行检测与控制外，还需要有与生产相适应的纵观全貌的调度管理系统。

调度管理系统是对一个储气库中多口气井或多个储气库的集中管理，其中包括集气站和连接这些站场、气井的管线的管理。它的首要任务是通过检测仪表感测集输工艺参数和设备的运行状态，并通过执行机构使工艺过程维持在预定状态，从而正确、合理地解决天然气生产、集输与分配。为了安全、平稳、保质、保量地集输天然气，需要协调各气井的运行，使井口设备在安全运行条件下高效地工作，并通过对加热、过滤、分离、节流或增压设备的控制，使集气设备和集气管道经济地运行。

目前，我国天然气地下储气库多采用多井集气，在气井较为适中的位置建立集气站，在这些集气站上进行分离、调压、计量，并通过调度人员或调度设备解决天然气的分配，协调内外部门供气关系，达到供需平衡。

合理地调度是高效地利用资源，挖掘现有设备潜力，有效开发能源的重要管理手段。最终效果将在降低能耗、提高产量和降低运行费用上体现出来。所以，运用自动化仪表和自动化管理设备将迅速、准确地反映天然气集输设备和天然气工艺参数的实时状态，为自动化控制设备，调度管理人员提供调节、控制的依据。保证合理开发天然气资源，向用户安全、平稳供气。

（二）天然气矿场集输调度管理现状

在我国，天然气开发历史悠久，但由于历史条件和科学技术发展等原因，长期以来，集输自动化调度管理较技术发达国家落后一步，一个完善的自动化调度管理系统尚未形成。近年来，在新开发的气田设计中，自动检测控制管理系统的应用正逐步获得应用。当前，自动化管理没有广泛应用于矿场集输的原因，主要有以下几个方面：

（1）天然气开发的历史条件。以四川气田为例，虽然气田分散，但大多数气田是裂缝性储层气田，稳产、高产气并不多，中、小产量气井占了绝大多数。早年开采的气井限于当时自动化设备、自动控制技术和生产规模，难于实现集输自动化。近年来，更多地考虑了这种气田的投入与产出带来的经济效益问题。在国外，气田集输生产管理自动化也是要根据气田规模，通过技术、经济比较论证后确定采用不同的检测控制方式。

（2）在技术上，由于井口天然气工作压力高，除伴有水、凝析油和硫化物外，常有泥砂等杂质，特别是分离物常因黏稠度大，并有沉淀与结晶，使许多化工方面的常规仪表难于胜任当前的工作，给推行集输自动化管理带来困难。

（3）气田分散，气井间距离相对较远；大多数气井在边远地带或山区。在工业基础薄弱的情况下，自动化装置用电常常难于得到保证；设立数据传输信道费用大，可靠性又不高，加之交通不便，给维护管理带来极大困难。

鉴于上述原因，我国气田集输系统的调度管理仍以井场、站场就地检测控制，值班人员看守为主。井与站、站与站、站与生产调度管理部门之间使用有线或无线话音通信方式，通过人工上报各工艺设备运行状态、生产工艺过程参数（压力、流量、液位及温度）和下达各种操作控制与调节指令，由现场人员人工完成相应的操作。无疑，它的准确性、实时性是较差的。

自20世纪70年代起，随着工业基础的加强，防爆电气仪表的研制成功，电力以及天然气勘探开发的蓬勃发展，为提高自动化管理水平提供了实际的基础。在部分集气站上采用巡回检测的遥测装置，它能自动、准确并及时地采集各远端井场的运行参数（如油压、套压）。这在多井集气的站场上给生产管理人员了解全貌起着良好的作用。采用遥测，在井场可取消常设的值班人员，改善了工人生活条件。在站场内，采用以站场为基础的就地自动化，实现站内以常规仪表与计算机相结合的集中检测与控制，为集输系统自动化奠定了基础。

在调度管理方面，以四川天然气矿场集输为例，其调度系统是与行政管理部门合一运行的。集气站除管理本站外，常管理相应的气井生产；采气队管理集气站或集气总站，有的队也直接管理单井的生产；采气队则属矿区一级的天然气开发部门。各队与矿区之间通常用有线（专用电话）或无线电台沟通，形成多级管理系统（如图2-4-1所示）。

随着电子技术、计算机技术、通信技术及工程控制技术水平的提高，以及计算机、变送器和执行器的问世，在矿场集输中采用的先进监视控制与数据采集系统，即SCADA系统（Supervisory Control and Data Acquisition）才得以实现。

以计算机为中心的SCADA系统主要由硬件设备和软件组成。硬件部分由主端装置

MTU(Master Terminal Unit)，远程终端装置RTU(Rerrote Ter-riiinal Unit)和通信设备(包括通道)构成(如图2-4-2所示)。

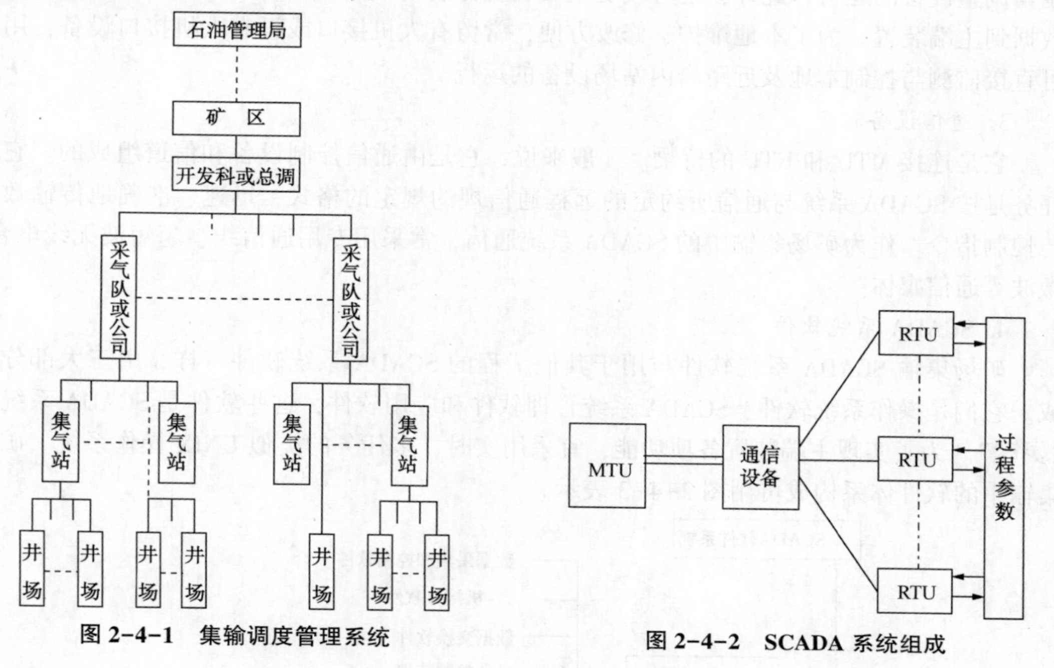

图2-4-1 集输调度管理系统

图2-4-2 SCADA系统组成

1. 主端装置MTU

它是以计算机为核心再配以必要的外围设备，如由存储器、入机接口等构成。它设置在矿场集输地理位置适中、管理方便之处，一般称为调度中心，它管理一台以上远程终端装置。主要功能有：

(1) 实时采集各远程终端检测的主要过程数据、设备运行状态和报警信息。

(2) 显示或记录采集的数据和数据输出控制。

(3) 对发生的事件或故障自动通过声、光信号进行报警，以提醒操作人员注意。

(4) 数据的存储。

(5) 遥控远端站场设备运行。启动、停运或关断矿场压缩机、阀门乃至整个站场。

(6) 定时或应操作人员要求绘制原始数据、中间计算数值，以及最终结果数据的运行趋势曲线。

(7) 定时(按时、日、月、年)或应要求打印各种报表。

(8) 模拟显示各远端设备、工艺管线流程及实时运行状态。

2. 远程终端装置RTU

远程终端装置设在井口、站场等生产装置或必要的监测点附近。它是以微处理器或微型计算机为核心的智能装置，也可由可编程逻辑控制器PLC(Pragramable Logic Controller)构成。在生产过程一侧，通过接口部件(AID、DIA、数字量、开关量输入/输出组件、高速数据通道等)与工艺过程的传感器、变送器和执行器相接；在通信一侧，则通过通信接口与通信设备、本地人机接口设备相连。它在自身中央处理单元控制下，采集生产过程数据和设备的运行状态。通过判断、单位变换及计算后存入本地存储器中，或经输出接口控制与调整设备的运行。此外，还可接受主端装置控制指令控制本地设备运行和传送必要的数据到主端装置。为了本地维护、修改方便，常留有人机接口或设有人机接口设备，用它可直接监测与控制本地及近距离内站场设备的运行。

3. 通信设备

它是连接 MTU 和 RTU 的桥梁。一般来说，它是由通信控制设备和信道组成的。它的任务是按 SCADA 系统与通信所约定的远程通信规约规定的格式，迅速、准确地传输数据与控制指令。作为矿场集输中的 SCADA 系统通信，常采用专用通信线、超短波无线电台、微波等通信媒体。

4. SCADA 系统软件

矿场集输 SCADA 系统软件与用于其他工程的 SCADA 系统软件一样，由三大部分组成。它们是操作系统软件、SCADA 系统管理软件和应用软件，这些软件是 SCADA 系统的“灵魂”。为了实现主端装置各项功能，宜采用实时、多任务的类似 UNIX 操作系统。矿场集输中的软件体系构成可用图 2-4-3 表示。

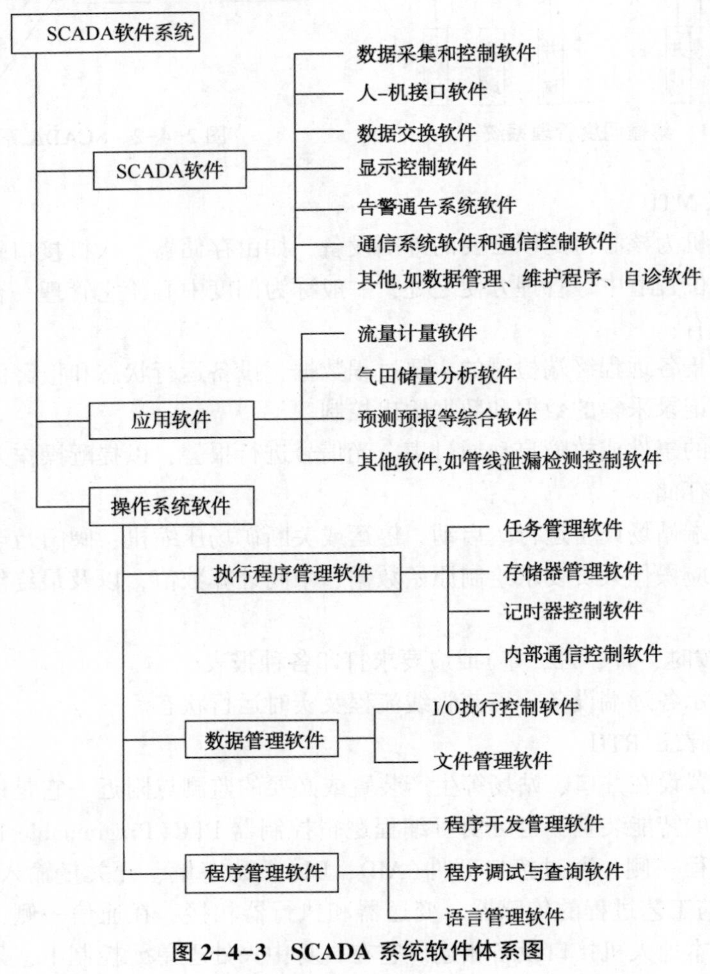

图 2-4-3 SCADA 系统软件体系图

图 2-4-3 中操作系统软件和 SCADA 系统软件是必不可少的。采用操作系统软件可管理好计算机系统，充分利用系统资源 SCADA 系统软件则可实现数据采集与控制，并通过人-机对话来管理整个系统。应用软件是针对气田管理特点而专门开发的软件，一个完善的应用软件能起人工智能作用，给操作人员提供做决策的依据，使集输系统运行更加优化。

目前，由于气田分布分散，管理体制层次较多，SCADA 系统建立常常只考虑在本地区、本工程。实施时，常采用用户熟悉、灵活方便、价格便宜、容易升级的个人计算机为主体结构的 SCADA 系统，这对检测控制点不多的集输系统来说无疑是正确的。但是，从矿场集输整体来说，全面地实施 SCADA 系统管理应在总体规划和改变不适应生产管理体制的同时，分步实施才能保证系统整体性，使它具有可用性、可维护性和可扩展性。

下面以某工程为例，介绍在采气队一级建立的典型的矿场集输中 SCADA 系统组态图(如图 2-4-4 所示)。

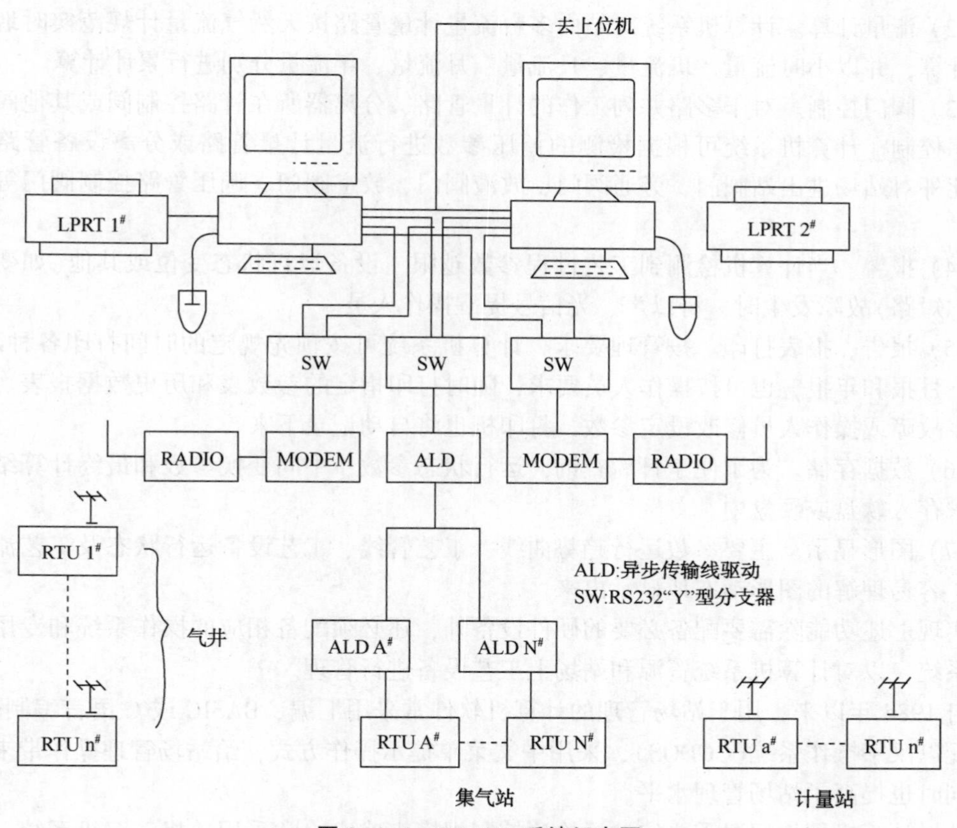

图 2-4-4　SCADA 系统组态图

该工程采用计算机系统，通过超短波电台与气井、计量站通信，与集气站采用专用电话线通信，双机热备份工作。采用本系统可实现 SCADA 系统管理软件全部功能和应用软件的部分功能(如流量计量软件)。

由于 SCADA 系统与 DCS 系统(Dtstributed Contral System)一样是高级的自控管理系统，

它们均能起人工智能作用。但 SCADA 系统更适合于目标分散，RTU 远离 MTU，调节回路很少的矿场集输中。可以预测，在我国新开发的气田集输中，将跟随时代的发展和管理上的要求而不断建立起来。

二、储气库集输站场管理

(一) 站场计算机管理

集气站场自动化是矿场集输自动化的重要部分。在自动化起步阶段，首先采用计算机技术对集气站场进行管理。

1. 站场计算机的功能

目前，应用于站场上的计算机以个人计算机或工业控制计算机为主，完成的主要功能有：

(1) 数据采集。它按工艺和计量、监视及控制要求，实时采集工艺过程参数。

(2) 流量计算。计算机系统对站内多台流量计量管路按天然气流量计规范实时地进行流量计算，并以小时流量、班流量、日流量、月流量、年流量分别进行累计计算。

(3) 阀门控制。对于多路并列工作的计量管路、分离器所在管路控制阀或其他阀门进行程序控制。计算机系统可根据检测的差压参数进行流量计量管路或分离设备管路的切换，此外对站场进出站阀门、旁通阀门、放液阀门、放空阀门、调压管路控制阀门等进行控制。

(4) 报警。当计算机检测到工艺过程参数越限，设备运行状态变位或其他(如变送器断路、短路)故障发生时，将以声、光信号提醒操作人员。

(5) 报告、报表打印。按管理要求，计算机系统可按预先规定的时间打印各种班报、日报、月报和年报，也可按操作人员要求，随时打印指定的参数表和历史数据报表。站内若发生故障或操作人员修改设定参数，打印机也将自动记录下来。

(6) 数据存储。为了便于日后查询，运行状态参数、中间变换参数和最终计算结果将按要求存入软盘或硬盘中。

(7) 图形显示。主要参数运行趋势曲线、工艺管线、工艺设备运行状态及工艺流程以直观、容易理解的图形动态地显示出来。

实现上述功能除需要配备必要的硬件设备外，还必须配备相应的操作系统和专用应用软件系统，以对计算机系统资源和站场上工艺设备进行管理。

自 1984 年以来，用于站场管理的计算机软件常采用汇编、BASIC 或 C 语言编制软件。其间配以汉字操作系统(CCDOS)，采用中文菜单提示操作方式，给站场管理操作带来了方便，同时也提高了站场管理水平。

站场计算机硬件配置需要按站场检测控制规模来确定。常采用单机、双机系统，一般不用双机串联、多机并联系统，其原因主要是站场检测控制参数少，几乎没有调节回路，而站场工艺过程又比较稳定。

2. 单机检测控制系统

图 2-4-5 为单机检测控制系统框图，该系统主要由主机、显示器、打印机、键盘和接口等构成。来自站内的过程状态参数，例如分离器液位高低限开关接点、进出站压力过高

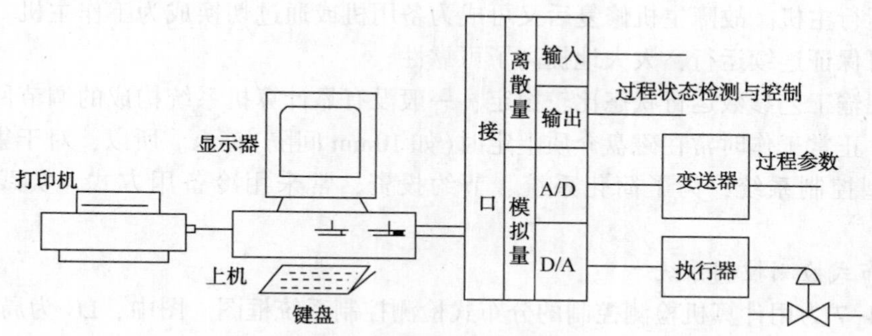

图 2-4-5　单机检测控制系统框图

过低，以及阀门全开全关信号等，通过离散量输入接口进入计算机系统。对于分离器液体的排放、多路流量计量管路的切换、站内电动阀门开闭，以及站内模拟屏(若有)状态显示等，可通过离散量输出进行控制。对于工艺过程参数，例如温度、压力、流量、液位等连续变化的模拟量，由变送器提供，经模拟/数字(A/D)变换后进入主机进行计算。若站内有调节回路，或改变调节器的设定点来改变工艺过程参数，通过数字/模拟(D/A)组件输出使工作过程参数保持恒定。

显示器、打印机、键盘等设备则完成监视、控制、修改等人-机对话和管理功能。

主机系统有多种选择与配置。早些年，常采用如TP801系列单板机，配以简单的键盘，窄行字轮式打印机、黑白显示器。随着计算机性能的提高和价格的下降，常采用IBM-PC/XT、286、386型主机系统或工业控制机。近年来，随着标准接口组件的出现，利用主机内空槽并安插组件可构成计算机检测控制系统的硬件。若配以相适应的软件，便构成适合于站场的计算机检测控制系统。

3. 双机检测控制系统

双机并联检测控制系统可由两台上机系统，通过切换开关与接口组件相连(如图2-4-6所示)。切换开关可以是自动切换，也可为手动切换，它与两台主机运行状态有关。当主机为热备用时为自动切换；当主机为冷备用时为人工切换。热备用时，一台主机承担全站检测控制任务，由监视器或监视软件监视主机运行。一旦运行主机发生故障，由于备用机内随时都有运行主机全部运行参数的副本，通过自动切换开关可无扰动地接替故障主机运

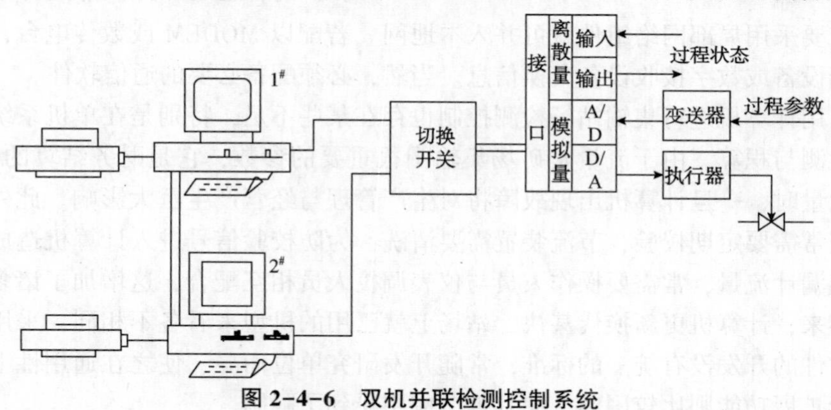

图 2-4-6　双机并联检测控制系统

行而变成运行主机。故障主机修复后又可成为备用机或通过切换成为工作主机。采用这种冗余配置可保证连续运行，大大地提高了可靠性。

鉴于集输工艺参数运行状态比较稳定，一般没有靠计算机系统构成的调节回路。对于流量参数，正常工作时常在磁盘介质上定时(如10min间隔)存入。所以，对于集气站这种简单的小型控制系统，为了简化系统、节约投资，常采用冷备用方式，实践证明是可行的。

4. 分布式检测控制系统

图2-4-7为用计算机检测控制的分布式检测控制系统框图。图中，LG为局部控制器，它含有中央处理单元、存储器(ROM、RAM)、实时时钟及多个通信接口。每个局部控制器通过其中一个通信口可与多个I/O模块相接，另一个通信口与主机完成通信。每个LG能独立进行数据采集、数据寄存和逻辑运算。若有协处理器时，可加快计算速度，实现如天然气流量计量等复杂计算功能。对于过程状态监测、PID闭环控制(若有)均由LG完成。这样，过程检测与控制由多个局部控制器分担主机功能，而主机只承担必要的管理功能。这种分工合作方式，可将故障带来的危害限制在局部范围内，使整个系统的可靠性进一步提高。

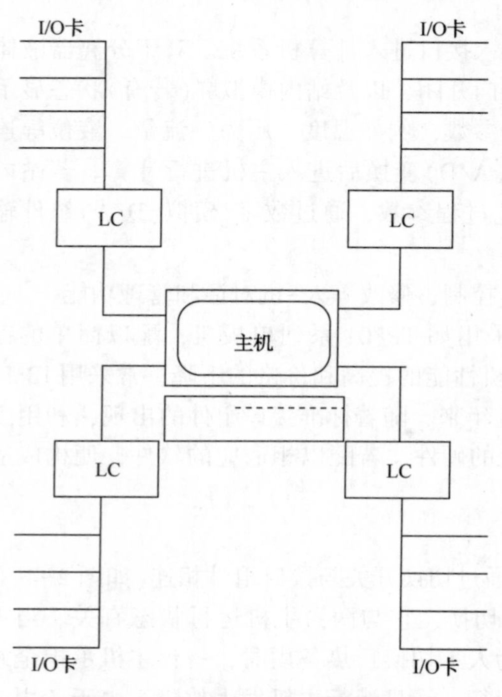

图2-4-7 分布式检测控制系统

综上所述：

(1) 站场计算机的应用对站内主要工艺参数进行集中监测，并对主要阀门进行控制，提高了站场管理自动化水平。

(2) 用计算机能实时计算天然气流量，计算速度快，计量精度高，减少了许多烦琐的人工运算。特别是站内有多路流量计量管路时，集中积算可大大节省投资。

(3) 目前，通用计算机都具有串行与并行接口，只需要采用局部网络组件就可并入本地网。若配以MODEM或数传电台，便可与远地数字终端设备或数字接收设备交换信息。当然，必须配备必要的通信软件。

(4) 采用计算机进行集输站场检测控制也存在某些不足，特别是在单机系统中进行流量的集中检测与积算，由于流量是矿场集输中很重要的参数，它是财务结算的唯一依据，采用集中计量时，一旦计算机出现故障将对生产管理与经营产生巨大影响。此外，在运行中计量仪表常需要定期校验，节流装置需要清洗；为防校验信号进入计算机造成不正确计量，也可能漏计流量，常需要操作人员与仪表调校人员相互配合，这增加了诸多不便。再者，近几年来，计算机更新换代甚快，站场上就已用的机型来看各不相同，采用的语言品种较多，软件的开发没有统一的标准，常随开发研究单位而异，使之在通用性上较差。若由用户自行扩展功能则比较困难，使其推广应用受到了限制。

（二）遥测系统的应用

遥测系统是利用遥测装置对远端工艺参数进行测量。在矿场集输中，常通过有线或超短波电台在集气站对井场油压、套压等诸多参数进行远距离测量。

在多井集气工艺中，常温分离的井场工艺流程十分简单。即使在工艺较复杂的井场，也可采用遥测系统。它能及时收集井场参数，实现井场装置无人管理，这对在边远地区且交通不便的气井显得十分有效。

1. 遥测系统的功能

采用遥测系统可实现下述功能：

（1）实时采集远端参数和运行状态，使管理人员及时了解生产现状。

（2）利用遥测装置操作键盘，可对远端进行轮询、编组轮询和定点监控。

（3）利用遥测装置显示设备集中显示原始检测值、中间变换值和最终运算值。

（4）利用存储单元或记录设备连续记录运行趋势变化曲线，并可长期保存有关数据。

（5）按照设定门限，遥测装置可自动判断运行参数是否越限，一旦越限，可进行声光报警。

（6）当配备打印机时，可按要求打印有关参数和制定报表。

2. 遥测系统工作原理

遥测装置无论在国内还是国外，其产品品种甚多，在矿场集输中都有一定的适应性。

早在20世纪70年代，在四川隆昌气矿兴隆场集气站上采用有线传输的遥测装置，可分别对设在多个井口的光电编码压力表进行扫描。该压力表测量值通过按格雷码刻制的码盘变换成与压力值相对应的光敏电阻阻值变化；在同步扫描脉冲作用下，通过并行–串行–并行码变换及单位变换后，顺次将油压及套压显示在遥测装置上。

采用该装置，井口只设有两只光电编码压力表。通道为多芯架空电缆与调度端装置相连，系统结构十分简单。但由于多芯电缆中每一芯对应一位码元，加上光电码的电光源都通过多芯电缆通道供给，势必在投资上和遥测距离上受到限制。

运用电流连续性原理也可实现遥测。若在井口设置油压、套压的压力变送器，如与1151型类似的变送器，不仅可大大减少电缆芯线数量，而且可增加遥测距离，乃至可用3~4根架空明线就可实现。若采用智能变送器、校验变送器等，可不去井场便可操作完成。

该方案遥测原理如图2-4-8所示。该图采用三根导线作传输通道，电源$+E$由集气站供给井口变送器P_1、P_2，压力信号则由与之对应的电流i_1、i_2返回。若集气站采用电压接收，在R_1、R_2两端将产生对应的电压V_1、V_2，即可表示井口的油压与套压。

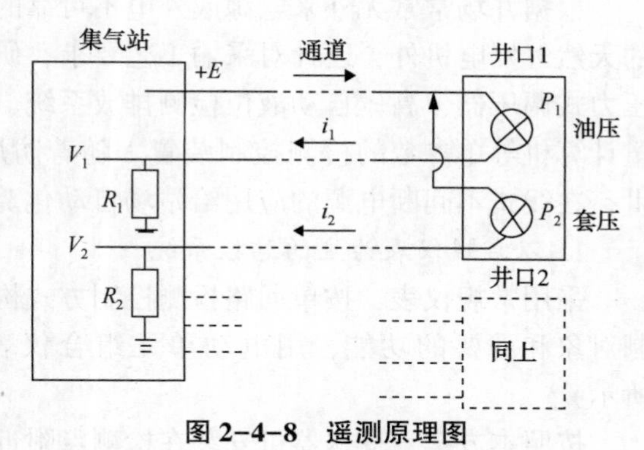

图2-4-8 遥测原理图

若井口检测点较多，可采用有执行端的遥测方案(如图2-4-9所示)。该遥测装置在同步脉冲驱动下，顺次扫描每个过程参数；相对应信号通过通道，各码元同步进入调度端井并分别存入对应单元，顺次或按需进行显示。该通道只需要两根导线采用星形或分支形网络结构均可。

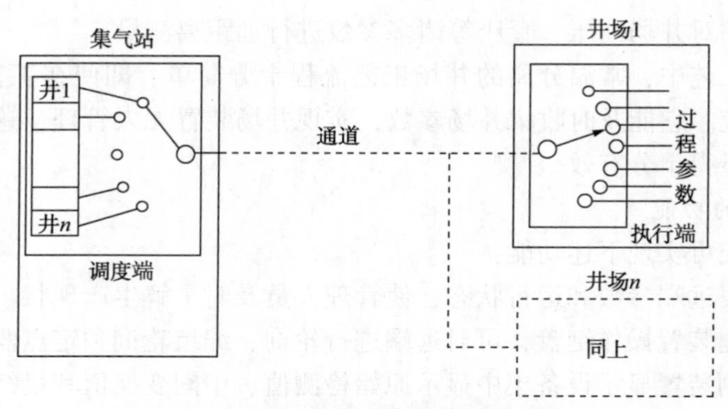

图 2-4-9 有执行端的遥测原理图

采用 SCADA 系统 RTU 作遥测系统执行端，并利用它的数据采集、计算功能实现工艺参数的遥测。若采用智能 RTU，在系统正常时，可完成遥测系统诸多功能。当出现通道故障或主端调度装置故障时，各遥测终端仍能在本地检测、变换、计算与存储。系统恢复正常后，存储的历史数据还可再传送到主端调度装置。

矿场集输中遥测系统由于工作环境恶劣，因此遥测设备工作环境温度范围要宽，应能在无空调、无吸湿设备或在室外只有防护箱环境下长期稳定运行。由于气井分散，在设备上应有抗各种干扰措施，要具有抗浪涌和抗雷击能力。在耗电方面，要采用低功耗器件，并可适应多种供电电源。为了适应新的储气库开采，设备应有扩展能力，并有适应通信要求的通用标准接口。

（三）站场自动化

集输系统的检测与控制主要集中在井场、集气站、矿场压缩机站。因此，实现站场自动化具有特别重要的意义。

在四川，气田自动化研究已进行了多年，经历了实践-认识-总结-再实践的过程。实践证明，应以就地自动化为主，对检测仪表和执行装置进行攻关，再实现站场自动化、集输系统自动化，这在储气库建设中也是同样的道理。

根据井场常常无外来电源或外电不可靠的特点，除研制了靠井口天然气压力能为动力的天然气发电机外，还针对采输工艺要求，研制出如井口高低压安全截断阀、带导阀的高压力式调压器、高压自动液位检测排放系统、高级孔板节流装置、长周期双笔记录仪和流量计算机等单参数的检测控制装置。随着防爆电气仪表的出现，低功耗电子元器件的问世，在线式不间断电源的应用给站场自动化奠定了基础。

1. 以常规仪表为主的站控系统

采用常规仪表，按单回路检测控制方式构成自控系统是最常用的一种。它按被检测控制对象和需要的功能，用电动单元组合仪表实现站内集中监视与控制（如图 2-4-10 所示）。

按照本方案，变送器可安装在检测点附近，通过控制电缆接入控制室，在控制室设立仪表盘，由指示表、记录仪、积算器、报警器、控制器及模拟屏等完成相应功能。操作人员在控制室即能全面了解全站运行状态和控制全站的运行。

2. 以 RTU 为主的站控系统

站场自动化可用 SCADA 系统的智能 RTU 或 PLC 再配以操作员接口来实现（如图 2-4-11 所示）。

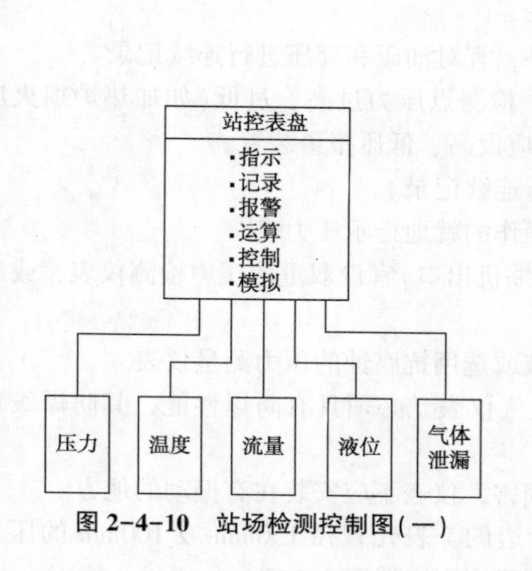

图 2-4-10 站场检测控制图（一）

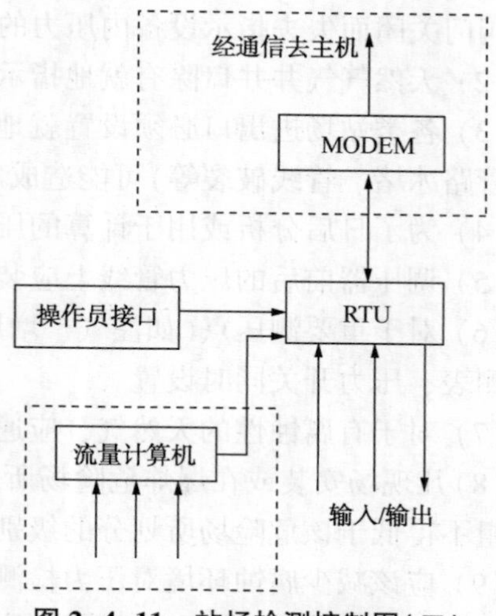

图 2-4-11 站场检测控制图（二）

该方案需要在集输自控系统统一规划下，在站场控制室设置智能远程终端或可编程序控制器。利用它的模拟量输入/输出组件，离散量输入/输出组件与变送器、执行器相连。显示、报警、运行趋势、控制等可通过操作员接口设备来实现。对于无人管理站场，操作员接口可不设置或采用便携式结构设计。流量计算可利用 RTU 内运算功能或采用单回路流量计算机。此时，单回路流量计算机利用它的串行接口与 RTU 交换数据。该站控制系统可以独立工作，也可利用 RTU 通信接口，经通信系统与 SCADA 系统主机通信。

采用这种方式的站控系统结构简单，操作维护方便。由于 RTU 按工业环境标准设计，可靠性高，在通信中断或 SCADA 系统主机故障情况下可自成系统，独立承担站内检测控制任务。

三、检测与控制

参数的检测和控制是实现站场自动化管理和集输系统自动化管理的必要条件。检测仪表性能和设置正确与否直接影响对工艺参数检测的准确性和实时性。一个好的、高性能的检测仪表能及时、可靠地反映工艺参数变化，并准确无误地提供给控制系统进行运算和发出控制指令。控制设备则接受控制指令，使工艺参数保持恒定或维持在安全运行范围内。这就要求控制设备在安全、可靠的基础上反应迅速，灵敏度要高。

压力是表征输气系统的重要参数。在矿场集输系统中，压力值常常都很高，集输管线、分离、计量等设备都有规定的设计压力，通过检测与控制使天然气压力保持在允许范围内，保证设备和人身的安全，对长期可靠的生产具有重大意义。

气井井口压力和地下储量紧密相关，井口压力变化对天然气集输系统总体规划具有指导性作用。

按照天然气计量规范，工作状态下的流量需要采用压力、温度补偿，以换算为标准状态下的流量。所以，在流量测量时，需要按规定进行压力参数的测量。

1. 压力检测的原则

（1）高压设备必须要在能反映设备内部压力之处装设就地指示压力表。该表不得因进出口阀门关闭而失去指示设备内压力的能力。

（2）天然气气井井口除有就地指示压力表外，宜对油压和套压进行连续记录。

（3）各类站场进出口必须设置就地压力表。检测点压力过高、过低（如加热炉熄火后造成管路冰堵、管线破裂等）可能造成危害时，应设高、低压报警装置。

（4）为了日后分析或用于计算的压力应进行连续记录。

（5）调压器前后的压力管线上应装设便于操作的就地指示压力表。

（6）对于重要测压点（如注气、增压输气压缩机出口）宜设双重的压力检测仪表，或压力检测表、压力开关同时设置。

（7）对于有腐蚀性的天然气，应通过隔离液或选用抗腐蚀的压力测量仪表。

（8）凡现场安装或在爆炸危险场所安装的电气仪表，必须具有防爆性能，其防爆级别和分组不得低于该危险场所划分的级别与组别。

（9）应该减少腐蚀环境对压力检测仪表的损害，仪表不应安装在有振动的地方。

（10）为了就地清晰可读，宜选用径向不带边的、表壳直径150mm或100mm的压力表。测量精确度宜为1.5级或2.5级，变送器精确度不应低于0.5级。

（11）矿场集输中一般压力都较高，当压力大于40kPa时，应选用弹簧管压力表，当压力超过100MPa时，应有泄压安全措施。

（12）压力仪表量程：测量稳定压力时，正常操作压力宜为量程的1/3~2/3；测量脉动压力时，正常操作压力宜为量程的1/3~1/2。

2. 压力检测的典型应用

对于缺乏电源的井口可采用YZJ-121、YZJ-122型长周期单针双笔压力指示记录仪，采用该表不需要供电或压缩空气，它采用长周期的钟表机构，上足发条可连续记录油管压力和套管压力达7天以上。由于它安装简单，操作维护方便，是解决无人、无电的井口压力检测，实现就地指示与记录的较好仪表品种。

该仪表测量原理为采用弹簧管受压变形，通过杠杆连杆机构放大带动指针进行指示并驱动记录笔移动进行记录。

为了测量油压与套压，仪表内有两套测压器，两套杠杆驱动的记录笔和一套走纸系统。能对高达60MPa的压力进行测量，测量精度为2.5级。可在-5~70℃室内环境下长期稳定运行。

为了集中显示、记录、报警或远传，一般都选用防爆电动仪表，如电容式、扩散硅式、振弦式、电感式和位移式等二线制仪表。图2-4-12为一个压力测点的指示、记录、上下限报警和远传回路框图。现场仪表为1751压力变送器，盘装表为EK系列仪表。报警点由指示表设定，并由其驱动光字牌和声响器件。

仪表测量回路除按隔爆系统设计外，也可按本安系统设计。此时，应将信号分配器采用与变送器相关联的安全栅所取代。仪表盘内布线，安全栅与变送器间线路的电感、电容及走线、接地等均应严格按有关本安系统规定执行。只有现场仪表、相关联仪表及信号引线回路都是本安型的才是本安系统回路。

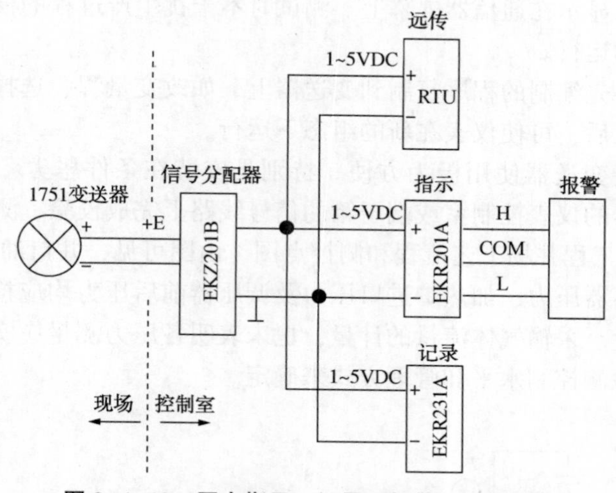

图 2-4-12 压力指示、记录、报警、远传框图

微处理器引入模拟式变送器后构成的智能变送器，使变送器家族中又增添了高性能的成员。如霍尼威尔 ST3000、ST200、ST900 系列变送器，在扩散硅传感技术基础上引入微处理技术，使之具有更宽的测量范围(16：1 以上)，更高的测量精度(0.1 级或更高)，具有环境温度、静压补偿、自诊断和双向通信功能。

图 2-4-13 为该变送器内部结构框图和应用原理图。图中，记录仪、调节器采用电流信号输入。

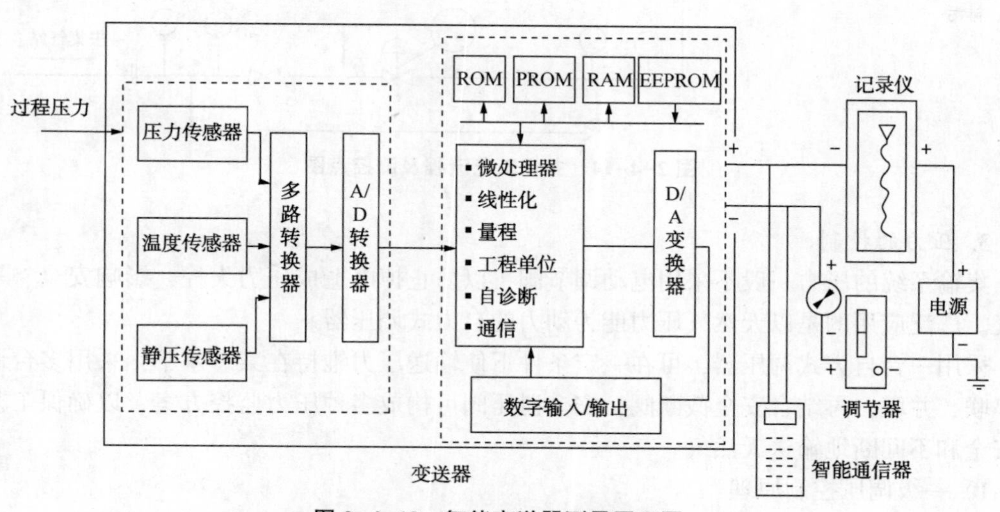

图 2-4-13 智能变送器测量原理图

智能通信器未接入智能变送器测量回路时，采用模拟信号测量，则测量回路的外特性

与模拟变送器测量方式相同。当接收仪表为数字式仪表时，可对检测的压力达到更高的准确度。当智能通信器在任何位置跨接在信号线路上时，可对变送器进行测试和组态。

在测试状态时，可进行变送器中各组件和软件的测试、智能通信器的自诊断和测量回路的测试，测试结果显示在通信器屏幕上。测试时不干扰生产过程的模拟输出信号，不影响原测量回路仪表的运行。

组态方式可按事先编制的程序复制到变送器上，如改变量程、选择测量单位、设置阻尼时间等。组态结束后，可使仪表在新的组态下运行。

可见，这类智能变送器使用极为方便。特别是安装在条件恶劣、人员不便接近的地方，可在远离变送器的仪表控制室或端子箱的信号线路上完成校验、测试等工作。

图 2-4-14 为某工程井场工艺流程和测控点图。由图可见，井口油管压力、套管压力、节流阀后压力、分离器压力、加热炉进口压力及调压器前后压力均应检测。该图未表示出燃料气的处理与计量、采输气体流量的计量，也未表明各压力测量应实现的功能。实际设计时，应根据仪表检测控制水平和管理方式来确定。

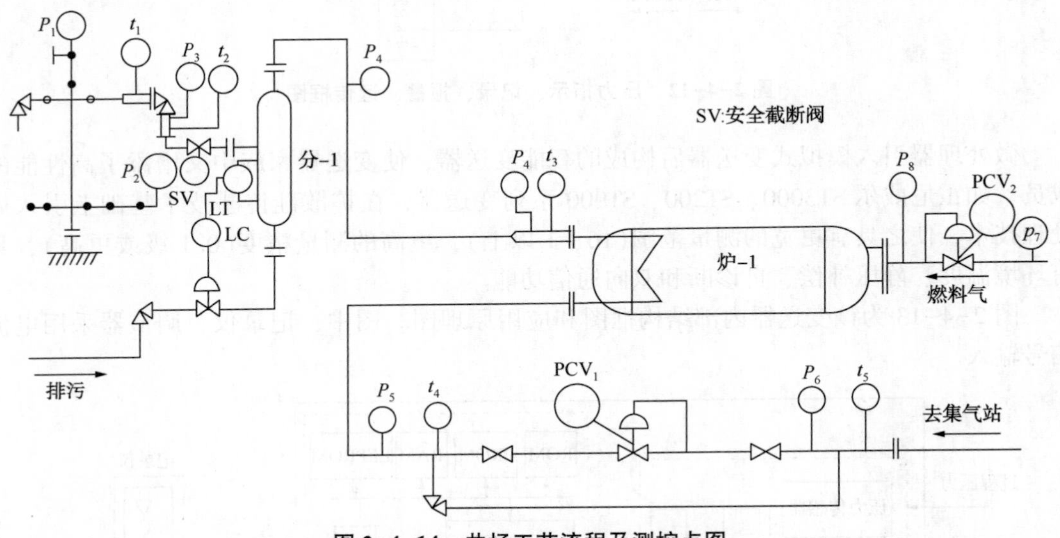

图 2-4-14 井场工艺流程及测控点图

3. 压力的控制

集输系统的压力一般不采用电动调节阀，以防止掉电造成压力失控，影响安全、平稳供气。广泛应用的是以天然气压力能为动力的自力式调压器。

采用一台自力式调压器，可在一定条件下使输送压力维持在某一水平；采用多台调压器串联、并联，再结合安全截断阀，安全泄压阀可构成多种压力监控方案，以确保工艺设备安全和不间断地输送天然气。

1）一级调压控制原理

图 2-4-15 为自力式调压器工作原理。在输气管线上安装一台调压器，在 $P_1>P_2$ 条件下，可自动维持 P_2(或 P_1)为某一定值。

调压器由主阀、指挥阀、阻尼阀和压力取压管路组成。主阀是调压器的关键设备。它由上膜盖、下膜盖、托盘、膜片、弹簧、阀芯、阀座、阀体等组成。它接收从指挥阀输出的压力信号 P，在克服弹簧和 P_2 平衡力后，由膜片移动驱动阀芯上下动作，改变阀芯、阀座间隙，从而改变通过的流量。

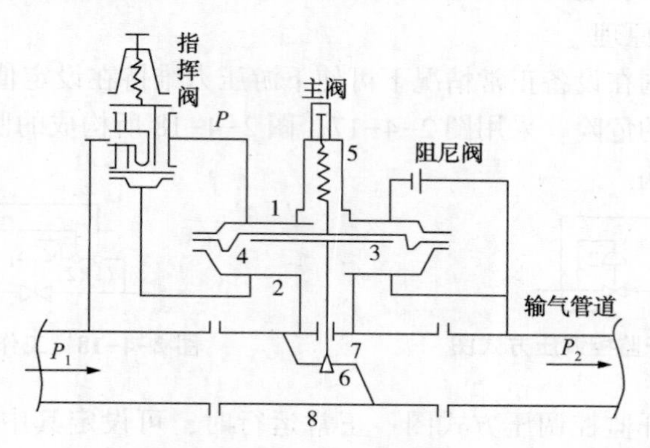

图 2-4-15　自力式调压器工作原理图

1—上膜盖；2—下膜盖；3—托盘；4—膜片；5—弹簧；6—阀芯；7—阀座；8—阀体

指挥阀主要由阀体、喷嘴、挡板、膜片、设定弹簧、调节杆等组成。它利用喷嘴、挡板对主阀前压力 P_1 进行节流，再与主阀后压力 P_2、弹簧力比较后，输出压力 P 并送往主阀。阻尼阀是指挥阀输出压力 P 与被控压力 P_2 的节流通道，它对输出信号和被控压力有节流延迟作用。

假定主阀后压力 P_2 因某种原因上升并超过由指挥阀弹簧设定压力值时，升高的压力首先传递给指挥阀下膜腔，使喷嘴与挡板间距减小，输出压力 P 相应减小，在不平衡力作用下使主阀膜片向上移动。阀芯上移使 P_2 下降，直到等于设定值为止。反之，当 P_2 下降时，通过调节作用使 P_2 回到设定值。

该调压器只需要稍加改动，可进行阀前压力控制，即当阀前压力高于给定值时，调压器开度增大，泄去过高压力。当流量过大或其他原因使阀前压力降低时，将减少开度使阀前压力回升。所以，其用于阀前压力控制有过压保护和限流功能。

2）串级调压原理

串级调压采用相同或不同的调压器前后设置（如图 2-4-16 所示）。前一级调压器出口压力 P_3 即为后一台调压器入口压力，使 P_1、P_2 之压力差由两台调压器共同承担。

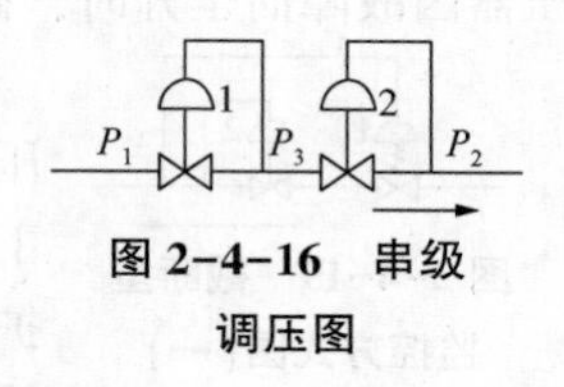

图 2-4-16　串级调压图

这种压力控制方式在第一台调压器因故障而全开时，第二台调压器若可以承担全部压力，将能继续维持调压功能。但是，当第二台调压器因故障而全开时，下游压力将升高到 P_3，这将危及下游的安全；若任意一台调压器因故障全关时，将中断该路供气。

与采用一级调压方式相比，采用二级串级调压虽然多了一台调压器，但可对较大压力差管路进行调压。特别是上游压力波动较大时，可使第一台调压器承担压力的波动，使第二台调压器调压性能得以改善。对于上、下游压力差过大，如当调压器前后压力差超过临界比时，不仅使流通能力只与进口压力有关，而且过大的压力差会产生过大的噪声，造成噪声污染。采用串级调压时，在一定条件下可改善气流流动状况。当然，若在调压器内从结构上分别采取措施后，也可大大地降低噪声等级。

3）监控调压方式原理

上述两种压力控制在设备正常情况下可使下游压力维持在设定值，但不能避免调压器故障时造成压力失控的危险。采用图2-4-17、图2-4-18所构成的监控方式调压，可在一定条件下克服某些弊病。

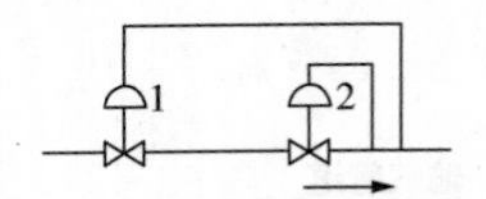

图2-4-17 全开监控调压方式图

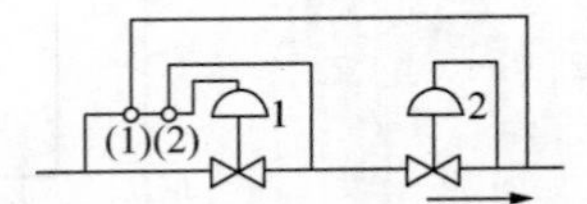

图2-4-18 工作监控调压方式图

图2-4-17为全开监控调压方式图。正常运行时，可设定其中一台调压器为工作调压器，它承担全部调压功能，而另一台调压器为监控调压器，它全开而处于等待状态。一旦工作调压器因故障全开时，只要出口压力稍高于监控调压器的设定值，监控调压器动作接替工作调压器继续工作，并维持下游压力在稍高于原工作调压器设定的压力水准之上。

工作监控调压方式如图2-4-18所示。它也由两台自力式调压器串级连接构成，但增加了一个指挥阀和一条引压管(图2-4-17中两个指挥阀已省略)。采用对指挥阀设定值不相同的方式，使正常运行时，两台调压器与图2-4-16一样起串级调压作用。图2-4-18中指挥阀(2)为工作指挥阀，指挥阀(1)为监控指挥阀。第一台(上游一台)调压器若发生故障全开时，第二台调压器承受上游压力并起调压作用；第二台调压器故障全开时，只要下游压力稍高于第二台调压器后压力，指挥阀(1)动作，第一台调压器承担全部调压功能。

无论是全开监控方式，还是工作监控方式都能保证下游不超压，但都不能保证任一台调压器故障而关闭造成供气中断。

4）截断型监控方式原理

截断型监控方式原理如图2-4-19所示，截断型监控调压由一台调压器和一个截断阀构成。正常运行时，截断阀(1)全开，调压器(2)如同一台单级调压器一样工作。一旦调压器因故障而全开时，截断阀关闭而中断供气，从而避免带来下游过压的危险。

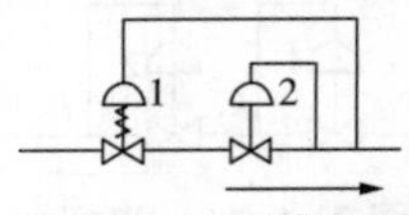

图2-4-19 截断型监控方式图(一)

截断型安全截断阀可单独使用，如图2-4-14中SV阀门。它的压力监测点可在节流阀后或在水套炉出口气管线上。图2-4-20为某工程又一种截断型监控示例。来自分离器放液管路液体经两台串级保护的安全截断阀(1、2)和压力控制阀后进入凝液罐。当由于某种原因使凝液罐压力升高并达到安全截断动作压力时，截断放液管路。

5）泄压型监控方式原理

泄压型监控原理如图2-4-21所示，这种方式主要是通过一个泄压阀，它也可以是一个靠弹簧整定的安全放空阀。监控对象可以是调压器阀前或阀后压力，也可以是管道或其他压力容器的压力。当监控点压力过高时，该调压器开启泄去过高的压力。

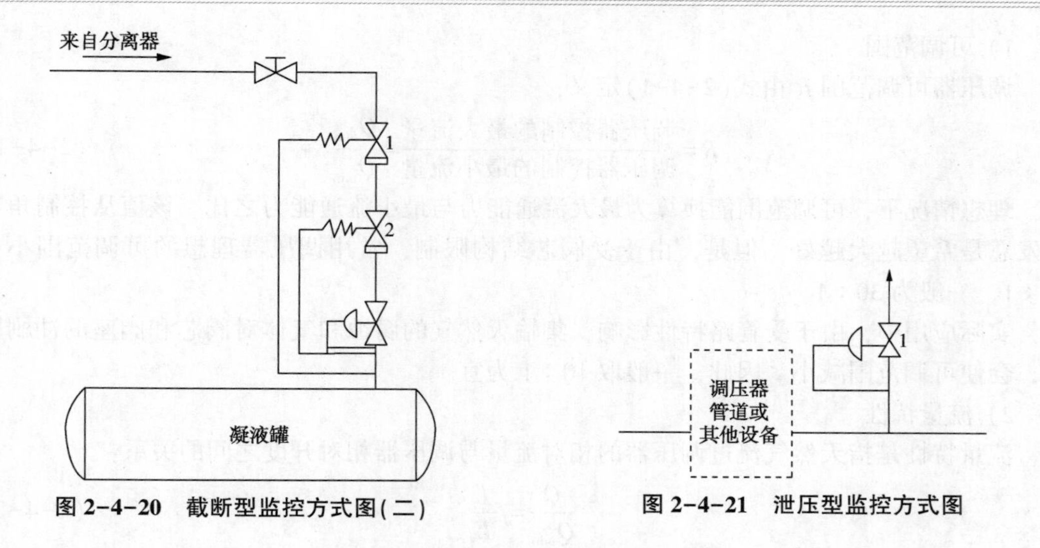

图 2-4-20 截断型监控方式图(二)

图 2-4-21 泄压型监控方式图

以上几种压力监控方式都是集输系统中常用的调压保护方式。每一种方式都有各自的特点。表 2-4-1 为各种监控方式的比较。各种监控均以自力式调压器、安全截断阀来组成。在实际应用中，考虑到管线设备长期稳定运行，并且不超压、不失压，不对环境造成污染，可靠地集输天然气，宜采用上述监控方式相结合的混合监控方式。也可酌情考虑气动、电动、电-气联动方式来构成。

表 2-4-1 压力监控比较表

项 目	单级调压	串级调压	全开监控	工作监控	截断型监控	泄压型监控
设备台件数	少	多	多	多	少	少
测试方便性	方便	较方便	方便	方便	方便	方便
能否连续保证向用户供气	不能	不能	不能	不能	不能	能
有无气体泄放导致公害	不会	不会	不会	不会	不会	有
自动操作后是否需要人工复位	不要	不要	不要	不要	要	不要
是否会导致调压器流通能力下降	不会	会	会	会	不会	不会
正常运行时是否都处于调节状态	是	是	不是	是	不是	不是
系统动作后供气部门是否需要采取应急措施	要	不要	不要	不要	要	不要
从压力记录曲线上能否看出调压器监控异常	能	能	有可能	能	不能	不能
从压力记录曲线上能否分辨调压器工作异常	能	能	能	能	能	能

这里采用一用一备方式，并对不同调压器建立不同的压力设定值。当一路中断供气，将导致下游压力降低。该降低的压力将使备用一路不用人工干预即可自行启动，使备用调压器投入运行。

4. 调压器的选择与计算

集输系统一般设有压缩空气设施，外来电源可靠性较差，所以大都采用自力式调压器。具体选择时，主要考虑因素是可调范围、流量特性和流通能力。

1）可调范围

调压器可调范围 R 由式(2-4-1)定义：

$$R=\frac{\text{调压器控制的最大流量}}{\text{调压器控制的最小流量}}=\frac{Q_{\max}}{Q_{\min}} \tag{2-4-1}$$

理想情况下，可调范围能换算为最大流通能力与最小流通能力之比。该值从控制角度出发总是希望越大越好。但是，由于受阀芯结构限制，常用调压器理想的可调范围小于50∶1，一般为30∶1。

实际应用中，由于受管路特性影响，集输天然气的腐蚀和气体对阀芯和阀座的冲刷磨损，会使可调范围减小。因此，一般取10∶1为宜。

2）流量特性

流量特性是指天然气流过调压器的相对流量与调压器相对开度之间的关系：

$$\frac{Q}{Q_{\min}}=f\frac{l}{L} \tag{2-4-2}$$

式中 $\frac{Q}{Q_{\min}}$——调节阀某一开度流量与全开流量之比；

$\frac{l}{L}$——调节阀某一开度行程与全开行程之比。

通常，调压器有直线、等百分比和快开流量特性三种：

（1）直线流量特性是指调压器相对开度与相对流量之间成线性关系，即它的单位行程变化所引起的流量变化是相等的。采用这种流量特性时，在流量小时同一相对开度的相对流量变化较大；在流量大时，流量相对值变化小，直线流量特性阀门在小开度(小负荷流量)情况下的调节性能不好，往往会产生振荡而不容易控制。

（2）等百分比流量特性是指单位行程变化所引起的流量变化与该开度下的流量成正比关系。经推算，在同样行程变化的情况下，流量小时流量变化小，流量较大时流量变化较大。当接近关闭时，工作缓和平稳；当接近全开时，放大作用大，工作灵敏，调节特性好。

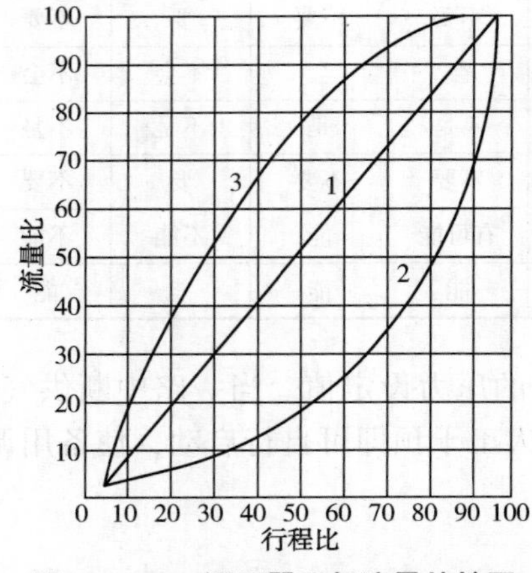

图 2-4-22　调压器理想流量特性图

1—直线；2—等百分比；3—快开

（3）快开特性是指调压器行程小时，流量变化量较大。随着行程增大，流量很快达到饱和，这种特性调压器常用于两位式调节，如图2-4-21泄压型监控方式所示的泄压放空阀。

图2-4-22为调压器三种流量特性比较图。在集输系统中常用的是等百分比和直线流量特性的调压器。

直线流量特性和等百分比流量特性的选用，一般来说若调压器经常工作在小开度条件时，宜选用等百分比的流量特性。但是，当天然气中含固体悬浮物，如井口未经分离或初步分离的天然气，因为直线型阀芯表面不易磨损，当把使用寿命作为选择的主要考虑因素时，应选直线型流量特性的调压器。

第五节 携液气量、冲蚀气量及配产气量计算方法

一、最小携液流量

对于非枯竭油气藏改建的储气库，地层出液是不可避免的，为了确保井下管柱(油管)连续排液，注采井能持续自喷生产，需要确定一个临界流量，即注采井在多相流条件下生产时，油管内任意流压下能将气流中最大液滴携带到井口的流量，称为最小携液流量。由于随着气流沿采气管柱举升高度的增加，气流速度也增加，为确保连续排出流入井筒的全部地层液，在采气管柱管鞋处的气体流速必须达到连续排液的临界流速。

目前，应用较多的是利用Turner公式计算最小携液流量。

$$Q_{sc}=2.5\times10^4\frac{P_{wf}v_gA}{TZ} \tag{2-5-1}$$

式中 Q_{sc}——最小携液产气量，$10^4m^3/d$；

A——油管内截面积，m^2；

P_{wf}——井底流动压力，MPa；

v_g——气体流速；

Z——天然气偏差系数；

T——气流温度，K。

显然，缩小采气管柱直径利于排出井底积液，延长自喷期。但是，直径小，会增加井筒流出的压力损失，井口压力降低，造成采出气体无法正常进入天然气管网。因此，需要综合考虑各因素的影响。

从目前国内储气库实际运行情况来看，存在因井底积液造成注采井停喷，无法完成调峰气量的实例，说明储气库注采井的井底积液问题也需要被关注。

二、最大冲蚀流量

地下储气库注采井采用“强注、强采”运行模式，与普通气井相比吞吐量较大，平均日采气几十甚至上百万立方米，并且使用周期长，因此井筒中高速流动的气体对管柱产生冲蚀作用。

对地下储气库注采井而言，可以考虑如何将油管中的高压流动气体的流速控制在 冲蚀流速以下，以减少或避免冲蚀的发生。

对于冲蚀流速的确定，由于其受到众多因素的影响还没有准确的计算方法。目前常用的是《海洋石油生产平台管线系统设计和安装的推荐做法》(API RP 14E)推荐的计算公式：

$$v=\frac{C}{\sqrt{\rho}} \tag{2-5-2}$$

式中 v——冲蚀流速，m/s；

C——经验常数；

ρ——混合物密度，kg/m^3。

由于地下储气库担负紧急调峰的任务，采气量根据目标市场用气量确定，因此，根据采气量确定合理的油管尺寸：

$$v=1.47\times10^{-5}\frac{Q}{d^2} \tag{2-5-3}$$

$$\rho=3.484.4\frac{\gamma P}{ZT} \tag{2-5-4}$$

因此，可得出一定采气量下的最小油管直径：

$$d=295\times10^{-3}\sqrt{Q\sqrt{\frac{\gamma P}{ZT}}} \tag{2-5-5}$$

式中 v——冲蚀流速，m/s；

ρ——气体密度，kg/m^3；

γ——气体相对密度；

P——油管流动压力，MPa；

Z——气体压缩系数；

T——气体温度，K；

Q——采气量，$10^4m^3/d$；

d——油管直径，mm。

根据井筒体积流量与地面标准条件下体积流量的关系式：

$$\frac{P_s}{Z_sT_s}Q_s=\frac{P}{ZT}Q \tag{2-5-6}$$

式中 Q_s——标准条件下采气量，$10^4m^3/d$。

当地面标准条件取 $P_s=0.101MPa$，$T_s=293K$，$Z_s=1.0$ 时，有

$$Q=345\times10^{-4}Q_s\frac{ZT}{P} \tag{2-5-7}$$

代入可得：

$$d=5.48\times10^{-5}Q_s^{0.5}\left(\frac{\gamma ZT}{P}\right)^{0.25} \tag{2-5-8}$$

对一座地下储气库，根据地质、用气需求等条件确定日均产气量和应急产气量后，即可确定为防止或减少冲蚀发生所需的油管最小直径。

通过以上问题分析研究可知，对于新建地下储气库，应确定合理的油管尺寸，使油管中气体流动的速度控制在合理范围内，不致产生明显的冲蚀。冲蚀流速不要限制到不必要的低值，以避免选用过大直径的油管造成浪费。确定防冲蚀油管尺寸时，要兼顾油管滑脱现象，避免出现井底积液，影响注采井调峰量。砂的存在将大幅度提高油管冲蚀速率，因此，要合理确定生产压差，控制地层出砂。

对于已建储气库，应合理制定不同注气期、采气期生产制度，配产气量应高于最低携液气量，而不超过冲蚀气量。

三、注采井能力计算

首先利用节点分析法，通过节点前后不同的相关式求解最大流量值，或绘制流入、流

出曲线图，其交会点即为该状态下的系统最大流量值。然后利用最小携液流量和最大冲蚀流量两个限制性因素进行核定，当最大流量值符合各项核定条件时，则该最大流量即可设定为合理流量值。

国内某储气库，垂直深度1200m，斜深1500m，采出气相对密度0.60，井底温度56.5℃，压力运行区间7～12MPa，含液量1.0～10^4m^3。

1. 采气阶段

采气产能方程为：

$$Q_g=1.7935(P_R^2-P_{wf}^2)^{0.6292} \tag{2-5-9}$$

计算了ϕ73mm(2⅞in)和ϕ89mm(3½in)两种油管的最佳采气量、最小携液量和最大冲蚀流量(见表2-5-1～表2-5-3)。同时，根据外输管道压力要求，设定了井口压力4MPa的限定条件(有时需要根据地面工程的情况，计算多组不同井口压力限制条件下的最佳气量)。图2-5-1为某储气库流入、流出曲线图(井口压力4MPa)。

表2-5-1　ϕ73mm和ϕ89mm油管的最佳采气量

地层压力/MPa		7	8	9	10	11	12
采气量/10^4m^3	ϕ73mm油管	14.5	18	21.5	24	27	30
	ϕ89mm油管	15.5	20	24	27.5	31	34.5

表2-5-2　ϕ73mm和ϕ89mm油管的携液流量

地层压力/MPa		7	8	9	10	11	12
携液流量/10^4m^3	ϕ73mm油管	2.98	2.96	2.96	2.93	2.93	2.93
	ϕ89mm油管	4.50	4.48	4.46	4.45	4.45	4.42

表2-5-3　ϕ73mm和ϕ89mm油管的冲蚀流量

地层压力/MPa		7	8	9	10	11	12
冲蚀流量/10^4m^3	ϕ73mm油管	22.16	2.21	24.96	25.85	27.20	29.54
	ϕ89mm油管	33.2	33.9	34.5	35.6	36.6	37.6

根据计算可以得出，在7～12MPa压力区间内，2⅞in油管的最佳采气量为(14.5～30)×$10^4m^3/d$，3½in油管的最佳采气量为(15.5～34.5)×$10^4m^3/d$。然而，考虑冲蚀流速和携液流速后，对于2⅞in油管的产气量应控制在(14.5～20)×$10^4m^3/d$，对于3½in油管的产气量应控制在(15.5～35)×$10^4m^3/d$。

根据上述计算结果，综合考虑地质产能、钻完井工艺技术、施工成本等因素，最终确定采用7in生产套管和3½in油管，注采井日调峰气量(15～30)×$10^4m^3/d$。

2. 注气阶段

注气产能方程：

$$Q_i=1.7935(P_{wf}^2-P_s^2)^{0.6292} \tag{2-5-10}$$

计算在地层运行压力区间范围内，不同注气量时的井口压力，主要是为地面压缩机及相关设备选型提供依据。表 2-5-4 给出了 ϕ89mm 油管注气井口压力预测。

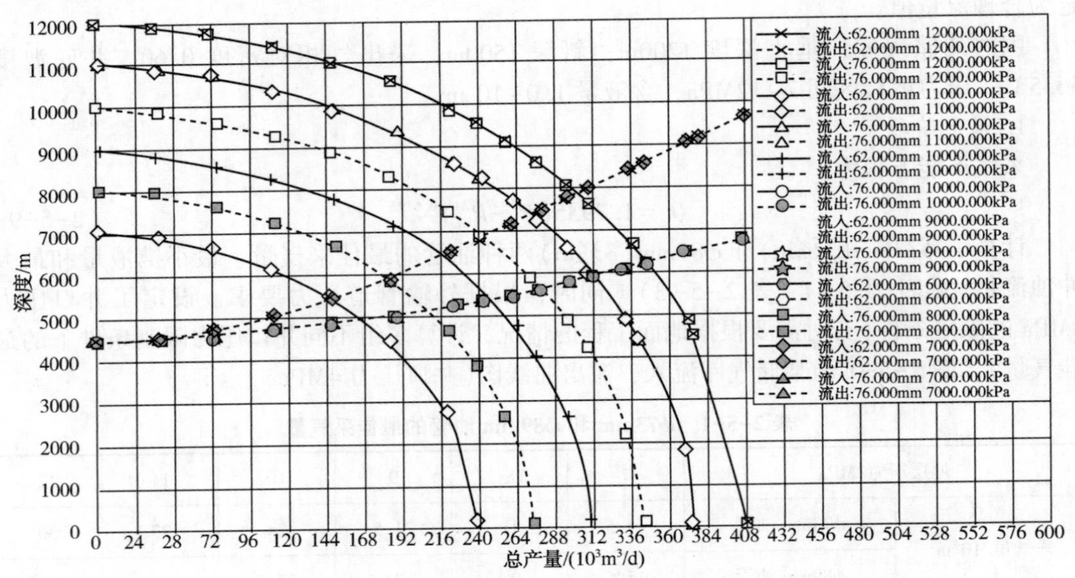

图 2-5-1 某储气库流入、流出曲线图(井口压力 4MPa)

表 2-5-4 ϕ89mm($3\frac{1}{2}$in)油管注气井口压力预测表

地层压力/MPa	不同产气量对应的压力/MPa					
	$15\times10^4m^3$		$20\times10^4m^3$		$30\times10^4m^3$	
	井底流压	井口压力	井底流压	井口压力	井底流压	井口压力
7	8. 8453	8. 30	9. 7565	9. 25	11. 7040	11. 27
9	10. 4995	9. 77	11. 2778	10. 58	12. 9994	12. 40
12	13. 1620	12. 16	12. 16	12. 82	15. 231	14. 35

第六节 天然气水合物形成与防治方法

防止水合物的形成是天然气集输净化处理的核心技术之一。

一、天然气含水量

1. 天然气的水汽含量

天然气在地层温度和压力条件下含有饱和水汽。天然气的水汽含量取决于天然气的温度、压力和气体的组成等条件，天然气含水汽量通常用绝对湿度、相对湿度、水露点三种方法表示。

1）天然气绝对湿度

每立方米天然气中所含水汽的比重，称为天然气的绝对湿度，用$e°$表示。

在一定条件下，天然气中可能含有的最大水汽量，即天然气与液态平衡时的含水汽量，称为天然气的饱和含水汽量，用e_s表示。

2）天然气相对湿度

相对湿度，即在一定温度和压力条件下，天然气水汽含量e与其在该条件下的饱和水汽含量e_s的比值，用ϕ表示。即

$$\phi=\frac{e}{e_s} \tag{2-6-1}$$

3）天然气的水露点

天然气在一定压力条件下与e_s相对应的温度值称为天然气的水露点，简称露点。可通过天然气的露点曲线图查得，如图2-6-1所示。

图中，气体水合物生成线(虚线)以下是水合物形成区，表示气体与水合物的相平衡关系。纵坐标表示天然气含水量为相对密度等于0.6的天然气与纯水的平衡值。若相对密度不等于0.6或接触水为盐水时，应乘以图中修正系数。非酸性天然气饱和水含量按式(2-6-2)计算：

$$W=0.983W_0C_{RD}C_S \tag{2-6-2}$$

式中 W——酸性天然气饱和水含量，mg/m^3；

W_0——由图2-6-1左侧查得的含水量，mg/m^3；

C_{RD}——相对密度校正系数，由图2-6-1查得；

C_S——含盐量校正系数，由图2-6-1查得。

对于酸性天然气，当总压低于2100kPa(绝压)时，可不对H_2S和CO_2含量进行修正。当总压力高于2100kPa(绝压)时，则应进行修正。酸性天然气饱和水含量按式(2-6-3)计算：

$$W=0.983(y_{HC}W_{HC}+y_{CO_2}W_{CO_2}+y_{H_2S}W_{H_2S}) \tag{2-6-3}$$

式中 W——酸性天然气饱和水含量，mg/m^3；

y_{HC}——酸性天然气中除CO_2和H_2S外所有组分的摩尔分数；

y_{CO_2}、y_{H_2S}——气体中CO_2、H_2S的摩尔分率；

W_{HC}——由图2-6-2查得的天然气水含量，mg/m^3；

W_{CO_2}——纯CO_2气体的水含量，由图2-6-3查得，mg/m^3；

W_{H_2S}——纯H_2S气体的水含量，由图2-6-4查得，mg/m^3。

从图2-6-3、图2-6-4查得的水含量仅适用于式(2-6-3)。由此法求得的气体水含量一般高于含酸性组分的气体中实际水含量。

［**例2-6-1**］ 天然气的体积百分组成如表2-6-1所列，相对密度为0.679，试计算温度为25℃，压力为5.0MPa时的饱和水含量。

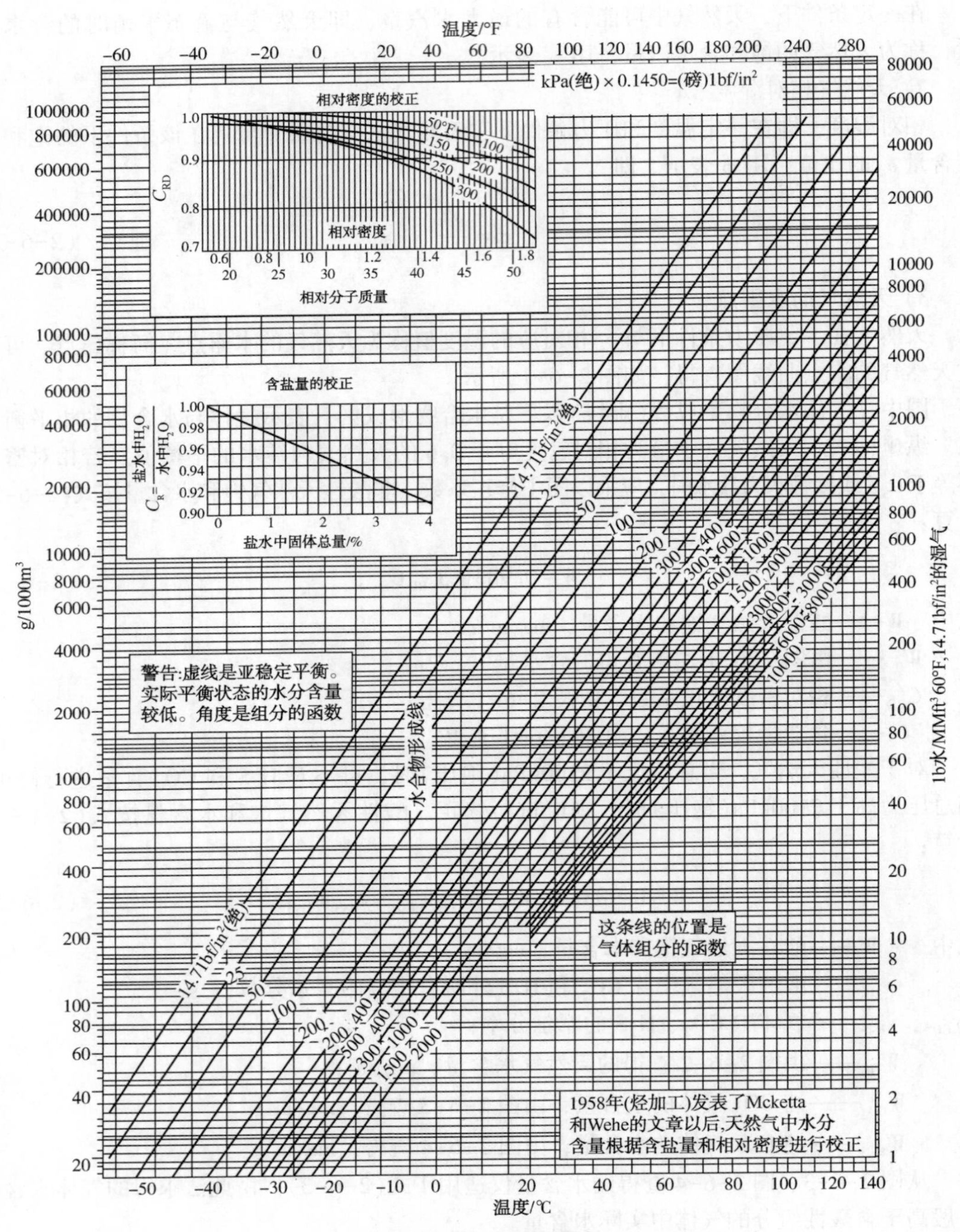
温度/°F
kPa(绝)×0.1450=(磅)1bf/in²
相对密度的校正
相对密度
相对分子质量
含盐量的校正
盐水中固体总量/%
警告:虚线是亚稳定平衡。
实际平衡状态的水分含量
较低。角度是组分的函数
水合物形成线
这条线的位置是
气体组分的函数
1958年(烃加工)发表了Mcketta
和Wehe的文章以后,天然气中水分
含量根据含盐量和相对密度进行校正
g/1000m³
1b水/MMft³ 60°F,14.71bf/in²的湿气
温度/℃

图 2-6-1 天然气的露点

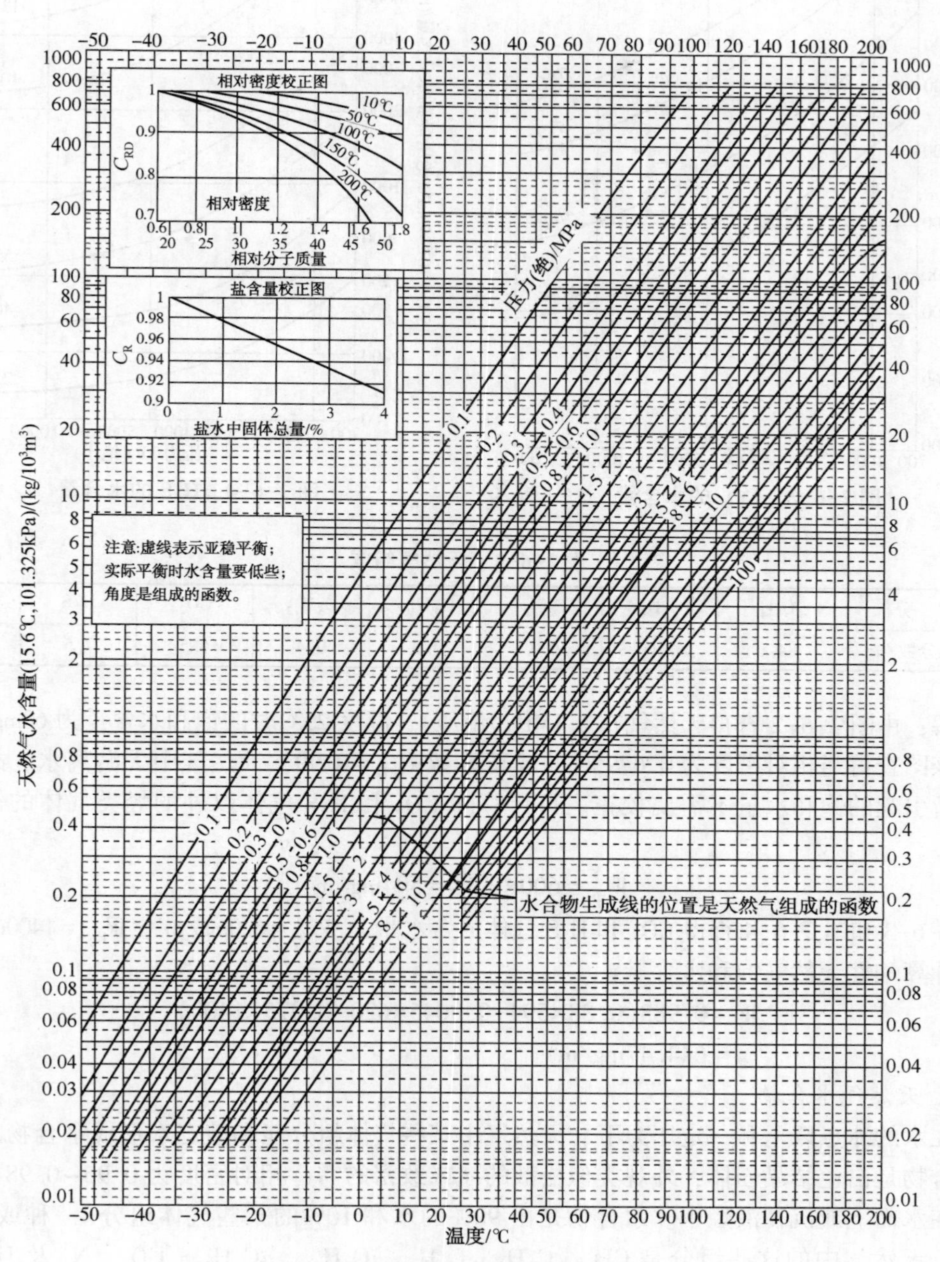

图 2-6-2　天然气的含水量

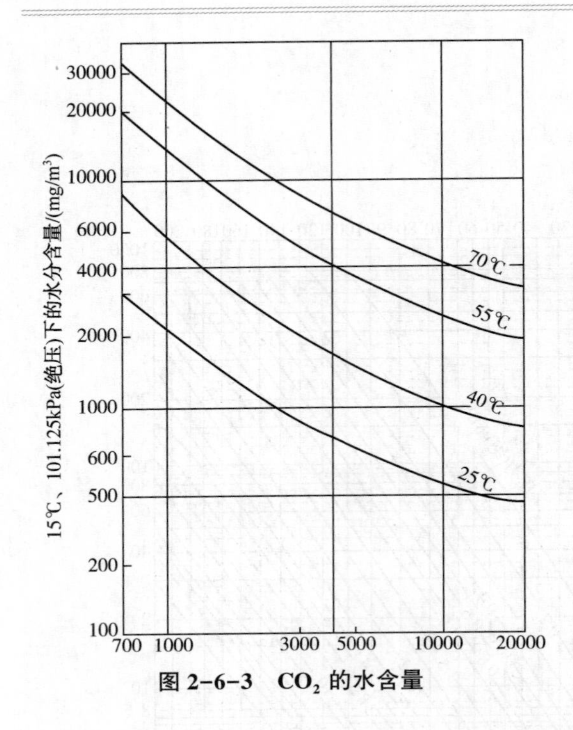

图 2-6-3 CO_2 的水含量

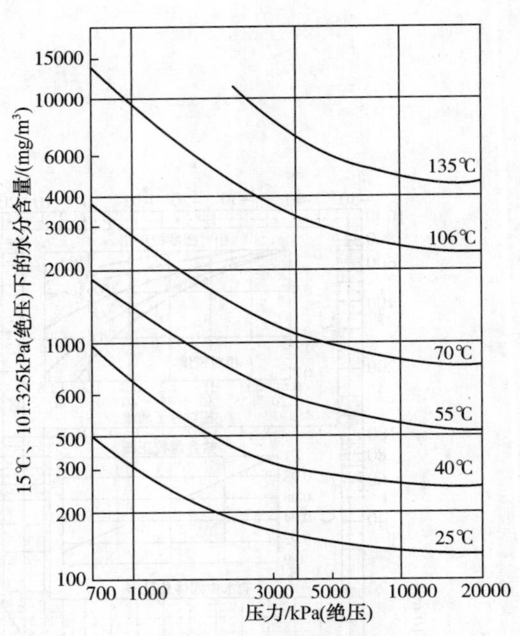

图 2-6-4 H_2S 的水含量

表 2-6-1 天然气组成

组分	CH_4	C_2H_6	C_3H_8	C_4H_{10}	C_5H_{12}	CO_2	H_2S	N_2
体积分数/%	84.0	2.0	0.8	0.6	0.4	4.5	7.5	0.2

解：由图 2-6-2 查得天然气在 5.1MPa（绝压），温度 25℃时的饱和水含量为 60mg/m³，并由该图查得当相对密度为 0.679 时的校正系数 $C_{RD}=0.99$，天然气中无游离水，故因含盐量所引起的饱和水量不需要校正。可计算除 CO_2 和 H_2S 气体以外的烃类气体的饱和水含量：

$$W_{HC}=600\times0.99=594\text{mg/m}^3$$

由图 2-6-3 和图 2-6-4 查得 CO_2 和 H_2S 气体的含水量为 $W_{CO_2}=620\text{mg/m}^3$，$W_{H_2S}=1400\text{mg/m}^3$，则可计算酸性天然气饱和水含量：

$$\begin{aligned}W&=0.983(0.88\times594+0.0045\times620+0.075\times1400)\\&=644.47\text{mg/m}^3\end{aligned}$$

2. 天然气水合物

在水的冰点以上和一定压力下，天然气中某些气体组分能和液态水形成水合物。天然气水合物是白色结晶固体，外观类似松散的冰或致密的雪，相对密度为 0.96~0.98，因而可浮在水面上或沉在液烃中。水合物是由 90%的水和 10%的某些气体组分（一种或几种）组成。天然气中的这些组分是 CH_4、C_2H_6、C_3H_8、iC_4H_{10}、nC_4H_{10}、CO_2、N_2 及 H_2S 等。其中，nC_4H_{10}本身并不形成水合物，但却可促使水合物的形成。

1）水合物结构

天然气水合物是一种非化学计量型笼形晶体化合物，即水分子（主体分子）借氢键形成具有笼形空腔(空穴)的晶格，而尺寸较小且几何形状合适的气体分子(客体分子)则在范德华力作用下被包围在晶格的笼形空腔内，几个笼形晶格连成一体成为晶胞或晶格单元。

已经确定的天然气水合物晶体结构有三种，分别称为Ⅰ型、Ⅱ型和H型。Ⅰ型与Ⅱ型结构都包含大小不同而数目一定的空腔即多面体，存在12面体、14面体和16面体构成的三种笼形空腔。较小的12面体分别和另外两种较大的多面体搭配而形成Ⅰ型、Ⅱ型两种水合物晶体结构。Ⅰ型结构的晶胞内有46个水分子，6个平均直径为0.860nm的大空腔和2个平均直径为0.795nm的小空腔用来容纳气体分子。Ⅱ型结构晶胞内有136个水分子，8个平均直径为0.940 nm的大空腔和16个平均直径为0.782nm的小空腔用来容纳气体分子。H型水合物晶格单元不仅包含三种大小不同的空腔，还是一种二元气体水合物。气体分子填满空腔的程度主要取决于外部压力和温度，只有水合物晶胞中大部分空腔被气体分子占据时，才能形成稳定的水合物。在水合物中，与一个气体分子结合的水分子数不是恒定的，这与气体分子的大小和性质，以及晶胞中空腔被气体充满的程度等因素有关。戊烷以上烃类一般不形成水合物。

2）水合物形成条件及相特性

水合物的形成与水蒸气的冷凝不同。当压力一定，天然气温度等于或低于露点温度时，就要析出液态水，而当天然气温度等于或低于水合物形成温度时，液态水就会与天然气中的某些气体组分形成水合物。所以，水合物的形成温度总是等于或低于露点温度。由此可知，引起水合物形成的主要条件是：

（1）天然气的温度等于或低于露点温度，有液态水存在。

（2）在一定压力和气体组成下，天然气温度低于水合物形成温度。

（3）压力增加，形成水合物的温度相应增加。

当具备上述主要条件时，有时仍不能形成水合物，还必须具备下述一些引起水合物形成的次要条件：气流速度很快，或者通过设备或管道中诸如弯头、孔板、阀门、测温元件套管处等时，使气流出现剧烈扰动；压力发生波动；存在小的水合物晶种；存在CO_2或H_2S等组分，因为它们比烃类更易溶于水并易形成水合物。

液态烃的存在会抑制水合物的形成。这就是含液态烃的两相流管道不像单相气体管道那样易于形成水合物的原因。

在形成水合物的气体混合物体系中，可能出现平衡共存的相有气相、冰相，富水液相、富烃液相及固态水合物相。需要指出的是，在可形成水合物的气体混合物中，按相率得到的平衡共存的相不可能都存在。例如，对两组分气体混合物和水组成的体系，根据相率最多可有五个相平衡共存，但在水合物相特性的实验研究中，至今尚未发现无相点的存在。

3. 水合物形成条件的预测

已知天然气的相对密度，可由图2-6-5查出天然气在一定压力条件下形成水合物的最高温度，或在一定温度条件下形成水合物的最低压力。当天然气的相对密度在图示曲线之间时，可用线性内插法求算形成水合物的压力或温度。

某天然气的相对密度为0.693，求算温度为10℃时形成水合物的最低压力。

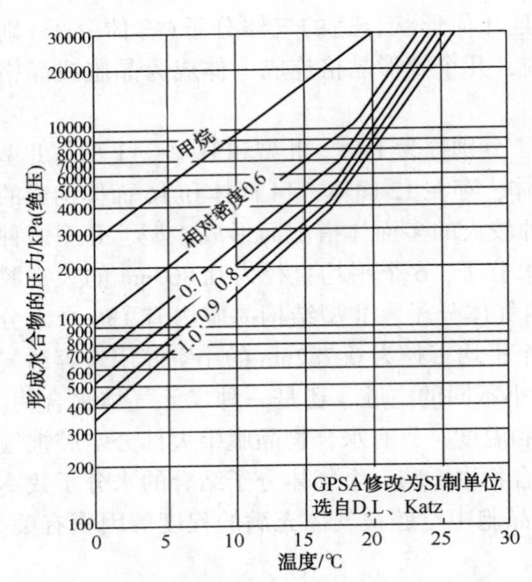

图 2-6-5 预测形成水合物的压力-温度由线

从图 2-6-5 查得天然气在 10℃时形成水合物的压力为：相对密度为 0.6 时，$P=3350$kPa(绝压)；相对密度为 0.7 时，$P=2320$kPa(绝压)。

用线性内插法求算天然气相对密度为 0.693 时形成水合物的压力：$P=3350-(3350-2320)\times\left(\frac{0.693-0.6}{0.7-0.6}\right)=2391.1$kPa(绝压)。

4. 水合物形成与节流膨胀的关系

1) 节流效应

(1) 基本概念。

气体节流时由于压力变化所引起的温度变化称为节流效应，或称焦耳-汤姆逊效应。

节流时微小压力变化所引起的温度变化称为微分节流效应。一般定义 α_i 为微分节流效应系数，表达式为：

$$\alpha_i=\left(\frac{\partial T}{\partial P}\right)_i \tag{2-6-4}$$

由热力学基本关系式可导出微分节流效应系数 α_i 与节流前气体状态参数(P、V、T)之间关系的通用方程式：

$$\alpha_i=\frac{A}{c_p}\left[T\left(\frac{\partial V}{\partial T}\right)_p-V\right] \tag{2-6-5}$$

式中 A——功的热当量；

c_p——气体的定压比热容。

从式(2-6-5)可以看出，α_i 取决于温度和压力的变化，为了求出$\left(\frac{\partial V}{\partial T}\right)_p$必须给出气体的状态方程 $PV=ZRT$，并需要知道函数的解析方程 $Z=f(PT)$。在实际工程计算中，α_i 值是通过经验公式或诺模图查得，或由实验测定。

(2) 节流降温原理。

节流效应的物理性质，根据焓和微分节流效应的定义，由热力学关系可导出：

$$\alpha_i=-\frac{1}{C_p}\left(\frac{\partial\mu}{\partial P}\right)_T-\frac{A}{C_P}\left[\frac{\partial(PV)}{\partial P}\right]_T \tag{2-6-6}$$

公式(2-6-6)表明，节流效应由内能和流动功两部分能量变化所组成。

由于气体在绝热膨胀过程中，压力降低、比热容增大，导致分子间的平均距离增大。此时，必然通过消耗功来克服分子间的吸引力，于是分子间的位能增加。但由于外界无能量供给气体，分子间位能增加只能导致分子动能减少，因此产生使气体温度降低的效应。

从公式(2-6-6)可以看出，α_i 值为正、负或零，取决于气体流动功的变化，即$-\frac{A}{c_P}$

$\left[\frac{\partial(PV)}{\partial P}\right]_T$ 的变化。

当 $\left[\frac{\partial(PV)}{\partial P}\right]_T<0$ 时，$-\frac{1}{C_P}\left[\frac{\partial(PV)}{\partial P}\right]_T>0$，则 $\alpha_i>0$，节流产生冷效应。

当 $\left[\frac{\partial(PV)}{\partial P}\right]_T>0$ 时，$-\frac{1}{C_P}\left[\frac{\partial(PV)}{\partial P}\right]_T<0$，则 α_i 视内能变化和流动功变化的绝对大小而不同，并将有以下三种情况：

若 $\left|\left(\frac{\partial\mu}{\partial P}\right)_T\right|>A\left|\left[\frac{\partial(PV)}{\partial P}\right]_T\right|$，则 $\alpha_i>0$ 即产生冷效应。

若 $\left|\left(\frac{\partial\mu}{\partial P}\right)_T\right|=A\left|\left[\frac{\partial(PV)}{\partial P}\right]_T\right|$，则 $\alpha_i=0$ 即产生零效应。

若 $\left|\left(\frac{\partial\mu}{\partial P}\right)_T\right|<A\left|\left[\frac{\partial(PV)}{\partial P}\right]_T\right|$，则 $\alpha_i<0$ 即产生热效应。

对于大多数气体，包括天然气，其流动功随压力的降低而增加。即 $\left[\frac{\partial(PV)}{\partial P}\right]_T<0$ 或 $-\frac{A}{C_P}\left[\frac{\partial(PV)}{\partial P}\right]_T>0$，因此，$\alpha_i>0$，节流产生降温作用。

气体节流效应产生降温或升温作用，可用气体的转化点和转化温度来判断。

同一气体在不同状态下节流，具有不同的微分节流效应值，即为正、负或零。微分节流效应值 $\alpha_i=0$ 的点称为转化点。相应于转化点的温度，称为转化温度。

气体处于转化点时，$\frac{\partial T}{\partial P}=0$。若气体在节流前的温度低于该压力下的转化温度，则节流后产生冷效应，即温度降低。若节流前的温度高于该压力下的转化温度，则节流后产生热效应，即温度升高。

若气体符合范德华方程式，在简化条件下，可导出

$$T_R=6.75T_C \tag{2-6-7}$$

式中　T_R——气体的转化温度，K；

　　　T_C——气体的临界温度，K。

利用式(2-6-7)可近似地估算气体的转化温度，气体的临界温度愈高，则转化温度亦愈高。对于大多数气体，其转化温度都很高，故在通常温度下，大多数气体在节流后都产生冷效应，即温度降低。只有少数气体如氖、氦、氢等，其转化温度很低，故在节流后，温度不但不降低反而升高。

2）膨胀制冷的利用

储气库集输系统的集气站在压力降能够利用的情况下，可采用膨胀制冷的办法回收液烃和脱水。一般可采用两种基本类型的工艺，一种使用水合物抑制剂，另一种不使用水合物抑制剂。这两种工艺均用绝热膨胀的办法使气流冷却。为了使天然气膨胀后的温度更低，可将从分离器出来的低温气体与膨胀前的气体进行热交换，使气体在膨胀之前的温度先行降低，这样可使膨胀制冷后的气体温度更低。

必须指出，膨胀前气体的预冷温度不得低于其压力条件下形成水合物的温度。如果需要获取更低的制冷温度，膨胀前气体的预冷温度可不予限制，但须在预冷前向天然气中注

入水合物抑制剂。

采取不使用水合物抑制剂的制冷工艺时，允许在低温分离器内生成水合物，水合物将立即在分离器中聚集。采取这种工艺时，须在分离器内装设加热蛇管，将膨胀前的气体(温度应能满足要求)引入加热蛇管，使水合物融解。必须注意，采用这种工艺时，分离器的顶部不得装设捕雾器，以防水合物堵塞。

对天然气的组成分析资料必须准确，膨胀制冷的计算才能保证准确可靠。利用图2-6-6可以预测两种工艺制冷程度的近似值。利用图2-6-7~图2-6-10可以计算气体开始形成水合物的条件，同时也可用来判断在形成水合物的条件下天然气的允许膨胀程度。

当天然气的相对密度不是图2-6-7~图2-6-10所给出的数值，例如0.64、0.67、0.72和0.75等，可用线性内插法求算天然气膨胀的初始温度。

5. 防止水合物形成的方法

从井口采出的或从矿场分离器分出的天然气一般都含水。含水的天然气当其温度降低至某一值后，极易在阀门、分离器入口、管线弯头及三通等处形成固体水合物，堵塞管道与设备。防止固体水合物形成的方法有三种：第一种方法是将含水的天然气加热，如果加热时天然气的压力和水含量不变，则加热后气体中的水含量就处于不饱和状态，亦即气体温度高于其露点，因而可防止水合物的形成，在气井井场采用加热器即为此法一个案例。

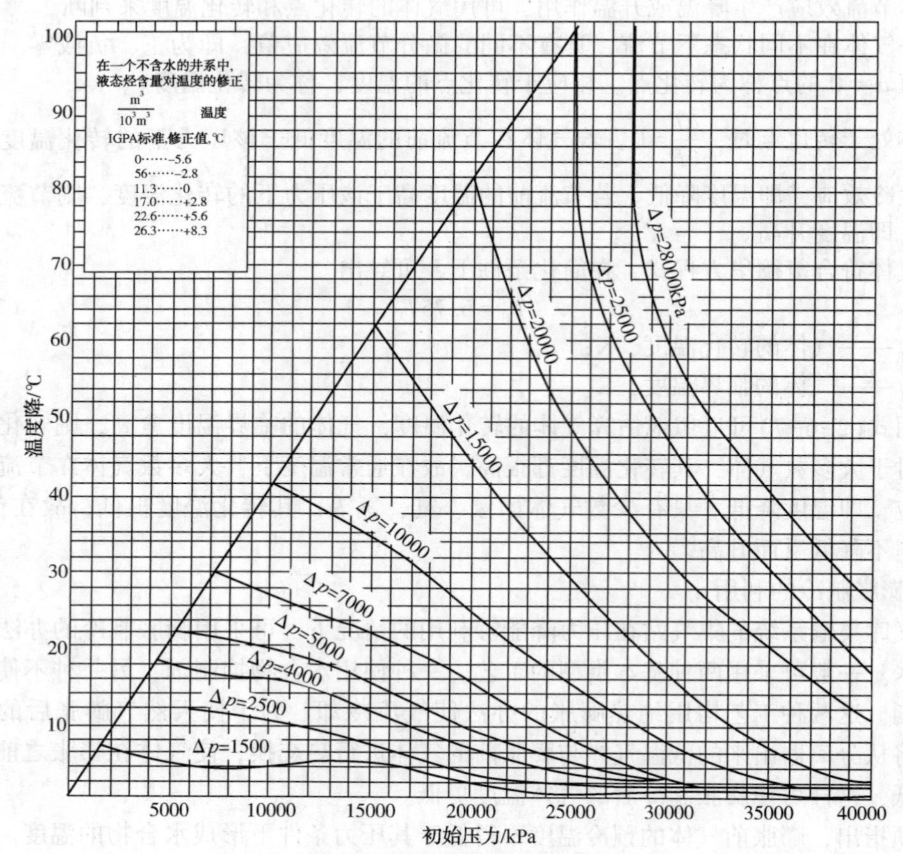

图2-6-6 给定压力降所引起的温度降

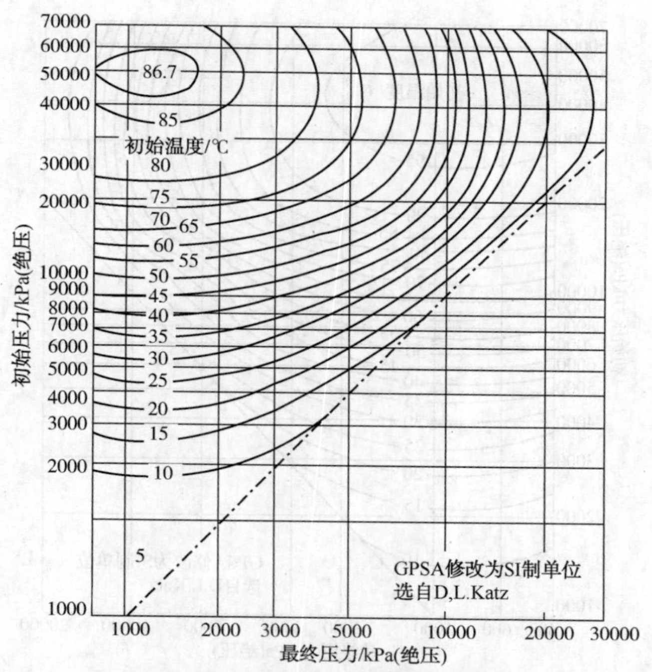

图 2-6-7　相对密度为 0.6 的天然气在不形成水合物条件下允许达到的膨胀程度

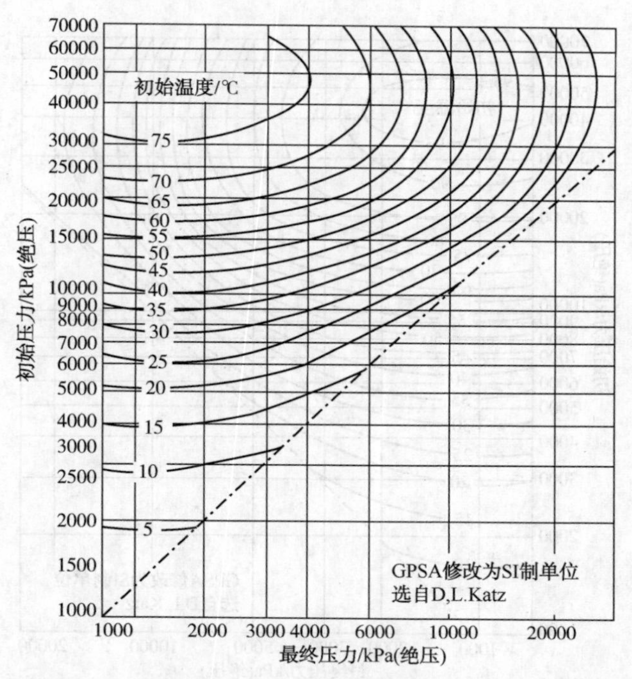

图 2-6-8　相对密度为 0.7 的天然气在不形成水合物条件下允许达到的膨胀程度

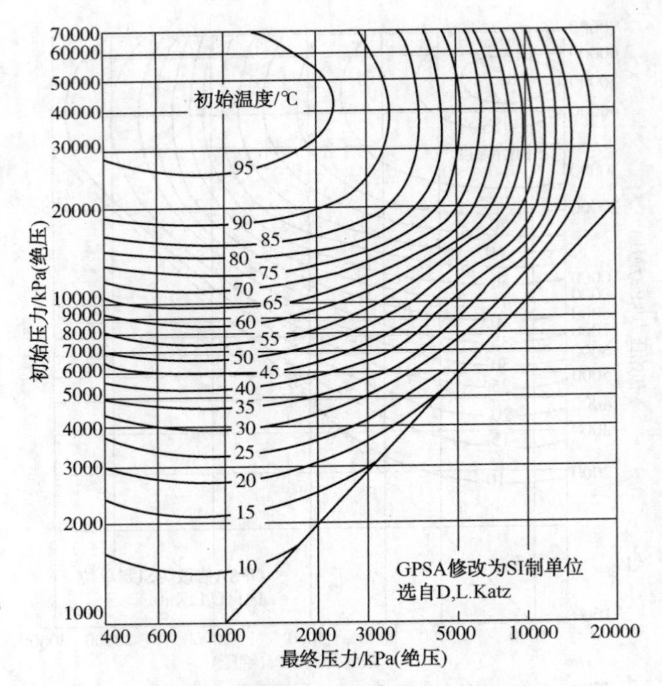

图 2-6-9 相对密度为 0.8 的天然气在不形成水合物条件下允许达到的膨胀程度

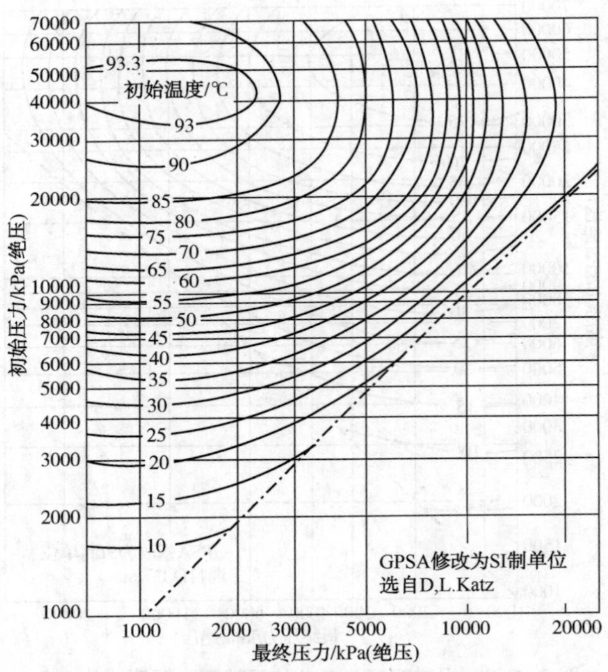

图 2-6-10 相对密度为 0.9 的天然气在不形成水合物条件下允许达到的膨胀程度

当管道或设备必须在低于水合物形成温度以下操作时，就应该采用其他两种方法。第二种方法是利用溶剂(如三甘醇)吸收法或固体(如分子筛)干燥剂吸附法将天然气脱水，使其露点降低至操作温度以下。第三种方法则是向气流中加入化学剂。目前，广泛采用的化学剂是热力学抑制剂，但自20世纪90年代以来研制开发的动力学抑制剂及防聚剂也日益受到人们的重视获得使用。

天然气脱水是防止水合物形成的最好的方法，但出于经济上的考虑，一般应在集中处理站内进行脱水。否则，则应考虑加热或加入化学剂等其他工艺方法。

1）加热法

提高天然气节流前的温度，或敷设平行于采气管线的热水伴随管线，使气体流动温度保持在天然气的水露点以上，是防止水合物形成的有效方法。矿场常用的加热设备有套管加热器和水套加热炉。

加热器热负荷计算如下：

确定天然气节流后应达到的温度 T_2。如图2-6-11所示，用套管加热器加热天然气，天然气走管程，水蒸气走壳程，P_1 和 P_2 为加热和节流前后的压力，T_0 为加热前的温度，T_1 和 T_2 为节流前后的温度。节流后的温度 T_2 要求比节流后的压力 P_2 条件下的水合物形成温度高3~5℃。

图2-6-11　套管加热炉示意图

即

$$T_2=T_0+(3\sim5) \tag{2-6-8}$$

式中　T_2——节流后应保持的温度，℃；

T_0——节流后压力条件下水合物生成的温度，℃。

确定天然气节流前加热应达到的温度 t_1。天然气节流前加热升温达到的温度按式(2-6-9)计算：

$$T_1=\Delta T+T_2 \tag{2-6-9}$$

式中　T_1——天然气节流前加热应达到的温度，℃；

ΔT——天然气从节流前压力 P_1 降至节流后压力 P_2 所产生的温降，℃；

T_2——节流后应保持的温度，℃。

计算天然气加热所需热量：

$$Q=q_v\rho_G c_p(T_1-T) \tag{2-6-10}$$

式中　Q——加热天然气所需热量，kJ/h；

q_v——天然气流量(P=0.101325MPa，T=20℃)，m^3/h；

ρ_G——天然气密度，kg/m^3；

c_p——天然气在 C_1 和 T_{cp} 条件下的定压比热容，kJ/(kg·℃)；

T_{cp}——天然气加热前后的平均温度,℃。

$$T_{cp}=\frac{T+T_1}{2} \tag{2-6-11}$$

式中 T、T_1——天然气加热前和加热后的温度,℃。

2）注抑制剂法

可以用于防止天然气水合物生成的抑制剂分为有机抑制剂和无机抑制剂两类。有机抑制剂有甲醇和甘醇类化合物，无机抑制剂有氧化钠、氛化钙及氧化镁等。天然气集输矿场主要采用有机抑制剂，这类抑制剂中又以甲醇、乙二醇和二甘醇最常使用。抑制剂的加入会使气流中的水分溶于抑制剂中，改变水分子之间的相互作用，从而降低表面上水蒸气分压，达到抑制水合物形成的目的。广泛采用的醇类天然气水合物抑制剂的物理化学性质见表 2-6-2。

表 2-6-2 常用抑制剂的优选结果

项 目	甲 醇	乙二醇	二甘醇	氯化钙
分子式	CH_3OH	$CH_2CH_2(OH)_2$	$O(CH_2CH_2OH)_2$	$CaCl_2$
相对分子质量	32.04	62.07	106.1	54
相对密度	0.7915	1.1088	1.1184	2.15
与水溶解度(20℃)	完全互溶	完全互溶	完全互溶	一定溶解度
绝对黏度(20℃)/mPa·s	593	21.5	35.7	
性质	无色易挥发、易燃液体	甜味无臭、黏稠液体	无色无臭黏稠液体	白色晶体
适用性	不宜采用脱水方法；采用其他水合物抑制剂时用量多，投资大；使用临时设施的地方；水合物形成不严重，不常出现或季节性出现；温度较低；管道较长。	气体的脱水防止水合物的生成，温度较高	气体的脱水防止水合物的生成，温度较高	地层水的矿化度较高；需要测定凝固温度、沉淀物析出的可能性、水合物形成的平衡条件
同浓度下抑制效果	温降最大	温降次之	温降最小	温降次之
同过冷度下经济性	35175~48072.5 元/天	34768~40672 元/天	57273~58396 元/天	11473~12516 元/天
优点	适用性强，效果好	凝固温度最低，在烃类气体中具有低溶解性	在烃类气体中具有低溶解性	成本低
缺点	易挥发，加入量大(包括气相损失及液相损失两部分)	在凝析油中含芳香烃时损耗大，以细小液滴注入	用量大，价格高，以细小液滴注入	长期使用可能会导致晶体的形成

水合物热力学抑制剂是目前广泛采用的一种防止水合物形成的化学剂。

作用机理：改变水溶液或水合物的化学位，使水合物的形成温度更低或压力更高。

目前，普遍采用的热力学抑制剂有甲醇、乙二醇、二甘醇、三甘醇等。

对热力学抑制剂的基本要求是：①尽可能大地降低水合物的形成温度；②不与天然气的组分反应，且无固体沉淀；③不增加天然气及其燃烧产物的毒性；④完全溶于水，并易于再生；⑤来源充足，价格便宜；⑥冰点低。实际上，很难找到同时满足以上六项条件的抑制剂，但①~④项条件是必要的。目前，常用的抑制剂只是在上述某些主要方面满足要求。

从表2-6-3列出的甲醇和乙二醇两种抑制剂在相同条件下所做的水合物形成温度降实验结果表明，质量浓度相同的两种抑制剂，其效果是甲醇优于乙二醇。

表2-6-3　甲醇与乙二醇优于乙二醇

甲醇			乙二醇		
质量浓度/%	分子分率 n	ΔT/℃	质量浓度/%	分子分率 n	ΔT/℃
5	0.0287	2.0	5	0.0150	0.6
10	0.0583	4.2	10	0.0312	1.8
20	0.1232		20		5.0
30	0.1941	17.2	30	0.1105	9.5
40	0.2725	30.0	40	0.1620	15.2

由于甲醇沸点低(64.6℃)，蒸气压高，使用温度高时气相损失过大，多用于操作温度较低的场合(<10℃)。在下列情况下可选用甲醇作抑制剂：

(1) 气量小，不宜采用脱水方法来防止水合物生成。

(2) 采用其他水合物抑制剂时用量多，投资大。

(3) 在建设正式厂、站之前，使用临时设施的地方。

(4) 水合物形成不严重，不常出现或季节性出现。

(5) 只是在开工时将甲醇注入水合物容易生成的地方。

甲醇使用过程中的有关问题：一般情况下喷注的甲醇蒸发到气相中的部分不再回收，液相水溶液经蒸馏后可循环使用。是否需要再生循环使用应根据处理气量和甲醇的价格等条件并经济分析论证后确定。根据有关文献介绍，在许多情况下回收液相甲醇在经济上并不合算。若液相水溶液不回收，废液的处理将是一个难题，故需要综合考虑，以求得最佳的社会效益和经济效益。

在使用甲醇时，残留在天然气中的甲醇将对天然气的后序加工(主要是天然气吸收或吸附法脱水系统)产生下列问题：

(1) 当用吸收法进行天然气脱水时，甲醇蒸气与水蒸气一起被三甘醇吸收，因而增加了甘醇富液再生时的热负荷。而且，甲醇蒸气会与水蒸气一起由再生系统的精馏柱顶部排向大气，这也是十分危险的。

(2) 甲醇水溶液可使吸收法脱水再生系统的精馏柱及重沸器气相空间的碳钢产生腐蚀。

（3）当用吸附法进行天然气脱水时，由于甲醇和水蒸气在固体吸附剂表面共吸附和与水竞争吸附，因而也会降低固体吸附剂的脱水能力。

（4）注入的甲醇会聚集在丙烷馏分中，将会使下游的某些化工装置的催化剂失活。

甲醇具有中等程度的毒性，可通过呼吸道、食道及皮肤侵入人体。甲醇对人的致毒剂量为5~10mL，致死剂量为30mL。当空气中甲醇浓度含量达到39~65mg/m^{3}时，人在30~60min内即会出现中毒现象。我国工业企业设计卫生标准（TJ 36—1979）规定车间空气中甲醇最高容许浓度为50mg/m^3，因此使用甲醇作抑制剂时应注意采取相应的安全措施。

甘醇类抑制剂的特点如下：

（1）无毒。

（2）沸点高（二甘醇：244.8℃；三甘醇：288℃），在气相中的蒸发损失少。

（3）可回收循环使用。适用于气量大而又不宜采用脱水方法的场合。

甘醇适于处理气量较大的气井和集气站的防冻；甘醇类抑制剂黏度较大，注入后将使系统压降增大，特别在有液烃存在的情况下，操作温度过低将使甘醇溶液与液烃的分离困难，并增加在液烃中的溶解损失和携带损失：溶解损失一般为0.12~0.72L/m^{3}液烃，多数情况为0.25L/m^{3}液烃。在含硫液烃系统中的溶解损失大约是不含硫系统的3倍。

使用甘醇类作抑制剂时，应注意以下事项：

（1）为保证抑制效果，甘醇类必须以非常细小的液滴（如呈雾状）注入到气流中。

（2）通常用于操作温度不是很低的场合中，才能在经济上有明显的优点。例如，在一些采用浅冷分离的天然气液回收装置中。

（3）如果管道或设备的操作温度低于0℃，最好保持甘醇类抑制剂在水溶液中的质量分数在60%~70%，以防止甘醇变成黏稠的糊状体，使气液两相流动和分离困难。

抑制剂注入量计算如下：

注入天然气系统中的抑制剂，一部分与液态水混合成为抑制剂水溶液，称为富液。另一部分蒸发后与气体混合形成蒸发损失。计算抑制剂注入量时，对甲醇因沸点低，需要考虑气相和液相中的量。对于甘醇因沸点高，一般不考虑气相中的量。

当确定出水合物形成的温度降（ΔT）后，可按哈默施米特公式计算液相中必须具有的抑制剂浓度X（质量分数）。

$$X=\frac{(\Delta T)M}{K_e+(\Delta T)M}\times 100\% \tag{2-6-12}$$

式中 X——抑制剂最低浓度，质量分数；

ΔT——水合物形成温度降，℃；

M——抑制剂的相对分子质量；

K_e——抑制剂常数，K_e取值：甲醇1297，乙二醇和二甘醇2220。

由公式（2-6-12）计算所得的甘醇最低富液浓度须用图2-6-12和图2-6-13进行校核。甘醇类化合物虽不致凝结为固体，但在低温条件下将丧失流动性，故对其溶液须校核凝固点，应使富液浓度处于非结晶区，否则须提高富液浓度。富液浓度过高将增大抑制剂的注入量，故富液浓度只需要提高到非结晶区即可满足要求。

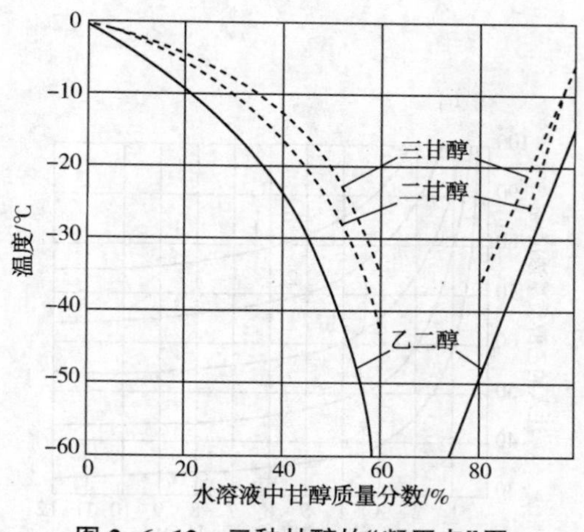

图 2-6-12　三种甘醇的"凝固点"图

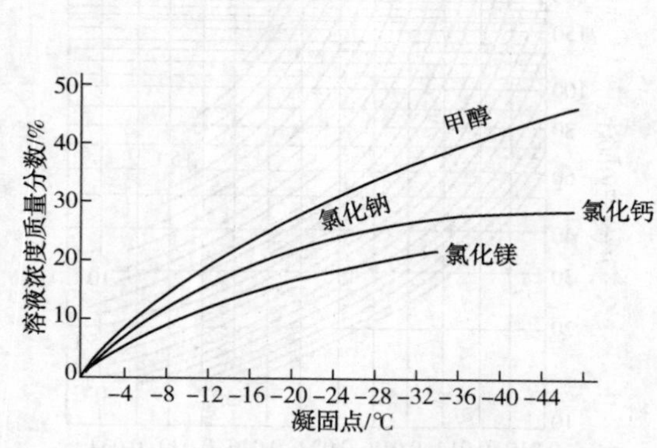

图 2-6-13　各种浓度的防冻剂溶液的凝固点图

甲醇注入量计算如下：

$$G_m = 10^{-6} q_v (G_s + G_g) \tag{2-6-13}$$

式中　G_m——甲醇注入量，kg/d；

G_s——液相中甲醇量[由公式(2-6-14)计算]，mg/m^3；

G_g——气相中甲醇量[由公式(2-6-15)计算]，mg/m^3；

q_v——天然气流量(P=0.101325MPa，T=20℃)，m^3/d。

$$G_s = \frac{X}{C-X}\left(W_1 - W_2 + W_f + \frac{100-C}{100} G_g\right) \tag{2-6-14}$$

式中　C——注入甲醇的浓度，质量分数；

W_1、W_2——天然气在膨胀前、后温度和压力条件下的饱和水含量，mg/m^3；

W_f——天然气中的游离水量，mg/m^3。

$$G_g = 10^5 \frac{X}{C} \alpha \tag{2-6-15}$$

式中　α——甲醇在每立方米天然气中的克数与在水中质量浓度的比值，即 $\alpha = \frac{\text{g(甲醇)/m}^3\text{(天然气)(0.1013MPa, 20℃)}}{X\text{(水中甲醇的质量分数)}}$，由图 2-6-14 查得。

其他物理量意义同前。

甘醇注入量计算如下：

$$G_e = 10^{-6} q_v G[(W_1 - W_2) + W_f] \tag{2-6-16}$$

式中　G_e——甘醇注入量，kg/d；

q_v——天然气流量(P=0.101325MPa，t=20℃)，m^3/d；

G——甘醇注入速度(由图 2-6-15 查得)，kg/kg H_2O，注入甘醇浓度一般为：乙二醇 70%～80%，二甘醇 80%～90%；

W_1、W_2——天然气在膨胀前、后温度和压力条件下的饱和水含量，mg/m^3；

W_f——天然气中的游离水量，mg/m^3。

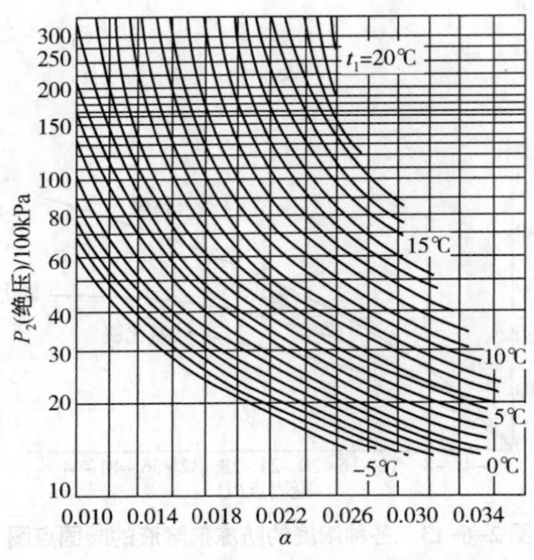

图 2-6-14 α与压力和温度关系曲线图

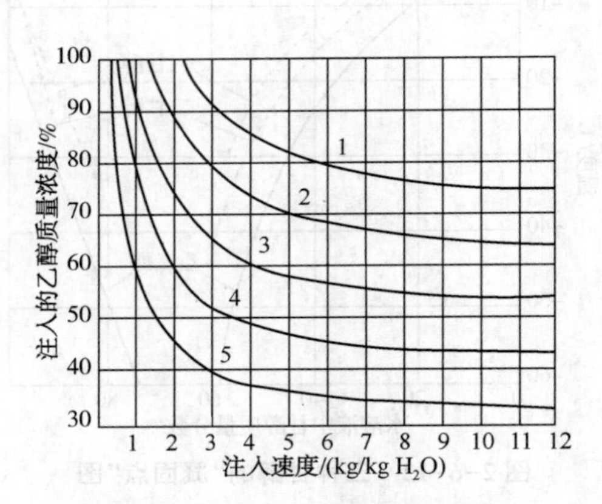

图 2-6-15 乙二醇的注入速度与质量浓度的关系图

图中乙二醇的注入速度 1、2、3、4 和 5 相应于 70%、60%、50%、40%和 30%乙二醇在水中的最小浓度。

3）注入抑制剂的低温分离法工艺流程

在学习低温分离法流程(如图 2-6-16 所示)时，应注意以下几点：

(1) 流程操作温度不是很低，适合于加抑制剂。

(2) 此流程加入的抑制剂为乙二醇，故流程中有乙二醇雾化装置和乙二醇回收装置。

(3) 当用甲醇作抑制剂时，因甲醇不需要回收与再生，因而省去了再生系统的各种设备。因甲醇蒸气压高，可保证气相中有足够的甲醇浓度，故省去了雾化设备。正因为甲醇的抑制效果好，注入系统简单，因而得到广泛应用。

4）水合物抑制剂用量

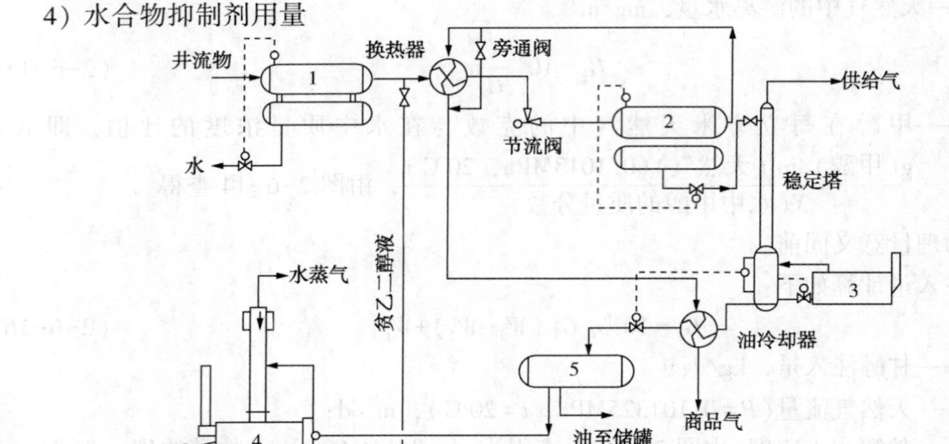

图 2-6-16 低温分离法工艺流程示意图

1—游离水分离器；2—低温分离器；3—蒸气发生器；4—乙二醇再生器；5—醇-油分离器

加入体系中的抑制剂分别损失到气、液两相中，在气相中损失的抑制剂量为 q_g，是由于抑制剂蒸发而造成的，在液相中损失的抑制剂量为 q_1，抑制剂的总消耗量(q_t)为：$q_t=q_1+q_g$。注入抑制剂后，天然气形成水合物的温度降低，其温度降主要取决于抑制剂的液相用量，损失于气相的抑制剂量对水合物形成条件的影响较小。

(1) 水溶液中最低抑制剂的浓度。哈默施米特(1939)提出的半经验公式：

$$C_m=\frac{100\Delta T\cdot M}{K+M\cdot\Delta T} \tag{2-6-17}$$

$$\Delta T=T_1-T_2$$

式中　C_m——抑制剂在液相水溶液中必须达到的最低浓度(质量分数)；

ΔT——根据工艺要求而确定的天然气水合物形成温度降，℃；

M——抑制剂相对分子质量，甲醇为 32，乙二醇为 62，二甘醇为 106；

K——常数，甲醇为 1297，乙二醇和二甘醇为 2222；

T_1——未加抑制剂时，天然气在管道或设备中最高操作压力下形成水合物的温度，℃；

T_2——要求加入抑制剂后天然气不会形成水合物的最低温度，℃。

式(2-6-17)的应用条件：

① 当用甲醇作抑制剂时，水溶液中甲醇浓度应低于 25%；

② 当用甘醇作抑制剂时，水溶液中甘醇浓度应低于 60%；

③ 当水溶液中甲醇浓度较高(>25%)且温度低至-107℃时，尼尔森等推荐采用公式(2-6-18)：

$$\Delta T=-72\ln(1-C_{mol}) \tag{2-6-18}$$

式中　C_{mol}——为达到给定的天然气水合物形成温度降，甲醇在水溶液中必须达到的最低浓度，%。

(2) 水合物抑制剂的水溶液用量。

当加入的抑制剂不是纯组分而是含水溶液时，其抑制剂水溶液的加入量按式(2-6-19)计算：

$$q_1=\frac{C_m}{C_1-C_m}\left[q_w+(100-C_1)q_g\right] \tag{2-6-19}$$

式中　q_1——注入浓度为 C_1 的含水抑制剂在液相中的用量，kg/d；

q_g——注入浓度为 C_1 的含水抑制剂在气相中的损失量，kg/d；

C_1——注入的含水抑制剂溶液中抑制剂的浓度，%(质量分数)；

q_w——单位时间内体系中产生的液态水量，kg/d；

C_m——抑制剂在液相水溶液中必须达到的最低浓度，%(质量分数)。

(3) 水合物抑制剂的气相损失量。

甘醇类抑制剂由于沸点较高，因而气相损失量较小。而甲醇易于蒸发，故其在气相中的损失量必须予以考虑。甲醇在气相中的含量计算公式为：

$$W_g=\alpha C_m \tag{2-6-20}$$

式中　W_g——甲醇在最低温度和相应压力下的天然气中的气相含量，$kg/10^6m^3$；

α——比例系数。可由图 2-6-17 查得。

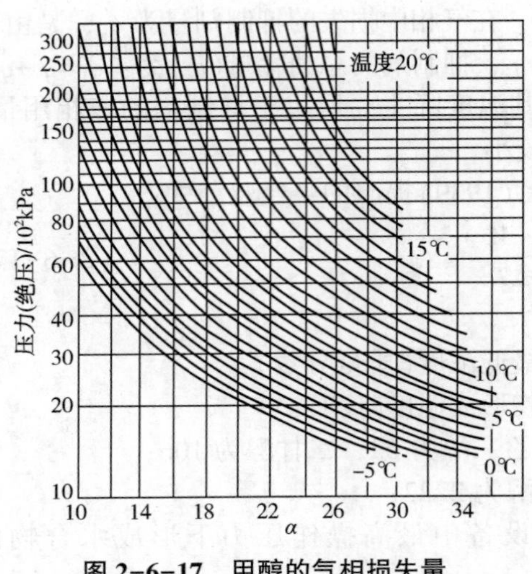

图 2-6-17　甲醇的气相损失量

5）动力学抑制剂

（1）动力学抑制剂的作用机理。动力学抑制剂在水合物成核和生长的初期吸附于水合物颗粒的表面，防止颗粒达到临界尺寸或者使已达到临界尺寸的颗粒缓慢生长，从而推迟水合物成核和晶体生长的时间，因而可起到防止水合物堵塞管道的作用。动力学抑制剂不改变水合物形成的热力学条件。

（2）动力学抑制剂的结构特点。动力学抑制剂是一些水溶性或水分散性的聚合物。1993年，Duncum 最先提出了络氨酸及其衍生物动力学抑制剂；1993 年 Aselme 又提出了 N-乙烯基吡咯烷酮(NVP)的聚合物抑制剂，如 NVP 的均聚物(PVP)及它的丁基衍生物(Agrimerp-904)均可作为水合物抑制剂(如图 2-6-18 所示)。

Sloan 于 1994 年提出的 NVP、N-乙烯基已内酰胺和二甲氨基丙烯酸甲酯的三元共聚物(如图 2-6-19 所示)抑制剂的抑制效果比 PVP 好。

图 2-6-19 中从左至右为 N-乙烯基已内酰胺、NVP、甲氨基丙烯酸甲酯。

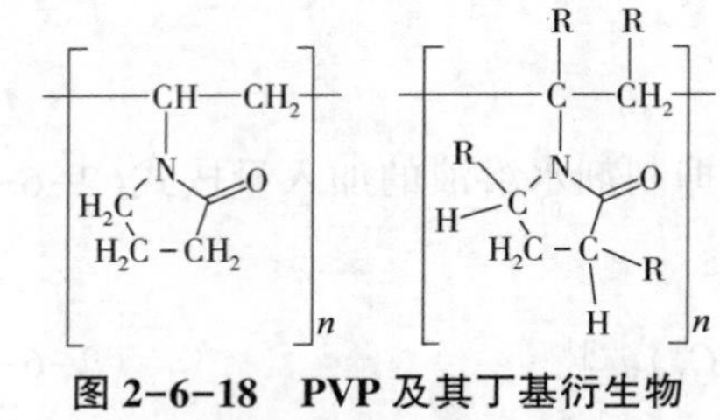

图 2-6-18　PVP 及其丁基衍生物（R 为 C_4H_9）的单元结构

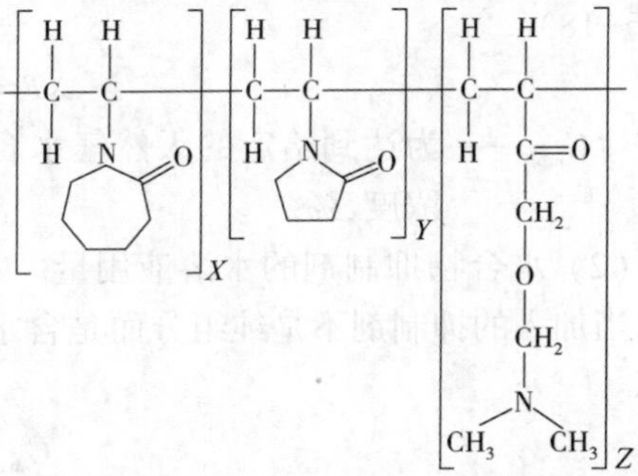

图 2-6-19　三聚物 Gaffix VC-713 单体的单元结构

（3）动力学抑制剂的应用特点。①动力学抑制剂注入后在水溶液中浓度很低(<0.5%，热力学抑制剂为 10%~50%)，综合成本低于热力学抑制剂；②对于海上储气库开采，动力学抑制剂可有效降低输送成本(用量少)；③目前的一些动力学抑制剂的过冷度不大于 8~9℃，还不能完全满足一些储气库的需要；④目前所开发的动力学抑制剂从结构上看还远远不是最佳的，还可能有其他抑制效果更好的动力学抑制剂有待进一步开发。

6）防聚剂

（1）作用机理。防聚剂是一些聚合物和表面活性剂，使体系形成油包水(W/O)型乳化液，水相分散在液烃相中，防止水合物聚集及在管壁上黏附，而成浆液状在管内输送，因而就不会堵塞管道。

（2）防聚剂的应用特点。①防聚剂的注入浓度较低（<0.5%）；②只有当有液烃存在，且水含量（相对于液烃）低于 30%～40%时，采用防聚剂才有效果；③防聚剂不受过冷度的影响，温度、压力范围更宽。

7）动力学抑制剂与防聚剂的压力-温度理论应用极限

Kelland 等于 1995 年给出了动力学抑制剂与防聚剂的压力-温度理论应用极限（如图 2-6-20 所示）。此图给出了水合物平衡曲线，还给出了动力学抑制剂的压力-温度安全应用区间，以及未来动力学抑制剂的压力-温度安全应用区间。由此可以看出，动力学抑制剂只能应用在温度不是很低的场合。

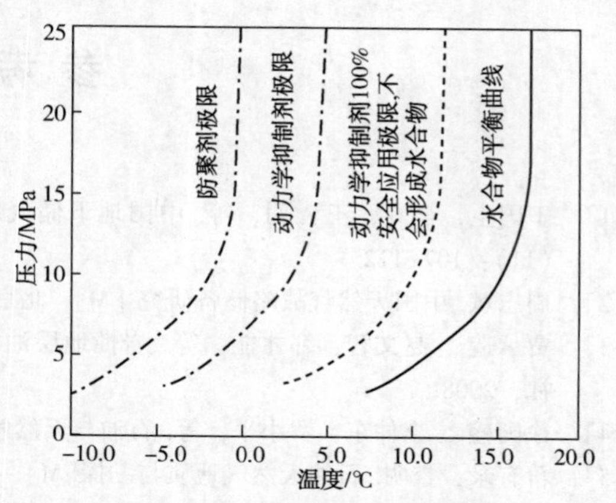

图 2-6-20 动力学抑制剂和防聚剂的压力-温度理论应用极限

参考文献

[1] 丁国生，李春，王皆明，等. 中国地下储气库现状及技术发展方向［J］. 天然气工业，2015，35（11）：107-112.

[2] 周志斌. 中国天然气战略储备研究［M］. 北京：科学出版社，2015.

[3] 贾承造，赵文智，邹才能，等. 岩性地层油气藏地质理论与勘探技术［M］. 北京：石油工业出版社，2008.

[4] 徐国盛，李仲东，罗小平，等. 石油与天然气地质学［M］. 北京：地质出版社，2012.

[5] 蒋有录，查明. 石油天然气地质与勘探［M］. 北京：石油工业出版社，2006.

[6] 周靖康，郭康良，王静. 文23气田转型储气库的地质条件可行性研究［J］. 石化技术，2018，25（5）：175.

[7] 胥洪成，王皆明，屈平，等. 复杂地质条件气藏储气库库容参数的预测方法［J］. 天然气工业，2015.1：103-108.

[8] 李继志. 石油钻采机械概论［M］. 东营：石油大学出版社，2011.

[9] 孙庆群. 石油生产及钻采机械概论［M］. 北京：中国石化出版社，2011.

[10] 刘延平. 钻采工艺技术与实践［M］. 北京：中国石化出版社，2016.

[11] 金根泰，李国韬. 油气藏型地下储气库钻采工艺技术［M］. 北京：石油工业出版社，2015.

[12] 袁光杰，杨长来，王斌，等. 国内地下储气库钻完井技术现状分析［J］. 天然气工业，2013.，11（2）：61-64.

[13] 林勇，袁光杰，陆红军，等. 岩性气藏储气库注采水平井钻完井技术［M］. 北京：石油工业出版社，2017.

[14] 李建中，徐定宇，李春. 利用枯竭油气藏建设地下储气库工程的配套技术［J］. 天然气工业，2009.，29（9）：97-99，143-144.

[15] 赵金洲，张桂林. 钻井工程技术手册［M］. 北京：中国石化出版社，2005.

[16] 赵春林，温庆和，宋桂华. 枯竭气藏新钻储气库注采井完井工艺［J］. 天然气工业，2003，23（2）：93-95.

[17] 丁国生，王皆明，郑得文. 含水层地下储气库［M］. 北京：石油工业出版社，2014.

[18] 许明标，刘卫红，文守成. 现代储层保护技术［M］. 武汉：中国地质大学出版社，2016.

[19] 张平，刘世强，张晓辉. 储气库区废弃井封井工艺技术［J］. 天然气工业，2005，25（12）：111-114.

[20] 丁国生，王皆明，郑得文. 含水层地下储气库［M］. 北京：石油工业出版社，2014.